Lecture Notes in Physics

Edited by J. Ehlers, München, K. Hepp, Zürich and
H. A. Weidenmüller, Heidelberg
Managing Editor: W. Beiglböck, Heidelberg

26

Alex Hubert
Max-Planck-Institut für Metallforschung, Stuttgart/BRD

Theorie der Domänenwände in geordneten Medien

Springer-Verlag
Berlin · Heidelberg · New York 1974

ISBN 3-540-06680-2 Springer-Verlag Berlin · Heidelberg · New York
ISBN 0-387-06680-2 Springer-Verlag New York · Heidelberg · Berlin

Offsetprinting and bookbinding: Julius Beltz, Hemsbach/Bergstr.

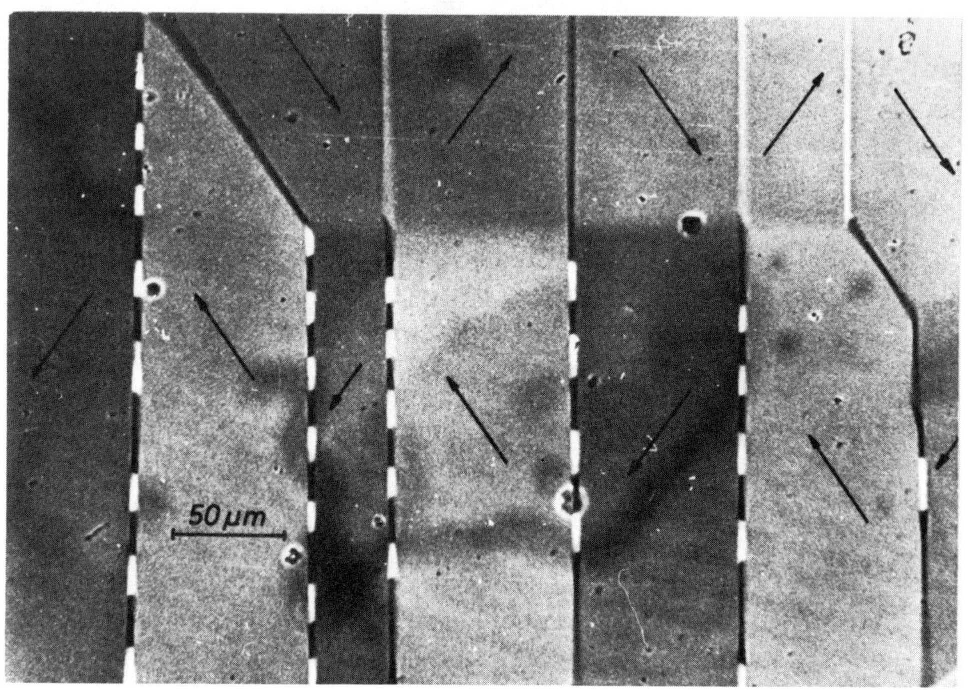

Experimentelle Beobachtung von Blochwänden im polarisierten Licht an einem Einkristall-Plättchen aus Eisen-Yttrium-Granat. Der Wechsel des Kontrastes innerhalb der Wände zeigt einen Wechsel des Drehsinns der Magnetisierung an. (Aufnahme von J. Basterfield, 1968, mit freundl. Genehmigung).

INHALTSVERZEICHNIS

I EINFÜHRUNG

In mehrphasigen thermodynamischen Systemen spielen die Grenzflächen zwischen den einzelnen Phasen besonders dann eine wichtige Rolle, wenn man die Volumenanteile der Phasen durch einen Eingriff von außen verändern will, da man dabei notwendigerweise die Grenzflächen verschieben muß. Eventuell sind auch neue Grenzflächen zu schaffen oder vorhandene auszudehnen um eine Veränderung der Phasenvolumina zu erreichen. Die hierbei aufzuwendende Energie und die zu überwindenden Widerstände werden durch die spezifische Oberflächenenergie und die innere Struktur der Grenzflächen bestimmt. Zwei Beispiele mögen die Bedeutung dieser Zusammenhänge für technische Probleme aufzeigen:

In einem "weichmagnetischen" Material haben die "Blochschen Wände" zwischen den magnetischen Bereichen eine Dicke von mehreren tausend Gitterkonstanten, und ihre Energie ist sehr gering ($<1 erg/cm^2$). Diese Wände können bei ihrer Bewegung durch Gitterfehler atomarer Dimension, aber auch durch Versetzungen kaum behindert werden. Auch ist nur eine sehr geringe Energie nötig, um den Keim eines neuen Bereiches zu bilden. Beides sind Voraussetzungen dafür, daß ein Material leicht magnetisiert werden kann und damit weichmagnetische Eigenschaften aufweist, ohne die keine Wechselstromtransformatoren oder Motoren hohen Wirkungsgrades denkbar wären. Weichmagnetische Eigenschaften trifft man vor allem in den kubischen Legierungen des Eisens und des Nickels an, aber auch in kubischen Eisenoxyden, den Ferriten und Granaten.

Im Gegensatz dazu haben die Blochwände in extrem "hartmagnetischen" Stoffen nur Dicken von wenigen Gitterkonstanten, und sie haben eine hohe spezifische Oberflächenenergie ($> 10 erg/cm^2$). Das führt dazu, daß die Wände bei ihrer Bewegung durch Gitterfehler aller Art stark behindert werden und auch die Keimbildungsfeldstärken für neue Domänen vergleichsweise hoch sind. Starke Hystereseeffekte in der Magnetisierungskurve sind die Folge. Die meisten Dauermagnetwerkstoffe nutzen diese Eigenschaften der Blochwände zumindest mit aus. Hartmagnetische Eigenschaften findet man vor allem in hexagonalen Kobaltlegierungen und hexagonalen Ferriten. Irreversibilitäten bei Phasenübergängen können so in vielen Fällen auf die spezifischen Energien und die innere Struktur der Phasengrenzflächen zurückgeführt werden. Die Kenntnis der Eigenschaften der Phasengrenzen ist deshalb eine Voraussetzung zum genauen Verständnis dieser ebenso wichtigen wie komplizierten Vorgänge.

Nun ist die experimentelle Untersuchung der inneren Phasengrenzen eines Festkörpers naturgemäß sehr schwierig, da, wie angedeutet, die Eigenschaften der Phasengrenzen nur in sehr indirekter Weise auf makroskopisch meßbare Größen übertragen werden. Nur in Ausnahmefällen gibt es Sonden, die die Phasengrenzen unmittelbar zu beobachten gestatten.
Etwas günstiger ist dagegen die Situation für die theoretische Untersuchung. Häufig lassen sich nämlich die physikalischen Phasengrenzen in sehr guter Näherung durch ebene, unendlich ausgedehnte Wände annähern. Falls die mikroskopischen Gesetze für das Verhalten des jeweiligen Ordnungsparameters (im magnetischen Fall etwa die Gesetze des "Mikromagnetismus") bekannt sind, dann ist es relativ leicht, die Struktur solcher Wände zu berechnen, da dann nur noch ein eindimensionales Problem zu lösen ist. Die Berechnung solcher ebenen Wände stellt somit ein wichtiges (wenn nicht das einzige) Bindeglied zwischen mikroskopischer Theorie und makroskopischer Eigenschaften mehrphasiger Systeme dar. Die Ergebnisse und Methoden derartiger Berechnungen in einem möglichst breiten Rahnen zusammenzustellen und die Gemeinsamkeiten in der Behandlung verschiedener Phasengrenzen herauszuarbeiten soll Ziel der vorliegenden Arbeit sein.

Das Hauptgewicht wird dabei - im zweiten Kapitel - auf den Wänden in ferromagnetischen Stoffen, den sogenannten Blochwänden, liegen. Nach einer eingehenden Darstellung der einfachen analytischen Lösungen in kubischen und einachsigen Kristallen wird der Einfluß innerer und äußerer magnetischer und elastischer Felder untersucht. Ein ausführlicher Abschnitt beschäftigt sich mit der Dynamik von Blochwänden und den dabei auftretenden Verlusten. Die Abschnitte II.13-18 sind der Untersuchung der Domänenwände in dünnen magnetischen Schichten gewidmet. Es folgt in Abschn. II.19 ein kurzer Überblick über Blochlinien innerhalb von Blochwänden.

Das dritte Kapitel behandelt Domänenwände in Supraleitern auf der Grundlage der Ginzburg-Landau-Theorie und deren Erweiterungen. Dabei wird auch auf die neuentdeckten Wandstrukturen in Typ-II-Supraleitern eingegangen.

Das vierte Kapitel beginnt mit einer Darstellung von Domänenwänden in antiferromagnetischen Materialien. In den weiteren Abschnitten dieses Kapitels werden die Wandstrukturen in Ferroelektrika, kristallographische Grenzflächen sowie Wände in einigen weiteren mehrphasigen Systemen erläutert. Die meisten der zuletzt genannten Domänenwände sind mathematisch äquivalent zu bestimmten Blochwänden in ferromagnetischen Materialien, weshalb wir uns in diesen Fällen mit einer knapperen Darstellung begnügen können.

II WÄNDE IN FERROMAGNETISCHEN MATERIALIEN

1. Grundlagen des Ferromagnetismus

1.1. Die mikroskopischen Gesetze des Ferromagnetismus

Ein kurzer Abriß der mikroskopischen Theorie, auf der alle folgenden Betrachtungen basieren, erscheint zweckmäßig. Dabei beschränken wir uns i.a. auf die Beschreibungsweise des sog. Mikromagnetismus [1.1 - 1.3], der in den uns interessierenden Dimensionen eine sehr gute Näherung zu den elementaren Gesetzen auf atomarer Ebene darstellt. Wir benutzen dabei durchgehend die im Mikromagnetismus üblichen cgs-Einheiten, um den Zugang zur wichtigsten Literatur zu erleichtern.

Der Mikromagnetismus geht von der Existenz einer spontanen Magnetisierung in einem Ferromagnetikum aus und beschreibt diese durch ein klassisches Vektorfeld:

$$\underline{I} = I_s(\underline{r})\cdot\underline{\alpha}(\underline{r}), \quad \sum_{i=1}^{3}\alpha_i^2 = 1. \qquad (1.1)$$

Im allgemeinen, insbesondere weitab vom Curiepunkt und bei Abwesenheit sehr großer äußerer Felder, kann man darüberhinaus voraussetzen, daß der Betrag I_s dieses Vektors nicht vom Ort abhängt und eine bei der jeweiligen Temperatur gegebene Konstante ist. Zur Beschreibung der Magnetisierungsverteilung bleibt dann nur noch der Einheitsvektor $\underline{\alpha}$; die Gleichgewichtsverteilung $\underline{\alpha}(\underline{r})$ wird durch den Mikromagnetismus ermittelt. Das läßt sich am übersichtlichsten in Form eines Variationsprinzips formulieren: Eine aus verschiedenen Beiträgen zusammengesetzte freie Energie muß durch die wirkliche Magnetisierungsverteilung zu einem Minimum gemacht werden.

Die wichtigsten Beiträge zu dieser freien Energie seien im folgenden zusammengestellt. Zur Begründung und zum Beweis der

Speziellen Form der jeweiligen Terme sei auf die Literatur [1.1 - 1.3] verwiesen. Vier Terme sind bei einer mikromagnetischen Berechnung in jedem Fall zu beachten:

1) Die "Austauschenergie" - so genannt wegen ihrer Ableitung aus der den Ferromagnetismus hervorrufenden elementaren Austauschwechselwirkung - läßt sich in der Näherung des Mikromagnetismus als positiv definite quadratische Form in den partiellen Ableitungen der Magnetisierungskomponenten nach den Ortsvariablen schreiben. Sie bewirkt eine "Steifigkeit" des Magnetisierungsvektors gegenüber raschen örtlichen Variationen. In kubischen Kristallen ist die quadratische Form der Austauschenergie isotrop und es ergibt sich die folgende Gestalt für die Energiedichte der Austauschenergie:

$$e_A = A \cdot \sum_{i,k=1}^{3} \left(\frac{\partial \alpha_i}{\partial x_k}\right)^2 \qquad (1.2)$$

Die Austauschkonstante A ist meist von der Größenordnung 10^{-6} - 10^{-7} erg/cm. Da Austauschenergien nur schwer und nicht sehr genau zu messen sind, begnügt man sich in der Regel auch bei nicht kubischen Kristallen mit (1.2) als Näherungsausdruck für die Austauschenergie.

2) Die Kristallenergie beschreibt die Wechselwirkung zwischen dem anisotropen Kristallgitter und der Magnetisierung. Bedingt durch elementare Spin-Bahn-Wechselwirkungen sind Ausrichtungen der Magnetisierung in verschiedene Kristallrichtungen energetisch nicht gleichwertig. Die Kristallanisotropieenergie wird gewöhnlich nach Kugelflächenfunktionen entwickelt, und die Terme werden unter Berücksichtigung der jeweiligen Kristallsymmetrie in geeigneter Weise zusammengefaßt. Die gebräuchlichsten Schreibweisen für die Energiedichte der Kristallenergie sind:

Für kubische Kristalle:

$$e_K = K_1 \cdot (\alpha_1^2\alpha_2^2+\alpha_1^2\alpha_3^2+\alpha_2^2\alpha_3^2) + K_2 \cdot \alpha_1^2\alpha_2^2\alpha_3^2 + \ldots \quad (1.3)$$

Für hexagonale Kristalle:

$$e_K = K_1 \cdot (\alpha_1^2 + \alpha_2^2) + K_2 \cdot (\alpha_1^2 + \alpha_2^2)^2 + \dots \qquad (1.4)$$

Die Konstanten K_1 und K_2 werden je nach Material im Bereich 10^3 - 10^7 erg/cm^3 gemessen.

Die jeweils günstigen Kristallrichtungen, die sich aus (1.3) bzw. (1.4) berechnen, werden im Ferromagnetismus leichte Richtungen genannt. Ein Kristall kann in diesen Richtungen leicht, das heißt durch niedrige angelegte Felder gesättigt werden.

3) Die Streufeldenergie berücksichtigt in energetischer Hinsicht die Tatsache, daß ein "Magnet" magnetische Felder erzeugen kann. Magnetisierung und magnetisches Feld bilden zusammen die magnetische Induktion $\underline{B} = \underline{H} + 4\pi\underline{I}$, für welche die Maxwellsche Gleichung div $\underline{B}$ = o gilt. Daraus folgt:

$$\operatorname{div} \underline{H} = -4\pi \operatorname{div} \underline{I} \qquad (1.5)$$

Ist also die Magnetisierung $\underline{I}$ nicht divergenzfrei, so entstehen Quellen für ein magnetisches Feld, das sogenannte Streufeld, dessen Gesamtenergie sich in folgenden beiden Formen durch Integration über den gesamten Raum R bzw. über das Probenvolumen P gewinnen läßt:

$$E_s = \frac{1}{8\pi}\int_R H_s^2 \, dV = -\frac{1}{2}\int_P \underline{H}_s \cdot \underline{I} \, dV \qquad (1.6)$$

Dabei ist das Streufeld H_s seinerseits mit Hilfe der Potentialtheorie aus seinen Quellen -4π div $\underline{I}$ zu ermitteln, wozu im allgemeinen eine Integration über die gesamte Probe notwendig ist. Die Streufeldenergie einer Probe berechnet sich somit aus der Magnetisierungsverteilung durch eine zweifache Integration über das Volumen der Probe, während bei der Kristallenergie und der Austauschenergie nur eine einfache Integration notwendig ist. Die Streufeldenergie vermittelt also eine weitreichende Wechselwirkung zwischen den Magnetisierungsrichtungen an verschiedenen Orten der Probe, die die Lösung mikromagnetischer Probleme häufig sehr schwierig macht.

4) In einem äusseren magnetischen Feld besitzt die Magnetisierung eine magnetostatische Energie, deren Energiedichte in der einfachen Form:

$$e_H = -\underline{H}_a \cdot \underline{I} \qquad (1.7)$$

geschrieben werden kann. Die Separation der gesamten magnetischen Feldenergie in die Anteile (1.6) und (1.7) erweist sich stets als sehr zweckmäßig.

In manchen Fällen müssen auch noch Kopplungsenergien der Magnetisierung mit mechanischen Verzerrungen des Gitters berücksichtigt werden. Diese lassen sich ähnlich wie die Feldenergien in zwei Anteile aufspalten:

5) Die Eigenenergie magnetostriktiver Eigenspannungen E_{ms}

6) Die Wechselwirkungsenergie der Magnetisierung mit Spannungen nicht magnetischen Ursprungs e_σ.
Beide Terme werden in Abschn. 8. eingehend erläutert.

Das Variationsprinzip des (statischen) Mikromagnetismus lautet nun:

$$\delta_\alpha\{\int(e_A+e_K+e_H+e_\sigma)\,dV + E_s + E_{ms}\} = 0 \qquad (1.8)$$

wobei unter dem Symbol δ_α die Variation nach den Magnetisierungskomponenten α_i unter der Nebenbedingung $\alpha_i^2 = 1$ zu verstehen ist. Zur detaillierten Formulierung und zur dynamischen Verallgemeinerung dieses Gesetzes sei auf die Literatur [1.1 - 1.3] und auf spätere Abschnitte verwiesen.
Vom Standpunkt des Mikromagnetismus aus besteht kein Unterschied zwischen Ferromagnetismus und Ferrimagnetismus. Entscheidend ist die Existenz einer spontanen Magnetisierung, d.h.

eines Vektors, der den Zustand des Materials im Großen vollständig beschreibt. Ob diese Magnetisierung auf atomarer Ebene aus lauter gleichgerichteten oder aus teilweise entgegengerichteten Spins aufgebaut wird, ist vom Standpunkt des Mikromagnetismus aus belanglos. Deshalb sind alle folgenden Betrachtungen ebensogut auf ferromagnetische Metalle wie auf Ferrite oder andere "magnetische" Stoffe anwendbar.

1.2. Begründung der Existenz von Bereichen und Wänden

Eine ferromagnetische Probe, die keinem Magnetfeld ausgesetzt ist, ist in der Regel nicht oder nur schwach "magnetisch". Das kann nur damit erklärt werden, daß die Magnetisierung in dem Material nicht homogen verläuft, sondern sich im wesentlichen quellenfrei innerhalb der Probe schließt. Diese zuerst von P. Weiss [1.4] als Hypothese eingeführte Annahme ist inzwischen vielfältig experimentell bestätigt und theoretisch wohl begründet [1.5 - 1.9]. Man könnte nun zunächst an das Bild einer quellenfreien hydrodynamischen Strömung denken, bemerkt jedoch bald, daß eine solche kontinuierliche Magnetisierungsverteilung in einem Ferromagnetikum nur als Ausnahme auftreten kann, nämlich dann, wenn die Kristallenergie praktisch verschwindet. Im Normalfall teilt die Kristallenergie den Kristall in wohlabgegrenzte magnetische Bereiche auf, die jeweils mehr oder weniger homogen längs einer der leichten Richtungen magnetisiert sind. Zwischen diesen Bereichen oder Bezirken (in Anlehnung an den englischen und französischen Sprachgebrauch auch magnetische Domänen genannt) existieren Wände, die zuerst von Bloch [1.10] untersucht wurden. Bloch zeigte bereits, daß die Dicke der Wände die Gitterkonstante des Kristallgitters wesentlich übertrifft. Nach oben wird die Dicke der Wände durch die Kristallenergie begrenzt, die innerhalb der Wandzone höher ist als in den Domänen. Nach unten existiert eine Begrenzung durch die Austauschenergie, die einem abrupten Übergang entgegensteht.

Das Zusammenspiel dieser beiden Energien in einer Blochwand

wurde zuerst von Landau und Lifshitz [1.11] richtig erkannt und ausgewertet. Im nächsten Kapitel wollen wir uns der Berechnung solcher Wände zuwenden.

[1.1] W.Döring, Mikromagnetismus, in Hdb.d.Physik, (Springer, Berlin-Heidelberg-New-York,1966) Bd.18/2

[1.2] W.F.Brown, Jr., Micromagnetics,(Interscience, New York, 1963)

[1.3] H.Kronmüller in Mod.Probl.der Metallphysik Bd.II, hrsg.v.A.Seeger,(Springer,Berlin-Heidelberg-New-York, 1966)

[1.4] P.Weiss, J.Phys.Chim.Hist.Nat.6, 661 (1907)

[1.5] C.Kittel, J.K.Galt, Solid State Physics 3, 439 (1956)

[1.6] C.Kittel, Rev.Mod.Physics 21, 541 (1949)

[1.7] D.J.Craik, R.S.Tebble, Ferromagnetism and Ferromagnetic Domains (North Holland, Amsterdam, 1965)

[1.8] K.N.Stewart, Ferromagnetic Domains, (Cambridge Univ. Press, 1954)

[1.9] W.Andrä, J.Phys.D,1,1 (1968)

[1.10] F.Bloch, Z.Physik 74,295 (1932)

[1.11] L.Landau, E.Lifshitz, Phys.Z.Sowjet., 8,155 (1935)

2. Ebene Wände und eindimensionale Probleme, Einführung

2.1 Berechnung einer 180°-Wand in einem einachsigen Ferromagneten

Wir legen einen einachsigen Kristall zugrunde, der nur zwei, einander entgegengesetzte, leichte Richtungen besitzt. Diese Richtungen mögen mit der z-Achse eines rechtwinkligen Koordinatensystems zusammenfallen (Fig.2.1). Dann hat die Kristallenergie die Form der Gl. (1.4). Wir wollen zunächst $K_2 = 0$ annehmen. Die Magnetisierung drehe sich innerhalb der Wand von der [001]-Richtung in die [001]-Richtung, und die Wandnormale zeige in die [100]-Richtung. Für die Drehung der Magnetisierung gäbe es nun verschiedene Möglichkeiten, sie könnte sich z.B. durch die [100]-Richtung hindurchdrehen, oder auch durch die [010]-Richtung. Bezüglich der Kristallenergie (und auch bezüglich der Austauschenergie) sind diese Möglichkeiten gleichberechtigt. Die Drehung senkrecht zur Wandnormalen ist aber dadurch ausgezeichnet, daß bei ihr die Magnetisierungskomponente senkrecht zur Wand konstant bleibt, sodaß keine Divergenzen der Magnetisierung und keine Streufelder entstehen. Der streufeldfreie Modus hat zweifellos in diesem Fall die geringste Energie, man bezeichnet solche Wände als Blochwände (im engeren Sinne)[§].

[§] Die Bezeichnung "Blochwand" wird im weiteren Sinne als Oberbegriff für alle Wände in ferromagnetischen Materialien benutzt, im engeren Sinne aber auch zur Bezeichnung derjenigen Wände, die durch die besondere Art der Rotation der Magnetisierung Streufelder in ihrem Innern vermeiden (im Gegensatz zu den sogenannten Néelwänden). Der streufeldfreie Wandmodus wurde erstmals von Landau und Lifshitz vorgeschlagen, weshalb der Vorschlag von W. F. Brown [2.1] die Blochwände im engeren Sinne als Landau-Wände zu bezeichnen, einige Verwirrung vermeiden könnte.

Mit Hilfe eines Drehwinkels Θ (Fig. 2.1) können wir die Drehung des Magnetisierungsvektors in folgender Weise beschreiben:

$$\alpha_3 = \sin \Theta, \ \alpha_2 = \cos \Theta, \ \alpha_1 = 0 \qquad (2.1)$$

Da wir ein äußeres Feld vorerst ausgeschlossen haben und magnetische Streufelder vermieden haben, bleiben vom Integranden des Variationsprinzips (1.8) nur die Kristallenergie und die Austauschenergie. Magnetoelastische Wechselwirkungen wollen wir vorläufig vernachlässigen. Durch Einsetzen von (2.1) in (1.2) und (1.4) erhalten wir folgende Variationsaufgabe:

$$\delta \int_{-\infty}^{\infty} [A\left(\frac{\partial \Theta}{\partial x}\right)^2 + K_1 \cos^2 \Theta]\, dx = 0,$$

$$\Theta (\pm\infty) = \pm\Pi/2, \quad \frac{\partial \Theta}{\partial x} (\pm\infty) = 0. \qquad (2.2)$$

Die zu diesem Variationsproblem gehörende Eulersche Gleichung lautet:

$$-A \frac{d^2\Theta}{dx^2} - K_1 \sin \Theta \cos \Theta = 0 \qquad (2.3)$$

Durch Multiplikation mit $\frac{d\Theta}{dx}$ und Integration ergibt sich dann:

$$-A \cdot \left(\frac{d\Theta}{dx}\right)^2 + K_1 \cos^2 \Theta = \text{const} = 0 \qquad (2.4)$$

Die Randbedingung (2.2) führt zum Verschwinden der Konstanten. Damit folgt als erstes Ergebnis, daß für alle x die Austauschenergie gleich der Kristallenergie sein muß.
Gleichung (2.4) läßt sich explizit lösen:
Durch Trennung der Variablen ergibt sich zunächst:

$$dx = \sqrt{\frac{A}{K_1}} \int \frac{d\Theta}{\cos\Theta}$$

und daraus die Gesamtenergie:

$$E_G = \int_{-\infty}^{\infty}(e_A + e_K)\, dx = 2\, A \int_{-\pi/2}^{\pi/2} \sqrt{K_1 \cdot \cos^2\Theta}\, d\Theta = 4\sqrt{A \cdot K_1} \qquad (2.5)$$

und implizit die Form der Wand aus:

$$x = \sqrt{A/K_1} \int_{o}^{\Theta} \frac{d\Theta}{\cos\Theta} = \sqrt{A/K_1}\ \text{artanh}\ (\sin\Theta) \qquad (2.6)$$

oder:

$$\sin\Theta = \tanh\ (x/\sqrt{A/K_1}) \qquad (2.7)$$

$\sqrt{A \cdot K_1}$ stellt eine charakteristische Energie und $\sqrt{A/K_1}$ eine charakteristische Länge in unserer Lösung dar. Um einen Begriff von den Größenordnungen zu vermitteln, seien die gemessenen Werte von A und K_1 für hexagonales Kobalt bei Raumtemperatur angegeben: [2.2]

$$A = 1.3 \cdot 10^{-6}\ \text{erg/cm}, \quad K_1 = 4.5 \cdot 10^{6}\ \text{erg/cm}^3$$

Daraus ergibt sich für die charakteristische Energie pro Flächeneinheit

$$\varepsilon_o = \sqrt{A \cdot K_1} = 2.42\ \text{erg/cm}^3$$

und für die charakteristische Länge:

$$\delta_o = \sqrt{A/K_1} = 54\ \text{Å}.$$

Zunächst kann festgestellt werden, daß δ_o so groß ist, daß die klassische und kontinuumstheoretische Betrachtungsweise des Mikromagnetismus voll gerechtfertigt ist. Atomistische und quantenmechanische Rechenmethoden sind im Fall von Blochwänden in den meisten ferromagnetischen Materialien nicht angemessen. Weiterhin folgt aus Gleichung (2.7), daß sich die Magnetisierung für $x \to \infty$ exponentiell den Gleichgewichtswerten in den Domänen annähert. Die Abweichung vom Grenzwert $\Theta = \pm\pi/2$ verhält sich für große x wie $2e^{-|x|/\delta_0}$. Die Lösung der Gleichung (2.7) ist zwar im eigentlichen Sinne unendlich weitreichend, in einem Abstand von 10 oder 20 δ_0 von der Wandmitte sind die Abweichungen vom Grenzwert in den Domänen jedoch schon unmeßbar klein. Man wird sich deshalb in den meisten Fällen darauf beschränken können, Wände im unendlich ausgedehnten Material zu berechnen. Wechselwirkungen zwischen unendlich ausgedehnten, ebenen Wänden haben nur eine geringe Bedeutung. (Anders im Fall dünner magnetischer Schichten, wo Streufelder zu sehr starken und weitreichenden Wechselwirkungen führen können).

Gl. (2.1) gibt nicht die einzige mögliche Lösung für die 180°-Wand wieder. Eine zweite, äquivalente Lösung ergibt sich, wenn man in (2.1) das Vorzeichen von α_2 umkehrt. Beide Lösungen unterscheiden sich im Drehsinn der Magnetisierung, haben aber die gleiche Energie. Sie können also nebeneinander vorkommen und in der Tat beobachtet man solche Abschnitte entgegengesetzten Drehsinns unter gewissen Bedingungen (s. [2.3], Abschn. 19 und das Titelbild).

2.2 Definition und Berechnung der Wandweite

Für viele Anwendungen ist es nicht notwendig, den genauen funktionalen Verlauf der Magnetisierung zu kennen. Es würde eine Angabe über die Größenordnung der Dickenausdehnung genügen. In der Definition einer Wandweite liegt jedoch eine gewisse Willkür. Eine sehr elegante Definition wurde Lilley [2.4] vorgeschlagen: Man trage, wie in Fig. 2.2, den Winkel Θ gegen die Ortskoordinate x auf. Nun suche man den oder die Punkte, für die $\frac{d\Theta}{dx}$ maximal wird, also die Wendepunkte der Kurve $\Theta(x)$. In den beiden am weitesten von einander entfernten Wendepunkten lege man nun Tangenten an und bringe diese Tangenten mit den beiden Grenzgeraden $\Theta = \Theta(\infty)$ und $\Theta = \Theta(-\infty)$ zum Schnitt. Die Differenz der x-Werte der beiden Schnittpunkte wird als Wandweite W_L (nach Lilley) definiert. Danach erhält man aus der Gleichung (2.7) den Wert

$$W_L = \pi\sqrt{A/K_1} = \pi\cdot\delta_o \tag{2.8}$$

Eine alternative Definition einer Wandweite erhält man wie folgt: Man trage statt des Drehwinkels Θ die Komponente der Magnetisierung längs derjenigen Richtung auf, um die sich die Magnetisierungen in den Domänen unterscheiden (in unserem Fall also $\sin\Theta$ anstatt Θ). Im übrigen verfahre man genau wie zuvor. Die sich damit ergebende Wandweite W_α ist im allgemeinen verschieden von W_L. Aus Gleichung (2.7) ergibt sich:

$$W_\alpha = 2\sqrt{A/K_1} = 2\cdot\delta_o \tag{2.9}$$

(Für 180° Wände mit nur einem Wendepunkt bei $\Theta = x = o$ gilt stets die Beziehung $W_\alpha = \frac{2}{\pi} W_L$).

Die Wandweite W_α läßt sich leichter für Fälle verallgemeinern, in denen die Magnetisierungsänderung nicht durch einen einzigen Drehwinkel beschrieben werden kann. Auch zur Beschreibung mehrdimensionaler Magnetisierungskonfigurationen in dünnen Schichten erscheint diese Definition zweckmäßiger. Wir wollen im folgenden beide Definitionen nebeneinander benutzen.

[2.1] W. F. Brown, Jr., Diskussionsbeitrag auf der Intern. Conf. on Magnetism, Grenoble 197o

[2.2] Landolt-Börnstein, Zahlenwerte und Funktionen (6. Aufl.) (Springer, Berlin Göttingen Heidelberg,1962) Band II.9 I

[2.3] J.F. Dillon, Jr., in "Magnetism", hrsg. v. G. Rado und H. Suhl (Academic Press, New York, 1963) Band III

[2.4] B. A. Lilley, Phil. Mag. 41, 792 (195o)

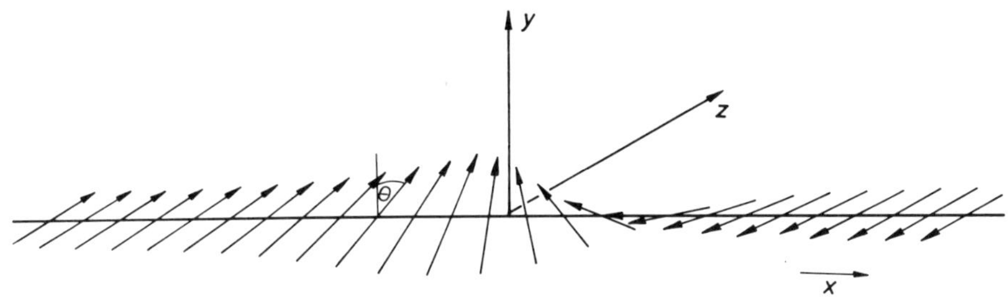

Fig. 2.1 Perspektivische Darstellung einer eindimensionalen Blochwand

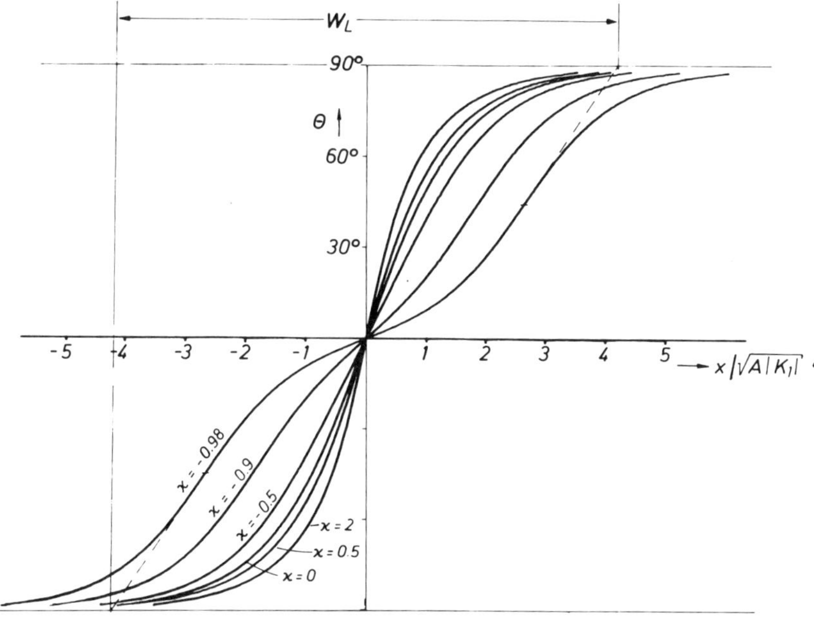

Fig. 2.2 Der Wand-Drehwinkel Θ(x) für verschiedene Wände in einachsigen Materialien. $\kappa = K_2/K_1$ = Verhältnis der beiden Anisotropiekonstanten. Definition der Wandweite nach Lilley (für die Kurve $\kappa = -0.98$)

3. Allgemeine Theorie der eindimensionalen und ebenen Wände

Im letzten Abschnitt konnten wir die Konfiguration der Magnetisierung innerhalb der Wand durch einen einzigen Drehwinkel beschreiben. Das wird nicht immer möglich sein, man benötigt im allgemeinen einen ganzen Satz voneinander unabhängiger Konfigurationsvariabler Θ_i zur Beschreibung der Wand. Eine vollständige Beschreibung bestünde in der Angabe dieser Konfigurationsvariablen als Funktion der Ortskoordinate x. In diesem Abschnitt lassen wir also mehrere Konfigurationsvariable Θ_i zu, setzen aber weiter voraus, daß alle Größen nur von einer Ortskoordinaten x abhängen (eindimensionale Probleme).

3.1 Formulierung des Variationsprinzips zur Berechnung einer Wand

Die von den Konfigurationsvariablen Θ_i abhängige Gesamtenergie der Wand setze sich aus zwei Anteilen zusammen, nämlich der verallgemeinerten Kristallenergie, in der alle Potentiale zusammengefaßt seien, die nur die Variablen Θ_i und nicht deren Ableitungen enthalten:

$$e_K = G(\Theta_i), \tag{3.1}$$

und einer verallgemeinerten Austauschenergie, die sich in einer vernünftigen Näherung als quadratische Form in den Ortsableitungen der Variablen schreiben lassen möge:

$$e_A = \sum_{k,l} a_{kl}(\Theta_i) \frac{d\Theta_k}{dx} \cdot \frac{d\Theta_l}{dx} \tag{3.2}$$

Anfangs- und Endwert der Variablen seien durch die Werte Θ_i^a und Θ_i^e gegeben. Für diese Randwerte muß stets

$$G(\Theta_i^a) = G(\Theta_i^e) = G_\infty$$

gelten, da sonst eine Verschiebung der Wand zu einer Energieabsenkung führen könnte, was im Widerspruch zur Annahme einer

ruhenden Wand stünde.
Die Variationsaufgabe für die Wand lautet also:

$$\delta\int_{-\infty}^{\infty}[\sum_{k,l} a_{kl}(\Theta_i)\frac{d\Theta_k}{dx}\frac{d\Theta_l}{dx} + G(\Theta_i)]dx = 0 \qquad (3.3)$$

Zwischen dem mikromagnetischen Variationsprinzip (3.3) und den Variationsprinzipien der Punktmechanik besteht eine Analogie: Ersetzt man die Ortskoordinate durch die Zeit und betrachtet e_A als kinetische Energie sowie -G als die potentielle Energie, so gelangt man zum Hamiltonschen Prinzip. In der Mechanik folgt der Energiesatz als erstes Integral aus dem Hamiltonschen Prinzip. Das analoge erste Integral für eine Blochwand (s.Gl.(2.4)) lautet allgemein:

$$-\sum_{k,l} a_{kl}(\Theta_i)\frac{d\Theta_k}{dx}\frac{d\Theta_l}{dx} + G(\Theta_i) = C \qquad (3.4)$$

Wenn wir uns vorerst auf den Fall einer einzelnen Blochwand in einem unendlich ausgedehnten Medium beschränken, dann muß die Austauschenergie im Unendlichen verschwinden und es folgt für die Integrationskonstante $C = G_\infty$. (Außer der hieraus resultierenden singulären Lösung gibt es auch periodische Lösungen von (3.3), auf die wir in Abschn. 3.4 eingehen werden.)

3.2 Lösung für den Spezialfall nur einer Variablen

Reicht, wie in Abschn. 2., eine Konfigurationsvariable Θ aus, um die Wand zu beschreiben, so ergibt sich aus (3.4) bereits die Lösung

$$x = \int_0^{\Theta}\sqrt{\frac{a(\Theta)}{G(\Theta)-G_\infty}}\,d\Theta \qquad (3.5)$$

$$E_G = \int_{\Theta^a}^{\Theta^e}\sqrt{(G(\Theta)-G_\infty)\cdot a(\Theta)}\,d\Theta \qquad (3.6)$$

Damit ist das Problem auf einfache Integrationen zurückgeführt.

Die Wandweite nach Lilley ergibt sich, wenn $\Theta(x)$ nur einen Wendepunkt bei Θ_o aufweist, zu

$$W_L = \frac{(\Theta^e-\Theta^a)\sqrt{a(\Theta_o)}}{\sqrt{G(\Theta_o)-G_\infty}} \tag{3.7}$$

Wenn mehrere Wendepunkte vorliegen, so müssen diese mit Hilfe von Gl. (3.5) berechnet werden. Seien die beiden entferntesten Wendepunkte durch x_1, Θ_1 bzw. x_2, Θ_2 gegeben, dann ergibt sich die Wandweite zu

$$W_L = x_2-x_1 + \frac{(\Theta^e-\Theta_2)\sqrt{a(\Theta_2)}}{\sqrt{G(\Theta_2)-G_\infty}} - \frac{(\Theta^a-\Theta_1)\sqrt{a(\Theta_1)}}{\sqrt{G(\Theta_1)-G_\infty}} \tag{3.8}$$

Die Wandweite W_α erhält man definitionsgemäß ebenso, indem man anstelle von $\Theta(x)$ die Größe $\underline{\alpha}(\Theta)\cdot\underline{w}$ als Funktion von x untersucht, wobei $\underline{w}$ die Winkelhalbierende ($\underline{w} = (\underline{\alpha}^a-\underline{\alpha}^e)/|\underline{\alpha}^a-\underline{\alpha}^e|$) sei.

3.3 Lösungsmethoden für den Fall mehrerer Variabler

Wenn die vollständige Beschreibung einer Wand mehr als eine unabhängige Variable erfordert, dann versagt i.a. die einfache Lösungsmethode des Abschnitts 3.2.

Ein Sonderfall stellt sich dann ein, wenn eine der Variabeln nicht in der Austauschenergie (3.2) erscheint. Eine solche Variable läßt sich dann für jeden Wert der anderen Variabeln aus der Variation von (3.1) berechnen und eliminieren. Wir werden sehen, daß magnetische Streufelder und Gitterverzerrungen in ebenen Wänden diese Eigenschaft besitzen. Im allgemeinen gibt es jedoch im Fall mehrerer Konfigurationsvariabler Θ_i keine geschlossene Lösung, und man ist entweder auf Näherungsverfahren oder auf eine numerische Lösung der Differentialgleichungen angewiesen. Mögliche Näherungsverfahren werden im folgenden erläutert.

a) Lösung bei Kenntnis des "Magnetisierungspfads"
Eine vollständige Beschreibung einer Wand wäre durch die Angabe des Funktionensatzes $\Theta_i(x)$ gegeben. Eliminiert man nun aus diesen

Funktionen die Ortsvariable x, so verbleibt ein Zusammenhang zwischen den verschiedenen Konfigurationsvariablen Θ_i, den wir den "Magnetisierungspfad" nennen wollen. Dieser Pfad stellt eine Kurve im Raum der Konfigurationsvariablen dar. Sind die Konfigurationsvariabeln z.B. mit den Komponenten des Magnetisierungsvektors identisch, so gibt der Magnetisierungspfad an, welche Richtungen des Magnetisierungsvektors innerhalb der Wand überstrichen werden. Wenn der Magnetisierungspfad bekannt ist, dann kann das Blochwandproblem als gelöst betrachtet werden: Seien nämlich etwa die Variablen Θ_2, Θ_3.. als Funktionen von Θ_1 gegeben, dann können auch die Energien (3.1) und (3.2) als Funktionen von Θ_1 allein betrachtet werden, und die Wand kann nach Gl. (3.5) und (3.6) integriert werden.

Häufig kennt man den Magnetisierungspfad wenigstens näherungsweise. Man wird dann aus einer Reihe von möglichen Pfaden denjenigen auswählen, der nach Gl. (3.6) die geringste Energie ergibt. Oft ist es möglich, die Gleichungen in der Umgebung einer solchen Näherungslösung zu linearisieren und damit zu weiter verbesserten Lösungen zu gelangen. Diesem Verfahren sei der nächste Abschnitt gewidnet.

b) Bestimmung des Wandverlaufs durch Linearisierung in der Umgebung einer Näherungslösung

Die Methode der Linearisierung führt, wie Döring [3.1] erstmals gezeigt hat, in einer wichtigen Klasse von Problemen zu einfachen, geschlossen auswertbaren Lösungen, die eine unmittelbare Erweiterung des Spezialfalles nur einer Variabeln darstellen.
Wir machen dazu zwei Voraussetzungen:

1) Die Wand werde näherungsweise durch eine Variable $\varphi(x)$ beschrieben. Der Wert einer zweiten Variablen $\vartheta(x)$ weiche nur geringfügig von einem konstanten Wert ϑ_0 ab.

2) In der Austauschenergie (3.2) möge das gemischte Glied $\varphi'\vartheta'$ verschwinden. Das läßt sich im Prinzip immer durch geeignete Wahl von ϑ erreichen.

Das Variationsprinzip für die Wand lautet dann:

$$\delta E = \delta \int_{-\infty}^{\infty} [G(\varphi,\vartheta)+a(\varphi,\vartheta)\varphi'^2+b(\varphi,\vartheta)\vartheta'^2]dx = 0 \qquad (3.9)$$

wie setzen nun:

$$\varphi(x) = \varphi_0(x)+\varphi_1(x), \; \vartheta(x) = \vartheta_0+\vartheta_1(x) \qquad (3.10)$$

und berechnen als erste Näherung gemäß Abschn. 3.1 die Funktion $\varphi_0(x)$ für $\vartheta=\vartheta_0$. Insbesondere gilt danach für φ_0 die Differentialgleichung:

$$G^{o} - a^{o}_{\varphi}\varphi_0'^2 - 2a^{o}\varphi_0'' = 0 \qquad (3.11)$$

Dabei bedeuten die Abkürzungen $G^{o}_{\varphi} = \frac{\partial G}{\partial \varphi}\Big|(\varphi=\varphi_0(x),\vartheta=\vartheta_0)$ etc.

Wir entwickeln nun den Integranden in Gl. (3.9) bis zu linearen Gliedern in φ_1 und ϑ_1 und erhalten für die zusätzliche freie Energie E_1:

$$E_1 = \int_{-\infty}^{\infty} [(G^{o}+a^{o}_{\vartheta}\cdot\varphi_0'^2)\vartheta_1 + (G^{o}+a^{o}_{\varphi}\cdot\varphi_0'^2)\varphi_1+2a^{o}\cdot\varphi_0'\cdot\varphi_1']dx \qquad (3.12)$$

Die φ_1 enthaltenden Terme in (3.12) verschwinden bei der Integration, da sie sich mit Hilfe von Gl. (3.11) als totales Differential $\frac{d}{dx}(2a^{o}\varphi_0'\varphi_1)$ darstellen lassen und φ_0' an den Integrationsgrenzen verschwindet. Die Variation von Gl. (3.12) ergibt damit folgenden Satz:

Notwendige Voraussetzung dafür, daß schon $\varphi_0(x)$ die Wand richtig beschreibt, also keine Abweichungen φ_1 und ϑ_1 auftreten, ist die Bedingung:

$$G^{o}+a^{o}\varphi_0'^2 = G^{o}+\frac{a^{o}_{\vartheta}}{a^{o}}G^{o} = 0 \qquad (3.13)$$

Wenn die Bedingung (3.13) nicht erfüllt ist, dann läßt sich unter gewissen Bedingungen die Größe der Abweichung ϑ_1 bestimmen. Dazu müssen die quadratischen Glieder in der Entwicklung von (3.9) nach φ_1 und ϑ_1 mit herangezogen werden. Einfache Lösungen ergeben sichdabei allerdings nur, wenn die Austauschterme φ_1'

und $\vartheta_1'^2$ zu vernachlässigen sind. Wir hatten vorausgesetzt, daß die Abweichungen ϑ_1 als kleine Größen zu betrachten sind. Das wird häufig dadurch bewirkt, daß das Glied $G^0_{\vartheta\vartheta}$ alle übrigen Koeffizienten quadratischer Terme weit übertrifft. Wir können dann alle quadratischen Ausdrücke, die φ_1, φ_1' oder ϑ_1' enthalten, vernachlässigen und erhalten für ϑ_1 unmittelbar:

$$\vartheta_1 = -\left(G^0_\vartheta + \frac{a^0_\vartheta}{a^0} G^0\right) \Big/ \left(G^0_{\vartheta\vartheta} + \frac{a^0_{\vartheta\vartheta}}{a^0} G^0\right) \tag{3.14}$$

In der gleichen Näherung berechnet sich die mit der Verbesserung ϑ_1 verbundene Energieabsenkung ΔE_G zu:

$$\Delta E_G = -\frac{1}{2}\int \frac{(G^0_\vartheta + a^0_\vartheta G^0/a^0)^2}{(G^0_{\vartheta\vartheta} + a^0_{\vartheta\vartheta} G^0/a^0)} \sqrt{\frac{a^0}{G^0}}\, d\varphi_0 \tag{3.15}$$

Mit ϑ_1 verfügen wir über einen verbesserten Magnetisierungspfad von dem aus wir im Prinzip die Prozedur wiederholen können. Voraussetzung dafür wäre, daß wir neue Koordinaten definieren können, die wiederum die beiden eingangs erwähnten Bedingungen erfüllen. Sehr häufig liefert jedoch schon der erste Schritt (3.14) eine ausreichend gute Näherungslösung. Auf diese Weise lassen sich z.B. die schwachen Streufelder innerhalb von Blochwänden berechnen, die nicht ganz der Bedingung der Streufeldfreiheit folgen (Abschn. 6). Ein ähnlicher Fall, auf den wir noch zurückkommen werden, sind Wände, in denen der Betrag der Magnetisierung örtlich variiert (Abschn. 9).

Eine andere Anwendung von Gl. (3.13) sei im nächsten Abschnitt behandelt, nämlich eine genauere Untersuchung der Randpunkte des Variationsverfahrens.

c) Untersuchung des Verhaltens in der Nähe der Randpunkte

Wir entwickeln sowohl die verallgemeinerte Kristallenergie als auch die Austauschenergie im Bereich kleiner Abweichungen von Θ_i^a bis zu Gliedern zweiter Ordnung in den Differenzen $\vartheta_i = \Theta_i - \Theta_i^a$ bzw. deren Abteilungen ϑ_i'. Da die Kristallenergie in den Domänen stationär sein muß, verschwinden die linearen Glieder in ϑ_i. Wir erhalten damit für die Gesamtenergie:

$$e_G = G(\Theta_i) + e_A(\Theta_i) \cong G_\infty + g_{ik}\vartheta_i\vartheta_k + a_{ik}\vartheta_i'\vartheta_k' \qquad (3.16)$$

wobei die Tensoren $\underline{g}$ und $\underline{a}$ als symmetrisch und konstant zu betrachten sind. Das erste Ziel ist es, den Austauschterm (falls dies notwendig ist) zu vereinfachen. Dazu transformieren wir die Variabeln $_i$ vermöge einer unitären Transformation derart, daß $\underline{a}$ eine Hauptachsengestalt annimmt:

$$\tilde{\vartheta}_i = S_{ik}\vartheta_k, \; S_{ik}S_{il} = \delta_{kl}, \; a_{ik}S_{il}S_{km} = \lambda_a^{(1)}\delta_{lm} \qquad (3.17)$$

Die Eigenwerte $\lambda_a^{(1)}$ können als positiv angenommen werden, denn verschwindende Eigenwerte würden die entsprechenden Variablen aus dem Variationsverfahren herausfallen lassen (s.Abschn. 3.3, Einleitung), während negative Eigenwerte der Austauschenergie physikalisch sinnlose divergente Lösungen zur Folge hätten. Damit ist auch folgende Transformation noch möglich, die e_A auf die einfachst mögliche Gestalt bringt:

$$\hat{\vartheta}_i = D_{ik}\tilde{\vartheta}_k \quad \text{mit} \quad D_{ik} = \frac{1}{\sqrt{\lambda_a^{(i)}}}\delta_{ik} \qquad (3.18)$$

In diesen Variablen schreibt sich die Gesamtenergie:

$$e_G = G_\infty + \hat{g}_{ik}\hat{\vartheta}_i\hat{\vartheta}_k + \hat{\vartheta}_i'\hat{\vartheta}_k'\delta_{ik} \qquad (3.19)$$

wobei der Tensor $\hat{\underline{g}}$ durch:

$$\hat{g}_{rs} = g_{ik}S_{il}S_{km}D_{lr}D_{ms} \qquad (3.20)$$

gegeben ist. $\hat{g}$ ist ebenso wie g ein symmetrischer Tensor, der durch eine weitere unitäre Transformation auf Hauptachsen transformiert werden kann:

$$\check{\vartheta}_i = \check{S}_{ik}\hat{\vartheta}_k, \quad \check{S}_{ik}\check{S}_{il} = \delta_{kl}, \quad \hat{g}_{ik}\check{S}_{il}\check{S}_{km} = \lambda_g^{(1)}\delta_{lm} \tag{3.21}$$

Hiermit erhalten wir die Gesamtenergie schließlich in der folgenden separierten Form:

$$e_G = G_\infty + \sum_i \lambda_g^{(i)}\check{\vartheta}_i^2 + \check{\vartheta}_i'^2 \tag{3.22}$$

Die Lösungen der zugehörigen Eulerschen Gleichungen lauten:

$$\check{\vartheta}_i = c_i \exp(-|x|/\sqrt{\lambda_g^{(i)}}) \tag{3.23}$$

mit zunächst noch unbestimmten Konstanten c_i. Aus Gl.(3.23) erhalten wir die ursprünglichen Variablen ϑ_i durch Umkehrung aller Transformationen:

$$\vartheta_i = \check{S}_{ik}D_{kl}^{-1}S_{lm}\check{\vartheta}_m \tag{3.24}$$

Betrachten wir nun zunächst den Normalfall, daß alle Eigenwerte $\lambda_g^{(i)}$ voneinander verschieden sind. Für diesen Fall wollen wir beweisen, daß nur die Eigenlösungen (3.23), also diejenigen Lösungen, für die alle außer einer Konstanten c_i verschwinden, in der Nähe der Randpunkte einer Wand realisiert sein können. Dazu benutzen wir die linearisierte Theorie des letzten Abschnitts. Seien durch eine beliebige unitäre Transformation die Variabeln $\overset{*}{\vartheta}_i = \overset{*}{S}_{ik}\hat{\vartheta}_k$ aus den Variabeln $\hat{\vartheta}_i$ (3.18) erzeugt, so verschwinden auch in den neuen Variabeln ebenso wie in Gl.(3.19) alle gemischten Glieder in der Austauschenergie. Wir können dann zwei der Variabeln $\overset{*}{\vartheta}_i$ und $\overset{*}{\vartheta}_k$ mit den Variabeln φ und ϑ des Abschnitts b) identifizieren. Eine Lösung kann nur dann dem Pfad der Variabeln $\overset{*}{\vartheta}_i$ folgen, wenn alle Variationsableitungen in Richtung anderer Variabeln nach Gl.(3.14) verschwinden. Das ist aber nur möglich, wenn $\overset{*}{g}_{ik}=0$ für $i \neq k$ gilt.

Daraus folgt, daß die Variabeln ϑ_i^* mit den durch die unitäre Transformation (3.21) erzeugten Eigenlösungen identisch sein müssen, denn bei einem nicht entarteten Tensor sind die Richtungen der Eigenvektoren eindeutig. Das Ergebnis ist also, daß der Magnetisierungspfad einer Blochwand stets in eine der Eigenlösungen des Tensors $\hat{\underline{g}}$ in den Randpunkten einmünden muß. Dabei ist noch nicht zu entscheiden, welche der Eigenlösungen zur günstigsten Gesamtenergie der Wand führt. Man wird jedoch vermuten, daß die Randlösung mit dem kleinsten Eigenwert $\lambda_g^{(i)}$ häufig auch zur günstigsten Gesamtlösung führt. Ein allgemeines Verfahren zur Entscheidung dieser Frage wäre etwa folgendes: Man verbindet zunächst je zwei der Randlösungen zu einem Versuchs-Magnetisierungspfad der Gesamtwand, verbessert diesen Pfad durch Linearisierung oder durch numerische Methoden und stellt fest, ob zu diesem Randverhalten eine stabile Gesamtlösung gehört. Sollte dies für mehrere Pfade der Fall sein, dann läßt sich an Hand der Wandenergie entscheiden, welche der Lösungen nicht nur "lokal", sondern überhaupt stabil ist. Jedenfalls werden durch die verschiedenen Randlösungen verschiedene mögliche Moden für die Gesamtwand definiert. Bei n Variablen sind theoretisch n^2 verschiedene Kombinationen dankbar, jedoch sind in der Regel wohl nur die n Moden von Bedeutung, die einander entsprechende Randlösungen miteinander verbinden.

Wenn der Tensor $\hat{\underline{g}}$ entartet ist, also verschiedene Eigenwerte $\lambda_g^{(i)}$ übereinstimmen, dann sind alle Linearkombinationen zwischen den betreffenden Eigenvektoren gleichberechtigt. In diesem Fall läßt sich über das Randverhalten in der benutzten Näherung keine Aussage machen.

Im Ferromagnetismus kann man häufig mit einer isotropen Austauschwechselwirkung rechnen (s.Abschn.1). Die Koordinaten $\hat{\vartheta}_i$ stellen dann ein örtliches orthonormales Koordinatensystem im Magnetisierungsraum dar. Die bisherigen Resultate lassen sich in diesem Fall wie folgt zusammenfassen: Mögliche Magnetisierungspfade einer Blochwand in der Nähe ihrer Randpunkte sind solche, für die die verallgemeinerte Kristallenergie extremal ist. Bei nicht entarteten Kristallenergietensoren gibt es eine der

Zahl der Variabeln entsprechende Anzahl von ausgezeichneten Pfaden, die aufeinander senkrecht stehen. Diese Aussagen gelten in dieser Form nicht mehr bei anisotroper Austauschenergie, da dann in $\hat{g}$ (Gl.(3.20)) auch wesentliche Eigenschaften der Austauschenergie eingehen.

Viele Probleme lassen sich auf zwei Variable zurückführen. Wir wollen für diesen Fall die Eigenlösungen explizit angeben. Sei der Tensor $\hat{\underline{g}}$ gegeben, dann ist die unitäre Transformation $\check{S}$ in der Form

$$\check{S} = \begin{pmatrix} \cos\eta & -\sin\eta \\ \sin\eta & \cos\eta \end{pmatrix} \tag{3.25}$$

mit

$$\tan(2\eta) = 2\hat{g}_{12}/(\hat{g}_{11}-\hat{g}_{22}) \tag{3.26}$$

zu schreiben.
Die beiden Eigenlösungen sind durch

$$\hat{\vartheta}_2/\hat{\vartheta}_1 = \tan\eta \quad \text{bzw.} \quad -\hat{\vartheta}_1/\hat{\vartheta}_2 = \tan\eta \tag{3.27}$$

charakterisiert.

3.4 Wechselwirkungen zwischen ebenen Blochwänden

Die Differentialgleichungen (3.4) haben nicht nur Lösungen, die einer isolierten Wand in einem unendlichen Medium entspricht, sondern auch periodische Lösungen. Diese ergeben sich zwanglos aus (3.4), wenn man die Integrationskonstante nicht gleich der verallgemeinerten Kristallenergie im Unendlichen setzt. Im Fall einer Variablen ergeben sich unmittelbar zu (3.5) und (3.6) analoge Lösungen. Sei

$$a(\Theta)\Theta'^2 = G(\Theta) - G_\infty + P \tag{3.28}$$

dann gibt es für P<0 zwei Winkel $\Theta_{\pm p}$ mit $G(\Theta_{\pm p})-G_\infty+P = 0$.

Die Lösung ergibt eine Oszillation des Winkels Θ zwischen den beiden Grenzwerten Θ_{+p} und Θ_{-p}. Die Periode der Wand beträgt

$$x_p = \int_{\Theta_{-p}}^{\Theta_{+p}} \sqrt{\frac{a(\Theta)}{G(\Theta)-G_\infty+P}}\, d\Theta \qquad (3.29)$$

Das Integral ergibt einen endlichen Wert, da der Nenner des Integranden nicht wie bei der isolierten Wand in der Nähe der Randpunkte stationär ist. Die Wandenergie einer einzelnen Wand der periodischen Anordnung ergibt sich entsprechend:

$$E_G(x_p) = 2\int_{\Theta_{-p}}^{\Theta_{+p}} \sqrt{a(\Theta)(G(\Theta)-G_\infty+P)}\, d\Theta \qquad (3.30)$$

Es sei bemerkt, daß im Fall, daß dieses Integral für P=0 elementar zu lösen ist, für P=0 an die Stelle der elementaren Funktionen meist elliptische Integrale treten [3.2].

Der Fall P<0 stellt sogenannte abwickelbare Wände (engl. "unwinding walls") dar. Der Drehsinn benachbarter Wände ist jeweils entgegengesetzt. Aus (3.30) ist unmittelbar abzulesen, daß die Energie einer einzelnen Wand in einer abwickelbaren periodischen Wandanordnung geringer ist als die Energie der isolierten Wand: Gegensinnige, abwickelbare Wände ziehen sich (bis zur gegenseitigen Annilihation) an. Anders im Fall P>0. In diesem Fall wird der Wert $\Theta=\Theta_\infty$ schon bei einem endlichen Wert von x erreicht. Anstelle von $\Theta_{\pm p}$ hat dann in (3.29) und (3.30) einfach $\Theta_{\pm\infty}$ zu treten. Es ergibt sich eine periodische Anordnung gleichsinniger, nicht abwickelbarer Wände, deren Energie gegenüber der isolierten Wand erhöht ist.

Die aus (3.30) zu berechnenden Wechselwirkungsenergie fallen für große Abstände zwischen den Wänden exponentiell ab. Dies ist der Grund, warum die direkte Wechselwirkung zwischen Blochwänden in massiven Proben in der Regel vernachlässigt werden kann. Sie wird bei weitem von indirekten, durch die Bereichstruktur im Ganzen bedingte Wechselwirkungen überdeckt, die nicht Gegenstand dieser Arbeit sind.

Es sei noch erwähnt, daß die in Abschn. 3.5b erläuterte Differenzenmethode in natürlicher Weise die Berechnung eingeschränkter oder periodischer Wandstrukturen - auch im Fall mehrerer Veränderlicher - gestattet. Im übrigen wollen wir im folgenden Wechselwirkungen zwischen ebenen Wänden in massiven Proben außer Betracht lassen.

3.5 Andere Formen der Austauschenergie

a) Höhere Glieder in der Taylorentwicklung

Bisher sind wir von der Form (3.3) für die Austauschenergie ausgegangen. Im allgemeinen ist diese Formel jedoch nur als eine erste Näherung für die Austauschenergie anzusehen. Wir betrachten dazu als einfachstes Beispiel eine lineare Kette von Atomen im Abstand c. Im Heisenbergmodell und bei Beschränkung auf Wechselwirkungen bis zu nächsten Nachbarn ist die Austauschwechselwirkung zwischen den Elementarspins dann durch folgende Formel gegeben:

$$E_A = J \sum_n [1-\cos(\Theta_{n+1}-\Theta_n)] \tag{3.31}$$

Ersetzen wir die diskreten Winkel Θ_n durch eine stetige Funktion $\Theta(x)$ und entwickeln diese in einer Taylorreihe ($\Theta_{n+1}=\Theta_n+c\Theta'+\ \ldots$), so ergibt sich, wenn wir bis zu Gliedern der Ordnung c^4 gehen und wenn wir die Summation durch eine Integration ersetzen, folgender Ausdruck:

$$E_A = \frac{Jc}{2} \int_{-\infty}^{\infty} [\Theta'^2+c^2(\frac{\Theta''^2}{4} + \frac{\Theta'\Theta'''}{3} - \frac{\Theta'^4}{12})]dx \tag{3.32}$$

Durch Vergleich mit (1.2) können wir den Vorfaktor Jc/2 mit der Austauschkonstante A identifizieren. Den Term $\Theta'\Theta'''$ formen wir durch eine partielle Integration um und erhalten:

$$E_A = A \int_{-\infty}^{\infty} (\Theta'^2 - \frac{c^2}{12}(\Theta''^2 + \Theta'^4))\,dx \qquad (3.33)$$

(3.33) unterscheidet sich von der klassischen mikromagnetischen Form durch zusätzliche negative Terme, die mit dem als klein anzusehenden Faktor c^2 versehen sind. Wegen des negativen Vorzeichens der Zusatzterme ist ein Energiefunktional, daß eine Austauschenergie der Form (3.33) enthält, streng genommen instabil. Sinnvolle Lösungen ergeben sich nur durch eine Störungsrechnung, die von der klassischen mikromagnetischen Lösung ausgeht. [3.3]

Wir gehen dazu von folgendem, verallgemeinerten Variationsproblem aus:

$$\delta \int_{-\infty}^{\infty} \left\{ A[\Theta'^2 - c^2(\beta_1 \Theta''^2 + \beta_2 \Theta'^4)] + G(\Theta) \right\} dx = 0 \qquad (3.34)$$

Die zugehörigen Eulerschen Gleichungen lauten:

$$A[\Theta'' + c^2(\beta_1 \Theta'''' - 6\beta_2 \Theta'^2 \Theta''] = \frac{1}{2} G_\Theta \qquad (3.35)$$

Ebenso wie in Abschn. 2.1. multiplizieren wir Gl. (3.35) mit Θ' und integrieren über x. Dann ergibt sich

$$A(\Theta'^2 + c^2(\beta_1(2\Theta'''\Theta' - \Theta''^2) - 3\beta_2 \Theta'^4) = G(\Theta) - G_\infty \qquad (3.36)$$

Im Sinne einer Störungsrechnung ist es nun erlaubt, die Terme in (3.36), die bereits c^2 enthalten, durch Einsetzen der klassischen Lösung ($A\Theta_o'' = \frac{1}{2}G_\Theta$, $A\Theta_o'^2 = G - G_\infty$) zu vereinfachen. Dann ergibt sich:

$$A\Theta'^2 + \frac{c^2}{A}[\beta_1(G_{\Theta\Theta}(G-G_\infty) - \frac{1}{4}G_\Theta{}^2) - 3\beta_2(G-G_\infty)^2] = G - G_\infty \qquad (3.37)$$

Daraus erhalten wir den Wandverlauf:

$$x = A \int \left\{ G-G_\infty + \frac{c^2}{A} [\beta_1(\frac{1}{4} G_\Theta^2 - G_{\Theta\Theta}(G-G_\infty)) + 3\beta_2(G-G_\infty)^2] \right\}^{-1/2} d\Theta \tag{3.38}$$

und die Wandenergie durch Einsetzen in (3.31) zu

$$E_G = 2A \int_{-\infty}^{\infty} \frac{(G-G_\infty)[1-\frac{c^2}{2A}(\beta_1 G_{\Theta\Theta} - 2\beta_2(G-G_\infty))]\, d\Theta}{[G-G_\infty + \frac{c^2}{A}(\beta_1(\frac{1}{4}G_\Theta^2 - G_{\Theta\Theta}(G-G_\infty)) + 3\beta_2(G-G_\infty)^2]^{1/2}} \tag{3.39}$$

Damit ist die Lösung des Variationsproblems (3.31) ebenso wie im klassischen Fall auf einfache Integrationen zurückgeführt. Man erkennt, daß höhere Terme in der Austauschenergie grundsätzlich keinen anderen Einfluß als höhere Terme in der Kristallenergie haben. Die gegenüber der klassischen Lösung zusätzlichen Beiträge in (3.38) und (3.39) sind von der Größenordnung $c^2/(A/G(o))$, also proportional zum Quadrat des Verhältnisses Gitterkonstante c zu Blochwanddicke δ. Sie sind daher für gewöhnliche Ferromagnetika meist zu vernachlässigen. Anders in Werkstoffen, die entweder eine extrem hohe Anisotropieenergie aufweisen (Beispiel Co_5Sm, $\delta \approx 1oc$ [3.3]), oder die eine Tendenz zu einer antiferromagnetischen Ordnung zeigen (Beispiel Dy, $\delta \approx 7c$ [3.4]). In derartigen Materialien spielen die durch (3.38) und (3.39) gegebenen Korrekturen bereits eine wesentliche Rolle.

b) Diskrete Berechnung von Blochwänden

Die diskrete Schreibweise der Austauschenergie (3.31) legt es nahe, auf die kontinuumstheoretische Darstellung einer Blochwand ganz zu verzichten und die Wand von vornherein in diskreter Form zu behandeln. Ein solches Verfahren ist vor allem dann sinnvoll, wenn die Wanddicke etwa nur noch wenige Gitterkonstanten beträgt. Die diskrete Rechnung kommt jedoch auch dann in Frage, wenn ein klassisches Blochwandproblem analytisch nicht mehr zu lösen ist. Das kontinuumstheoretische Problem wird dann künstlich in ein diskretes zurückverwandelt, wobei man in diesem Fall nicht mehr an die Gitterkonstante als Einheit gebunden ist.

Es sei deshalb hier ein verallgemeinerungsfähiges Verfahren zur Lösung eindimensionaler diskreter Probleme an Hand eines einfachen Beispiels erläutert.

Die freie Energie der Magnetisierungsstruktur sei im Anschluß an den letzten Abschnitt in folgender Form gegeben:

$$E = J \sum_{n=-N}^{N} (1-\cos(\Theta_{n+1}-\Theta_n)) + k_1 \sum_{n=-N}^{N} \cos^2\Theta_n \qquad (3.40)$$

Die Randbedingungen für eine 180°-Wand, lauten $\Theta_{\pm\infty} = \pm\pi/2$. Variieren wir die Energie (3.40) nach den Variablen Θ_n, so ergibt sich folgendes Gleichungssystem:

$$f_n = -J[\sin(\Theta_{n+1}-\Theta_n)-\sin(\Theta_n-\Theta_{n+1})] + k_1 \sin 2\Theta_n = 0 \qquad (3.41)$$

Wir lösen dieses Gleichungssystem numerisch mit Hilfe des Newtonschen Verfahrens und bilden dazu die Ableitungen $F_{nm} = \partial f_n / \partial \Theta_m$:

$$F_{nn} = J(\cos(\Theta_{n+1}-\Theta_n)+\cos(\Theta_n-\Theta_{n-1}))+2k_1\cos 2\Theta_n$$

$$F_{n,n+1} = -J\cos(\Theta_{n+1}-\Theta_n),\ F_{n,n-1} = -J\cos(\Theta_n-\Theta_{n-1}) \qquad (3.42)$$

Um ein endliches Gleichungssystem zu erhalten, ist N auf einen endlichen Wert zu beschränken; die zugehörigen Randwerte $\Theta_{\pm N}$ sind demnach gesondert zu untersuchen. Wenn N hinreichend groß ist, dann ist es erlaubt, die $\Theta_{\pm N}$ einfach gleich den Randwerten $\pm\pi/2$ zu setzen. Das ist meist erlaubt, da wir aus der kontinuumstheoretischen Behandlung wissen, daß die Θ_n exponentiell gegen ihren Grenzwert konvergieren. Eine verfeinerte Methode, die mit kleineren Werten von N auskommt, besteht darin, den aus der Kontinuumstheorie bekannten Verlauf für große n zur Berechnung von Θ_N aus Θ_{N-1} und entsprechend Θ_{-N-1} aus Θ_{-N} zu benutzen.

In diesem Fall ist zu beachten, daß die Gleichungen f_{N-1} und f_{N-2} die Variablen Θ_{N-1} zusätzlich noch über $\Theta_N(\Theta_{N-1})$ enthalten, was bei der Berechnung von $F_{N-1,N-1}$ und $F_{N-2,N-1}$ zu berücksichtigen ist.

Schließlich ist es noch erlaubt, einen Wert, etwa Θ_o, von vornherein festzulegen, da durch das Gleichungssystem (3.41) die Lage der Wand relativ zum Kristallgitter noch nicht festliegt. Das kann z.B. dadurch geschehen, daß die Gleichung f_o durch $\Theta_o-\Theta_o^o = 0$ ersetzt wird, was $F_{oo}=1$ und $F_{on,n\neq o}=0$ zur Folge hat.

Ausgehend von einer etwa kontinuumstheoretisch gewonnenen Näherungslösung $\Theta_n^{(o)}$ erhalten wir nun eine verbesserte Lösung $\Theta_n^{(1)}$ gemäß

$$\Theta_n^{(1)} = \Theta_n^{(o)} - F_{nm}^{-1} f_m \qquad (3.43)$$

F^{-1} bedeutet die zu F inverse Matrix. Das Verfahren wird solange wiederholt, bis die gewünschte Genauigkeit erreicht ist. Bei der numerischen Berechnung der Inversen läßt sich die Tatsache ausnutzen, daß die Matrix F eine bandförmige Struktur besitzt. Außer der Diagonalen sind nur einige weitere Nebendiagonalen besetzt, während alle übrigen Elemente verschwinden. Für solche Bandmatrizen gibt es spezielle Auflösungsprozeduren [3.5], die nur den minimalen Speicherplatz (nämlich (2N+1)x(2p+1) Speicherplätze, p=Anzahl der Nebendiagonalen, hier p=1) benötigen. Damit lassen sich Werte von N=1000 auf größeren Rechenanlagen ohne weiteres realisieren.

Das Verfahren läßt sich auch für den Fall anwenden, daß in (3.40) mehr als nur die nächsten Nachbarn zu berücksichtigen sind. In diesem Fall erhöht sich nur die Zahl der Nebendiagonalen p. Im Grenzfall einer sehr weitreichenden, integralen Wechselwirkung [3.6] füllt sich die gesamte Matrix $\underline{F}$.

Sollte die Wandstruktur nicht durch eine einzige Variable Θ zu beschreiben sein, sondern durch etwa zwei Variable Θ and ϕ, die miteinander gekoppelt sind, dann ordnet man die Variablen in einer Reihe gemäß Θ_n, ϕ_n, Θ_{n+1}, ϕ_{n+1} ... an. Man erhält dann wieder eine Bandmatrix allerdings mit einer doppelt so hohen Anzahl von Nebendiagonalen. In der diskreten Darstellung der Blochwand lassen sich verschiedene Besonderheiten berechnen, die in der kontinuierlichen Darstellung notwendigerweise unterdrückt werden. Dazu gehört eine Abhängigkeit der Wandenergie von der Lage der Wandmitte relativ zum Kristallgitter, in unserer Darstellung also von Θ_o^o. Dieses Phänomen wurde in jüngster Zeit für verschiedene Systeme genauer erforscht [3.3, 3.4, 3.7].

[3.1] W.Döring, Z.Naturforschung 3a, 373 (1948)

[3.2] A.Wachniewski, W.I.Zietek, Acta Phys.Polon. 32, 21, 93 (1967)

[3.3] H.-R.Hilzinger, Diplomarbeit, Universität Stuttgart (1972)
H.-R.Hilzinger, H.Kronmüller, phys.stat.sol.(b)54, 593(1972)

[3.4] T.Egami, C.D.Graham, J.Appl.Phys. 42, 1299 (1971)

[3.5] D.H.Thurnau, Commun.ACM 6, 441 (1963)

[3.6] H.Kronmüller, Int.J.Magnetism 3, 211 (1972)

[3.7] H.Zijlstra, IEEE Trans. Mag.6, 179 (1970)

4. Blochwände in einachsigen Kristallen

Als erste Anwendung der in Abschn. 3. entwickelten allgemeinen Theorie werden in diesem Abschnitt streufeldfreie Blochwände in einachsigen Kristallen (in Fortsetzung von Abschn. 2.1) untersucht. Diese Wände lassen sich stets durch eine einzige Konfigurationsvariable (einen Drehwinkel) beschreiben, sodaß wir uns auf die Ergebnisse des Abschn. 3.2 stützen können.

4.1 Berücksichtigung höherer Glieder in der Kristallenergie

In Erweiterung der Rechnungen in Abschn. 2.1 wollen wir nun das K_2-Glied in der Kristallenergie (Gl.(1.4)) mitberücksichtigen [4.1, 4.2]. Die in Abschn. 3.2 einzusetzende Funktion $G(\Theta)$ lautet dann:

$$G(\Theta) = K_1(\cos^2\Theta+\kappa\cos^4\Theta), \quad \text{mit} \quad \kappa = \frac{K_2}{K_1}, \ \kappa>-1 \tag{4.1}$$

Aus Gl. (3.5) und (3.6) ergibt sich nun anstelle von Gl. (2.5) und (2.6):*

$$x = \sqrt{\frac{A}{K_1}} \operatorname{arsinh}\left(\frac{1}{\sqrt{1+\kappa}} \tan\Theta\right) \tag{4.2}$$

$$E_G = 4\sqrt{A\cdot K_1}\cdot\frac{1}{2}[1+(1+\kappa)\frac{1}{\sqrt{\kappa}}\arctan\sqrt{\kappa}] \tag{4.3}$$

Für $\kappa>-\frac{1}{2}$ beträgt die Wandweite

$$W_L = \pi\sqrt{A/K_1}\,/\sqrt{1+\kappa} \tag{4.4}$$

Im Interval $-1<\kappa<-0.5$ besitzt die Funktion $\Theta(x)$ zwei zusätzliche Wendepunkte, in denen die Ableitung $\Theta'(x)$ größer ist als im Punkte x=0 (Fig.2.2). Damit ergibt sich die Wandweite nach Lilley gemäß Gleichung (3.8) zu:

---

*Beim Vergleich verschiedener Formeln beachte man die Identitäten $\operatorname{artanh}(\sin x) = \operatorname{arsinh}(\tan x) = \operatorname{arcosh}(1/\cos x)$.

$$W_L = 2\sqrt{A/K_1}\left[\operatorname{artanh}\sqrt{\frac{1+2\kappa}{\kappa}} + (\pi - 2\arctan\sqrt{-(1+2\kappa)})\cdot\sqrt{-\kappa}\right] \qquad (4.5)$$

Für eine große Zahl von Wänden in mehrachsigen Materialien läßt sich die verallgemeinerte Kristallenergie ebenfalls auf die Grundform (4.1) zurückführen, worauf wir in Abschn. 5 zurückkommen werden.

4.2 Wirkung eines äußeren Feldes

Als nächstes betrachten wir Blochwände in einem einachsigen Material unter der Wirkung eines äußeren angelegten Feldes. Die dabei auftretende zusätzliche Energie wurde in Gl. (1.7) angegeben. Das Feld sei parallel zur Wand und senkrecht zur leichten Richtung eines einachsigen Kristalls orientiert (Fig. 2.1). Dann lautet, mit Hilfe des Drehwinkels Θ ausgedrückt, die Feldenergie:

$$e_H = -H\cdot I_s\cdot\cos\Theta \qquad (4.6)$$

Zunächst ist es notwendig, die Magnetisierungsrichtung in den angrenzenden Domänen aus der verallgemeinerten Kristallenergie

$$G(\Theta) = K_1(\cos^2\Theta+\kappa\cos^4\Theta)-H\cdot I_s\cdot\cos\Theta \qquad (4.7)$$

zu berechnen. Durch Minimalisierung bezüglich Θ folgt für die reduzierte Feldstärke

$$h = \frac{H\,I_s}{2K_1} = \cos\Theta_\infty(1+2\kappa\cos^2\Theta_\infty) \qquad (4.8)$$

wobei Θ_∞ der Wert von Θ in den Domänen sei ($\Theta_\infty=\Theta(x=\infty)$)

Durch Einsetzen in (4.7) ergibt sich:

$$G(\Theta)-G(\Theta_\infty)=K_1(\cos\Theta-\cos\Theta_\infty)^2[1+\kappa(\cos^2\Theta+2\cos\Theta\cos\Theta_\infty+3\cos^2\Theta_\infty)] \qquad (4.9)$$

Der Ansatz ist nur sinnvoll für Felder, die noch nicht zur Sättigung des Kristalls führen. Sättigung würde eintreten, wenn entweder die Lösung von Gl.(4.8) $\Theta_\infty=0^\circ$ ergibt oder wenn die

Energie für $\Theta = 0^{\circ}$ kleiner als die Energie für $\Theta = \Theta_{\infty}$ wäre. Hieraus ergeben sich folgende Ausdrücke für die Sättigungsfeldstärken:

$$h_s = 1+2\kappa \qquad \text{für} \qquad \kappa>-\tfrac{1}{6} \tag{4.10a}$$

$$h_s^* = \tfrac{1}{27}[9+10\kappa+(3+2\kappa)\sqrt{-2-3/\kappa}] \text{ für } -1<\kappa<-\tfrac{1}{6} \tag{4.10b}$$

Im letzteren Fall erfolgt der Übergang bei $h=h_s^*$ sprungartig vom Wert $\cos\Theta_{\infty}=\frac{1}{3}(\sqrt{-2-\frac{3}{\kappa}}-1)$ zum Sättigungswert $\cos\Theta_{\infty}=1$. Für $\kappa=0$ sind (3.5) und (3.6) mit (4.9) explizit lösbar [4.3]. Es ergibt sich

$$x = \frac{\sqrt{A/K_1}}{\sin\Theta_{\infty}} \operatorname{arcosh}\left(\frac{1-\cos\Theta\cos\Theta_{\infty}}{\cos\Theta-\cos\Theta_{\infty}}\right) \tag{4.11}$$

$$\text{oder } \cos\Theta=\cos\Theta_{\infty}+\sin^2\Theta_{\infty}/[\cos\Theta_{\infty}+\cosh(x\cdot\sin\Theta_{\infty}/\sqrt{A/K_1})] \tag{4.11a}$$

$$E_G = 4\sqrt{AK_1}(\sin\Theta_{\infty}-\Theta_{\infty}\cos\Theta_{\infty}) \tag{4.12}$$

Im Fall $\kappa\neq 0$ führt dagegen eine explizite Auswertung von (3.5) und (3.6) zu elliptischen Integralen. Numerische Ergebnisse sind in Fig. 4.1 für verschiedene Werte von κ dargestellt. $\kappa=1/3$ entspricht etwa dem Fall des Kobalts bei Raumtemperatur. Für $\kappa<-1/6$ weist die Wandenergie als Funktion der Feldstärke bei der jeweiligen Sättigungsfeldstärke (Gl.(4.10b)) einen Sprung auf.

Die Wandweite nach Lilley läßt sich für den Bereich, in dem die $\Theta(x)$-Kurven nur einen Wendepunkt besitzen, unmittelbar nach Gl.(3.7) angeben:

$$W_L = 2\sqrt{A/K_1}\,\frac{\Theta_{\infty}}{(1-\cos\Theta_{\infty})[1+\kappa(1+2\cos\Theta_{\infty}+3\cos^2\Theta_{\infty})]^{1/2}} \tag{4.13}$$

Der Bereich, in dem mehrere Wendepunkte existieren, ergibt sich aus der Bedingung:

$$\kappa < -0.5/(1+\cos\Theta_\infty+\cos^2\Theta_\infty) \text{ oder } h>1+2\kappa \qquad (4.14)$$

Die Wendepunkte sind dann gegeben durch:

$$\cos\Theta = \frac{1}{2}\left(\sqrt{-\frac{2}{\kappa}-3\cos^2\Theta_\infty}-\cos\Theta_\infty\right) \qquad (4.15)$$

Für $-<\kappa<-\frac{1}{2}$ hat man also stets mehrere Wendepunkte, während im Intervall $-\frac{1}{2}<\kappa<-\frac{1}{6}$ nur oberhalb einer kritischen Feldstärke $h=1+2\kappa$ mehrere Wendepunkte auftreten.

Die Wandweite selbst ist für den Fall mehrerer Wendepunkte nicht mehr analytisch zu berechnen (außer im Spezialfall h=0, s.Gl.(4.5)). Numerische Ergebnisse finden sich in Fig. 4.2.

Die Orientierung des Feldes parallel zur Wand ist ein Spezialfall. Der allgemeinere Fall einer beliebigen Orientierung läßt sich jedoch nicht gut mit dem Ansatz der Streufeldfreiheit behandeln. Man muß innere Streufelder zulassen und benötigt mehr als eine Variable. Wir werden hierauf in Kapitel 7. zurückkommen.

[4.1] E. Lifshitz, J.Phys. USSR 8, 337 (1944)
[4.2] L. Néel, Cahiers de physique 25, 1 (1944)
[4.3] J. Kaczér, R. Gemperle, Czech. J.Phys.B. 11, 157 (1961)

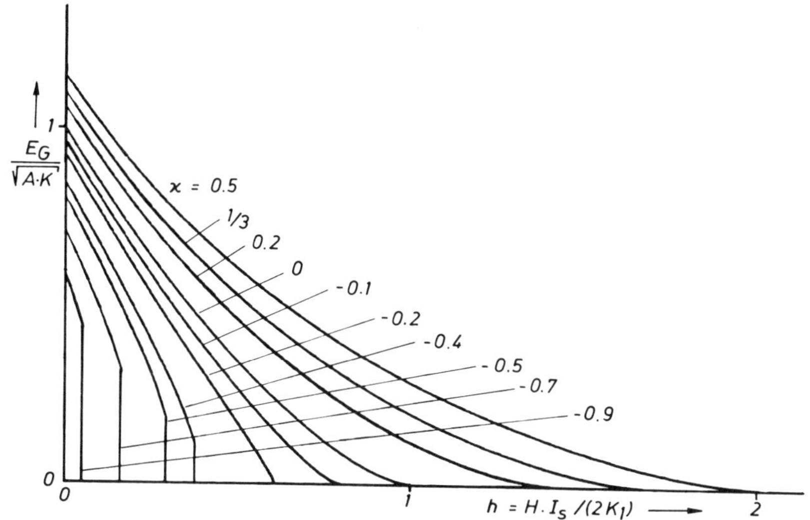

Fig. 4.1

Wandenergie in einem einachsigen Material als Funktion der Stärke eines Feldes senkrecht zur Wandfläche. Parameter: $\kappa = K_2/K_1$.

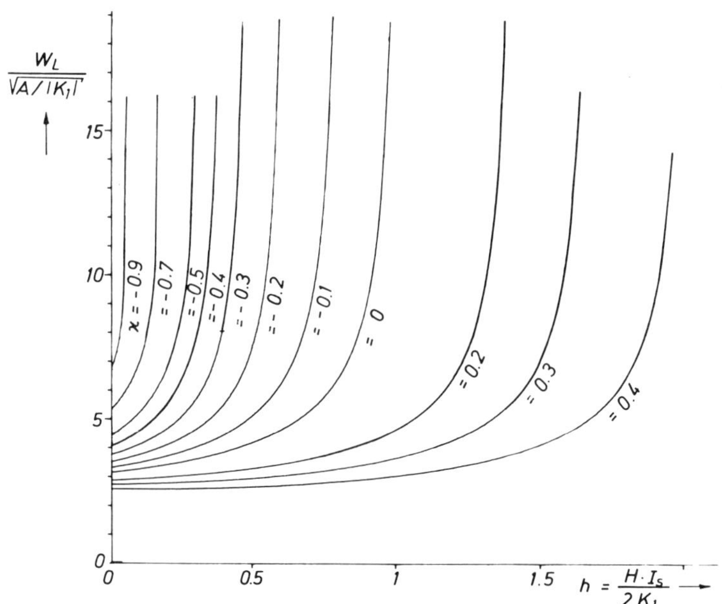

Fig. 4.2

Die Wandweite nach Lilley für die in Fig.4.1 behandelten Wände.

5. Wände in kubischen Kristallen

5.1 Kristallenergie und leichte Richtungen

Die Kristallanisotropieenergie für kubische Kristalle wurde in Gl. (1.3) angegeben. Berechnen wir daraus die Energien pro Volumeneinheit bei homogener Magnetisierung in Richtung der Haupt-Kristallachsen, so ergibt sich:

$$
\begin{aligned}
\langle 100\rangle &: \quad e_K = 0 \\
\langle 110\rangle &: \quad e_K = K_1/4 \\
\langle 111\rangle &: \quad e_K = K_1/3 + K_2/27
\end{aligned}
\qquad (5.1)
$$

Als leichte Richtungen in einem Ferromagnetikum definierten wir diejenigen Richtungen, für die e_K minimal ist. Je nach der Größe der Konstanten K_1 und K_2 kann jede der drei angefürten Richtungsklassen die leichten Richtungen darstellen. Wenn die <100>-Richtungen die leichten Richtungen sind (wie z.B. bei Fe), sprechen wir kurz von einem kubischen Kristall positiver Anisotropie, entsprechend, wenn die <111>-Richtungen die leichten Richtungen sind (wie z.B. bei Ni), von einem Kristall negativer Anisotropie.Der Fall, daß die leichten Richtungen mit den <110>-Richtungen zusammenfallen, ist verhältnismäßig selten und wird deshalb im folgenden nur kurz gestreift.

In jedem der drei Fälle sind verschiedene Winkel zwischen den leichten Richtungen möglich. Da die Wände im einfachsten Fall jeweils zwei Bereiche voneinander trennen, die in verschiedenen leichten Richtungen magnetisiert sind, klassifiziert man die Blochwände primär nach dem Winkel zwischen Anfangs- und Endrichtung der Magnetisierung. In der folgenden Aufstellung sind die möglichen Wandwinkel für die drei Fälle zusammengestellt:

leichte Richtungen	mögliche Wandwinkel
<100>	180°, 90°
<111>	180°, 109.5°, 70.5°
<110>	180°, 120°, 90°, 60°.

5.2 180°-Wände

a) Positive Anisotropie

Betrachten wir zunächst eine 180°-Wand für den Fall positiver Anisotropie, bei der die Magnetisierungen in den Domänen in die Richtungen ±[100] zeigen [4.1, 4.2].

Diese Richtungen müssen auf jeden Fall in der Wand enthalten sein, darüber hinaus ist die Orientierung der Wand jedoch zunächst nicht festgelegt. Die verschiedenen Orientierungen werden allerdings zu verschiedenen Energien führen, die wir nun berechnen wollen. Wir setzen dazu die Wandnormale in der Form $\underline{n} = (0, \cos\Psi, \sin\Psi)$ an, wobei der Orientierungswinkel Ψ zwischen 0° und 45° variieren kann. Die Magnetisierung muß sich um die jeweiligen Normalenrichtung drehen, um die Bedingung der Streufeldfreiheit zu ermöglichen. Bezeichnen wir mit Θ den Drehwinkel der Magnetisierung um die Wandnormale, so ergibt sich für die Kristallenergie $G(\Theta)$:

$$G(\Theta) = K_1(\cos^2\Theta - \cos^4\Theta(1-\sin^2\Psi\cos^2\Psi)) + K_2(\cos^4\Theta - \cos^6\Theta)\sin^2\Psi\cos^2\Psi \tag{5.2}$$

Für $K_2=0$ ist damit das Problem auf den in Abschn. 4.1 behandelten Fall zurückgeführt. Der in Gl. (4.1) auftretende Parameter κ wird hier $\kappa = -(1-\sin^2\Psi\cos^2\Psi)$. Die Wandenergie wird am kleinsten für $\Psi=0^\circ$, nämlich $E_G = 2\sqrt{A\cdot K_1}$. Für die gleiche Orientierung ergibt sich allerdings aus Gl. (4.5) formal eine unendlich große Wandweite. Die Wand ist offenbar nicht stabil und zerfällt in zwei Teilwände. Nun beobachtet man im Experiment aber durchaus stabile 180°-Wände der erwähnten Orientierung. Die Erklärung für diesen scheinbaren Widerspruch liegt in einem bisher vernachlässigten kleinen Energiebeitrag, der magnetostriktiven Energie, die wir in Abschn. 8 ausführlich behandeln werden. Diese Energie führt zu einem kleinen zusätzlichen Term der Form $\kappa'\cos^4\Theta$ und damit nach (4.5) zu einer endlichen Wandweite.

b) Negative Anisotropie

180°-Wände in Wänden mit negativer Kristallenergiekonstanten K_1 lassen sich ebenfalls noch geschlossen integrieren [2.4]. Wir wollen hier auf die Einzelheiten nicht eingehen und nur die wesentlichen Integrale angeben. Die Funktion $G(\Theta)$ ergibt sich bei negativer Anisotropie in der Form:

$$G(\Theta) = \cos^2\Theta + \kappa_1\cos^4\Theta + \kappa_2\cos^3\Theta\sin\Theta \tag{5.3}$$

Die zugehörigen Integrale lauten:

$$\int \frac{1}{\sqrt{G(\Theta)}}\,d\Theta = \operatorname{arsinh}\left(\frac{\tan\Theta + \kappa_2/2}{\sqrt{1+\kappa_1-\kappa_2^2/4}}\right) \tag{5.4}$$

$$\begin{aligned}\int \sqrt{G(\Theta)}\,d\Theta = \frac{1}{2}\Big\{ & \sin\Theta(1+\kappa_1\cos^2\Theta+\kappa_2\sin\Theta\cos\Theta)^{1/2} + \\ & +\frac{r_2}{t}\sqrt{\frac{t+1}{2\kappa_1}}\arcsin\Big[\sqrt{\frac{\kappa_1}{2r_2}}\left(\sqrt{t+1}\,\sin\Theta-\sqrt{t-1}\,\cos\Theta\right)\Big] + \\ & +\frac{r_1}{t}\sqrt{\frac{t-1}{2\kappa_1}}\operatorname{arsinh}\Big[\sqrt{\frac{\kappa_1}{2r_1}}\left(\sqrt{t-1}\,\sin\Theta+\sqrt{t+1}\,\cos\Theta\right)\Big]\Big\}\end{aligned}$$

$$\text{mit}\quad t = \sqrt{1+\kappa_2^2/\kappa_1^2}\,,\quad r_1 = 1-\kappa_1(t-1)/2,\quad r_2 = 1+\kappa_1(t+1)/2 \tag{5.5}$$

Für $\kappa_1<0$ ist in (5.5) κ_1 durch $|\kappa_1|$ zu ersetzen und arcsin mit arsinh zu vertauschen. Die Ausdrücke r_1 und r_2 bleiben unverändert.

5.3 90° Wände

Wir haben gesehen, daß in kubischen Kristallen auch ohne angelegte äußere Felder Wände mit einem geringeren Gesamtdrehwinkel als 180° vorkommen. Als erstes Beispiel für eine solche Wand betrachten wir die Klasse der 90°-Wände in kubischen Kristallen positiver Anisotropie ($K_1>0$). Wir wollen dabei zur Vereinfachung $K_2=0$ voraussetzen (was z.B. bei Eisen recht gut erfüllt ist). Die Magnetisierung möge sich in der Wand von der [100]-Richtung in die [010]-Richtung drehen (Fig. 5.1). Um Streufelder zu vermeiden, muß dabei die Normalkomponente der Magnetisierung konstant bleiben. Das legt die Mannigfaltigkeit der möglichen Wandnormalen fest: Da die Normalkomponenten der Magnetisierungen in den Domänen übereinstimmen müssen, muß notwendigerweise der Differenzvektor zwischen Anfangs- und Endvektor ([110]) senkrecht auf der Wandnormalen stehen. Aus dieser Bedingung erhalten für die möglichen Wandnormalen:

$$\underline{n} = \left(\frac{1}{\sqrt{2}}\sin\Psi,\ \frac{1}{\sqrt{2}}\sin\Psi,\ \cos\Psi\right),\quad 0^\circ \leq \Psi \leq 90^\circ \tag{5.6}$$

Wir führen nun Polarkoordinaten (φ,ϑ) mit $\underline{n}$ als Achse ein und definieren als weitere Einheitsvektoren die Winkelhalbierende $\underline{w}= 1/\sqrt{2}(1,-1,0)$ und den Tangentialvektor $\underline{t}=\underline{w} \times \underline{n}$.
Die Magnetisierung schreibt sich dann:

$$\alpha = \cos\vartheta\cdot\underline{n}+\sin\vartheta\cos\varphi\cdot\underline{t}+\sin\vartheta\sin\varphi\cdot\underline{w} \tag{5.7}$$

Zunächst ergibt sich die Austauschenergie zu

$$e_A = A\left[\sin^2\vartheta\left(\frac{d\varphi}{dx}\right)^2+\left(\frac{d\vartheta}{dx}\right)^2\right] \tag{5.8}$$

Nach Voraussetzung soll die Normalkomponente stetig sein.
Man kann also ϑ als konstant ansehen:

$$\cos\vartheta = \cos\vartheta_\infty = \frac{1}{\sqrt{2}}\sin\Psi \tag{5.9}$$

φ variiert innerhalb der Wand von $-\varphi_\infty$ nach $+\varphi_\infty$, mit

$$\sin\varphi_\infty = 1/(\sqrt{2}\,\sin\vartheta_\infty) \tag{5.10}$$

Die Integrationen (3.5) und (3.6) (mit $\Theta \equiv \varphi$) sind für einige besondere Orientierungen der Wand explizit durchführbar (s. Tab.5.1). Ergebnisse numerischer Berechnungen für beliebige Winkel Ψ finden sich in Fig. 5.2 (s. auch [5.1-5.3]).Numerisch bereitet es auch keine Schwierigkeiten, ein angelegtes Feld in [110]-Richtung zu berücksichtigen (Fig. 5.2). (Andere Feldrichtungen sind bei einer ruhenden 90°-Wand nicht möglich. Hätte nämlich ein Feld eine [110]-Komponente, so würde sich die Wand verschieben, und in einer [001]-Feldkomponente wären beide Domänen instabil gegenüber einer Umwandlung in eine längs der dritten leichten Richtung ([001]) magnetisierte Domäne.)

5.4 Die Zickzackfaltung von 90°-Wänden

Bei Bereichsbeobachtungen auf Eiseneinkristallen findet man manchmal zickzackförmig gefaltete Blochwände (Bild 5.3). Eine Erklärung für dieses Phänomen wurde erstmals von Chikazumi und Suzuki [5.3] (s. auch [5.1]) gefunden. Die Erscheinung hängt unmittelbar mit der in Fig. 5.2 gezeigten Orientierungsabhängigkeit der Wandenergie zusammen, wie wir im folgenden zeigen werden. Die Zickzackfaltung tritt stets dann auf, wenn eine 90°-Wand so in die Bereichsstruktur eingespannt ist, daß ihre mittlere Orientierung $\bar{\Psi}=90^o$ beträgt. Die Wand zerfällt dann in Abschnitte mit Orientierungen $\Psi<90^o$ und $\Psi>90^o$. Um dies zu erklären muß zunächst das Diagramm der Fig. 5.2 für Werte von $\Psi>90^o$ erweitert werden. Man erkennt schon durch eine Extrapolation der bisherigen Kurven, daß der für $\Psi<90^o$ berechnete Wandtyp für $\Psi>90^o$ eine zu hohe Energie hätte. Wechselt man jedoch den Drehsinn der Wand, indem man das Vorzeichen des Vektors $\underline{t}$ umkehrt, so ergibt sich eine $E_G(\Psi)$-Kurve, die genau symmetrisch zur bisherigen in Bezug auf den Punkt $\Psi=90^o$ ist. Dies läßt sich aus Gl. (5.7) unmittelbar ablesen, wenn man beachtet, daß die Kristallenergie vom Vorzeichen einer Magnetisierungskomponente nicht abhängt. Nimmt man nun an, daß stets der energetisch günstigere Drehsinn in einer Wand angenommen wird, so erhält man eine effektive Funktion $E_G(\Psi)$, die symmetrisch in Bezug auf den Punkt $\Psi=90^o$ ist und dort ein singuläres Maximum besitzt. In einer Zickzackwand wechselt also

der Drehsinn von Abschnitt zu Abschnitt, und die mittlere Energie der gesamten Wand beträgt $E_G(\Psi)/\sin\Psi$. Diese Funktion ist in Fig. 5.2 ebenfalls aufgetragen. Sie zeigt in der Tat ein Minimum bei einem Winkel von $\Psi_o=62.4^o$, der mit den experimentellen Beobachtungen sehr gut übereinstimmt [4.5].
Zickzackwände sind nicht nur für die mittlere Orientierung $\bar{\Psi}=90^o$ zu erwarten, sondern auch für alle mittleren Orientierungen $\bar{\Psi}>\Psi_o$. Eine Rechnung [5.4], die hier kurz angedeutet sei, zeigt, daß auch in diesen Wänden die Wandabschnitte die Orientierungen Ψ_o und $180^o-\Psi_o$ aufweisen, die Länge der einzelnen Wandabschnitte aber entsprechend abgeändert ist (Fig. 5.4).
Zum Beweis: (Fig. 5.4). Die ursprüngliche glatte Wand der Orientierung $\bar{\Psi}$ werde durch eine Zickzackwand mit Elementen der Orientierungen Ψ_1 und Ψ_2 ersetzt. Die Gesamtenergie der Zickzackwand, bezogen auf die Fläche der ursprünglichen Wand, beträgt dann:

$$E_Z = \frac{\sin(\bar{\Psi}-\Psi_2)}{\sin(\Psi_1-\Psi_2)} E_G(\Psi_1) + \frac{\sin(\Psi_1-\bar{\Psi})}{\sin(\Psi_1-\Psi_2)} E_G(\Psi_2) \qquad (5.11)$$

Wie erläutert, kann $E_G(\Psi)$ als gerade Funktion in Bezug auf $\Psi=90^o$ betrachtet werden. Die Variation von $\bar{E}_Z$ nach Ψ_1 und Ψ_2 ergibt dann, daß beide Winkel Ψ_1 und Ψ_2 für alle Ψ symmetrisch zu $\Psi=90^o$ sein müssen. Der optimale Wert für Ψ_1 wird wieder Ψ_o, und man erhält für die mittlere Energie der Zickzackwand als Funktion der mittleren Orientierung Ψ:

$$E_Z(\bar{\Psi}) = \sin\bar{\Psi} \cdot E_G(\Psi_o)/\sin\Psi_o \qquad (5.12)$$

Für $\bar{\Psi}>\Psi_o$ ist $E_Z(\bar{\Psi})<E_G(\bar{\Psi})$ und damit die Zickzackwand stabil.
Die bisherigen Überlegungen zu Zickzackwand machen noch keine Aussage zur Periode der Zickzackstruktur. Diese wird durch kleine zusätzliche Energien bestimmt, die in der bisherigen Behandlung vernachlässigt wurden. Es handelt sich um Streufeldenergien in der Nähe der Knicklinien der Wand sowie um zusätzliche magnetostriktive Energien.

Die Zickzackwand bleibt nach Fig. 5.2 auch in angelegten Feldern gegenüber der glatten Wand begünstigt. Experimente hierzu scheinen noch nicht vorzuliegen.

Ähnliche Instabilitäten gegenüber einer Zickzackfaltung finden sich bei den verschiedensten Wantypen. Da sie leicht zu beobachten sind, stellen sie einen wertvollen Test für die Richtigkeit der jeweils benutzten theoretischen Konzepte dar.

[5.1] C.D. Graham, J. Appl. Phys. 29, 1451 (1958)
[5.2] L. Spaček, Ann. d. Physik (7), 5, 217 (1960)
[5.3] S. Chikazumi, K. Suzuki, J. Phys. Soc. Japan 10, 523 (1955)
[5.4] A. Hubert, Dissertation, Universität München, 1965

Tabelle 5.1
Die analytisch lösbaren Spezialfälle der 90°-Wand in kubischen Kristallen positiver Anisotropie (K_2=0) [2.4].

ψ	Ebene	φ_o	ϑ_o	$e_K(\varphi,\vartheta_o)/K_1$	$X \mid \sqrt{A/K_1}$	$E_G \mid \sqrt{AK_1}$
0°	(100)	45°	90°	$\frac{1}{4}\cos^2 2\varphi$	$\mathrm{artanh}(\sin 2\varphi)$	1
54.8^o	(111)	60°	54.8^o	$\frac{8}{27}\cos^2(\frac{3}{2}\varphi)$	$\mathrm{arsinh}(\tan(\frac{3}{2}\varphi))$	$\frac{32}{27}$
90°	(011)	90°	45°	$\frac{1}{2}\cos^2\varphi(1-\frac{3}{8}\cos^2\varphi)$	$\mathrm{arsinh}(\sqrt{\frac{8}{5}}\tan\varphi)$	$1+\frac{5}{\sqrt{24}}\mathrm{artanh}\sqrt{\frac{3}{8}}$

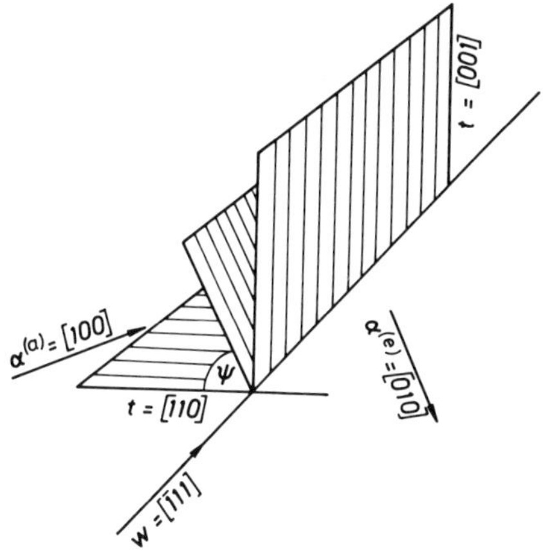

Fig. 5.1 Die möglichen Orientierungen einer 90°-Wand

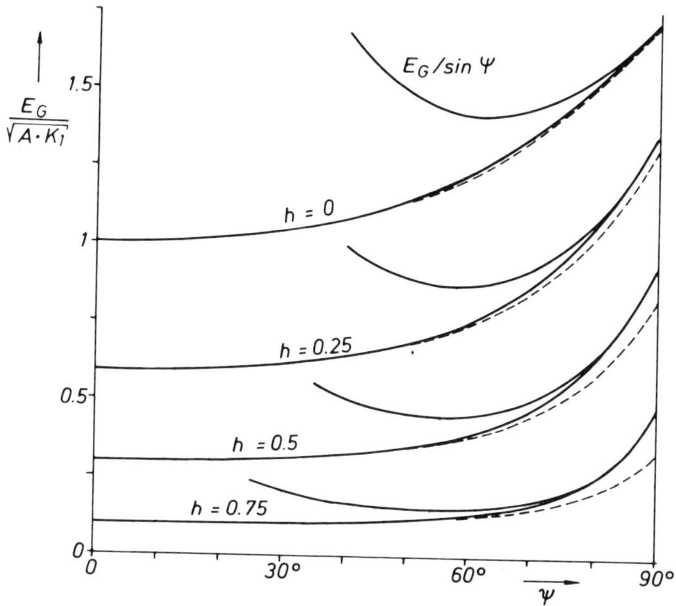

Fig. 5.2 Wandenergie von 90°-Wänden als Funktion der Orientierung. Parameter: Stärke eines angelegten Feldes in [110]-Richtung. Gestrichelt: Energie nach Berücksichtigung von Abweichungen vom genauen Blochwandverhalten ϑ=const. (Abschn. 3.3b). Die Kurven $E_G/\sin\Psi$ liefern den Winkel Ψ_o der Zickzackfaltung (Abschn. 5.4)

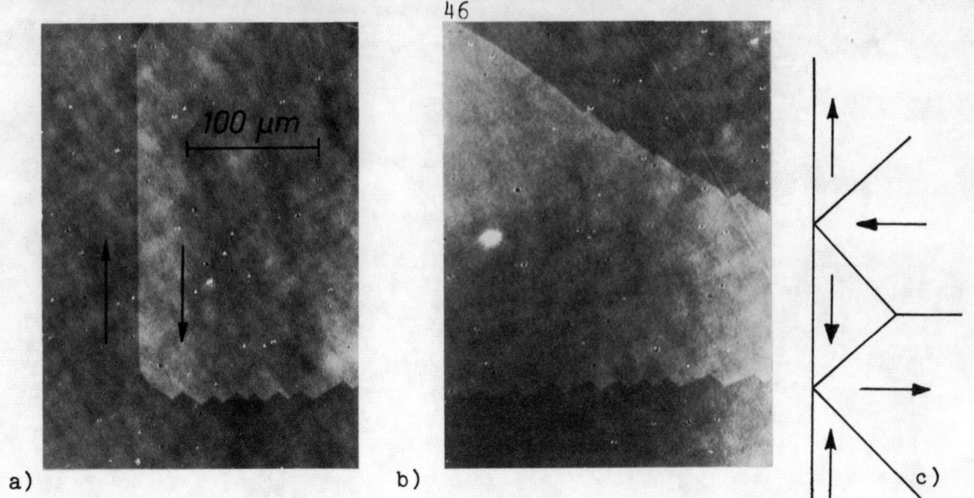

Bild 5.3 Experimentelle Beobachtung von Zickzackwänden auf einer Probe aus 50Ni50Fe, die parallel zu einer (100)-Oberfläche geschnitten ist. Die Bereichsanordnung im Innern ist in Teilbild c) skizziert. Auf der Oberfläche wird die Schnittlinie zweier 90°-Wände sichtbar. In a) ist außerdem eine 180°-Wand zu sehen, in b) eine Zickzackwand mit einem von 90° verschiedenen mittleren Orientierungswinkel $\bar{\psi}$.

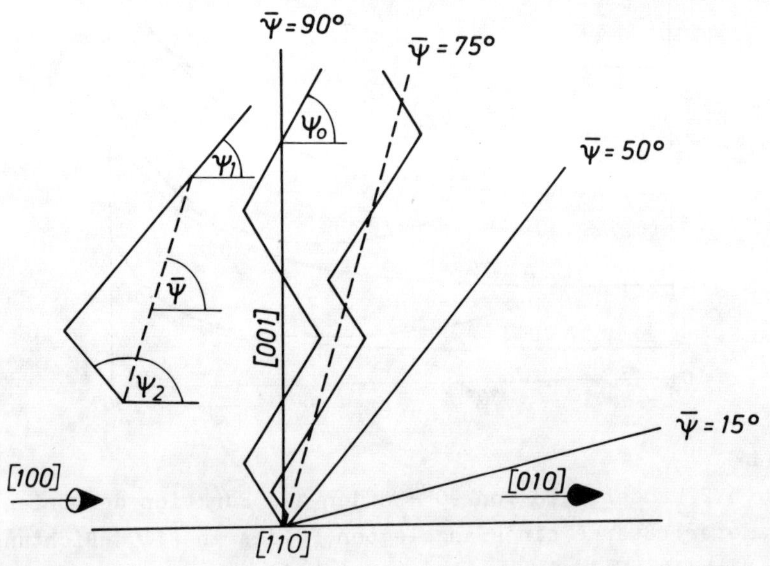

Fig. 5.4 Zur Berechnung von Zickzackwänden mit verschiedenen mittleren Orientierungswinkeln $\bar{\psi}$.

6. Magnetische Streufelder in Blochwänden

Bisher haben wir gefordert, daß keine inneren magnetischen Streufelder in den Wänden auftreten sollen. Diese Annahme beruht jedoch nicht auf einem Naturgesetz, sie ist lediglich eine (meist berechtigte) Näherungsannahme. Wenn der Spinverlauf von dem divergenzfreien Verlauf abweicht, ergibt sich eine zusätzliche Energie, eben die Streufeldenergie (1.6), die wir im nächsten Abschnitt berechnen wollen. Es wird sich zeigen, daß unter bestimmten Bedingungen, so vor allem in magnetisch harten Materialien und in hohen angelegten Feldern, streufeldbehaftete Wände durchaus energetisch günstiger sein können als die klassischen streufeldfreien Blochwände .

6.1 Die Streufeldenergie

Die magnetische Streufeldenergie ist für eindimensionale, ebene Probleme einfach auszuwerten. Die Quellen des Streufeldes, die sogenannten magnetischen Ladungen, sind nach (1.5) durch die Divergenzen der Magnetisierung gegeben:

$$\rho_m = -4\pi \operatorname{div} \underline{I} = -4\pi (d\underline{I}/dx) \cdot \underline{n} \qquad (6.1)$$

($\underline{n}$ = Wandnormale). Das Feld kann nur in die Normalenrichtung zeigen. Die Werte der Felder im Unendlichen $H^{(a)}$ und $H^{(e)}$ sind durch die Gesamtladung gegeben:

$$|\underline{H}^{(e)} - \underline{H}^{(a)}| = \int_{-\infty}^{\infty} \rho_m dx = -4\pi (\underline{I}^{(e)} - \underline{I}^{(a)}) \cdot \underline{n} \qquad (6.2)$$

wobei $\underline{I}^{(a)}$ und $\underline{I}^{(e)}$ die Magnetisierungen in den Bereichen seien. Wenn keine weiteren Streufelder mit diesem Streufeld wechselwirken und beide Bereiche gleich groß sind, dann muß das Streufeld in beiden Bereichen entgegengesetzt gleich sein. Aus dieser

Randbedingung und Gleichung (1.5) folgt für das Feld:

$$H_s = -4\pi(\underline{I}-\bar{\underline{I}})\cdot\underline{n} \quad \text{mit} \quad \bar{\underline{I}} = I_s\bar{\underline{\alpha}} = \tfrac{1}{2}(\underline{I}^{(a)}+\underline{I}^{(e)}) \qquad (6.3)$$

Die Streufeldenergie läßt sich damit ebenso wie die Kristallenergie durch Integration über eine lokal gegebene Energiedichte berechnen, welche sich in der Form:

$$e_s = H_s^2/(8\pi) = 2\pi I_s^2[(\alpha_i-\bar{\alpha}_i)n_i]^2 \qquad (6.4)$$

schreiben läßt.

Es sei bemerkt, daß Gl. (6.4) auch den Fall sogenannter geladener Wände [6.1] umfaßt, bei denen die Normalkomponente der Magnetisierung in den beiden Bereichen nicht übereinstimmt und daher bis ins Unendliche reichende Streufelder auftreten.

Das wichtigste Merkmal von Gl. (6.4) ist, daß sie keine Ableitungen der Magnetisierung mehr enthält - eine Konsequenz unserer Annahme ebener und eindimensionaler Wände. Als Folge dieser Besonderheit können wir die Streufeldenergie zwanglos zur verallgemeinerten Kristallenergie $G(\Theta_i)$ addieren und damit in den Rahmen der allgemeinen Theorie zurückkehren. Lediglich den Randbedingungen müssen einige besondere Überlegungen gewidmet werden.

6.2 Auswirkungen der Streufeldkopplung auf die Randbedingungen

Um die Randbedingungen eines Wandproblems zu berechnen, genügte es bisher, die Lage der Minima der jeweiligen Funktion $G(\Theta_i)$ zu berechnen. Das ist im allgemeinen nicht mehr möglich, wenn die Streufeldenergie e_s zu $G(\Theta_i)$ beträgt, denn in e_s sind die Randwerte $\underline{I}^{(a)}$ und $\underline{I}^{(e)}$ miteinander gekoppelt. In einem solchen Fall muß die Summe der Energien in beiden Bereichen bezüglich der Randwerte gemeinsam variiert werden.

Wir wollen von zwei gleich großen Bereichen, die jeder die Größe 1 haben mögen, ausgehen. Die Funktion $G(\Theta_i)$ stelle sich in der

Form $G(\Theta_i) = G_o(\Theta_i)+e_s(\Theta_i)$ dar, wobei Θ_i ein geeigneter Variablensatz zur Charakterisierung des Magnetisierungsvektors sei, und e_s durch Gl. (6.4) gegeben sei. Die Gesamtenergie des Systems lautet dann:

$$E_G = G_o(\Theta_i^{(a)})+G_o(\Theta_i^{(e)})+2\pi[\underline{I}(\Theta_i^{(a)})-\underline{I}(\Theta_i^{(e)})\cdot\underline{n}]^2 \qquad (6.5)$$

Wir führen folgende Abkürzungen ein:

$$\underline{I}^{(a)} = \underline{I}(\Theta_i^{(a)}), \quad \underline{I}'^{(a)} = \frac{\partial \underline{I}}{\partial \Theta_i}\Big|\Theta_i = \Theta_i^{(a)} \quad \text{etc.} \qquad (6.6)$$

und erhalten durch Variation von (6.5) nach $\Theta_i^{(a)}$ folgende Bedingung für die Randwerte:

$$G_o'^{(a)} + 2\pi(\underline{I}'^{(a)}\cdot\underline{n})[(\underline{I}^{(a)}-\underline{I}^{(e)})\cdot\underline{n}] = 0 \qquad (6.7)$$

Weitere entsprechende Gleichung ergebe sich durch Variation nach $\Theta_i^{(e)}$. Damit verfügen wir über ein gekoppeltes Gleichungssystem für die Randwerte $\Theta_i^{(a)}$ und $\Theta_i^{(e)}$, das z.B. numerisch mit Hilfe der Newtonschen Methode gelöst werden kann.

Die Bestimmung der Randwerte vereinfacht sich dann wesentlich, wenn von vornherein feststeht, daß die Wand keine magnetische Überschußladung trägt. Dann verschwindet das Skalarprodukt $(\underline{I}^{(a)}-\underline{I}^{(e)})\cdot\underline{n}$ und damit der zweite, von der Streufeldenergie herrührende Term in Gl. (6.7). Bei ungeladenen Wänden kann man also die Randwerte einzeln aus $G_o(\Theta_i)$ allein berechnen. Die Streufeldenergie ist erst nach der Bestimmung der Randwerte zur Bestimmung der Energie und des Verlaufs der Wand hinzuzufügen. Im Ferromagnetismus stellen die ungeladenen Wände den Normalfall dar, sodaß man in der Regel, falls nicht noch andere weitreichende Kopplungen (z.B. magnetostriktiven Ursprungs, Abschn. 8) vorliegen, die Randwerte unabhängig voneinander berechnen kann.

Wir wollen noch einmal auf den allgemeineren Fall geladener Wände zurückkommen, in dem also die Randwerte nur gemeinsam zu bestimmen sind. In diesem Fall ist es interessant, das Verhalten der Funktion $G(\Theta_i)$ in den so berechneten Randpunkten zu untersuchen. Dazu leiten wir $G(\Theta_i)$ nach Θ_i ab, wobei jetzt der Mittelwert $\underline{I}$ als gegeben und konstant anzusehen ist. Für diese Ableitung im Punkt $\Theta_i^{(a)}$ ergibt sich:

$$G'^{(a)} = G_o'^{(a)} + 4\pi(\underline{I}^{(a)}\cdot\underline{n})[\tfrac{1}{2}(\underline{I}^{(a)}-\underline{I}^{(e)})\cdot\underline{n}] \qquad (6.8)$$

Nach (6.7) verschwindet diese Ableitung, das heißt auch bei vorhandener Streufeldkopplung bleibt die Funktion $G(\Theta_i)$ in den Randpunkten stationär. Das Verhalten der Funktion $G(\Theta_i)$ in der Umgebung der Randpunkte bestimmt nach Gl. (3.5) den Verlauf des Wandprofils im Unendlichen, wie wir in Abschn. 3.3c genauer untersucht haben. Alle Folgerungen dieses Abschnitts, insbesondere über das exponentielle Verhalten der Variabeln für $x\to\infty$ (Gl.(3.23)) bleiben also gültig.

Die Identität der beiden in Gl. (6.7) und (6.8) auftretenden Ausdrücke ist eine durch die spezielle Form von e_s bedingte Besonderheit. Es gibt keine entsprechende Identität für die zweiten Ableitungen.

6.3 Berechnung der inneren Streufelder in 90°-Wänden

Als eine erste Anwendung von Gl. (6.4) wollen wir die geringen Streufelder in 90°-Wänden berechnen, wie sie sich aus der Methode der Linearisierung (Abschn. 3.3b) ergeben. Gleichzeitig stellt diese Rechnung ein erstes Beispiel für eine Wandberechnung mit mehr als einer Konfigurationsvariablen dar.

Wir benutzen wieder die schon in Abschn. 5.3 eingeführten Polarkoordinaten φ und ϑ. In diesen Variablen schreibt sich die Streufeldenergie (6.4) in der folgenden Form:

$$e_s = 2\pi I_s^2\,(\cos\vartheta-\overline{\cos\vartheta})^2 \quad \text{mit} \quad \overline{\cos\vartheta} = \tfrac{1}{2}(\cos\vartheta^{(a)}+\cos\vartheta^{(e)}) \qquad (6.9)$$

Bei den früher behandelten 90°-Wänden war der Winkel $\vartheta=\vartheta_\infty$ in der ganzen Wand konstant. Um die Abweichungen von dieser Bedingung zu berechnen, können wir unmittelbar die Theorie des Abschnitts 3.3b anwenden. Der Beitrag $e_s(\vartheta)$ zu $G(\varphi,\vartheta)$ sorgt wegen $2\pi I_s^2 >> K_1$ z.B. in Eisen für den geforderten großen Wert der zweiten Ableitung $G_{\vartheta\vartheta}(\varphi,\vartheta_\infty)$. Die Funktion $a(\varphi,\vartheta)$ ergibt sich aus Vergleich mit (5.8) zu $a=\sin^2\vartheta$. Berechnet man gemäß Gl. (3.15) die durch die Variation von ϑ mögliche Energieabsenkung, so erhält man für Eisen die in Fig. 5.2 gestrichelt eingezeichneten Kurven. Die Abweichungen ΔE ist besonders groß bei $\Psi=90^o$ und in höheren angelegten Feldern, sie verschwindet bei $\Psi=0$, nicht jedoch bei $h=0$, $\Psi\neq 0$.

Eine übersichtliche Darstellung des Magnetisierungspfades solcher Wände erhält man durch eine stereographische Projektion, indem man die Winkel ϑ und φ in ein Wulffsches Netz einträgt. Die Wandnormale soll dabei mit dem "Nordpol" des Bildes zusammenfallen. Streufeldfreie Wände würden sich in dieser Darstellung als Kleinkreise um den Nordpol darstellen. In Fig. 6.1 erkennt man, daß die bei h=0 noch sehr geringe Abweichung des wirklichen Pfades vom streufeldfreien Kleinkreis mit zunehmendem Feld stark ansteigt. Charakteristisch für die in Fig. 6.1 dargestellte Orientierung $\Psi=90^o$ ist, daß die Abweichungen $\vartheta-\vartheta_\infty$ in der Nähe der Randpunkte quadratisch verschwinden, - ein Ergebnis, das auch aus Abschn.3.3c folgt.

Offenbar versagt das angewandte Verfahren der Linearisierung bei $\Psi=90^o$ bereits in Feldern $h \gtrsim 0.75$. Im folgenden Abschnitt werden wir an Hand der analogen Verhältnisse in einachsigen Kristallen verfolgen, wie die Wand in noch höheren Felder in einen neuen Wandmodus, die Néelwand, übergeht.

[6.1] J. Kaczer, J.Phys.Rad. 20, 120 (1959)

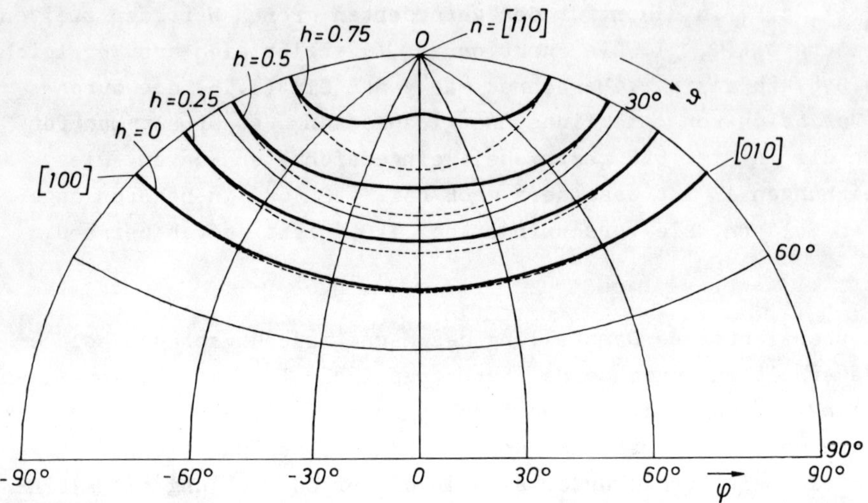

Fig. 6.1
Der Magnetisierungspfad von 90°-Wänden in stereographischer Darstellung. Parameter: Stärke eines angelegten Feldes $h=HI_s/(2K_1)$. Abweichungen von den Kleinkreisen ϑ= const (gestrichelt) geben Abweichungen vom streufeldfreien Verhalten wieder.

7. Néelwände

7.1 Definition der Néelwände

Bei der Untersuchung der 90°-Wände in Eisen (Abschn. 6.3) hatte sich ergeben, daß der von Landau eingeführte streufeldfreie Wandmodus, der allgemein als Blochwand bezeichnet wird, eine im wesentlichen stabile Konfiguration darstellt. Die mit Hilfe der linearisierten Theorie berechneten Abweichungen von der Bedingung ϑ=const erwiesen sich außer im Fall hoher Felder bei $\Psi=90^{\circ}$ als sehr klein. Wir wollen nun untersuchen, in welchen Modus die Wand in noch höheren Feldern übergeht. Bei der allgemeinen Untersuchung der Randpunkte eines Wandproblems (Abschn. 3.3c) hatten wir gefunden, daß bei zwei unabhängigen Variabeln (φ und ϑ) auch zwei verschiedene Eigenlösungen existieren sollten. Die Blochwand folgt - zumindest in der Nähe der Randpunkte - dem Landauschen Kleinkreis. Dann ist nach 3.3c) und aus Symmetriegründen zu erwarten, daß der zweite Modus in dem in Fig. 6.1 dargestellten Fall dem Großkreis durch die Normalenrichtung folgt. Man nennt den zu diesem zweiten Modus gehörenden Wandtyp nach seinem Entdecker [7.1] Néelwand. Er hat im Gegensatz zum Landauschen Modus eine hohe Streufeldenergie, da in ihm die Normalkomponente $\cos\vartheta$ stark variiert. Andererseits ist der Weg zwischen den beiden Randpunkten in Fig. 6.1 längs des Großkreises kürzer, sodaß sich die Frage stellt, ob der Néelsche Modus unter gewissen Umständen stabil sein kann. Dies konnte in der Tat von Gemperle und Zelený [4.3] gezeigt werden. Danach gehen Wände, die senkrecht zu einem angelegten Feld stehen, in hohen angelegten Feldern stets in den Néelwandmodus über.

Diese Zusammenhänge lassen sich besonders deutlich an einachsigen Kristallen studieren. Im Anschluß an die Abschnitte 2.1 und 4. untersuchen wir daher im folgenden Wände in einachsigen Kristallen bei beliebiger Orientierung eines angelegten Feldes.

7.2 Blochwände, Néelwände und Übergangsstrukturen in einachsigen Kristallen

Eine Gegenüberstellung von Blochwänden und Néelwänden in einachsigen Kristallen findet sich bereits in einer Reihe früherer Arbeiten [4.3, 7.2-7.4]. In [7.3] wurde die Wandstruktur für beliebige äußere Felder mit Hilfe eines Näherungsansatzes berechnet, der gute Werte für die Wandenergie lieferte, den genauen Verlauf des Magnetisierungspfades aber nur unvollkommen wiedergeben konnte. Im folgenden soll über solche Näherungsrechnungen hinaus auch eine numerisch exakte Lösung für die Wandstruktur wiedergegeben werden, die ein Maß für die Güte der Näherungsansätze liefert.

a) Berechnung der verallgemeinerten Kristallenergie

Wir spannen ein rechtwinkliges Koordinatensystem mit der Wandnormalen als x-Achse und der leichten Richtung des Kristalls als z-Achse auf. Ein magnetisches Feld zeige in die Richtung $(\sin\Psi, \cos\Psi, 0)$. (Feldkomponenten in z-Richtung sind nicht erlaubt, da sich die Wand unter ihrer Wirkung bewegen würde). Die Magnetisierungsrichtung beschreiben wir durch die Polarkoordinaten φ und ϑ gemäß

$$\underline{I} = I_s(\cos\vartheta, \cos\varphi\sin\vartheta, \sin\varphi\sin\vartheta) \qquad (7.1)$$

Die beteiligten Energien ergeben sich dann zu:

$$e_K = K_1(1-\sin^2\vartheta\sin^2\varphi)$$

$$e_s = 2\pi I_s^2(\cos\vartheta-\cos\vartheta_o)^2$$

$$e_H = -HI_s(\cos\varphi\sin\vartheta\cos\Psi+\cos\vartheta\sin\Psi)$$

$$e_A = A(\sin^2\vartheta\,\varphi'^2+\vartheta'^2) \qquad (7.2)$$

Wir führen die Abkürzungen $h=HI_s/(2K_1)$ und $\mu^*=1+2\pi I_s^2/K_1$ ein und berechnen durch Minimalisierung von $G=e_H+e_K$ zunächst die

Randwerte:

$$\cos\vartheta_0 = h\cdot\sin\Psi; \quad \sin\vartheta_0\cos\varphi_0 = h\cdot\cos\Psi \tag{7.3}$$

Damit ergibt sich unter Einschluß der Streufeldenergie:

$$G(\varphi,\vartheta)-G(\varphi_0,\vartheta_0) = K_1[(\cos\varphi\sin\vartheta-\cos\varphi_0\sin\vartheta_0)^2+\mu^*(\cos\vartheta-\cos\vartheta_0)^2] \tag{7.4}$$

Für $\vartheta=\vartheta_0$, den Fall der streufeldfreien Wand, ergibt sich die Lösung aus Abschn. 4.2.

Um abschätzen zu können, inwieweit Abweichungen von der Bedingung der Streufeldfreiheit eine Rolle spielen, berechnen wir als ersten Versuch alle Wände, die auch noch einen kreisförmigen Magnetisierungspfad auf der Orientierungskugel aufweisen. So können wir den Bereich zwischen der reinen Bloch- oder Landau-Wand und der Néelwand stetig überbrücken. Wände mit einem beliebigen kreisförmigen Magnetisierungspfad sind ebenso leicht zu berechnen wie reine Blochwände, da sich auch in ihnen der Magnetisierungsverlauf durch einen einzigen Drehwinkel beschreiben läßt. Man muß dazu lediglich die Kristallenergie auf die neuen Koordinaten transformieren und die Streufeldenergie mitberücksichtigen.

b) Berechnung beliebiger Wände mit einem kreisförmigen Magnetisierungspfad

Wir führen zur Beschreibung des Magnetisierungsverlaufs neue Polarkoordinaten $\tilde{\varphi}$ und $\tilde{\vartheta}$ ein, deren Achse um einen Winkel χ relativ zur bisherigen Achse, der Wandnormalen, verkippt sein möge (Fig.7.1). Die Beziehung zwischen den neuen und den alten Koordinaten wird dann durch folgende Tranformation wiedergegeben:

$$\cos\tilde{\vartheta}=-\cos\varphi\sin\vartheta\sin\chi + \cos\vartheta\cos\chi; \quad \cos\chi=+\cos\tilde{\varphi}\sin\tilde{\vartheta}\sin\chi + \cos\tilde{\vartheta}\cos\chi$$

$$\sin\tilde{\varphi}\sin\tilde{\vartheta} = \sin\varphi\sin\vartheta$$

$$\cos\tilde{\varphi}\sin\tilde{\vartheta} = \cos\varphi\sin\vartheta\cos\chi+\cos\vartheta\sin\chi; \quad \cos\varphi\sin\vartheta = \cos\tilde{\varphi}\sin\tilde{\vartheta}\cos\chi-\cos\tilde{\vartheta}\sin\chi \tag{7.5}$$

Aus (7.3) und (7.5) ergeben sich die transformierten Randwinkel

$$\cos\tilde{\vartheta}_o = h\cdot\sin(\Psi-\chi), \quad \sin\tilde{\vartheta}_o\cos\tilde{\varphi}_o = h\cdot\cos(\Psi-\chi) \qquad (7.6)$$

Durch Einsetzen in Gleichung (7.2) und (7.4) erhält man

$$G-G_\infty = K_1[(\cos^2\chi+\mu^*\sin^2\chi)(\cos\tilde{\varphi}\sin\tilde{\vartheta}-\cos\tilde{\varphi}_o\sin\tilde{\vartheta}_o)^2$$

$$+(\sin^2\chi+\mu^*\cos^2\chi)(\cos\tilde{\vartheta}-\cos\tilde{\vartheta}_o)^2$$

$$+2(\mu^*-1)\cos\chi\sin\chi(\cos\tilde{\varphi}\sin\tilde{\vartheta}-\cos\tilde{\varphi}_o\sin\tilde{\vartheta}_o)(\cos\tilde{\vartheta}-\cos\tilde{\vartheta}_o)] \qquad (7.7)$$

und:

$$e_A = A(\sin^2\tilde{\vartheta}\tilde{\varphi}'^2+\tilde{\vartheta}'^2) \qquad (7.8)$$

Nehmen wir nun wieder an, daß auch im gedrehten Koordinatensystem der Winkel $\tilde{\vartheta}$ innerhalb der Wand konstant bleibt, so erhalten wir nach Gl. (3.6) unmittelbar die Wandenergie für beliebige Werte der Parameter Ψ und χ:

$$E_G = 4\sqrt{AK_1}\,\sin^2\tilde{\vartheta}_o\sqrt{\cos^2\chi+\mu^*\sin^2\chi}\cdot(\sin\tilde{\varphi}_o-\tilde{\varphi}_o\cos\tilde{\varphi}_o)$$

$$= 4\sqrt{AK_1}\,\sqrt{1-h^2\sin^2(\Psi-\chi)}\cdot\sqrt{1+(\mu^*-1)\sin^2\chi}\,\cdot$$

$$\cdot[\sqrt{1-h^2}-h\cdot\cos(\Psi-\chi)\arctan(\frac{\sqrt{1-h^2}}{h\cdot\cos(\Psi-\chi)})] \qquad (7.9)$$

Der zweite Faktor in Gl. (7.9) gibt den Einfluß der Streufeldenergie wieder und ist minimal im Landauschen Modus $\chi=0$. Der letzte Faktor ist andererseits dann am kleinsten, wenn der Drehwinkel $\tilde{\varphi}_o$ am kleinsten ist, das heißt wenn der Magnetisierungspfad mit dem jeweiligen Großkreis ($\chi=\Psi$) übereinstimmt. Für die Orientierung $\Psi=0^o$ ist der Großkreis mit dem Landauschen Kreis identisch, sodaß kein Anlaß zu einem Übergang zur Néelwand besteht. Dagegen fällt für $\Psi=90^o$ der Großkreis mit dem Kreis der Néelwand zusammen, sodaß der letzte Faktor in (7.9) eventuell den Übergang zur Néelwand bewirken kann.

Für die Wandweite W_α (s. Abschn. 2.2) ergibt sich auf ähnlichem

$$W_\alpha = \frac{2\sqrt{A/K_1}\ \sqrt{1-h^2}}{[\sqrt{1-h^2\sin^2(\Psi-\chi)}-h\cdot\cos(\Psi-\chi)]\sqrt{1+(\mu^*-1)\sin^2\chi}} \qquad (7.10)$$

Der jeweils günstigste Winkel χ läßt sich durch Minimalisierung der Gesamtenergie (Gl.(7.9)) numerisch leicht gewinnen (s.Fig.7.2 für $\mu^*=2$). Für die Orientierung $\Psi=90^\circ$ zeigt sich in diesem Bild ein Phasenübergang zu einem anderen Wandmodus bei h=0.36.
Bei anderen Orientierungen findet jedoch offenbar kein diskontinuierlicher Übergang statt, sondern ein stetiger Übergang vom streufeldfreien Modus bei h=0 zu einem streufeldbehafteten Modus bei $h\to 1$. Fig. 7.3 zeigt die entsprechenden Kurven für $\mu^*=5$, zusammen mit den zugehörigen Wandenergien.

Um die Wände genauer charakterisieren zu können, ist neben der mittleren Orientierung auch die Kenntnis des genauen Verlaufs des Magnetisierungspfades (z.B. in den Randpunkten) erforderlich. Wir wollen deshalb an diesem Beispiel die in Abschn. 3.3 entwickelten Methoden erproben.

c) Untersuchung der Randpunkte

Mit Gl. (7.4) gehen wir in die Theorie des Abschn. 3.3c ein, wobei wir die Variabeln Θ_i mit den Variabeln φ und ϑ identifizieren.
Aus (7.2) und (7.4) ergibt sich dann für die Tensoren $\underline{a}$ und $\underline{g}$:

$$a_{11} = A\sin^2\vartheta_o, \quad a_{22} = A, \quad a_{12} = a_{21} = 0,$$

$$g_{11} = K_1\sin^2\varphi_o\sin^2\vartheta_o, \quad g_{22} = K_1\cos^2\varphi_o + \mu^*\sin^2\vartheta_o$$

$$g_{12} = g_{21} = K_1\sin\vartheta_o\cos\vartheta_o\sin\varphi_o\cos\varphi_o. \qquad (7.11)$$

Gemäß Gl. (3.18) werden dann die Normalkoordinaten $\hat{\vartheta}_1 = (\varphi-\varphi_o)/\sin\vartheta_o$ und $\hat{\vartheta}_2 = \vartheta-\vartheta_o$ eingeführt. Damit ergibt sich der Tensor $\underline{\hat{g}}$ zu:

$$\hat{g}_{11} = \sin^2\varphi_o = (1-h^2)/(1-h^2\sin^2\Psi)$$

$$\hat{g}_{22} = \cos^2\varphi_o\cos^2\vartheta_o + \mu^*\sin^2\vartheta_o = \frac{h^4\cos^2\Psi\sin^2\Psi}{1-h^2\sin^2\Psi} + \mu^*(1-h^2\sin^2\Psi)$$

$$\hat{g}_{12} = \cos\vartheta_o\sin\varphi_o\cos\varphi_o = h^2\sin\Psi\cos\Psi\frac{\sqrt{1-h^2}}{1-h^2\sin^2\Psi} \tag{7.12}$$

Mit Hilfe von Gl. (3.26) und (3.27) können wir hieraus das Verhalten der Wände in den Randpunkten bestimmen. Um die Ergebnisse besser mit den Berechnungen von $\bar{\chi}$ vergleichen zu können, haben wir die Randlösungen durch den Orientierungswinkel χ_R desjenigen kreisförmigen Magnetisierungspfades charakterisiert, der in der Nähe der Randpunkte mit den Randlösungen zusammenfällt. Die Ergebnisse sind ebenfalls in Fig. 7.2 eingetragen. Für $\Psi=90^o$ sind nur die Randwinkel $\chi_R=0^o$ (Bloch-Modus) und $\chi_R=90^o$ (Néel-Modus) möglich. Alle Wände mit $\bar{\chi}<90^o$ werden dem Bloch-Modus $\chi_R=0^o$ folgen; ihre Pfade werden also denjenigen in Fig. 6.1 ähneln. Bei einer kritischen Feldstärke findet der Übergang zur Néelwand ($\chi_R=90^o$) statt (wobei die kritische Feldstärke nahe derjenigen Feldstärke liegt, bei der $\bar{\chi}=90^o$ wird). Für verschiedene Werte von μ^* wurden diese kritischen Felder ebenfalls in Fig. 7.2 angedeutet.

Für Orientierungen $\Psi\neq 90^o$ gibt es in diesem Sinne keine kritischen Feldstärken. Auch die Randwerte χ_R variieren stetig mit h. Es findet also kein unstetiger Übergang von einem Blochschen zu einem Néelschen Modus statt, sondern eine stetige Veränderung des Wandcharakters. Strenggenommen müßte man nach der Definition in Abschn. 3.4 alle Wände bei $\Psi\neq 90^o$ als Blochwände klassifizieren. Die bei $\Psi=90^o$ getrennten Moden wechselwirken offenbar bei $\Psi\neq 90^o$ miteinander und bilden einen stetig von h abhängigen gemischten Modus aus.

d) Exakte numerische Berechnung einiger Magnetisierungspfade

Besonders auffällig an den Ergebnissen des Abschnittes b) ist der stetige Phasenübergang von der Bloch- zur Néelwand bei $\Psi=90^o$(Fig.7.2). Das Rechenverfahren, das zu dieser Vorhersage führte, beruhte allerdings auf einer Näherungsannahme, deren

Güte zunächst nicht abzuschätzen ist. Man könnte daran denken, die kreisförmigen Magnetisierungspfade durch die Anwendung der linearisierten Theorie (Abschn.3.3b)) zu verbessern, und dies führt auch für kleine Felder oder Orientierungen $\Psi=90^{\circ}$ zu ausgezeichneten Ergebnissen, jedoch gerade im Bereich des Phasenübergangs versagt die Methode (wie sich auch schon in Fig.6.1 andeutet). Aus diesem Grunde wurde für einige typische Wände der exakte Wandverlauf mit Hilfe eines numerischen Differenzenverfahrens (s.Abschn.3.5b)) gesucht. Die daraus resultierenden Magnetisierungspfade sind in Fig. 7.4 dargestellt, die zugehörigen Wandenergien und Wandweiten in Tabelle 7.1 zusammengefaßt. Man entnimmt der Tabelle, daß die Unterschiede in der Wandenergie zwischen der Näherungsmethode und der exakten Berechnung selbst im ungünstigsten Fall nicht ein Prozent erreichen. Die Magnetisierungspfade folgen i.a. ausgezeichnet den mittleren kreisförmigen Pfaden. Die größten Abweichungen sind noch in der Nähe der Randpunkte zu beobachten. Diese Bereiche tragen jedoch weder zur Wandenergie noch zur Wandweite wesentlich bei.

Im kritischen Bereich des Phasenübergangs zur Néelwand bei $\Psi=90^{\circ}$ zeigt sich ein Unterschied zur Näherungslösung insofern, als die exakte Lösung in der Tat einen unstetigen Übergang liefert, wie er aus dem unstetigen Verlauf von χ_R bei $\Psi=90^{\circ}$ vorherzusagen war.

Insgesamt ist festzuhalten, daß die einfachen Formeln (7.9) und (7.10) für die Wandeigenschaften einachsiger Kristalle in den allermeisten Fällen als ausreichende Näherung angesehen werden können. Im nächsten Abschnitt wollen wir sie benutzen, um eine beobachtbare Eigenschaft solcher Wände, ihre Zickzackfaltung in einem angelegten Feld, zu berechnen.

7.3 Zickzackfaltung als Alternative zum Bloch- Néelwandübergang

In Fig.7.5 ist die mit Gl. (7.9) berechnete Wandenergie für $\mu^*=5$ als Funktion der Orientierung Ψ aufgetragen. Parameter ist das angelegte Feld h. Man erkennt, daß eine Wand mit $\Psi=90^{\circ}$ bei diesem

Wert des Parameters μ^* für alle Werte $h>0$ instabil gegen Zickzackfaltung ist (s.Abschn.5.4). Der Zickzackwinkel Ψ_o sinkt mit zunehmender Feldstärke bis auf etwa 52°. Für kleinere μ^* ist zu erwarten, daß dieser Effekt weniger stark ausgeprägt ist, da dann der Unterschied in den Wandenergien zwischen $\Psi=0^o$ und $\Psi=90^o$ geringer wird. In Fig.1.4 ist der Gleichgewichtswinkel Ψ_o als Funktion von μ^* für verschiedene Feldstärken h eingetragen. Man erkennt einen wesentlichen Unterschied zwischen Materialien mit $\mu^*\gtrsim 2$ und Materialien mit $\mu^*\lesssim 2$. Legt man bei einem Material mit $\mu^*\gtrsim 2$ (wie z.B. bei Kobalt, $\mu^*=4.6$) ein Feld senkrecht zu einer Wand an, dann faltet sich die Wand nach Fig.7.6 mit einem Winkel Ψ_o, der auch bei Sättigung ($h\to 1$) noch endlich bleibt. Genau dies entspricht dem experimentellen Befund an Kobalteinkristallen (s.Bild 7.7). Ein Übergang zur Néelwand ist in diesem Materialien also nicht zu erwarten, sofern eine Zickzackfaltung geometrisch möglich ist.

Wände in Materialien mit $\mu^*<2$ sollten dagegen in ansteigendem Feld auch zunächst eine Zickzackfaltung zeigen, sich aber bei weiter steigendem Feld wieder glätten und dabei gleichzeitig in den Néelmodus übergehen. Dieses komplizierte Verhalten wurde zuerst von Gemperle und Zeleny [7.2] an Magnetoplumbit ($\mu^*=1.33$) beobachtet und im wesentlichen auch richtig gedeutet.

Wir können also zusammenfassen: Materialien mit $2\pi I_s^2<K_1$ (d.h.$\mu^*<2$) zeigen in senkrecht zur Wand angelegten Feldern einen Übergang von der Blochwand zur Néelwand. Der Übergang erfolgt dabei über eine intermediäre Zickzackfaltung (und nicht gemäß Fig.7.4a). Wände in Materialien mit $2\pi I_s^2>K_1$ zeigen diesen Übergang nicht. Sie behalten bis zur Sättigung $h\to 1$ eine Zickzackform bei, wobei die Struktur der einzelnen Wandelemente stetig aus der Blochwand hervorgeht. Aus dem Vorhergehenden folgt, daß der direkte Übergang von der Blochwand zur Néelwand, wie er in Fig.7.4a dargestellt ist, normalerweise nicht zu beobachten ist.

[7.1] L.Néel, C.R.Acad. Sci. Paris, 241, 533 (1955)
[7.2] R.Gemperle, M.Zeleny, phys.sol. 6, 839 (1964)
[7.3] A.Hubert, phys.stat.sol. 22, 709 (1967)
[7.4] A.I.Mitsek, Fiz. Metallov Metalloved. 20, 653 (1965)

Tabelle 7.1

Energie E_G und Wandweiten W_d einiger Domänenwände in einachsigen Kristallen.
Ψ=Winkel zwischen Wand und Feldrichtung, χ=mittlere Orientierung des Magnestisierungspfades
χ_R=Orientierung des Magnetisierungspfades in den Randpunkten.

μ^*	5				2			2			2		20
Ψ	90°				90°			80°			60°		90°
h	0.2	0.4	0.6	0.65	0.2	0.3	0.35	0.2	0.4	0.6	0.4	0.8	0.6
E_G^{ex}/ε_o	3.7884	3.1529	2.0939	1.7630	3.6380	3.1854	2.8920	3.4638	2.4489	1.3481	2.1719	0.4279	2.4601
E_G^{kr}/ε_o	3.7906	3.1617	2.1072	1.7719	3.6418	3.1908	2.8939	3.4667	2.4523	1.3487	2.1739	0.4280	2.4663
W_α^{ex}/δ_o	2.004	2.017	2.050	2.064	2.024	2.059	2.126	2.098	2.319	2.909	2.6102	4.810	2.005
W_α^{kr}/δ_o	2.007	2.031	2.073	2.058	2.027	2.060	2.073	2.102	2.323	2.910	2.6145	4.813	2.020
χ	4.69°	10.95°	26.51°	43.21°	20.51°	39.26°	62.26°	18.33°	43.78°	53.78°	25.12°	38.92°	3.78°
χ_R	0	0	0	0	0	0	0	0.42°	2.25°	10.41°	4.88°	28.78°	0

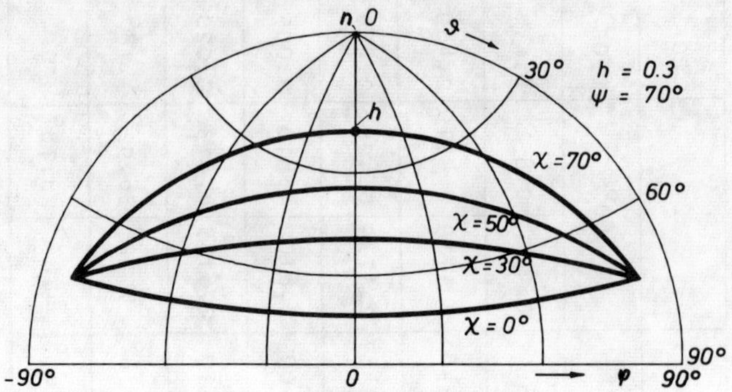

Fig.7.1
Skizze zur Einführung des Kippwinkels χ, der einen stetigen Übergang von der Blochwand (χ=0) zur Néelwand (χ=90°) vermittelt.

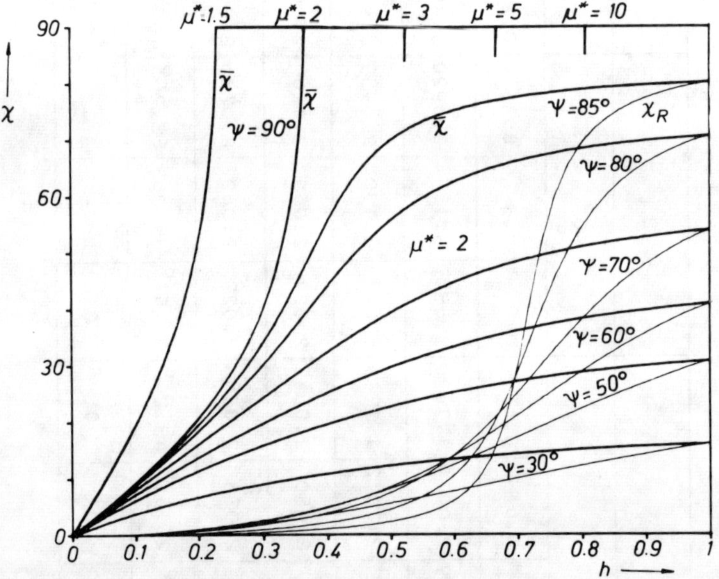

Fig.7.2
Mittlerer Wandcharakter $\bar{\chi}$ von Wänden in einachsigen Materialien (K_2=0) als Funktion eines angelegten Feldes. Parameter: Die Orientierung Ψ der Wand relativ zur Richtung des Feldes. χ_R: Wandcharakter in der Nähe der Randpunkte. Außer den Kurven für μ^*=2 sind Teile der $\bar{\chi}$(h) Kurven für Ψ=90° und andere Werte von μ^* eingezeichnet.

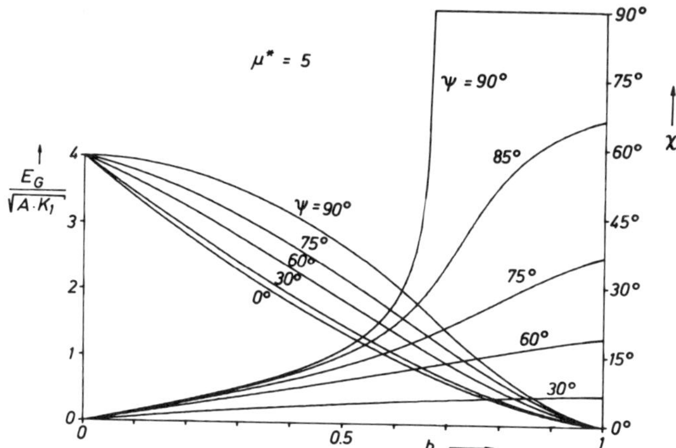

Fig. 7.3 Wandenergie E_G und mittlerer Wandcharakter χ als Funktion von $h=HI_s/(2K_1)$. Parameter: Wandorientierung ψ.

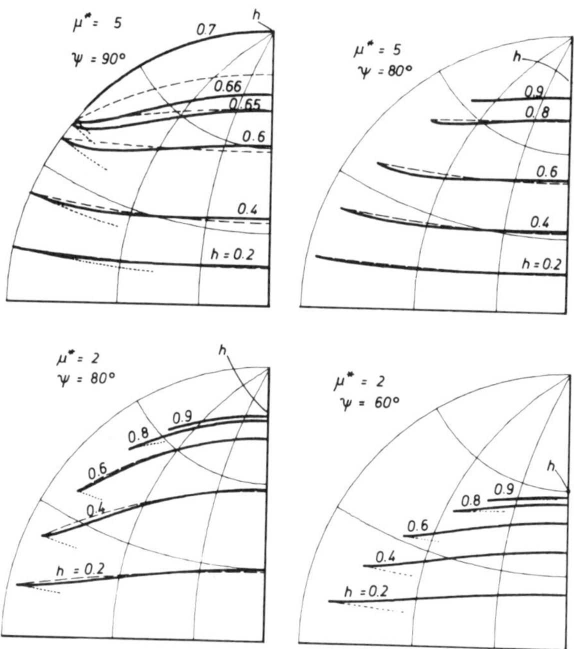

Fig. 7.4 Streng berechnete Magnetisierungspfade für vier verchiedene Parameterkombinationen. Nur bei $\psi=90^\circ$ erfolgt ein Übergang zu einem anderen Wandtyp. Gestrichelt: Nach Abschn. 3.3b) berechnetes Verhalten der Magnetisierungspfade in den Randpunkten.

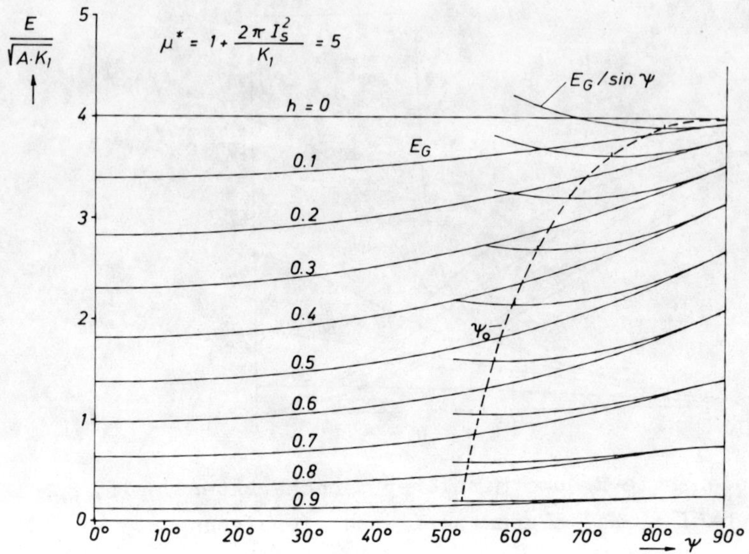

Fig.7.5 Wandenergie als Funktion der Orientierung für $\mu^*=5$. Parameter: das reduzierte angelegte Feld h. Die Minima der Funktion $E_G/\sin\psi$ zeigen eine Instabilität gegen Zickzackfaltung der $\psi=90^{\circ}$-Wand für $h \neq 0$ an.

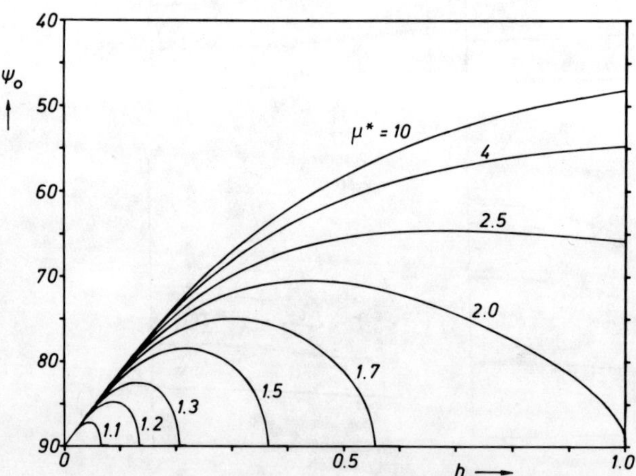

Fig.7.6 Der Zickzackwinkel ψ_o als Funktion von h für verschiedene μ^*

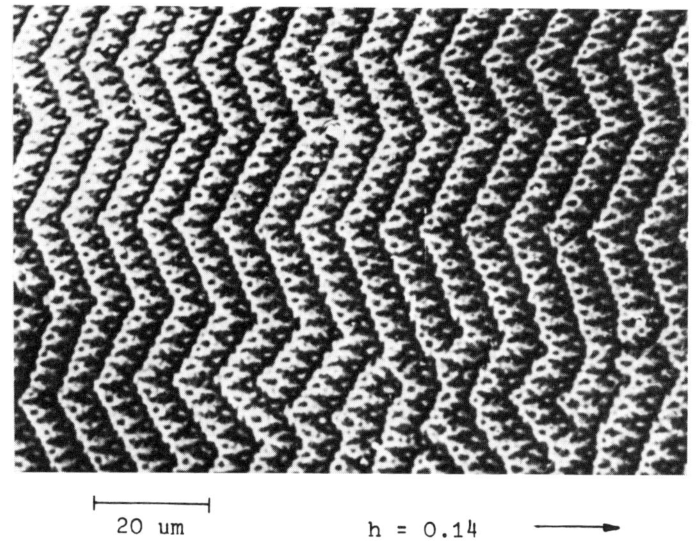

Bild 7.7 Experimentelle Beobachtung von Zickzackwänden in einem Kobalt-Einkristall.
(Scheibe der Dicke o.1 mm, geschnitten parallel zur Basisebene. Struktur nach Sättigung senkrecht zur leichten Richtung (h=-1) in einem schwachen Gegenfeld (h=0.14))

8. Wechselwirkungen von Wänden mit elastischen Spannungen

Zwischen der magnetischen Struktur und den Gitterdeformationen eines Kristallgitters existiert eine Wechselwirkung, die sich am anschaulichsten im Phänomen der Magnetostriktion äußert. Diese "magnetoelastischen" Wechselwirkungen beeinflussen naturgemäß auch die Struktur der Blochwände. Dabei ist zu unterscheiden zwischen den Einwirkungen äußerer oder innerer Spannungen nicht magnetischen Ursprungs auf die Wandstruktur einerseits und den innerhalb der Blochwand infolge der inhomogenen Magnetisierung selbst erzeugten Spannungen und deren Rückwirkungen auf die Wandstruktur andererseits. Beide Problemkreise lassen sich mit Hilfe zweier Potentiale untersuchen:
1) dem elastischen Potential, das die elastische Rückwirkung des Gitters auf eine Verzerrung wiedergibt, und das als unabhängig von der magnetischen Struktur angenommen werden kann,
2) einer magnetoelastischen Wechselwirkungsenergie, die die Verknüpfung der magnetischen Struktur mit den elastischen Distorsionen wiedergibt. Beide Potentiale sind also Funktionen der elastischen Distorsion des Kristalls, einem i.a. asymmetrischen Tensor, der sich aus dem symmetrischen Anteil, den Verzerrungen oder Deformationen und dem antisymmetrischen Anteil, den Gitterdrehungen oder Rotationen, zusammensetzt. Da alle in Frage kommenden Distorsionen als sehr klein gegen Eins angesehen werden können, wird man beide Potentiale nach den Distorsionen entwickeln und sich mit dem jeweils niedrigsten nicht verschwindenden Glied begnügen. Demnach ist die elastische Energie eine quadratische Form in den Distorsionen (da sich das unverzerrte Gitter im Gleichgewicht befinden soll), während bei der magnetoelastischen Energie schon die lineare Näherung in den Distorsionen ausreicht.

Im folgenden seien zunächst einige allgemeine Gesetze in Bezug auf diese beiden Potentiale sowie ihre spezielle Gestalt im kubischen und im hexagonalen Kristallsystem angegeben.

8.1 Die elastische Energie und das Hookesche Gesetz

Wir schreiben nach dem Vorhergesagten die elastische Energie in der folgenden Form:

$$e_{el} = \frac{1}{2} c_{iklm}\beta_{ik}\beta_{lm} \qquad (8.1)$$

(Über gleichlautende Indizes möge wie üblich summiert werden)
Der Tensor $\underline{c}$ besitzt, wie aus der Elastizitätstheorie [8.1] bekannt, die Symmetrieeigenschaften:

$$c_{iklm} = c_{lmik} = c_{kilm} = c_{ikml} \qquad (8.2)$$

In diesen Symmetrierelationen kommt bereits zum Ausdruck, daß die gewöhnliche elastische Energie nicht von den Gitterrotationen abhängt.
Zu $\underline{c}$ existiert ein inverser Tensor $\underline{s}$ mit den gleichen Symmetrien und der Eigenschaft:

$$c_{ikrs}\, s_{rslm} = \frac{1}{2}(\delta_{il}\delta_{km} + \delta_{im}\delta_{kl}) \qquad (8.3)$$

$\underline{\beta}$ in Gl. (8.1) möge die (im allgemeinen asymmetrische) elastische Distorsion des Gitters bedeuten. Auf Grund der Symmetrien (8.2) kann man in (8.1) ebensogut auch die elastischen Verzerrungen $\varepsilon_{ik} = \frac{1}{2}(\beta_{ik} + \beta_{ki})$ einsetzen.
Die elastische Spannung $\underline{\sigma}$ ergibt sich aus (8.1) zu:

$$\sigma_{ik} = c_{iklm}\beta_{lm} = c_{iklm}\varepsilon_{lm} \qquad (8.4)$$

Dies ist das Hookesche Gesetz in seiner allgemeinen Form.
Der Spannungstensor $\underline{\sigma}$ ist stets symmetrisch, auch wenn β unsymmetrisch sein sollte. Die Deformation ε berechnet sich umgekehrt aus σ gemäß:

$$\varepsilon_{ik} = s_{iklm}\sigma_{lm} \qquad (8.4a)$$

Im kubischen Kristallsystem gibt es drei wesentlich verschiedene Konstanten c_{iklm}, die meist in der folgenden (Voigtschen) Form abgekürzt werden:

$$c_{11} = c_{1111} = c_{3333},$$

$$c_{12} = c_{1122} = c_{2233} \quad \text{und} \quad c_{44} = c_{1212} = c_{1221} = c_{2323} \qquad (8.5)$$

Alle Komponenten, die aus den obigen nicht durch die Symmetrieoperationen (8.2) hervorgehen, wie z.B. c_{1112} oder c_{1123}, verschwinden.

Der zu $\underline{c}$ inverse Tensor $\underline{s}$ ergibt sich aus (8.3) mit der Abkürzung

$N = (c_{11}-c_{12})(c_{11}+2c_{12})$ zu

$$s_{1111}=(c_{11}+c_{12})/N, \quad s_{1122}= -c_{12}/N, \quad s_{1212}= 1/(4c_{44}) \tag{8.6}$$

Bei hexagonalen Kristallen gibt es 5 wesentlich verschiedene Konstanten:

$c_{11}= c_{1111}=c_{2222}$,

$c_{33}= c_{3333}$,

$c_{12}= c_{1122}$,

$c_{13}= c_{1133}= c_{2233}$,

$c_{44}= c_{1313}= c_{2323}$,

c_{1212} ergibt sich zu $(c_{11}-c_{12})/2$. (8.7)

Der reziproke Tensor berechnet sich mit den Abkürzungen:

$N_1= c_{11}c_{33}-c_{13}^2$, $N_2= c_{12}c_{33}-c_{13}^2$, $N_3= (c_{11}-c_{12})(N_1+N_2)$ zu:

$s_{1111}=N_1/N_3 \quad s_{1122}= -N_2/N_3, \quad s_{3333}=(c_{11}+c_{12})/(N_1+N_2)$,

$s_{1133}= -c_{13}/(N_1+N_2), \quad s_{1313}= 0.25/c_{44}, \quad s_{1212}= 0.5/(c_{11}-c_{12})$.

(8.8)

8.2. Magnetoelastische Wechselwirkungsenergien

In der Einleitung zu Abschn. 8 hatten wir erläutert, daß die Kopplung der Gitterverzerrungen an die Magnetisierung in ausreichender Näherung durch eine lineare Form in den Distorsionen beschrieben werden kann: $e_\beta = L_{ik}(\alpha_i)\cdot\beta_{ik}$. Der Tensor $\underline{L}$, der die Dimension einer Spannung besitzt, ist als Funktion der Komponenten des Magnetisierungsvektors α_i zu betrachten. Wir spalten diese Energie in zwei Anteile auf, die Wechselwirkungsenergie mit den Verzerrungen $\underline{\varepsilon}$ und die Wechselwirkungsenergie mit den Gitterrotationen $\underline{\omega}$:

$$e_\beta = e_\varepsilon + e_\omega = L^\varepsilon_{ik}\cdot\varepsilon_{ik} + L^\omega_{ik}\cdot\omega_{ik} \tag{8.9}$$

Der Tensor $\underline{L}^\varepsilon$ ist mit der Erscheinung der Magnetostriktion verknüpft, während sich $\underline{L}^\omega$ aus der Kristallanisotropieenergie ableiten läßt.

a) Wechselwirkungen der Magnetisierung mit den elastischen Deformationen

Der Tensor $\underline{L}^\varepsilon$ muß als Funktion der Magnetisierung der jeweiligen Gittersymmetrie folgen. Z.B. ergibt sich für kubische Kristalle [8.2]

$$L^\varepsilon_{ik} = \begin{cases} -3C_2\lambda_{100}(\alpha_i^2-1/3) & \text{für } i=k \\ -3C_3\lambda_{111}\alpha_i\alpha_k & \text{für } i\neq k \end{cases} \tag{8.10}$$

$C_2 = (c_{11}-c_{12})/2$ und $C_3 = c_{44}$ sind gebräuchliche Abkürzungen für zwei elastische Konstanten (Schubmoduln). Die beiden phänomenologischen Konstanten λ_{100} und λ_{111} sind identisch mit den magnetostriktiven Dehnungen eines Kristalls bei Sättigung in [100]- bzw. [111]-Richtung relativ zu einem gedachten unmagnetischen Zustand.

Anstelle der Gitterdeformationen können wir in $e_\varepsilon = L_{ik}\varepsilon_{ik}$ auch die zugehörigen Spannungen einsetzen, die nach Gl. (8.4) zu berechnen sind. Wir erhalten dann eine einfache Form für die Wechselwirkungsenergie der Magnetisierung mit elastischen Spannungen, die insbesondere in dem Fall zweckmäßig ist, daß die Spannungen nicht magnetischen Ursprungs sind:

$$e_\sigma = -3\lambda_{100}\sum_i \sigma_{ii}(\alpha_i^2-1/3) - 3\lambda_{111}\sum_{i>k}\sigma_{ik}\alpha_i\alpha_k \tag{8.11}$$

Für hexagonale Kristalle empfiehlt sich ein kubisches Koordinatensystem mit der c-Achse als dritter Achse, da die elastische Energie und in guter Näherung auch alle magnetischen Potentiale isotrop in Bezug auf Drehungen um die c-Achse sind. Es ergibt sich dann für den magnetoelastischen Tensor:

$$L^{\varepsilon}_{ii} = -(c_{11}\lambda_A+c_{12}\lambda_B)\alpha_i^2 - (c_{11}\lambda_B+c_{12}\lambda_A)\alpha_k^2-c_{13}\lambda_C(1-\alpha_3^2)$$

für i=1, k=2 oder i=2, k=1

$$L^{\varepsilon}_{12} = L_{21} = -(c_{11}-c_{12})(\lambda_A-\lambda_B)\alpha_1\alpha_2$$

$$L^{\varepsilon}_{i3} = -2c_{44}\lambda_E\alpha_i\alpha_3 \qquad \text{für } i=1,2$$

$$L^{\varepsilon}_{33} = -[c_{13}(\lambda_A+\lambda_B)+c_{33}\lambda_c](1-\alpha_3^2) \tag{8.12}$$

und für die magnetoelastische Energie in der Spannungsschreibweise:

$$e_\sigma = -(\lambda_A\alpha_1^2+\lambda_B\alpha_2^2)\sigma_{11}-(\lambda_A\alpha_2^2+\lambda_B\alpha_1^2)\sigma_{22}-\lambda_C(1-\alpha_3^2)\sigma_{33}$$
$$-2(\lambda_A-\lambda_B)\alpha_1\alpha_2\sigma_{12} - 2\lambda_E(\alpha_1\alpha_3\sigma_{13}+\alpha_2\alpha_3\sigma_{23}). \tag{8.13}$$

Werte für die Magnetostriktionskonstanten λ_A bis λ_D findet man in Handbüchern [2.2]. Zur Abkürzung wurde die Konstante $\lambda_E = 2\lambda_D -(\lambda_A+\lambda_C)/2$ eingeführt.

In der Literatur [8.3] finden sich auch Ausdrücke für die magnetoelastische Kopplungsenergie, die höhere Potenzen der α_i und damit eine größere Zahl unabhängiger Magnetostriktionskonstanten enthalten. Ebenso finden sich Ansätze für andere Kristallsysteme. Schließlich wäre noch zu erwähnen, daß auch magnetoelastische Kopplungsenergien, die Ableitungen der Magnetisierungskomponenten enthalten, in der Literatur angegeben werden [8.4]. Über ihre Größe ist nichts Genaueres bekannt, und wir wollen sie im folgenden außer Betracht lassen.

b) Die Wechselwirkung der Magnetisierung mit Gitterrotationen

Zur Berechnung des Beitrages $\underline{L}^{\omega}$ zu Gl.(8.9) gehen wir von folgender Überlegung aus [7.3]:

Zeige die Magnetisierung, etwa unter dem Einfluß äußerer Felder, in eine bestimmte Richtung, und stellt man sich nun das Gitter um einen kleinen Betrag gedreht vor, so verändert sich der Wert der Kristallenergie, da dieser stets relativ zum Kristallsystem zu berechnen ist. Die magnetostatische Energie in dem äußeren Feld bleibt bei dieser Gitterdrehung unverändert.
Die Rotation werde durch den antisymmetrischen Tensor $\omega_{ik}=\frac{1}{2}(\beta_{ik}-\beta_{ki})$ beschrieben. Dann läßt sich die gesuchte Änderung der Kristallenergie berechnen, indem man die Energieänderung bei einer infinitesimalen Drehung der Magnetisierung um $-\omega_{ik}$ berechnet. Die Komponente $L^{\omega}_{12}=-L^{\omega}_{21}$ ergibt sich durch eine geeignete Entwicklung der Funktion $e_K(\alpha_1,\alpha_2,\alpha_3)$ gemäß:

$$L^{\omega}_{12}=\frac{1}{2}\,\frac{\partial}{\partial\omega_{12}}e_K(\alpha_1-\alpha_2\omega_{12},\alpha_2+\alpha_1\omega_{12},\alpha_3)\Big|_{\omega_{12}=0} \qquad (8.14)$$

Im einzelnen erhält man für den Tensor $\underline{L}^{\omega}$ im kubischen Kristallsystem:

$$L^{\omega}_{ik} = \alpha_i\alpha_k(\alpha_i^2-\alpha_k^2)[K_1+K_2(1-\alpha_i^2-\alpha_k^2)] \qquad (8.15)$$

Und im hexagonalen System:

$$L^{\omega}_{i3} = -L^{\omega}_{3i} = -\alpha_i\alpha_3[K_1+2K_2(1-\alpha_2^2)] \quad \text{für } i=1,2, \qquad (8.16)$$

$$L^{\omega}_{12} = 0$$

Die Magnetorotationsenergie verschwindet für alle Richtungen, für die die Kristallenergie stationär ist, insbesondere also für die leichten Richtungen.

8.3 Die spontane Magnetostriktion

Die Erscheinung der Magnetostriktion ist eng mit der im letzten Abschnitt eingeführten magnetoelastischen Wechselwirkungsenergie verknüpft, wie aus folgender Überlegung ersichtlich wird: Denken wir uns einen Kristall zunächst in einem unmagnetischen Ausgangszustand und "schalten" dann die magnetoelastischen Kopplung ein.

Der Kristall sei homogen magnetisiert und unterliege keinen äußeren Beschränkungen. Er wird sich dann unter der Wirkung von e_ε spontan deformieren, bis die elastische Energie e_{el} der magnetoelastischen Energie e_ε das Gleichgewicht hält. Diese Gleichgewichtsdeformation bezeichnet man als die spontane Magnetostriktion. Sie berechnet sich durch Minimalisierung von $e_{el}+e_\varepsilon$ bezüglich $\underline{\varepsilon}$ zu:

$$\varepsilon_{ik}^{(fr)} = -s_{iklm}L_{lm}^{\varepsilon} \tag{8.17}$$

Diese Deformation wollen wir auch die freie Deformation nennen, da sie an einem freien, nicht eingespannten Kristall beobachtet wird. $\varepsilon^{(fr)}$ ist im Gegensatz zu $\underline{L}^\varepsilon$ direkt meßbar, weshalb man in der Regel die Umkehrung von (8.17) dazu benutzt, um $\underline{L}^\varepsilon$ zu bestimmen. Die Energie des Kristalls ist durch diesen Entspannungsvorgang gegenüber dem unmagnetischen Zustand abgesenkt, und zwar um den Betrag:

$$e_{fr} = -\frac{1}{2}\, c_{iklm}\varepsilon_{ik}^{(fr)}\varepsilon_{lm}^{(fr)} = -\frac{1}{2}\, s_{iklm}L_{ik}L_{lm} \tag{8.18}$$

Der Tensor $\underline{L}$ erhält eine anschauliche Bedeutung, wenn man sich einen homogen magnetisierten Kristall eingespannt und festgehalten vorstellt. $\underline{L}^\varepsilon$ bedeutet dann diejenige Spannung, die notwendig ist, um ein Volumenelement vom freien Zustand in den festgehaltenen Zustand zu überführen. $\underline{L}^\omega$ bedeutet das von der Magnetisierung auf das Gitter ausgeübte Moment. Beide Spannungen zusammen würden man in der Theorie der inneren Spannungen [8.6] als die quasiplastische Spannung bezeichnen.

8.4 Der Einfluß äußerer Spannungen auf die Wandstruktur

Die Potentiale (8.11) bzw. (8.13) stellen zusätzliche Beiträge zur Funktion $G(\Theta_i)$ (3.1) dar, wenn die Spannungen $\underline{\sigma}$ von der Magnetisiesierung nicht abhängen. Dabei können diese Spannungen sowohl äußere Spannungen im eigentlichen Sinne als auch innere Spannungen nichtmagnetischen Ursprungs sein, also z.B. von Versetzungen oder Temperaturgradienten erzeugte Spannungen.

Ein einfaches Beispiel möge die Wirkung von Spannungen auf die Wandstruktur erläutern: An einem Eisenkristall sei eine Zugspannung σ_{11} längs der [100]-Achse angelegt, die zugleich die Achse der

Magnetisierung in zwei Domänen sei. Dann tritt zum Potential für eine 180°-Wand (5.2) ein zusätzlicher Term $-3\cdot\lambda\cdot\sigma_{11}\cdot\cos^2\Theta$ hinzu. Der Parameter κ in Gleichung (4.1) bis (4.5) wird nun

$$\kappa = \frac{-(1-\sin^2\Psi\cos^2\Psi)}{1+3\lambda\sigma/K_1} \qquad (8.19)$$

Damit gilt $\kappa>-1$ für $\sigma>o$, d.h. die 180°-Wand bleibt auch für $\Psi=0^o$ endlich. Geringe äußere Spannungen können also die Wandweite von 180°-Wänden drastisch verändern.

8.5 Die magnetostriktive Eigenenergie in Blochwänden

a) Qualitative Einführung und Übersicht

Nachdem in Abschnitt 8.4 von Spannungen nicht-magnetischen Ursprungs die Rede war, wollen wir uns nun mit den von den Magnetisierungsänderungen selbst erzeugten Spannungen beschäftigen. Solche Spannungen können dann auftreten, wenn die Magnetisierungsstruktur inhomogen ist. Ausgehend vom unmagnetischen Zustand würden sich alle Volumelemente, wenn sie voneinander isoliert wären, gemäß Gl. (8.17) entspannen. Da aber der Kristall seinen Zusammenhalt bewahren muß, kann die wirkliche Verzerrung nicht überall den optimalen Wert der freien Verzerrung (8.17) annehmen, und die Energie ist folglich gegenüber (8.18) erhöht. Diese zusätzliche Energie nennen wir die magnetostriktive Eigenenergie der betreffenden Bereichsstruktur. An Hand der in Fig. 8.1 dargestellten (100)-180°-Wand läßt sich erläutern, auf welche Weise dieser Mechanismus die Wandstruktur beeinflußt. Diese Wand hätte in einem kubischen Material eine unendlich große Wandweite (s.Abschn.5.2a), wenn man nur die Kristallenergie berücksichtigt. Der Grund dafür ist, daß der Magnetisierungsvektor in der Mitte der Wand bei dieser Orientierung genau durch eine weitere leichte Richtung, die [100]-Richtung, hindurchdreht. Die Wand ist dann bestrebt, unter Bildung eines neuen, in [001]-Richtung magnetisierten Bereichs in zwei 90°-Wände zu zerfallen. Betrachtet man jedoch die "freien" magnetostriktiven Verzerrungen der so entstehenden drei Bereiche (Fig.8.1), so erkennt man, daß die Verzerrung des mittleren Bereichs nicht mit den Verzerrungen der beiden äußeren Bereiche verträglich oder kompatibel ist. Dem mittleren Bereich wird der Verzerrungszustand der beiden äußeren Domänen aufgeprägt, er besitzt folglich eine erhöhte Energie, und diese führt ähnlich wie im Fall einer äußeren Zuspannung (Abschn.8.4) zu einer endlichen Wandweite. Die frühesten Rechnungen zu diesem Effekt finden sich in den Arbeiten von Lifshitz [4.1] und Néel [4.2] aus dem Jahre 1944. Néel diskutierte auch bereits 90°-Wände und wies darauf hin, daß für diesen Wandtyp zwei Fälle möglich sind: Wenn die auf die Wand projizierten freien Verzerrungen der beiden Bereiche gleich sind, dann passen die beiden Bereiche - ähnlich wie bei einer kristallographischen Zwillingsgrenze - zusammen. Innere Spannungen ergeben sich allenfalls innerhalb der Wandzone. Sind die Projektionen nicht gleich, so entstehen notwendigerweise Spannungen an der Grenzfläche, die sich in beiden Domänen bis ins Unendliche erstrecken. (110)-90°-Wände (Ψ=90°) gehören zur ersten Kategorie, alle übrigen 90°-Wände zur zweiten. Die Spannungen bei einer Wand mit weitreichendem Spannungsfeld verhalten sich ähnlich wie das magnetische Feld einer Wand, bei der die Normalkomponenten der Magnetisierung in den beiden Bereichen verschieden sind. Solche Wände nennt man magnetisch geladene Wände. Analog hierzu könnte man auch von "magnetostriktiv geladenen" Wänden sprechen.

Für alle Wände in Eisen und Nickel, die nur lokalisierte Spannungen aufweisen, hat Rieder [8.5] die magnetostriktiven Eigenenergien und -spannungen in systematischer Weise berechnet. Bei den magnetostriktiv geladenen Wänden beschränkt er sich jedoch auf die Angabe der weitreichenden Komponenten. Es ist natürlich wünschenswert, auch diese Wände berechen zu können. Dabei sollte nach Möglichkeit auch der Einfluß der Gitterrotationen mit erfaßt werden, der in Rieders Rechenverfahren nicht enthalten ist. Wir wollen deshalb hier eine möglichst allgemeine, nicht auf spezielle Kristallsysteme und Wandorientierungen zugeschnittene Theorie entwickeln.

Alleinige Voraussetzungen sollen sein:

1) Die Wand muß eben und unendlich ausgedehnt sein (eindimensionales Problem)

2) Die elastische Energie des Kristalls kann durch eine quadratische Form in den Verzerrungen dargestellt werden (Lineare Elastizitätstheorie). Die elastischen Konstanten sollen nicht von der

Magnetisierung abhängen.

3) Die magnetoelastische Wechselwirkungsenergie kann durch eine lineare Form in den elastischen Distorsionen hinreichend gut beschrieben werden.

4) Es sollen keine plastischen Deformationen oder magnetische Nachwirkungen auftreten.

b) Die Definition der magnetostriktiven Eigenenergie

Zunächst wollen wir eine genaue Definition der zu berechnenden magnetostriktiven Eigenenergie geben. Als Bezugs- und Ausgangspunkt sowohl für die Verzerrungen wir für die Energie benutzen wir im folgenden stets einen gedachten unmagnetischen Zustand, in dem die magnetoelastische Energie nicht wirksam ist (s.Fig.8.2). Nehmen wir nun zunächst an, daß zwischen den einzelnen Volumenelementen des Kristalls keine elastischen Wechselwirkungen bestehen (indem wir uns den Kristall in kleine, nicht zusammenhängende Elemente zerlegt denken), dann nimmt jedes Volumenelement die als spontane Magnetostriktion bekannte Verzerrung $\beta^{fr}(\underline{r})$ an, wobei sich die Energie um den Betrag $e_{fr}(\underline{r})$ absenkt. Gehen wir nun zurück zum unmagnetischen Zustand, fügen den Kristall wieder zusammen und schalten die magnetoelastische Wechselwirkung wieder ein, so stellt sich im allgemeinen eine andere Verzerrung $\underline{\beta}^{o}(\underline{r})$ ein, deren Energie auf Grund der einschränkenden Nebenbedingung der Kompatibilitätsbedingungen höher als e_{fr} sein kann. Die Differenz zwischen beiden Energien bezeichnen wir als die magnetostriktive Eigenenergie:

$$E_{ms} = \int[e_{\beta}(\underline{\beta}^{o}(\underline{r}))+e_{el}(\underline{\beta}^{o}(\underline{r})-e_{fr}(\underline{r})]dv \qquad (8.20)$$

Im allgemeinen Fall vermittelt diese Energie ebenso wie die Streufeldenergie eine nicht lokale, weitreichende Wechselwirkung (Die Verzerrung $\underline{\beta}^{o}(\underline{r}_{o})$ an einem Punkte $\underline{r}_{o}$ läßt sich wie das Streufeld durch eine Integration über das ganze Probenvolumen aus einem Quellenfeld - in diesem Fall z.B. aus Div($\underline{L}$-$\underline{\bar{L}}$) - berechnen [8.6]. Ähnlich wie im Fall des Streufeldes reduziert sich jedoch die Wechselwirkung bei eindimensionalen Problemen, die wir im folgenden behandeln wollen, auf eine lokale Wechselwirkung.

c) Die Berechnung der magnetostriktiven Eigenenergie für eindimensionale Probleme

Gemäß Voraussetzung 3) in Abschn.a) schreiben wir die magnetoelastische Wechselwirkungsenergie in der Form (8.9). Der Tensor $\underline{L}=\underline{L}^{\varepsilon}+\underline{L}^{\omega}$ ist dabei im allgemeinen unsymmetrisch. Wenn auch der Mittelwert $\underline{\bar{L}}$ von $\underline{L}$ unsymmetrische Komponenten enthält, dann hat der Kristall das Bestreben, sich als ganzes unbeschränkt zu drehen, da einer solchen Drehung keine elastische Energie entgegensteht. In diesem Fall kompensieren wir den unsymmetrischen Anteil des Mittelwerts mit Hilfe einer "Halterung". Wir gehen also von $\underline{L}$ zu dem Tensor $\underline{L}^*$:

$$L^*_{ik} = L_{ik}-\frac{1}{2}(\bar{L}_{ik}-\bar{L}_{ki}) \qquad (8.21)$$

mit $L^*_{ik}=L^*_{ki}$ über, mit dem sich die magnetoelastische Energie nun in der Form

$$e^*_\beta = L^*_{ik}\beta_{ik} \qquad (8.22)$$

schreibt.

Zur Berechnung der Gleichgewichtsdistorsion $\underline{\beta}^o$ im Falle einer inhomogenen Magnetisierung wird folgendes Verfahren angewandt: Zunächst beschrängen wir die Mannigfaltigkeit der erlaubten $\underline{\beta}^o$ auf solche, die sich aus einer Verschiebung ableiten lassen; wir berücksichtigen also vorweg die Kompatibilitätsbedingungen. Das ist im Fall eines eindimensionalen Problems leicht möglich. Bezüglich der verbleibenden Mannigfaltigkeit von Distorsionen wird die Gesamtenergie $e_G=e_{el}+e^*_\beta$ optimiert und damit $\underline{\beta}^o$ gewonnen.

Zunächst zur Kompatibilitätsbedingung: Sie lautet in ihrer allgemeinen Form $\text{Rot}\underline{\beta}=0$ und stellt somit eine komplizierte Differentialgleichung dar. Für ein eindimensionales Problem reduziert sie sich jedoch auf die einfache Bedingung:

$$\frac{d}{dx}(\underline{n}\times\underline{\beta}) = 0 \text{ oder}$$

$$\beta_{ik}= \bar{\beta}_{ik}+n_i k_k(x) \qquad (8.23)$$

wobei $\underline{\bar{\beta}}$ ein konstanter Tensor, $\underline{n}$ die Normalenrichtung und

$\underline{k}$ ein beliebiger Vektor sei, der als Funktion von x noch genauer zu bestimmen ist. Wir können noch verlangen, daß der Mittelwert von $n_i k_k$ verschwinden möge, indem wir einen eventuell vorhandenen Mittelwert zu $\bar{\underline{\beta}}$ schlagen. Da das Volumen der Wand gegen das Volumen der Bereiche zu vernachlässigen ist, kann man dann $\bar{\underline{\beta}}$ gleich dem Mittelwert der Verzerrungen in den Bereichen setzen. Um diesen Mittelwert zu berechnen, nutzen wir einen Satz aus der Theorie der inneren Spannungen aus. Danach ist stets in einem Einkristall der Mittelwert der wirklichen Verzerrungen gleich dem Mittelwert der (gedachten) freien Verzerrungen*. Die mittlere Rotation des Kristalls soll verschwinden, so daß unter Ausnutzung von Gl.(8.17) für zwei gleich große Bereiche folgt:

$$\bar{\beta}_{ik} = \frac{1}{2}(\beta_{ik}^{(fr,a)} + \beta_{ik}^{(fr,e)}) = -\frac{1}{2}s_{iklm}\,(L_{lm}^{*(a)} + L_{lm}^{*(e)}) = -s_{iklm}\bar{L}_{lm}^{*} \tag{8.24}$$

$\underline{\beta}^{(fr,a)}$ und $\underline{\beta}^{(fr,e)}$ bezeichnen die freien Magnetostriktionen der beiden Bereiche, entsprechend für $\underline{L}^*$. Der Mittelwert $\bar{\underline{L}}^*$ ist nach (8.21) ein symmetrischer Tensor.
Wir setzen nun Gl.(8.23) in (8.1) und (8.9) ein:

$$e_{el} = \frac{1}{2}(\bar{\beta}_{ik} + n_i k_k)(\bar{\beta}_{lm} + n_l k_m)c_{iklm}$$

$$= \frac{1}{2}\bar{L}^*_{ik}\,\bar{L}^*_{lm}s_{iklm} - n_i k_k \bar{L}^*_{ik} + \frac{1}{2}n_i n_l k_k k_m c_{iklm} \tag{8.25}$$

$$e_\beta = (\bar{\beta}_{ik} + n_i k_k)L^*_{ik} = -L^*_{ik}\bar{L}^*_{lm}s_{iklm} + n_i k_k L^*_{ik} \tag{8.26}$$

Damit ergibt sich:

$$e_G = e_{el} + e_\beta = (\tfrac{1}{2}\bar{L}^*_{ik} - L^*_{ik})\bar{L}^*_{lm}\cdot s_{iklm}$$

$$+ n_i k_k (L^*_{ik} - \bar{L}^*_{ik}) + \frac{1}{2}n_i n_l k_k k_m c_{iklm}\,. \tag{8.27}$$

Minimalisiert man die Gesamtenergie e_G bezüglich der bisher unbekannten Funktionen $k_k(x)$ so ergibt sich:

---

* Dieser Satz leitet sich aus dem bekannteren Satz von Albenga [8.6] folgendermaßen ab: Der wirkliche Zustand des Kristalls $\underline{\beta}^o(\underline{r})$ interscheidet sich vom freien Zustand $\underline{\varepsilon}^{(fr)}(\underline{r})$ um den Verzerrungstensor

$$n_i(L^*_{ik}-\bar{L}^*_{ik})+n_i n_e k_k c_{iklm}=0 \quad (8.28)$$

Nunmehr definieren wir den symmetrischen Tensor:

$$\Gamma_{km} = n_i n_l c_{iklm} \quad (8.29)$$

Dieser ergibt sich in einem kubischen Kristallsystem zu:

$$\Gamma_{ik} = \begin{cases} c_{44}+(c_{11}-c_{44})n_i n_k & \text{für } i=k \\ (c_{12}+c_{44})n_i n_k & \text{für } i=k\,. \end{cases} \quad (8.30)$$

Entsprechend gilt für hexagonale Kristalle:

$$\left.\begin{aligned} \Gamma_{kk} &= c_{11}n_k^2+c_{66}n_l^2+c_{44}n_3^2 \\ \Gamma_{kl} &= (c_{12}+c_{66})n_k n_l \\ \Gamma_{k3} &= (c_{13}+c_{44})n_k n_3 \end{aligned}\right\} \quad \begin{aligned} &\text{für } k=1,\ l=2 \\ &\text{und } k=2,\ l=1 \end{aligned}$$

$$\Gamma_{33} = c_{44}+(c_{33}-c_{44})n_3^2 \quad (8.31)$$

Sei $\underline{\Gamma}^{-1}$ der zu $\underline{\Gamma}$ inverse Tensor ($\Gamma^{-1}_{ik}\Gamma_{kl}=\delta_{il}$), dann erhält man $\underline{k}$ explizit:

$$k_i = -\Gamma^{-1}_{il}n_k(L^*_{kl}-\bar{L}^*_{kl}) \quad (8.32)$$

und damit den optimalen Wert der Gesamtenergie:

$$e^o_g = \tfrac{1}{2}(L^*_{ik}-\bar{L}^*_{ik})L^*_{lm}S_{iklm}-\tfrac{1}{2}\Gamma^{-1}_{km}n_i n_l(L^*_{ik}-\bar{L}^*_{ik})(L^*_{lm}-\bar{L}^*_{lm}) \quad (8.33)$$

Mit Gl.(8.17) und den ursprünglichen Tensoren $\underline{L}$ (anstelle von $\underline{L}^*$, s.Ge.(8.21), erhalten wir die magnetostriktive Eigenenergie in der

---

$\underline{\varepsilon}^o-\underline{\varepsilon}^{(fr)}$. Dieser Unterschied muß durch eine innere Spannung hervorgerufen sein, deren Mittelwert nach dem Satz von Albenga verschwinden muß: $c..(\underline{\varepsilon}^o-\underline{\varepsilon}^{(fr)}) =0$. Da $\underline{c}$ homogen sein soll, folgt $\underline{\varepsilon}^o=\underline{\varepsilon}^{(fr)}$.

folgenden einfachen Form:

$$e_{ms} = e_g^o - e_{fr} = \frac{1}{2}(L_{ik}-\bar{L}_{ik})(L_{lm}-\bar{L}_{lm})\tilde{s}_{iklm} \tag{8.34}$$

$$\text{mit } \tilde{s}_{iklm} = s_{iklm} - n_i n_l \Gamma_{km}^{-1} \tag{8.35}$$

Der Tensor $\underline{\tilde{s}}$ berechnet sich ausschließlich aus den elastischen Konstanten $\underline{c}$ und dem Normalenvektor $\underline{n}$. Er stellt eine Art Projektion des ursprünglichen Tensors $\underline{s}$ auf die Wandfläche dar und besitzt nur die folgende, leicht zu verifizierende Symmetrieeigenschaft:

$$\tilde{s}_{iklm} = \tilde{s}_{lmik} \tag{8.36}$$

Gl.(8.34) gilt grundsätzlich in jedem Koordinatensystem. Jedoch ist es meist zweckmäßig, im jeweiligen Kristallsystem zu rechnen, da die Tensoren $\underline{c}$ und $\underline{L}$ in diesem System unmittelbar aus der Literatur entnommen werden können.

Bemerkenswert ist die enge Analogie zwischen Gl.(8.34) und Gl. (6.9) für die magnetische Streufeldenergie, die besonders deutlich wird, wenn man letztere etwas umformt:

$$e_s = \frac{1}{2}(\alpha_i-\bar{\alpha}_i)(\alpha_k-\bar{\alpha}_k)n_i n_k 4\pi I_s^2 \tag{6.9a}$$

In Gl.(8.34) tritt an die Stelle der Magnetisierungsrichtung $\underline{\alpha}$ der aus dieser zu berechnende Spannungstensor $\underline{L}(\alpha)$, und an die Stelle des Tensors $n_i n_k 4\pi I_s^2$ tritt der aus der Normalenrichtung $\underline{n}$ und den elastischen Konstanten zu berechnende Tensor $\underline{s}^*$. In beiden Formeln erscheint außer den lokalen Größen $\underline{\alpha}$ bzw. $\underline{L}(\alpha)$ auch der jeweilige Mittelwert dieser Größen über die benachbarten Domänen.

8.6 Die magnetischen Eigenspannungen

Die inhomogene Magnetisierungsstruktur führt nicht nur zu einer magnetostriktiven Eigenenergie, sondern- damit verknüpft - auch zu inneren Spannungen. Wenn der Kristall sich magnetostriktiv nicht verzerren würde, dann wären die Spannungen einfach durch den Tensor $\underline{L} = \underline{L}^\omega + \underline{L}^\varepsilon$ gegeben. Der unsymmetrische Bestandteil, die von der

Magnetisierung ausgeübten Momente $\underline{L}^{\omega}$, verändert sich in unserer Näherung durch die Verzerrung nicht. Den Mittelwert von $\underline{L}^{\omega}$ denken wir uns wieder durch eine Halterung kompensiert. Der symmetrische Bestandteil von $\underline{L}$ ist dagegen durch den Entspannungsprozess mehr oder weniger stark relaxiert. Man berechnet die verbleibende Spannung als diejenige Spannung, die notwendig ist, um den freien Zustand eines Volumenelements $\underline{\beta}^{(fr)}$ in den wirklichen Zustand $\underline{\beta}^{o}$ überzuführen. Demnach berechnet sich die gesamte innere Spannung mit Gl.(8.17), (8.23), (8.32) und (8.35) zu:

$$\begin{aligned} \sigma_{ik}^{(ms)} &= L_{ik}^{\omega}-\bar{L}_{ik}^{\omega}+c_{iklm}[\beta_{lm}^{o}-\varepsilon_{lm}^{(fr)}] \\ &= (L_{ik}-\bar{L}_{ik})-c_{ikrs}n_r n_l \Gamma_{sm}^{-1}(L_{lm}-\bar{L}_{lm}) \end{aligned} \qquad (8.36)$$

Folgende Eigenschaften von $\underline{\sigma}^{(ms)}$ lassen sich leicht bestätigen:

1) Nur bei einer inhomogenen Magnetisierung entstehen magnetostriktive Spannungen. Wenn überall der Tensor $\underline{L}$ gleich seinem Mittelwert $\underline{\bar{L}}$ ist, verschwinden die Spannungen. Auch verschwindet der Mittelwert der Spannungen selbst, wie es der Satz von Albenga [8.6] fordert. Daraus folgt, daß in den beiden Domänen die magnetostriktiven Spannungen entgegengesetzt gleich sind.

2) Der Tensor $\underline{\sigma}^{(ms)}$ erfüllt die Gleichgewichtsbedingung Div $\sigma^{(ms)}=0$, das heißt, die Normalkomponenten von $\underline{\sigma}^{(ms)}$ verschwinden:

$$n_i\sigma_{ik}^{(ms)} = n_i(L_{ik}-\bar{L}_{ik})-\sigma_{ks}n_l\Gamma_{sm}^{-1}(L_{lm}-\bar{L}_{lm}) = 0 \qquad (8.37)$$

Diese Beziehung würde nicht für den symmetrischen Anteil der magnetostriktiven Spannungen allein gelten. Den Normalkomponenten der Momente $\underline{L}^{\omega}$ wird durch gewisse Anteile der gewöhnlichen elastischen Spannungen die Waage gehalten. Ein Ferromagnetikum kann also auch elastische Spannungen enthalten, wenn seine Magnetostriktion λ und damit $\underline{L}^{\varepsilon}$ verschwinden.

3) Wenn wir untersuchen, unter welchen Bedingungen die magnetischen Spannungen identisch verschwinden, so gelangen wir zu zwei Forderungen. Die erste ist, daß die inhomogenen Anteile der Momente

$\underline{L}^{\omega}-\overline{\underline{L}}^{\omega}$ verschwinden müssen, da diese durch keinen Entspannungsprozeß kompensiert werden können. (Wohl können einzelne Komponenten dieser Spannungen kompensiert werden, wie wir am Beispiel der Normalkomponenten gesehen haben). Die zweite Forderung ist, daß sich die freie Verzerrung als Vielfaches des Normalenvektors in folgender Form (mit einem beliebigen Vektor $\underline{k}(x)$) schreiben läßt:

$$\beta_{ik}^{(fr)}-\overline{\beta}_{ik} = \frac{1}{2}[n_i k_k(x)+n_k k_i(x)] \tag{8.38}$$

In diesem Fall gilt nämlich:

$$L_{lm}-\overline{L}_{lm} = c_{lmik}n_i k_k \tag{8.39}$$

und damit:

$$\sigma_{ik}^{(ms)} = c_{ikrs}n_r k_s - c_{ikrs}\Gamma_{sm}^{-1}\Gamma_{mv}n_r k_v = 0 \tag{8.40}$$

Die Bedingung (8.39) besagt, daß alle Tangentialkomponenten der freien Verzerrung konstant sein müssen, daß also für zwei beliebige Tangentialvektoren $\underline{t}^{(1)}$ und $\underline{t}^{(2)}$ der Ausdruck $[\beta_{ik}^{(fr)}-\overline{\beta}_{ik}]t_i^{(1)}t_k^{(2)}$ verschwindet. Diese Bedingung ist in der Kristallographie als Bedingung für die Spannungsfreiheit einer Zwillingsgrenze wohlbekannt. Die unter Punkt drei genannten Bedingung für das Verschwinden der Spannungen gelten insbesonder auch für das Verhalten im Unendlichen. Eine Blochwand, die zwei Domänen trennt, besitzt also genau dann keine bis ins unendliche reichenden Spannungen, wenn sich einerseits die Momente $\underline{L}^{\omega}$ in den Domänen nicht unterscheiden, und andererseits die freien Verzerrungen in den Domänen in den Tangentialkomponenten gleich sind.

8.7 Die magnetostriktive Wechselwirkung von magnetischen Strukturen mit Versetzungen

Die magnetostriktive Spannung $\underline{\sigma}^{(ms)}$ hat eine große Bedeutung für die Beschreibung der Wechselwirkung zwischen magnetischen Strukturen und Gitterfehlern, insbesondere Versetzungen. Nach der Formel von Peach und Köhler [8.6, 8.7] übt eine beliebige, auch unsymmetrische Spannung auf einen Versetzungsabschnitt eine Kraft

$$d\underline{K} = d\underline{L}\times(\underline{\sigma}\cdot\underline{b}) \tag{8.41}$$

aus, wobei $d\underline{L}$ der Linienvektor der Versetzung und $\underline{b}$ ihr Burgersvektor sei. Umgekehrt ist $-d\underline{K}$ die Kraft, die ein Abschnitt einer Versetzung auf das Volumenelement einer Magnetisierungsstruktur ausübt. Durch Integration über die Länge der Versetzung läßt sich aus (8.41) also zum Beispiel die Kraft berechnen, die eine Versetzung auf eine Blochwand ausübt. Für $\underline{\sigma}$ wird man dabei zunächst $\underline{\sigma}^{(ms)}$ nach Gl.(8.36) einsetzen. Dies setzt allerdings voraus, daß die magnetostriktiven Spannungen der Blochwand von der Versetzung nur unwesentlich beeinflußt werden. Diese Annahme ist in einachsigen Kristallen in der Regel gerechtfertigt, ist jedoch in kubischen Kristallen insbesondere für jene Wände problematisch, deren Wandweite wesentlich durch die magnetostriktive Eigenenergie bestimmt wird. Pfeffer [8.8] berechnete die Struktur einer Blochwand in Nickel in der Nähe einer parallel laufenden Versetzung; er fand eine starke Beeinflussung der Wechselwirkung zwischen Blochwand und Versetzung durch die Veränderung der Wandstruktur in der Nähe der Versetzung. Eine entsprechende Rechnung für durch die Wand durchstoßende Versetzungen liegt noch nicht vor.

Das qualitative Verhalten der Wechselwirkung zwischen Blochwand und Versetzung wird jedoch sicherlich durch (8.36) und (8.41) wiedergegeben. Eine umfangreiche Literatur [8.9-8.12] beschäftigt sich mit den daraus zu ziehenden Folgerungen für verschiedene Gitter- und Versetzungstypen.

8.8 Die Einbeziehung der magnetostriktiven Eigenenergie in die Berechnung von Wandstrukturen

Wir wollen schließlich noch untersuchen, in welcher Weise die allgemeine Formel (8.34) für die magnetostriktive Eigenenergie in die Berechnung einer Blochwand einbezogen werden kann. Dabei wird sich eine weitgehende Analogie zur in Abschn.6.2 behandelten Streufeldenergie einer Blochwand zeigen.

Da (8.34) nicht von den Ortsableitungen der Magnetisierung abhängt, läßt sich diese Energie unmittelbar der verallgemeinerten Kristallenergie $G(\Theta_i)$ zuschlagen und in die allgemeine Theorie eingliedern.

Ähnlich wie in Abschn.6.2 sind jedoch auch hier die Randwerte gemeinsam zu berechnen, wenn die Feldgröße in den Domänen nicht verschwindet. Wir definieren die Funktion $G_o(\Theta_i)$ durch:

$$G = G_o(\Theta_i)+e_{ms}(\Theta_i) \tag{8.42}$$

und verwenden eine ähnliche Notation, wie sie in Gl.(6.6) definiert wurde. Dann schreiben sich die Gleichgewichtsbedingungen für die Variablen in den beiden Domänen in folgender Form:

$$\delta[G^{(a)}+G^{(e)}] = \delta[G_o^{(a)}+G_o^{(e)}+\tfrac{1}{4}(L_{ik}^{(a)}-L_{ik}^{(e)})(L_{lm}^{(e)}-L_{lm}^{(e)})\tilde{s}_{iklm}] = 0 \tag{8.43}$$

Die Variation nach Θ^a ergibt:

$$G_o'^{(a)}+\tfrac{1}{2}L_{ik}'^{(a)}(L_{lm}^{(a)}-L_{lm}^{(e)})\tilde{s}_{iklm} = 0 \tag{8.44}$$

Die Variation nach $\Theta^{(e)}$ liefert einen zweiten, Gl.(8.44) entsprechenden Satz von Gleichungen, der sich aus Gl.(8.44) durch die Vertauschung der Indices (a) und (e) ergibt.

Treten keine weitreichenden Spannungen in den Domänen auf, so ergibt eine einfache Rechnung, daß die magnetoelastischen Beiträge zur Randwertgleichung (8.44) verschwinden. Die Bedingungen, unter denen keine weitreichenden Spannungen auftreten, wurden in Abschnitt 8.6 erläutert. Treten dagegen weitreichende Spannungen bei einer Wand auf, so sind im allgemeinen die Randwerte der Wand unter Einschluß der Magnetostriktion zu berechnen.

Wie im Fall der Streufeldkopplung zeigt sich auch hier, daß die Funktion $G(\Theta_i)$ in den Randpunkten unter dem Einfluß der magnetostriktiven Kopplung stationär bleibt und somit der Charakter der Wände im Unendlichen unberührt bleibt.

Die Gleichungen (8.34), (8.36) und (8.44) sind leicht mit Rechenmaschinen auszuwerten. Die komplizierteren Tensoren $\underline{\Gamma}$ und $\underline{\tilde{s}}$ brauchen für einen Kristall und eine Wandnormale nur je einmal berechnet zu werden. Damit kann eine Vielzahl von Wänden (für unterschiedliche äußere Felder bzw. äußere Spannungen sowie für verschiedene Werte der magnetischen und magnetostriktiven Konstanten) berechnet werden. Insofern ist die Form (8.34) für die magnetostriktive Eigenenergie sehr zweckmäßig. Aber auch analytische Rechnungen können von Gl. (8.34) ausgehend leicht durchgeführt werden, wie in den nächsten Abschnitten gezeigt wird.

[8.1] A.E. Love, The Mathematical Theory of Elasticity, (Dover, New York, 1944)

[8.2] R. Becker, W. Döring, Ferromagnetismus, (Springer, Berlin 1939)

[8.3] W.P. Mason, Phys.Rev. 82, 715 (1951)

[8.4] M.I. Kaganov, V.M. Tsukernik, JETP 9, 224 (59)

[8.5] G. Rieder, Abhandl. Braunschw. Wiss. Ges.11, 20 (1959)

[8.6] E. Kröner, Kontinuumstheorie der Versetzungen und Eigenspannungen, (Springer, Berlin, Heidelberg, New York 1958)

[8.7] M. Peach, I.S. Koehler, Phys.Rev. 80, 436 (1950)

[8.8] K.-H. Pfeffer, phys.stat.sol. 19, 735, 20, 395 (1967)

[8.9] F. Vicena, Czech.J.Phys. 5, 480 (1955)

[8.10] G. Rieder, Z.angew.Phys. 9, 187 (1957)

[8.11] A. Seeger, H. Kronmüller, H. Rieger, H. Träuble, J.Appl. Phys. 35, 740 (1964)

[8.12] H. Träuble, in Moderne Probleme der Metallph. (Hrsg.A.Seeger) (Springer, Berlin-Heidelberg-New York, 1966) Bd.2

[8.13] H. Träuble, in Magnetism and Metallurgy, Hrsg. A.Berkowitz und E. Kneller (Academic Press, New York, 1968) Bd.2

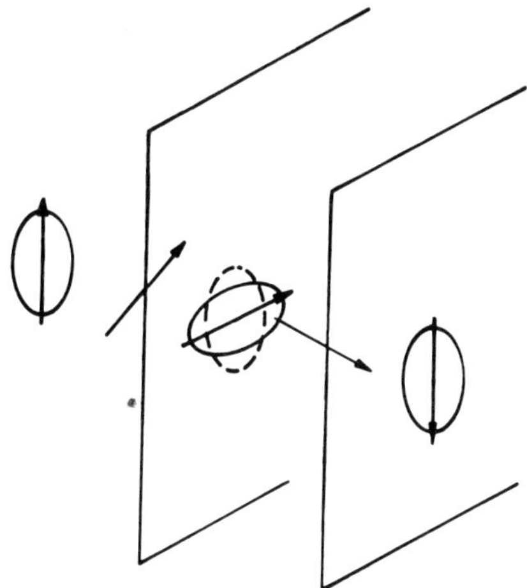

Fig.8.1
Veranschaulichung der Wirkung der magnetostriktiven Eigenspannungen auf eine 180°-Wand. Ausgezogene Ellipsen: Darstellung des freien Verzerrungszustandes der einzelnen Gebiete. Gestrichelt: Tatsächlicher, energetisch höher liegender Verzerrungszustand im Inneren der Blochwand

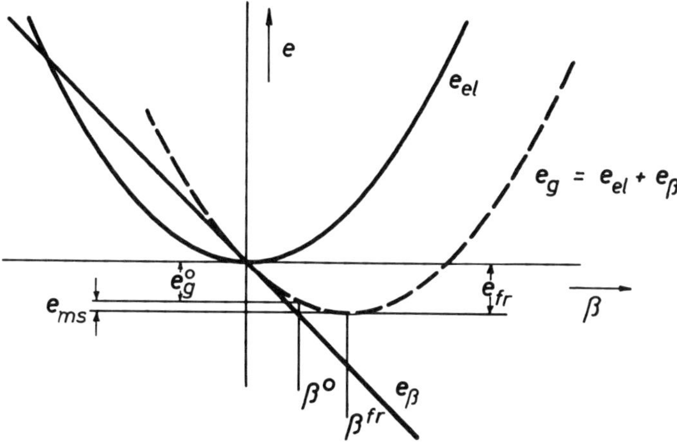

Fig.8.2
Schematische Darstellung der verschiedenen, bei der Berechnung der magnetostriktiven Eigenenergie vorkommenden Energien und Verzerrungen

9. Beispiele für Wandberechnungen unter Berücksichtigung der magnetostriktiven Eigenenergie

Im folgenden sollen die Ergebnisse des Abschnittes 8.5 auf einige Wandtypen in kubischen Materialien angewendet werden. Zunächst wollen wir einige einfache Spezialfälle analytisch verfolgen, um sie in komplizierteren Fällen durch numerische Berechnungen zu ergänzen. Für die analytischen Rechnungen formen wir Gleichung (8.34) etwas um und berücksichtigen dabei die kubische Anisotropie. Mit den Abkürzungen:

$$\underline{\hat{L}} = \underline{L}-\underline{\bar{L}},\ l_k = n_i\hat{L}_{ik},\ \tilde{L}_{ik} = \frac{1}{2}(\hat{L}_{ik}+\hat{L}_{ki}) \tag{9.1}$$

erhalten wir:

$$e_{ms} = e_{ms}^{(1)}+e_{ms}^{(2)} = \frac{1}{2}s_{iklm}\tilde{L}_{ik}\tilde{L}_{lm}-\frac{1}{2}l_i l_k\Gamma_{ik}^{-1} \tag{9.2}$$

Der erste Term hat die Form einer elastischen Energie und schreibt sich für kubische Materialien (unter Berücksichtigung von $\Sigma L_{ii}=0$, Gl.(8.10)) in der folgenden einfachen Form:

$$e_{ms}^{(1)} = \frac{1}{4C_2}(\tilde{L}_{11}^2+\tilde{L}_{22}^2+\tilde{L}_{33}^2)+\frac{1}{2C_3}(\tilde{L}_{12}^2+\tilde{L}_{13}^2+\tilde{L}_{23}^2) \tag{9.3}$$

Der zweite Anteil in Gl.(9.2) gibt die Energieverminderung durch eine inhomogene Entspannung innerhalb der Wand wieder. Nur in ihm spielt der asymmetrische Anteil von $\underline{\hat{L}}$, also die Magnetorotationsenergie, eventuell eine Rolle.
Die Spannungen (Gl.(8.36)) lassen sich in entsprechender Weise aufteilen:

$$\sigma_{ik}^{(ms)} = \sigma_{ik}^{(1)}+\sigma_{ik}^{(2)} = \hat{L}_{ik}-c_{ikrs}n_r l_m\Gamma_{sm}^{-1} \tag{9.4}$$

9.1 (100)-180°-Wände in Eisen

Der Ausgangspunkt unserer Überlegungen zur magnetostriktiven Eigenenergie war das Problem einer endlichen Wandweite der (100)-180°-Wand. Wir wollen nunmehr zeigen, wie dieses Problem mit Hilfe der

allgemeinen Theorie zu lösen ist.
Benutzen wir wieder die Bezeichnungen des Abschnitts 5.2a mit $\Psi=90^{o}$, dann lautet die Wandnormale $\underline{n}=(0,0,1)$ und die Richtung der Magnetisierung $\alpha=(\sin\Theta, \cos\Theta, 0)$. Die Magnetisierung in den Bereichen ist durch $\Theta=\pm 90^{o}$ gekennzeichnet.

Für den Tensor $\underline{\hat{L}}$ ergibt sich aus Gleichung (8.10) und (8.15):

$$\underline{\hat{L}} = \begin{pmatrix} -L_a & L_b+L_c & 0 \\ L_b-L_c & L_a & 0 \\ 0 & 0 & 0 \end{pmatrix}, \quad \begin{aligned} L_a &= -3C_2\lambda_{100}\cos^2\Theta \\ L_b &= -3C_3\lambda_{111}\sin\Theta\cos\Theta \\ L_c &= -K_1\sin\Theta\cos\Theta(\cos^2\Theta-\sin^2\Theta) \end{aligned} \tag{9.5}$$

Damit verschwindet der Vektor $\underline{l}$ und folglich auch die Beiträge $e_{ms}^{(2)}$ und $\sigma^{(2)}$, d.h. die Verzerrungen sind innerhalb der (100)-180°-Wand homogen und es findet keine inhomogene Entspannung statt.

Aus (9.2) ergibt sich dann unmittelbar:

$$e_{ms} = \frac{9}{2}(C_2\lambda_{100}^2\cos^4\Theta + C_3\lambda_{111}^2\sin^2\Theta\cos^2\Theta) \tag{9.6}$$

Diese Formel wurde schon von Néel [4.2] angegeben. Die entsprechenden Formeln bei Lifshitz [4.1] und Lilley [2.4] sind mit (9.6) äquivalent, wenn den Nullpunkt der Energie so, wie hier vereinbart, in den entspannten Zustand verlegt wird. Mit Gl.(9.5) ergibt sich für den Parameter κ in Gl.(4.5) der Wert

$$\kappa = -1+\frac{4.5\ C_2\lambda_{100}^2}{K_1+4.5\ C_3\lambda_{111}^2} \tag{9.7}$$

und damit - ähnlich wie im Fall einer angelegten äußeren Spannung (Abschnitt 8.4) - eine endlich Wandweite. Die magnetostriktiven Eigenspannungen schließlich ergeben sich aus Gl.(9.4) zu $\underline{\sigma}=\underline{\hat{L}}$.

9.2 180°-Wände in Nickel

Zunächst sei der Fall einer Wand mit der Wandnormale $\underline{n}=\frac{1}{\sqrt{2}}(0,1,\bar{1})$ analytisch untersucht. Die Magnetisierung drehe aus der

$[\bar{1}\bar{1}\bar{1}]$-Richtung in die [111]-Richtung, stelle sich also in der folgenden Form dar:

$$\underline{\alpha} = \sin\Theta\frac{1}{\sqrt{3}}(1,1,1)+\cos\Theta\frac{1}{\sqrt{6}}(-2,1,1), \quad -90^\circ \leq \Theta \leq 90^\circ \tag{9.8}$$

Bei $\Theta \cong 19^\circ$ trifft die Magnetisierung auf eine weitere leichte Richtung ($[\bar{1}11]$). Auch diese 180°-Wand hat also die Tendenz, in zwei Teilwände zu zerfallen (und zwar in eine 71°- und eine 109°-Wand). Zunächst berechnen wir die Tensoren $\hat{\underline{L}}$ und Γ^{-1}:

$$\hat{\underline{L}} = \begin{vmatrix} L_a & L_b+L_c & L_b+L_c \\ L_b-L_c & -L_a/2 & L_d \\ L_b-L_c & L_d & -L_c/2 \end{vmatrix} \tag{9.9}$$

mit

$$\begin{aligned}
L_a &= -C_2\lambda_{100}\cos\Theta(\cos\Theta-\sqrt{8}\,\sin\Theta) \\
L_b &= C_3\lambda_{111}\cos\Theta(\cos\Theta+\tfrac{1}{\sqrt{2}}\sin\Theta) \\
L_c &= \tfrac{1}{6}K_1(1-2\cos^2\Theta-\tfrac{1}{\sqrt{2}}\sin\Theta)\cos\Theta(\cos\Theta-\sqrt{8}\sin\Theta) \\
L_d &= \tfrac{1}{2}C_3\lambda_{111}\cos\Theta(\cos\Theta-\sqrt{8}\sin\Theta)
\end{aligned} \tag{9.10}$$

$$\underline{\Gamma}^{-1} = \begin{vmatrix} 1/c_{44} & 0 & 0 \\ 0 & (c_{11}+c_{44})/N & -(c_{12}+c_{44})/N \\ 0 & -(c_{12}+c_{44})/N & (c_{11}+c_{44})/N \end{vmatrix} \tag{9.11}$$

mit $N=C_2(c_{11}+c_{12}+2c_{44})$

Für $\underline{l}$ erhalten wir:

$$\underline{l} = \underline{n}\cdot\underline{L} = -(L_d+L_a/2)\underline{n} \tag{9.12}$$

Damit sehen wir, daß das Produkt $l_i l_k \Gamma^{-1}_{ik}$ in Gl. (9.2) keineswegs verschwindet. Die Verzerrung innerhalb einer 180°-Wand in Nickel ist also nicht konstant, wie Lilley vereinfachend annahm. Richtig wurde diese Wand dagegen von Rieder [8.5] und Döring [1.1] behandelt. Wir bemerken außerdem, daß der von der Magnetorotationsenergie herrührende Anteil L_c auch bei dieser Wand herausfällt.

Wir erhalten schließlich für die magnetoelastische Eigenenergie:

$$e_{ms} = \cos^2\Theta(\cos\Theta-\sqrt{8}\sin\Theta)^2[\tfrac{3}{2}C_2\lambda^2_{100}-\tfrac{1}{8}\frac{(C_3\lambda_{111}-C_2\lambda_{100})^2}{c_{11}+c_{12}+2c_{44}}]$$

$$+\tfrac{1}{2}C_3\lambda^2_{111}(5+3.5\cos^2\Theta+\sqrt{8}\sin\Theta\cos\Theta)\cos^2\Theta \qquad (9.13)$$

Die Kristallenergie für diesen Wandtyp ergibt sich andererseits (mit K_2=0) zu

$$e_k = -K_1\cos^2\Theta(\cos\Theta-\sqrt{8}\sin\Theta)^2/12 \qquad (9.14)$$

Damit haben sowohl e_k wie e_{ms} die Form der Gl.(5.3). Die Parameter κ_1 und κ_2 errechnen sich für die Kristallenergie allein zu $\kappa_1=-7/8$ und $\kappa_2=-1/\sqrt{2}$. Mit diesen Parametern würde das Integral (5.4) und damit die Wandweite divergieren. Der zweite Term in e_{ms} liefert jedoch einen positiven Beitrag zu κ_1 von der Größenordnung $2.5C_3\lambda^2_{111}/K_1$ und führt damit zu einer endlichen Wandweite.

In Fig.9.1 sind Ergebnisse numerischer Berechnungen, unter Einschluss der zweiten Anisotropiekonstanten K_2, für alle möglichen Wandorientierungen zusammengefaßt. Die Orientierung parallel zur (110)-Ebene, die wir hier analytisch durchgerechnet haben, besitzt erwartungsgemäß die geringste Energie. Die Wandweite ist jedoch nur rund 15% größer als in der Orientierung $\Psi=30^o$, die die höchste Energie aufweist. Darin zeigt sich wieder der starke Einfluß der Magnetostriktion auf alle Wände in Nickel.

9.3 (110)-90°-Wände in Eisen

Ein weiterer Spezialfall, nämlich die parallel zu einer (110)-Ebene orientierte 90°-Wand in einem Material positiver Anisotropie

($\Psi=90^o$, s.Abschn.5.3) sei explizit berechnet, da sich an ihm die Größenordnung der neuen, mit den Gitterrotationen verknüpften Energieterme demonstrieren läßt. Der Fall ist insofern noch einfach, als die Spannungen auf die Wand lokalisiert sind und damit keinen Einfluß auf die Randbedingungen ausüben (s.Abschn.8.7). Die magnetostriktive Eigenenergie ergibt sich nach einigen Zwischenrechnungen zu:

$$e_{ms}= -\frac{9}{4}C_3\lambda_{111}^2\cos^2\varphi+\frac{9}{16}\left[\frac{3}{2}(C_2\lambda_{100}^2-C_3\lambda_{111}^2)-\frac{C_2\lambda_{100}-C_3\lambda_{111}}{c_{11}+c_{12}+2c_{44}}\right]$$
$$\cos^4\varphi+\frac{3}{8}K_1\lambda_{100}\sin^2\varphi\cos^2\varphi-\frac{K_1^2}{32C_2}\sin^2\varphi\cos^4\varphi \qquad (9.15)$$

Hier treten also auch Beiträge auf, die von den Gitterrotationen herrühren. Für Eisen ergibt sich etwa:

$$\frac{9}{4}C_3\lambda_{111}^2\approx 900\text{erg/cm}^3,\quad \frac{3}{8}K_1\lambda_{100}\approx 3.4\text{erg/cm}^3,\quad \frac{K_1^2}{32C_2}\approx 0.014\text{erg/cm}^3$$

Bei Eisen stellen also die Magnetorotationsterme eine relativ geringfügige Korrektur zur magnetostriktiven Eigenenergie dar. In anderen Materialien - mit hoher Kristallenergie, aber niedrigerer Magnetostriktion, wie z.B. Siliziumeisen mit 6.4 Gew% Si - sind die verschiedenen Beiträge aber durchaus von gleicher Größenordnung.

9.4 71°-Wände in Nickel

Es seien $\underline{\alpha}^a=\frac{1}{\sqrt{3}}(111)$ und $\underline{\alpha}^e=\frac{1}{\sqrt{3}}(11\bar{1})$ die Ausgangs-Magnetisierungsrichtungen in den Bereichen. Dann ist $\underline{w}=(001)$ die Winkelhalbierende, auf der die Wandnormale $\underline{n}$ senkrecht stehen muß, um Streufeldfreiheit zu ermöglichen. Die genaue Lage der Wandnormalen sei wie bei der 90°-Wand in Eisen durch einen Winkel Ψ charakterisiert; $\Psi=0^o$ entspreche $\underline{n}=\frac{1}{\sqrt{2}}(110)$. $\Psi=90^o$ kennzeichnet dann diejenige Orientierung der Wand, bei der keine weitreichenden Spannungen erwartet werden.

Die Ergebnisse numerischer Rechnungen sind in der Fig.9.2 und 9.3 dargestellt. Fig.9.2 zeigt neben der Wandenergie (berechnet mit und ohne Magnetostriktion) auch die Wandweite und den Wandwinkel als Funktion der Orientierung. Wie in Abschnitt 8.8 erläutert, reduziert sich der Wandwinkel unter dem Einfluß der Magnetostriktion bei allen magnetostriktiv geladenen Wänden. Der Effekt macht hier maximal etwa 2° aus. Fig.9.3 zeigt die Hauptspannungskomponenten der inneren Spannungen für drei verschiedene Wandorientierungen. In Nickel sind die von den inneren Gitterrotationen hervorgerufenen Spannungen noch mehr als in Eisen zu vernachlässigen, da die Kristallenergiekonstanten etwa um den Faktor 1000 kleiner als die magnetostriktiven Spannungen (charakterisiert etwa durch $C_3\lambda_{111}$) sind.

Die 71°-Wand in Nickel verhält sich ähnlich wie die 90°-Wand in Eisen. Auch sie besitzt ein Energiemaximum bei $\Psi=90^{\circ}$. Eine gefaltete Wand mit $\Psi_c=54^{\circ}$ ist energetisch günstiger als eine Wand mit $\Psi=90^{\circ}$.

9.5 109°-Wände in Nickel

Wählt man $\underline{\alpha}^e=\frac{1}{\sqrt{3}}(\bar{1},\bar{1},1)$ und $\underline{\alpha}^a=\frac{1}{\sqrt{3}}(1,1,1)$, so entsteht die 109°-Wand. Auch diese Wand kann man durch einen Orientierungswinkel Ψ kennzeichnen, wobei wieder $\Psi=0$ bei $\underline{n}=\frac{1}{\sqrt{2}}(1,1,0)$ gelten möge.

Die Orientierung $\Psi=90^{\circ}$ ($\underline{n}=(0,0,1)$) ist dadurch ausgezeichnet, daß bei ihr die Magnetisierung der Blochwand durch eine weitere leichte Richtung hindurchdreht. Das daraus resultierende Bestreben der Wand in zwei Teilwände (71°-Wände) zu zerfallen, wird auch in diesem Fall durch die magnetostriktive Wechselwirkung verhindert. Die Wandweite hat bei $\Psi=90^{\circ}$ ein Maximum (Fig.9.4), jedoch ist die Wandenergie bei dieser Orientierung keineswegs minimal. Die Wandenergie weist vielmehr ein Minimum bei $\Psi=77^{\circ}$ auf, und demgemäß ist auch die 109°-Wand mit $\bar{\Psi}=90^{\circ}$ instabil gegen Zickzackfaltung, mit einem bei 78° liegenden Gleichgewichtswinkel Ψ_o. Die Hauptspannungskomponenten der 109°-Wand sind in Fig.9.5 dargestellt.

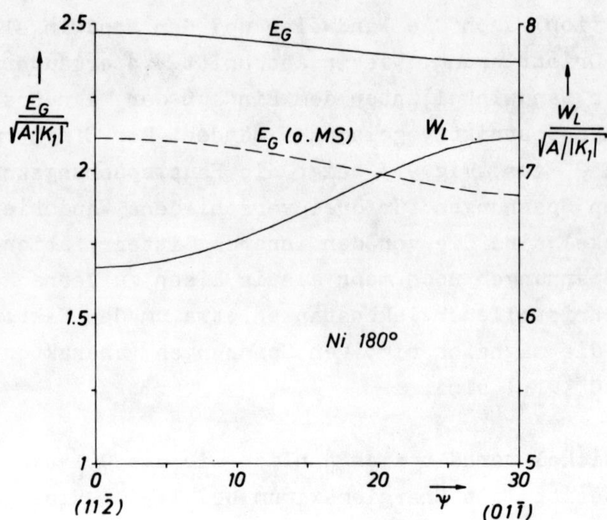

Fig.9.1
Wandenergie E_G und Wandweite W_L für 180°-Wände in Nickel. Gestrichelt: Wandenergie ohne Berücksichtigung der magnetostriktiven Eigenenergie

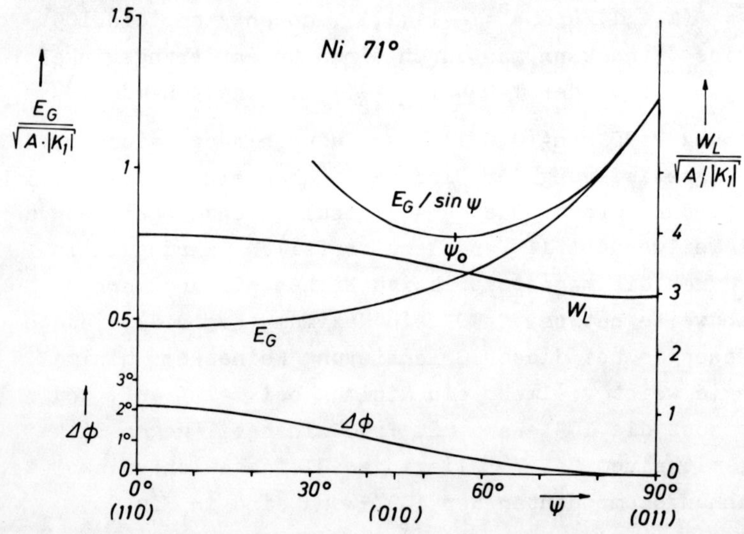

Fig.9.2
Die Eigenschaften von 71°-Wänden in Nickel als Funktion der Wandorientierung Ψ. E_G=Wandenergie, W_L=Wandweite nach Lilley. $\Delta\phi$ ist die magnetostriktiv bedingte Abweichung des Wandwinkels vom Normalwert 70.54°. Ψ_o=Zickzackwinkel.

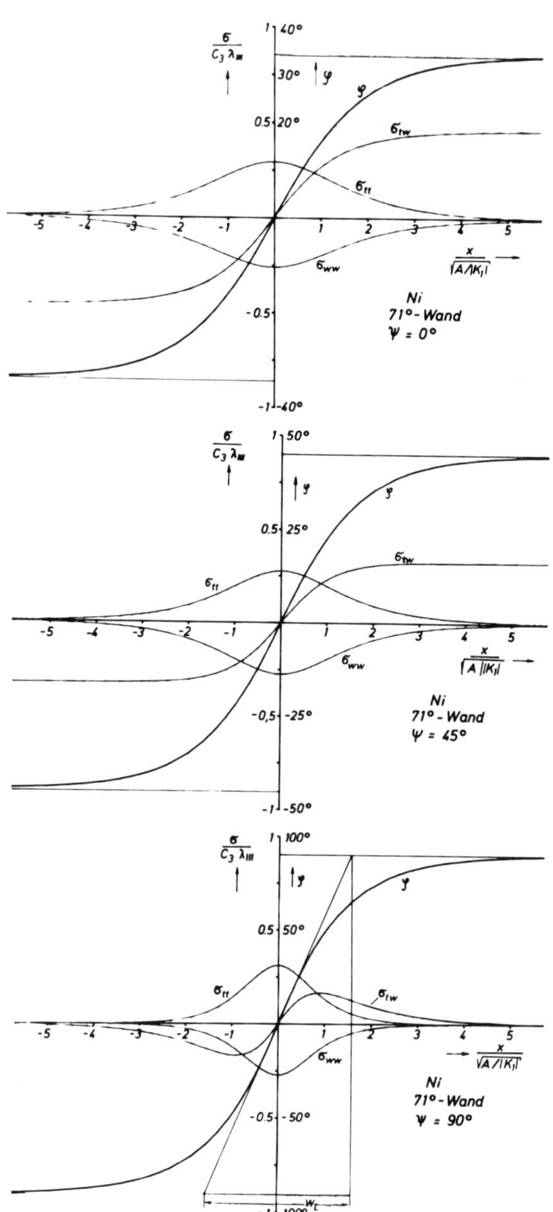

Fig.9.3

Die Hauptspannungskomponenten in 71°-Wänden als Funktion der Ortskoordinate x senkrecht zur Wand. a)Ψ=0, b)Ψ=45°, c)Ψ=90°. Ψ=90° zeigt die magnetostriktiv nicht "geladene" Wand, die keine Spannungen in den Domänen aufweist. Die Komponenten sind gemäß $\sigma_{tt}=t_i t_k \sigma_{ik}^{(ms)}$ etc. definiert. $\underline{w}$=Winkelhalbierende, $\underline{n}$=Wandnormale, $\underline{t}$=Tangentialvektor $\underline{n}\times\underline{w}$. Zusätzlich ist jeweils der Drehwinkel (x) eingetragen.

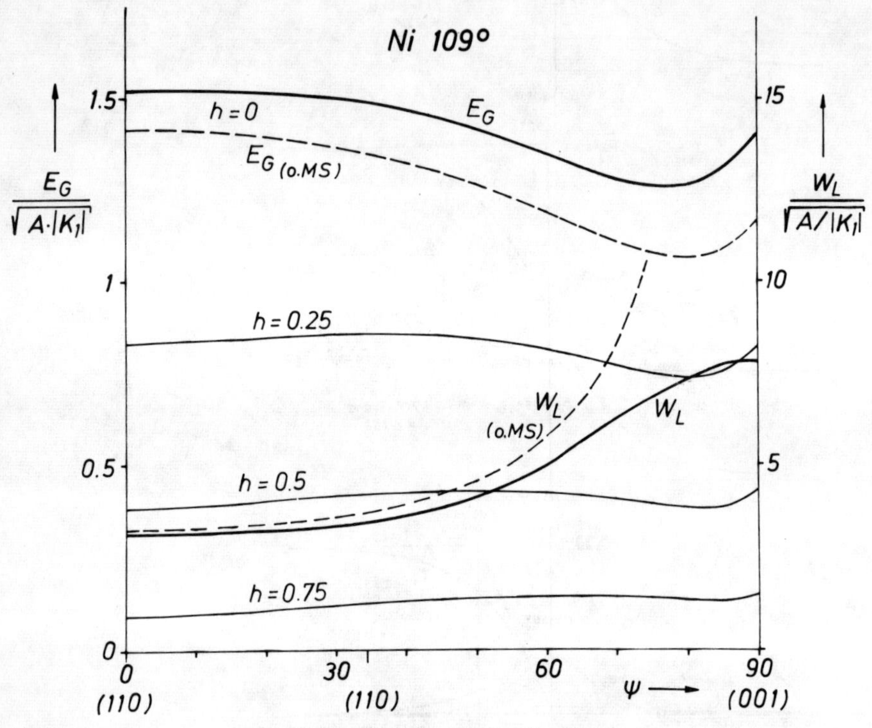

Fig.9.4
Die Eigenschaften von 109°-Wänden in Nickel als Funktion der Wandorientierung Ψ. Die Wandenergie ist für verschiedene Größen eines Feldes dargestellt. $h = HI_s/(2|K_1|)$ = reduzierte Feldstärke

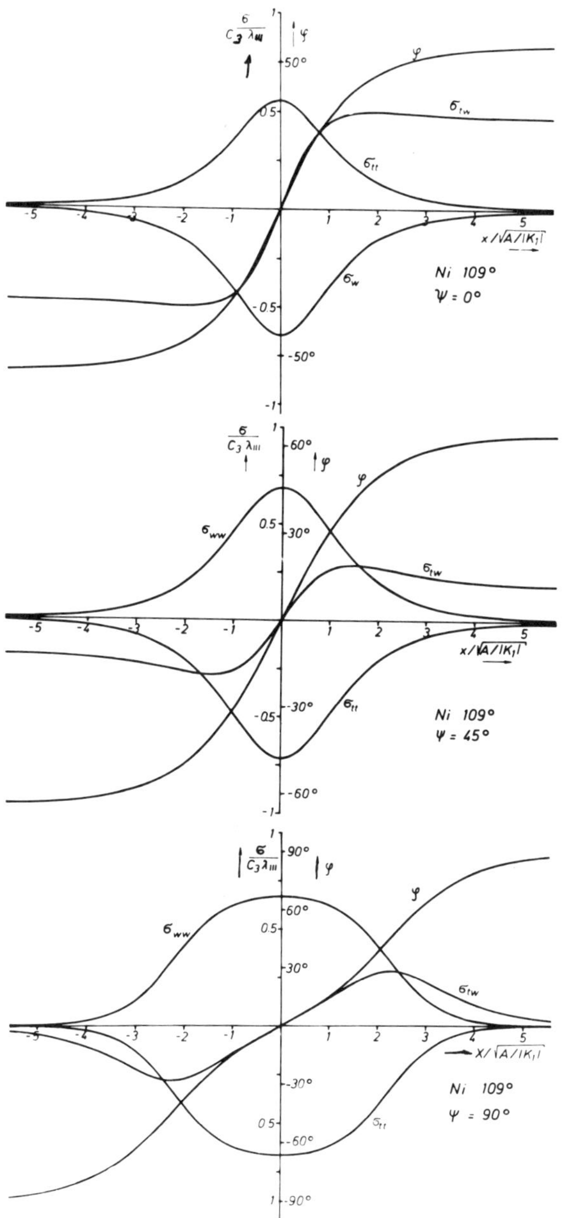

Fig.9.5
Die Spannungskomponenten und der Wanddrehwinkel für die 109°-Wand in Nickel

10. Variation des Betrages der Magnetisierung innerhalb von Blochwänden

In der klassischen mikromagnetischen Theorie wird die Sättigungsmagnetisierung bei der jeweiligen Temperatur als konstante Größe betrachtet. Abweichungen von dieser Näherung sollen in diesem Abschnitt untersucht werden. (Vgl. hierzu [10.1]

Bekanntermaßen kann die Magnetisierung durch ein hohes angelegtes Feld über I_s hinaus erhöht werden. Umgekehrt läßt sich denken, daß innerhalb einer Blochwand auch kleinere Beträge der Magnetisierung als I_s auftreten können. Eine Variation des Betrages der Magnetisierung wird bei tiefen Temperaturen in gewöhnlichen Ferromagneten allerdings gering sein, kann jedoch in der Nähe des Curiepunktes größere Werte annehmen. Es ist deshalb denkbar, daß der Charakter der Domänenwände in unmittelbarer Nähe des Curiepunktes verschieden ist von dem Charakter, den man bei tieferen Temperaturen erwartet.

10.1 Mikromagnetismus bei variablem magnetischen Moment

a) Allgemeines

Ein variables magnetisches Moment läßt sich am einfachsten darstellen, wenn man in Gl.(1.1) die Größe I_s konstant $(=I_s(T))$ hält, dafür aber die Nebenbedingung $\Sigma\alpha_i^2=1$ fallen läßt. Dann benötigt man zur Beschreibung des Magnetisierungsvektors drei unabhängige Variable, z.B. die drei Komponenten α_i oder aber zwei Polarwinkel φ und ϑ sowie den Betrag des Vektors $\underline{\alpha}$

$$m = \sqrt{\alpha_1^2+\alpha_2^2+\alpha_3^2} = |\underline{I}|/I_s \qquad (10.1)$$

Für den homogen magnetisierten Kristall ohne äußere Felder gilt stets m=1.

Die Potentiale (1.1)-(1.4), (8.11) bzw. (8.13) können in dieser Schreibweise unverändert übernommen werden, sie bleiben auch für $m \neq 1$ sinnvoll. Die Konstanten A, K_1, λ_{100} etc. können eventuell von m abhängen. Wir wollen uns hier jedoch der Einfachheit halber darauf beschränken, die bei m=1 gemessenen Werte zu benutzen. Die klassischen Potentiale des Mikromagnetismus sind nicht geeignet, eine magnetische Struktur mit variablem Moment zu berechnen. Notwendig ist die Hinzunahme eines isotropen Potentials e_M, das nur vom Betrag der Magnetisierung m abhängt und das bei m=1 ein mehr oder weniger scharf ausgeprägtes Minimum besitzt. Damit soll beschrieben werden, daß in einem Ferromagnetikum ohne äußere Einflüsse der Zustand mit m=1 einen Gleichgewichtszustand darstellt und daher jede Abweichung von m=1 mit einem Energieaufwand verbunden sein muß.

b) Ableitung des Zusatzpotentials e_M für kleine Abweichungen von $I=I_s$.

Für kleine Abweichungen von m=1 können wir die Energie e_M aus der Suszeptibilität der gesättigten Probe, der sogenannten Parasuszeptibilität, ableiten. Setzen wir nämlich eine gesättigte Probe einem Feld parallel zu seiner Sättigungsrichtung aus, dann schreiben sich die von m abhängigen Energien bei diesem Versuch wie folgt:

$$e_G = e_M(m) - H \cdot I_s \cdot m \qquad (10.2)$$

Wenn wir H vergrößern, dann nimmt auch m zu, das heißt wir messen eine Suszeptibilität, die sich für kleine Abweichungen von m=1 durch $\chi_p = I_s^2 / e_M'' |_{m=1}$ darstellen läßt. In dieser Näherung ergibt sich also für e_M:

$$e_M = \frac{I_s^2}{2\chi_p} \cdot (m-1)^2 \qquad (10.3)$$

Aus grundsätzlichen Erwägungen (Zeitumkehrinvarianz) muß in einem Ferromagnetikum die Magnetisierungsrichtung m=1 mit der Gegenrichtung m=-1 gleichwertig sein. Wir verwenden deshalb anstelle von (10.3) die folgende, für kleine Abweichungen (m-1) äquivalente Form:

$$e_M = P \cdot (m^2-1)^2, \quad P = I_s^2/(8\chi_p) \qquad (10.4)$$

In (10.4) haben wir den neuen Materialparameter P eingeführt, der sich aus den experimentell meßbaren Größen I_s und χ_p ableitet . Für einfache Ferromagnetika lassen sich I_s und χ_p auch theoretisch bestimmen. Dies gilt vor allem im Bereich $T \ll T_c$, in dem die Sättigungsmagnetisierung I_s durch das Spektrom der thermisch angeregten Spinwellen bestimmt wird.

Die Theorie der Spinwellen ergibt in einfachster Näherung (für kleine Felder, niedrige Temperaturen und Austauschwechselwirkungen bis zu nächsten Nachbarn) folgende Formel [10.2, 10.3]

$$\frac{I_o - I_s}{I_o} = [1 - \sqrt{1.848\mu_B(H_{ex} + H_A + \frac{4\pi}{3}I_o)/kT}] \cdot 2.612 \frac{g\mu_B}{I_o}\left(\frac{3kT}{4\pi S n_N J_o}\right)^{3/2} \tag{10.5}$$

Hierbei bedeutet: I_o=Magnetisierung bei T=o, μ_B=9.273·10^{-21} Oe cm^3= Bohrsches Magneton, g=gyromagnetischer Faktor (=2 für Elektronen), H_{ex}=äußeres Feld, H_A=$2K_1/I_s$=Anisotropiefeld, S=Spinquantenzahl der Atome, n_N=Zahl der nächsten Nachbarn eines Atoms, n_z=Anzahl der Atome in der Elementarzelle und J_o=Austauschintegral.

Die Parasuszeptibilität ergibt sich aus (10.5) durch Differenzieren nach H_{ex}:

$$\chi_p = \frac{dI_s}{dH_{ex}}\Big|_{H_{ex}=0} \sqrt{\frac{g\mu_B/kT}{H_A + \frac{4\pi}{3}I_o}} \cdot 1.77 g\mu_B \left(\frac{3kT}{4\pi S n_N J_o}\right)^{3/2} \tag{10.6}$$

Das Austauschintegral J_o ist mit der Austauschkonstanten A und der Curietemperatur T_c verknüpft. Näherungsweise gelten folgende Relationen [10.4]:

$$J_o = \frac{Aa}{n_z S^2} = \frac{3kT_c}{2n_N S(S+1)} \tag{10.7}$$

(a=Gitterkonstante)

c) Ableitung des Potentials e_M aus der Landauschen Theorie der Phasenübergänge 2. Art

Ein anderer Zugang zu der Funktion e_M ergibt sich - speziell für höhere Temperaturen - aus der Untersuchung des Phasenübergangs vom ferromagnetischen zum paramagnetischen Zustand. Die einfachste Beschreibungsweise für diese Vorgänge ist in der Landauschen Theorie der Phasenübergänge zweiter Art [10.5] enthalten. Diese Theorie geht von einem Ansatz für die freie Energie in der Umgebung des kritischen Punktes aus. Da die Sättigungsmagnetisierung bei T_c klein wird, kann man eine Entwicklung nach kleinen I versuchen, und da nur gerade Potenzen von I auftreten dürfen, ergibt sich so:

$$e_M = e_o + a(T)I^2 + \frac{b(T)}{2}I^4 + \ldots \qquad (10.8)$$

a und b seien Funktionen der Temperatur T, wobei b>0 vorausgesetzt ist. Für a>0 ist I=0 der stabile Zustand, für a<0 liegt der günstigste Wert für I bei

$$I_s = \sqrt{-a(T)/b(T)} \qquad (10.9)$$

Durch Einsetzen in (10.7) und Weglassen konstanter Beträge erhalten wir mit $I=mI_s$:

$$e_M = -\frac{a(T)}{2}I_s^2(1-m^2)^2 \qquad (10.10)$$

Die Suszeptibilität χ_p ergibt sich im Landauschen Modell zu:

$$\chi_p = -1/(4a(T)) \qquad (10.11)$$

Durch Einsetzen von (10.11) in (10.10) gelangen wir schließlich wieder zu Gl.(10.4). Wir erhalten also die gleiche Formel wie im Bereich tiefer Temperaturen. Nur können wir jetzt zusätzliche Aussagen über die Temperaturabhängigkeit des Vorfaktors I_s^2/χ_p machen. Nach Gl. (10.11) und (10.9) ist dieser Faktor proportional zu $a^2(T)$ und verschwindet damit bei T_c wie I_s^4.

d) Ableitung des Potentials e_M aus der Theorie der kritischen Phänomene

Man weiß heute, daß die Landausche Theorie die Verhältnisse in der Nähe des kritischen Punktes nicht richtig wiedergibt. Setzt man etwa in der Landauschen Theorie $b(T)=b_o$ näherungsweise konstant und $a(T)=a_o(T-T_c)/T_c=a_o\cdot$, so ergibt sich nach (10.8) $I_s \sim {}^{1/2}$, während sowohl Experimente wie verbesserte Theorien in Gesetz $I_s \sim {}^{\beta}$ mit $\beta \approx 1/3$ ergeben [10.6]. Ähnliche Abweichungen vom erwarteten Verhalten findet man bei der Suszeptibilität χ_p. Nach Gl.(10.11) gilt in der Landauschen Theorie $\chi_p \approx {}^{-1}$, während in Wirklichkeit häufig ein Gesetz $\chi_p \sim {}^{-\gamma}$ mit $\gamma \approx 1.25$ gefunden wird. Die Exponenten β und γ (und einige weitere) werden kritische Exponenten genannt.

Zunächst könnte man vermuten, daß infolge dieser Anomalien eine Gleichung vom Typus (10.4) nicht mehr aufgestellt werden kann. Neuere Untersuchungen [10.7-10.9] ergaben jedoch, daß auch im Bereich der kritischen Phänomene wenigstens näherungsweise ein Zusammenhang zwischen den verschiedenen meßbaren Größen besteht, der sich in einer sog. Zustandsgleichung zusammenfassen läßt. Wir wollen zeigen, daß man diese Zustandsgleichung aus einem Potential der Form (10.4) ableiten kann. Eine für magnetische Stoffe vorgeschlagene und experimentell gut bestätigte Zustandsgleichung hat folgendes Aussehen [10.7]:

$$\frac{H/\vartheta^{\beta+\gamma}}{I/\vartheta^{\beta}} = K_+(I/\vartheta^{\beta}) \tag{10.12}$$

Für die spezielle Form der Funktion K_+ ergaben Experimente an Nickel, Kobalt und anderen Stoffen im Grenzfall kleiner Felder H:

$$K_+ \simeq A_o+A_1(I/\vartheta^{\beta})^2 \tag{10.13}$$

Die Bedeutung der Konstanten A_o und A_1 ergibt sich aus dem Verhalten für H=0. Dort muß $I=I_s$ und $dI/dH=\chi_p$ gelten. Daraus folgt:

$$A_o = -I_s^2\vartheta^{-2\beta}A_1 \ , \qquad A_1 = 1/(2\chi_p I_s^2\vartheta^{\gamma-2\beta}) \tag{10.14}$$

Wir suchen nun eine Funktion $\tilde{e}_M(I)$, aus der sich Gl.(10.12) durch Minimalisierung der Gesamtenergie $F=-HI+\tilde{e}_M(I)$ ableiten läßt. Differentiation nach I ergibt die Bedingung $H=d\tilde{e}_M/dI$, sodaß sich $\tilde{e}_M$ durch Integration von Gl.(10.12) berechnet. Setzt man Gl.(10.14) ein und zieht $\tilde{e}_M(I_s)$ ab, so gelangt man im Endergebnis wieder genau zu Gl.(10.4)! Der einzige Unterschied zur Landauschen Theorie besteht darin, daß der Vorfaktor I_s^2/χ_p nunmehr proportional $\vartheta^{\gamma+2\beta}$ (bzw. $\sim\vartheta^{\beta(1+\delta)}$, s.Fußnote*) und nicht mehr proportional ϑ^2 ist. Somit ist Gl.(10.4) eine gute Darstellung für das gesuchte Potential e_M für kleine Abweichungen $I-I_s$ bei allen Temperaturen mit Einschluß

---

*Nach anderen Autoren [10.9] ist in (10.12) $\beta+\gamma$ durch $\beta\cdot\delta$ zu ersetzen, wobei δ der aus dem Gesetz $I_s\sim H^{1/\delta}|_{T=T_c}$ folgende kritische Exponent sei. Beide Formulierungen gehen ineinander über, wenn die sog. "scaling laws" [10.6] gelten, die $\beta(\delta-1)=\gamma$ vorhersagen. Diese Gesetze scheinen jedoch in verschieden Ferromagnetika nicht gültig zu sein [10.10]

der Umgebung des Curiepunktes. Da in Blochwänden normalerweise auch nur kleine Abweichungen $I-I_s$ erwartet werden, kann Gl. (10.4) in der Regel als ausreichende Näherung betrachtet werden.

e) Geltungsbereich der mikromagnetischen Theorie

Zwei Bemerkungen zum Geltungsbereich dieser mikromagnetischen Theorie seien angefügt. Bei tiefen Temperaturen wird die mittlere Wellenlänge der Spinwellen in den Bereich der Blochwanddicke kommen, womit die Beschreibung mit Hilfe der lokal gegebenen Größe des Magnetisierungsvektors nicht mehr sinnvoll wird. Unter diesen Umständen ist die Rückwirkung der Blochwand auf das Spinwellenspektrum in Betracht zu ziehen [10.11]. Man berechnet für die Temperatur, bei der die Wellenlänge einer Spinwelle der Energie kT gleich der Blochwanddicke $\pi\sqrt{A/K_1}$ wird, den Wert [10.4] $T_o=\frac{4}{Sk}\cdot K_1\cdot a^3$, a=Gitterkonstante. Für $a=3\cdot 10^{-8}$cm, S=1 und $K_1=10^6$erg/cm^3 ergibt sich z.B. der sehr kleine Wert $T_o=0.5^oK$, für den eine Variation des magnetischen Moments ohnehin nicht mehr erwartet wird.

Eine ähnliche Unzulänglichkeit des mikromagnetischen Modells tritt möglicherweise in unmittelbarer Nähe des Curiepunktes auf ($\lesssim 10^{-3}$, [10.6]) wo die Korrelationslänge der kritischen Fluktuationen in die Größenordnung der Blochwanddicke kommen kann.

Im folgenden wollen wir die hier angeführten Extremfälle außer Betracht lassen.

Zunächst soll die Größe der Abweichungen $I-I_s$ berechnet werden, die in jeder Blochwand bei normalen Temperaturen zu erwarten sind, und sodann ein neuer Wandmodus untersucht werden, der eventuell in der Nähe des Curiepunktes von Bedeutung ist.

10.2 Berechnung von Blochwänden mit Hilfe der linearisierten Theorie

Schreibt man den Magnetisierungsvektor in den Polarkoordinaten:

$$\alpha_1 = m\cdot\cos\vartheta\,, \quad \alpha_2 = m\cdot\sin\vartheta\cos\varphi\,, \quad \alpha_3 = m\cdot\sin\vartheta\sin\varphi \tag{10.13}$$

so nimmt die Austauschenergie nach Gl.(1.2) folgende Form an:

$$e_A = A(m_x^2+m^2\vartheta_x^2+m^2\sin^2\vartheta\varphi_x^2) \tag{10.14}$$

Für eine 180°-Wand in einem einachsigen Material (Abschn.2.2) gilt ϑ=90° und

$$e_K = K_1 m^2\cos^2\varphi \tag{10.15}$$

$$e_A = A(m_x^2+m^2\varphi_x^2) \tag{10.16}$$

Außerdem ist e_M nach Gl.(10.4) zu berücksichtigen. Für kleine χ_p, also für nicht sehr hohe Temperaturen, sind damit alle Voraussetzungen zur Anwendung der linearisierten Theorie mit m-1 als kleiner Variablen erfüllt. Wir erhalten aus Gl.(3.14) mit $G=e_K+e_M$ und unter der Voraussetzung, daß die Konstanten A und K_1 nicht von m abhängen:

$$\Delta m = -\frac{\cos^2\varphi}{\cos^2\varphi+2P/K_1} \tag{10.17}$$

Die mit (10.17) verbundene Energieabsenkung berechnet sich nach Gl.(3.15) zu:

$$\Delta E = -4\sqrt{AK_1}[1+(1/p_1-p_1)\operatorname{artanh}(1/p_1)], \quad p_1 = \sqrt{1+2P/K_1} \tag{10.18}$$

Für die meisten Materialien gilt $P\gg K_1$, sodaß Δm und ΔE sehr kleine Größen werden. Entwickeln wir Gl.(10.18) unter dieser Bedingung, so ergibt sich $\Delta E = -4\sqrt{AK_1}K_1/(3P)$.

Die in diesem Abschnitt angewandte linearisierte Theorie läßt sich zwanglos auf beliebige andere Wände anwenden, solange der Materialparameter P (Gl.(10.4)) wesentlich größer als die betreffende Anisotropieenergiekonstante ist. Für den hier behandelten Fall einer 180°-Wand in einachsigen Stoffen ist es jedoch auch möglich, die Wandstruktur für beliebige Werte des Verhältnisses P/K_1 exakt zu berechnen [10.12], worauf wir in Abschn.10.4 zurückkommen werden.

10.3 Der lineare Modus der Blochwand

Mit der Einführung eines variablen magnetischen Momentes haben wir eine dritte unabhängige Variable im Mikromagnetismus eingeführt. Nach Abschn.3.3c) muß es dann auch eine dritte Eigenlösung in der Umgebung der Randpunkte und damit einen dritten Wandtyp neben der von Landau eingeführten Blochwand und der Néelwand geben. Dieser dritte Wandtyp ist dadurch gekennzeichnet, daß sich in ihm nicht die Richtung der Magnetisierung ändert, sondern der Betrag der Magnetisierung, der abnimmt, durch Null geht und dann wieder anwächst. Um zu untersuchen, unter welchen Umständen ein solcher "linearer" Wandmodus [10.12] stabil sein kann, wollen wir die Energie dieser Wand für den einfachsten Fall einer 180°-Wand in einem einachsigen Material berechnen. Wir benutzen als Variable die Komponente α_3 parallel zur leichten Richtung des Kristalls und setzen also $\alpha_1=\alpha_2=0$ in der ganzen Wand voraus. Die Anisotropieenergie fällt ganz heraus und als Beitrag zu $G(\alpha_3)$ bleibt nur e_M gemäß Gl.(10.4). Dann ergibt sich mit Gl.(3.6) die Wandenergie zu:

$$E_G = \frac{\sqrt{8}}{3}\sqrt{\frac{AI_s^2}{\chi_p}} = 4\sqrt{AK_1}\cdot\frac{2}{3}\sqrt{\frac{P}{K_1}} \qquad (10.19)$$

Für $P/K_1<9/4$ wird die Energie der linearen Wand kleiner als die Energie der klassischen Blochwand. Dabei ist aber noch nicht berücksichtigt, daß sich die Blochwand bei abnehmendem P/K_1 verändert, wobei sie ihre Energie vermindert (s.Gl.(10.18)). Im folgenden Abschnitt soll dieser Prozess verfolgt werden, um den genauen Wert des Verhältnisses P/K_1 beim Übergang zur linearen Wand zu berechnen.

10.4 Der Übergang von der Blochwand zur linearen Wand

Es liegt nahe, zur Untersuchung dieses Übergangs ähnliche Methoden wie bei der Untersuchung des Bloch- Néelwand-Überganges anzuwenden, und in der Tat ist das ohne Schwierigkeiten möglich. Allerdings läßt sich in dem hier behandelten Spezialfall einachsiger Kristalle die exalte Lösung explizit angeben [10.12]. Wir machen dazu folgenden Ansatz:

$$\alpha_3 = \sin\Theta(x), \quad \alpha_2 = \rho(x)\cos\Theta(x) \qquad (10.20)$$

Die beteiligten Energien schreiben sich in diesen Variablen wie folgt:

$$e_A = A[\cos^2\Theta+\rho^2\sin^2\Theta)\Theta'^2-2\,\rho'\Theta'\sin\Theta\cos\Theta+\rho'^2\cos^2\Theta]$$

$$e_K = K_1\rho^2\cos^2\Theta$$

$$e_M = P(1-\rho^2)^2\cos^4\Theta \qquad (10.21)$$

Leitet man nun die Differentialgleichungen für ρ und Θ durch Variation von (10.21) ab, so zeigt sich leicht, daß folgende Lösung die Differentialgleichungen identisch erfüllt:

$$\sin\Theta = \tanh(x/\sqrt{A/K_1}), \quad \rho^2 = 1-K_1/P \qquad (10.22)$$

Wegen $\rho'=0$ stellt diese Lösung eine Lösung mit einer Variablen dar, und zwar eine Lösung mit einem elliptischen Magnetisierungspfad in der (α_2,α_3)-Ebene. Die Wandenergie berechnet sich nach Gl.(3.6) zu

$$E_G = 4\sqrt{AK_1}(1-K_1/(3P)) \qquad (10.23)$$

Die gleiche Formel ergab sich bereits aus der linearisierten Theorie für $P>>K_1$. Berechnet man die Wandenergie für andere konstante Werte der Variable ρ in der Umgebung des durch Gl.(10.22) vorgeschriebenen Wertes, so ergeben sich gegenüber (10.23) erhöhte Energien, sodaß die Lösung (10.22) als stabil angesehen werden kann.
Der kritische Wert für den Übergang zur linearen Wand ergibt sich nunmehr aus dem Vergleich der Wandenergien (10.19) und (10.23). Die Bedingung lautet

$$1-\frac{1}{3}\frac{K_1}{P} = \frac{2}{3}\sqrt{\frac{K_1}{P}} \quad \text{oder} \quad K_1 = P \qquad (10.24)$$

Fig.10.1 zeigt die Energien der verschiedenen Wandmodelle. Eine bemerkenswerte Eigenschaft der Lösung (10.21) ist es, daß die Wandweite W_α, die ja definitionsgemäß allein aus α_3 berechnet wird, nicht von P abhängt. Im gesamten Bereich der elliptischen Wandmodelle bleibt W_α konstant gleich $2\sqrt{A/K_1}$, um dann bei $P=K_1$ stetig in die Wandweite der linearen Wand $W_\alpha=2\sqrt{A/P}$ überzugehen.

10.5 Quantitative Abschätzungen der Variation des magnetischen Momentes innerhalb von Wänden

Zunächst wollen wir untersuchen, unter welchen Bedingungen die Größe P/K_1 in der Nähe des Curiepunktes gegen Eins geht, d.h. ob ein Temperaturbereich unterhalb T_c existiert, für den der lineare Wandmodus begünstigt ist. In Abschn.10.1 wurde erläutert, daß die Größe $P=I_s^2/(8\chi_p)$ wie $\vartheta^{\gamma+2\beta}\approx\vartheta^2$ für $\vartheta=1-T/T_c\to 0$ verschwindet. Entscheidend ist daher das Temperaturverhalten von K_1, über das keine generelle Aussage gemacht werden kann. Eine einfache Theorie [10.13] sagt für einachsige Stoffe $K_1\approx I_s^3$ voraus. In diesem Fall würde $\frac{P}{K_1}\approx\vartheta^{\gamma-\beta}\approx\vartheta$ werden und damit bei T_c verschwinden. Für manche einachsigen Materialien wird sogar eine Anisotropiekonstante gemessen, die nicht bei T_c verschwindet, sondern in der Umgebung des Curiepunktes im wesentlichen konstant bleibt. Für solche Materialien müßte $\frac{P}{K_1}$ noch stärker bei T_c verschwinden und der Temperaturbereich des linearen Wandmodells müßte größer sein. Zu dieser letzten Stoffklasse zählt das Gadolinium ($T_c=20^\circ C$, $I_s(T=0)=1950$ G) [10.13]. Die Kristallenergie bei T_c beträgt etwa $K_1=2.10^5$ erg/cm^3. Das kritische Verhalten des Gadoliniums wurde von Deschizeaux und Develey [10.9] untersucht; die Ergebnisse lassen sich in Form einer Zustandsgleichung zusammenfassen, wie sie in Abschn. 10.1d) gefordert wurde. Es ergibt sich daraus $I_s^2/\chi_p=(b_o^2/b_1)^{\beta(1+\delta)}=1.02\cdot 10^{11}\ 1.75$ und damit $\frac{P}{K_1}=6.4\ 10^4\ 1.75$. Der Übergang zum linearen Modus ist danach bei =0.002 oder 0.6°C unterhalb des Curiepunktes zu erwarten. Die maximale Abweichung Δm nach Gl.(10.17) wird eine vielleicht meßbare Größe von 1‰ bei =0.063 oder etwa 18°C unterhalb des Curiepunktes erreichen.

Ein anderes Material, daß durch eine extrem hohe Anisotropiekonstante ausgezeichnet ist, ist das Dauermegnetwerkstoff Co_5Sm (s.[3.2]) ($K_1=7.7\cdot 10^7$ erg/cm^3, $I_s=750$G, $T_c=1020^\circ$K). Die Parasuszeptibilität dieses Materials schätzt sich nach Gl.(10.5) zu etwa $\chi_p=10^{-4}$ (bei Raumtemperatur) ab. Danach wäre $P=I_s^2/(8\chi_p)=7.10^8$ erg/cm^3 und die maximale Abweichung Δm sollte etwa 10% betragen. Nimmt man weiter an, daß I_s und K_1 nicht wesentlich temperaturabhängig sind, dann wäre der Übergang zur linearen Wand in diesem Material bei 300-400°C zu erwarten.

In kubischen Materialien verschwindet die Anisotropieenergie in der Regel wesentlich stärker bei Annäherung an den Curiepunkt als bei einachsigen Materialien. Die Zenersche Theorie [10.13] sagt z.B. $K_1 \sim I_s^{10}$ voraus. In einem solchen Fall geht das Verhältnis P/K_1 bei T_c nicht gegen Null, wie beim einachsigen Kristall, sondern gegen Unendlich. Der lineare Wandmodus ist also für kubische Materialien ohne Bedeutung.

Das Verhältnis $P/K_1 = I_s^2/(8\chi_p K_1)$ besitzt eine anschauliche Bedeutung. Wir erinnern uns, daß die Suszeptibilität eines Ferromagnetikums gegenüber magnetischen Feldern, die senkrecht zur Magnetisierungsrichtung angelegt werden, durch $\chi^* = \mu^* - 1 = 2\pi I_s^2/K_1$ beschrieben wird. Somit gilt $P/K_1 = 1/(16\pi)\chi^*/\chi_p$, wobei χ^*/χ_p ein Maß für die Anisotropie des ferromagnetischen Zustands darstellt. Meist gilt $\chi^* >> \chi_p$ für ferromagnetische Stoffe, wie z.B. für Eisen bei Raumtemperatur $\chi^* = 35.5$ und $\chi_p = 4.10^{-4}$ [10.15]. Anders werden die Verhältnisse für ferromagnetische und antiferromagnetische Stoffe, für die die beiden Suszeptibilitäten durchaus vergleichbar sein können. Das gilt insbesondere für die Umgebung von Kompensationspunkten ferrimagnetischer Stoffe und für schwach ferromagnetische Materialien, auf die wir in einem späteren Kapitel zurückkommen werden.

[10.1] L.D.Landau, E.M.Lifshitz, Lehrbuch der Theoretischen Physik (Akademie-Verlag, Berlin, 1967), Bd.8, Elektrodynamik der Kontinua.

[10.2] T.Holstein, H.Primakoff, Phys. Rev. 58, 1098 (1940)

[10.3] B.E.Argyle, S.H.Charap, E.W.Pugh, Phys. Rev. 132, 2051(1963)

[10.4] C.Kittel, Introduction to Solid State Physics,(J.Wiley, New York, 1966)

[10.5] siehe [10.1], Bd.5, Statistische Physik

[10.6] L.P.Kadanoff, W.Götze, D.Hamblen, R.Hecht, E.Lewis, V.Palciauskas, M.Rayl, J.Swift, D.Aspnes, J.Kane: Rev. Mod. Phys. 39, 395 (1967)

[10.7] J.S.Kouvel, J.B.Comly, Phys. Rev. Letters 20, 1237 (1968)

[10.8] W. Rocker, R.Kohlhaas, Z. angew. Physik 25, 343 (1968)

[10.9] M.N.Deschizeaux, G.Develey, J.de Physique 32,C1-648 (1971)

[10.10] W.Rocker, R.Kohlhaas, H.W.Schöpgens, J.de Physique 32, C1-652 (1971)

[10.11] J.M.Winter, Phys. Rev. 124, 452 (1961)

[10.12] L.N.Bulaevskii, V.L.Ginzburg, Sov. Phys. JETP 18, 530 (1964)

[10.13] C.Zener, Phys. Rev. 96, 1335 (1954)

[10.14] W.D.Corner, W.C.Rue, K.N.R.Taylor, Proc. Phys. Soc. 80, 927 (1962)

[10.15] E.Czerlinsky, Ann. d. Physik (5), 13, 89 (1932)

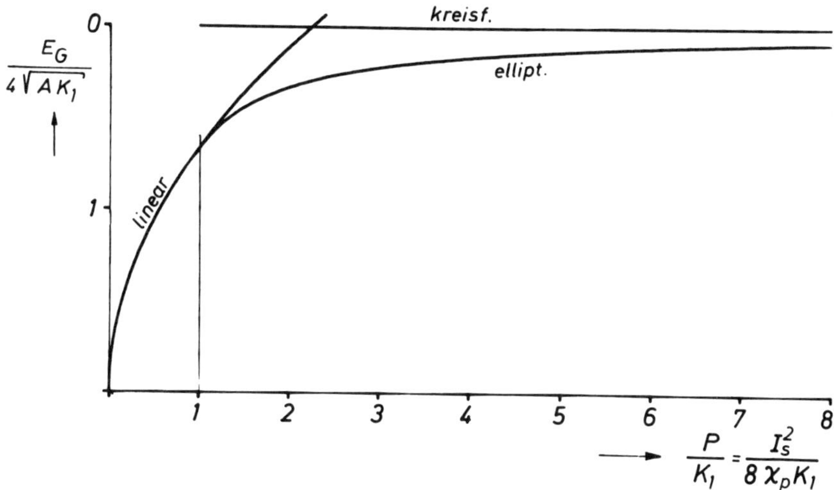

Fig.10.1 Die Wandenergie von 180°-Wänden unter Berücksichtigung der Variation des magnetischen Momentes. Die Gerade für den kreisförmigen Magnetisierungspfad entspricht dem Grenzfall eines konstanten magnetischen Momentes.

11. Die Dynamik von Blochwänden

11.1 Überblick

Die Untersuchung bewegter Wände in ferromagnetischen Materialien besitzt eine fast ebenso lange Geschichte wie die Untersuchung derartiger Wände überhaupt. Der über Jahrzehnte langsame Fortschritt auf diesem Gebiet wurde jedoch in jüngster Zeit von einer lebhaften Entwicklung abgelöst. Die wichtigsten Stationen auf diesem Weg seien im folgenden kurz erläutert.

Schon in der klassischen Arbeit von Landau und Lifshitz aus dem Jahre 1935 [1.11] findet sich die Berechnung einer bewegten 180°-Wand im Bereich kleiner Geschwindigkeiten. Döring [3.1] gab im Jahre 1948 ein allgemeines Rechenverfahren auf der Grundlage eines Variationsprinizips zur Berechnung bewegter Wände an und er benutzte es zur Berechnung der Energieerhöhung einer Wand im Bereich kleiner Geschwindigkeiten, welche er durch den Begriff der effektiven Masse einer Blochwand deutete. Galt [11.1] berechnete in dem gleichen Geschwindigkeitsbereich die Beweglichkeit einer Wand in einem äußeren Feld bei Vorliegen eines einfachen Dämpfungsmechanismus.

Einige der früheren Arbeiten beschränken sich nicht auf kleine Geschwindigkeiten [11.2, 11.3]. Insbesondere fand Walker [11.2] eine exakte Lösung der Differentialgleichungen für bewegte 180°-Wände in einachsigen Kristallen, die für alle Geschwindigkeiten bis hinauf zu einer Grenzgeschwindigkeit gültig ist, bei der die Bewegung in irgendeiner Weise instabil wird. Diese Arbeit fand lange Zeit nicht die ihr gebührende Beachtung, bis Schlömann [11.4] und Slonczewski [11.5] in jüngster Zeit diesen Fragenkreis wieder aufgriffen, angeregt durch experimentelle Beobachtungen an den sogenannten Blasen- oder "bubble"-Domänen, die als magnetische Speicher diskutiert werden. Erste Antworten zeichnen sich seitdem für die Frage ab, in welcher Weise sich eine Wand jenseits der Walkerschen Grenzgeschwindigkeit bewegen kann. In den Abschnitten 11.2-5 behandeln wir im folgenden die ungedämpfte Bewegung von

Blochwänden, um in 11.6-8 den Einfluß von Dämpfungseffekten auf die Bewegung zu studieren. Insbesondere im Zusammenhang mit der kritischen Geschwindigkeit (Abschn. 11.4, 5, 7) werden dabei auch neue Ergebnisse, die sich aus dem Zusammenhang dieser Arbeit ergeben, eingeflochten. Die durch Nachwirkungserscheinungen gedämpfte Wandbewegung behandeln wir separat in Abschn. 12.5, die Dynamik von Wänden in dünnen magnetischen Schichten im Anschluß an die allgemeine Diskussion der statischen Wandstrukturen in dünnen Schichten in Abschn. 18.

11.2 Die Landau-Lifshitz-Gleichung ohne Dämpfungsterm

Im gesamten Bereich des statischen Mikromagnetismus war es erlaubt, die Magnetisierung durch ein gewöhnliches Vektorfeld zu beschreiben. Erst in dynamischen Problemen tritt die Pseudovektornatur des Magnetisierungsvektors zutage. Sehen wir zunächst von allen Dämpfungsphänomenen ab, so lautet die Bewegungsgleichung für den Richtungsvektor der Magnetisierung $\underline{\alpha}$ bei homogener Magnetisierung und in einem homogenen Feld [1.11]:

$$\frac{d\underline{\alpha}}{dt} = \dot{\underline{\alpha}} = \gamma(\underline{\alpha}\times\underline{H}), \quad \gamma = \frac{ge}{2mc} = -g\cdot 0.8795\cdot 10^{7}\ (\text{Oe}\cdot\text{sec})^{-1} \qquad (11.1)$$

g ist Landésche Faktor, dessen Wert z.B. durch Resonanzexperimente zu bestimmen ist. Für viele ferromagnetische Materialien, wie für Eisen, Kobalt und Nickel, liegt g in der Nähe von 2.

Gl. (11.1) läßt sich auch auf den Fall einer inhomogenen Magnetisierung und für inhomogene Felder verallgemeinern. Unter $\underline{H}$ ist dann ein effektives Feld zu verstehen, daß aus der Kristallenergie, der Streufeldenergie, der Austauschenergie und weiteren, eventuell beteiligten Energien abzuleiten ist. Diese Verhältnisse werden besonders durchsichtig, wenn man den Magnetisierungsvektor in Polarkoordinaten schreibt:

$$\underline{\alpha} = (\sin\Theta\sin\phi,\ \sin\Theta\cos\phi,\ \cos\Theta) \qquad (11.2)$$

In diesem Fall ist die Nebenbedingung $|\underline{\alpha}|=1$ automatisch erfüllt, und man erhält das effektive Feld durch die Bildung der Variationsableitungen der Gesamtenergie $e_G(\Theta,\phi)$ nach den Variablen Θ und ϕ.

Gl. (11.1) geht dann über in die beiden Gleichungen [1.2]:

$$\dot{\Theta} = -\frac{\gamma}{I_s}\frac{1}{\sin\Theta}\delta_\phi e_G, \quad \sin\Theta\dot{\phi} = \frac{\gamma}{I_s}\delta_\Theta e_G \tag{11.3}$$

Für statische Probleme verschwinden die Zeitableitungen und man erhält die gewöhnlichen mikromagnetischen Gleichungen:

$$\delta_\phi e_G = 0, \quad \delta_\Theta e_G = 0 \tag{11.4a}$$

oder

$$\delta\int e_G dV = 0 \tag{11.4b}$$

Es läßt sich nun zeigen, daß sich die dynamischen Gleichungen (11.3) ebenfalls aus einem Variationsprinzip - analog zu (11.4b) - ableiten lassen [1.2]. Zu diesem Zweck ist die Gesamtenergie um ein sogenanntes kinetisches Potential zu erweitern. Das kinetische Potential ist nicht eindeutig bestimmt. Mögliche Formen sind:

$$p_{kin}^{(1)} = \frac{I_s}{\gamma}(\cos\Theta - c_o)\dot{\phi} \tag{11.5a}$$

$$p_{kin}^{(2)} = \frac{I_s}{\gamma}\sin\Theta\dot{\Theta}(\phi - c_1) \tag{11.5b}$$

Wir verlangen von p_{kin}, daß die Ableitungen $\partial p_{kin}/\partial\dot{\phi}$ und $\partial p_{kin}/\partial\dot{\Theta}$ in den Randpunkten des Integrationsgebietes verschwinden. Wenn diese Forderung für eine der beiden Formen (11.5a) oder (11.5b) und bei geeigneter Wahl der Parameter c_o bzw. c_1 zu erfüllen ist, dann ergeben sich aus dem Variationsprinzip

$$\delta\int(e_G + p_{kin})dVdt = 0 \tag{11.6}$$

in der Tat die Differentialgleichungen (11.3) als Eulersche Gleichungen. Ein ähnliches Potential wurde bereits von Döring [3.1] im Rahmen seiner Berechnung der "Masse" von Blochwänden eingeführt (s. auch [11.6]). Aufgrund der engen Analogie zwischen (11.4b) und (11.6) kann man viele Verfahren, die bei der Lösung statischer Probleme nützlich sind, auf bewegte Wände übertragen. Beispiele hierfür finden sich in den folgenden Abschnitten.

11.3 Berechnung der Struktur bewegter Blochwände durch Linearisierung

Wir wollen nun Gl. (11.6) benutzen, um die Struktur und die Energie dämpfungsfrei bewegter Blochwände zu berechnen.

Eine Wand möge sich ohne äußeres Feld mit konstanter Geschwindigkeit v in x-Richtung bewegen. Dann können wir die Zeitableitungen gemäß $\frac{d}{dt} = -v\frac{d}{dx}$ in Ortsableitungen umwandeln. Ebenso wie in Abschn. 3.3b betrachten wir eine Blochwand, die durch zwei Variable φ und ϑ beschrieben werden möge, wobei in erster Näherung der Winkel $\vartheta=\vartheta_0$ konstant sei. Um die Korrekturen $\vartheta(x)-\vartheta_0$ zu berechnen, gehen wir von dem Variationsprinzip (3.9) aus und fügen das kinetische Potential (11.5a) (mit $c_0=\cos\vartheta_0$) hinzu. Insgesamt variieren wir also die Lagrangefunktion:

$$E^* = \int_{-\infty}^{\infty} [G(\varphi,\vartheta)+a(\varphi,\vartheta)\varphi'^2+b(\varphi,\vartheta)\vartheta'^2+\frac{I_s}{\gamma}v(\cos\vartheta-\cos\vartheta_0)\varphi']dx \qquad (11.7)$$

Die Ergebnisse aus Abschn. 3.3b lassen sich unmittelbar auf das neue Funktional übertragen, da in dem Zusatzterm keine Ableitungen der Variablen ϑ auftreten. So erhalten wir aus Gl. 3.14 die Korrekturfunktion $\vartheta_1(x)= (x)-\vartheta_0$:

$$\vartheta_1(x) = -\frac{G^0_\vartheta+G^0 a^0_\vartheta/a^0+(I_s/\gamma)v\cdot\sin\vartheta\sqrt{G^0/a^0}}{G^0_{\vartheta\vartheta}+G^0 a^0_{\vartheta\vartheta}/a^0} \qquad (11.8)$$

In dieser Formel sind sowohl die bereits in 3.3b behandelten statischen Abweichungen von $\vartheta=\vartheta_0$ wie auch zusätzliche Abweichungen enthalten, die proportional zur Geschwindigkeit sind. Durch die Bewegung werden also zusätzliche Streufelder in der Wand induziert, mit denen auch eine zusätzliche Energie $\Delta E_G(v)$ verbunden ist. Sie berechnet sich zu:

$$\Delta E_G(v) = \frac{1}{2}v^2\cdot\frac{I_s^2}{\gamma^2}\int\frac{\sqrt{G^0/a^0}\;d\phi^0}{G^0_{\vartheta\vartheta}+a^0_{\vartheta\vartheta}G^0/a^0} \qquad (11.9)$$

Diese Energie hat die Form einer kinetischen Energie $\frac{1}{2}v^2m^*$, wobei die Größe m* nach Döring als "effektive Masse" der Blochwand zu interpretieren ist (s. Abschn. 11.8).
Wenn die Streufeldenergie $2\pi I_s^2$ die übrigen Energieterme weit überwiegt, dann können wir $G^o_{\vartheta\vartheta} = 4\pi I_s^2 \sin^2\vartheta$ aus Gl.(6.9) berechnen und den Beitrag $a^o_{\vartheta\vartheta}$ in (11.9) vernachlässigen. Setzen wir darüber hinaus eine isotrope Austauschwechselwirkung voraus, so wird $a^o = A\cdot\sin^2\vartheta_o$ ebenso wie $G^o_{\vartheta\vartheta}$ von φ unabhängig, und es ergibt sich (mit Gl.(3.6)) für m* die folgende einfache Formel von Döring:

$$m^* = \frac{E^o_G}{8\pi A\gamma^2 \sin^2\vartheta_o} \qquad (11.10)$$

Wegen $E^o_G \approx \sqrt{AK_1}$ und $W_L \approx \sqrt{A/K_1}$ verhält sich die Wandmasse bezüglich der Austauschenergie A und der Kristallenergie K_1 ebenso wie die reziproke Wandweite. Die effektive Masse von Blochwänden ist in der Regel sehr klein, verglichen etwa mit der Masse der Atome innerhalb einer Wand. Für eine 180°-Wand in Eisen ergibt sich z.B. mit:

$$A = 2\cdot 10^{-6}\,\text{erg/cm},\quad K_1 = 5{,}2\cdot 10^5\,\text{erg/cm}^3,\quad E^o_G = 2\sqrt{AK_1} = 2{,}04\,\text{erg/cm}^2,$$

$$\gamma = 2{,}094\cdot 0{,}8795\cdot 10^7\,(\text{Oe sec})^{-1} \quad \text{und} \quad \theta^o = 90^o:$$

$$m^* = 1{,}196\cdot 10^{-10}\,\text{g/cm}^2.$$

11.4 Die exakte Lösung von Walker für bewegte 180°-Wände in einachsigen Materialien

Eine exakte Lösung für das Problem der bewegten Wand hat Walker [11.2] (s. auch [11.4, 11.5]) für den Spezialfall der 180°-Wand in einachsigen Materialien gefunden. Diese Lösung ist deshalb von besonderem Wert, weil sie auch für größere Geschwindigkeiten gültig ist und deshalb Aussagen über den Geltungsbereich und die Abweichungen von der bei kleinen Geschwindigkeiten gültigen Döringschen Lösung möglich werden.

a) Ableitung des Walkerschen Ergebnisses aus der allgemeinen Theorie der Wände in einachsigen Kristallen (Abschn. 7.2)

Das Besondere an der bewegten 180°-Wand in einem einachsigen Material liegt darin, daß diese Wände ebenso wie die ruhenden Wände einen kreisförmigen Magnetisierungspfad aufweisen; der Pfad ist lediglich je nach Geschwindigkeit mehr oder weniger stark um die leichte Richtung gedreht. Solche Drehungen des Magnetisierungspfades haben wir in Abschn. 7.2b behandelt. Es ist deshalb hier am einfachsten, von diesen Rechnungen auszugehen und der Bewegung mit Hilfe des kinetischen Potentials (11.5a) Rechnung zu tragen. Die gesamte Lagrangefunktion $E^*=E_G+P_{kin}$ für eine zunächst beliebige Wand setzt sich dann aus den Beiträgen (7.7), (7.8) und (11.5a) zusammen. Wir berechnen nun mit:

$$\tilde{P}_{kin}(\tilde{\varphi},\tilde{\vartheta}) = -\frac{I_s}{\gamma}v(\cos\tilde{\vartheta}-\cos\tilde{\vartheta}_0)\tilde{\varphi},$$

und $G^* = \tilde{G}(\tilde{\varphi},\tilde{\vartheta})+\tilde{P}_{kin}(\tilde{\varphi},\tilde{\vartheta})$ die Ableitung:

$$\frac{\partial G^*}{\partial\tilde{\vartheta}}\Big|_{\tilde{\vartheta}=\tilde{\vartheta}_0} = K_1[(\cos^2\chi+\mu^*\sin^2\chi)\sin\tilde{\vartheta}_0\cos\tilde{\vartheta}_0(\cos\tilde{\varphi}-\cos\tilde{\varphi}_0)\cos\tilde{\varphi}$$

$$-2(\mu^*-1)\cos\chi\sin\chi\sin\tilde{\vartheta}_0(\cos\tilde{\varphi}-\cos\tilde{\varphi}_0)]$$

$$+\frac{I_s}{\gamma}\cdot v\cdot\sin^2\tilde{\vartheta}_0\sqrt{\frac{K_1'}{A}}(\cos^2\chi+\mu^*\sin^2\chi)^{1/2}(\cos\tilde{\varphi}-\cos\tilde{\varphi}_0) \qquad (11.11)$$

Nun wissen wir aus Abschn. 3.3b, daß eine Wand genau dann streng einem vorgegebenen Magnetisierungspfad folgen kann, wenn die Ableitung (11.11) identisch in $\tilde{\varphi}(x)$ verschwindet. Das ist hier nur möglich, wenn der erste Term verschwindet, wenn also $\cos\tilde{\vartheta}_0=0$ gilt. Die Bedingung $\cos\tilde{\vartheta}_0=0$ wird insbesondere von 180°-Wänden erfüllt. Nach Gl. (7.6) gilt zwar $\cos\tilde{\vartheta}_0=0$ auch noch für Wände kleineren Winkels, falls deren Orientierung gerade mit dem Winkel χ übereinstimmt. Da diesem Spezialfall aber keine besondere Bedeutung zukommt, beschränken wir uns zunächst auf 180°-Wände ($h=0$, $\cos\tilde{\vartheta}_0=0$, $\cos\tilde{\varphi}_0=0$). Dann ergibt sich für χ aus (11.11) die Bedingung:

$$(\mu^*-1)\sin\chi_o\cos\chi_o = \tilde{v}\cdot[1+(\mu^*-1)\sin^2\chi_o]^{1/2},$$

$$\tilde{v} = v\frac{I_s}{2\gamma\sqrt{AK_1}} \qquad (11.12)$$

oder explizit:

$$\sin\chi_o = \sqrt{2}\cdot\tilde{v}\cdot[(\mu^*-1)(\mu^*-1-\tilde{v}^2+\sqrt{(\mu^*-1-\tilde{v}^2)^2-4v^2})]^{-1/2} \qquad (11.12a)$$

Der Verlauf des Winkels $\tilde{\varphi}$ auf dem durch χ_o gegebenen Magnetisierungspfad berechnet sich wie in der klassischen Theorie (Gl.(1.7)), da $\tilde{p}_{kin}$ auf diesem Pfad verschwindet. Man erhält also:

$$\sin\tilde{\varphi} = \tanh[\sqrt{1+(\mu^*-1)\sin^2\chi_o}\cdot(x-vt)/\sqrt{A/K_1}] \qquad (11.13)$$

Der Faktor $\sqrt{1+(\mu^*-1)\sin^2\chi_o}$ beschreibt eine Kontraktion der Wand im bewegten Zustand. Entsprechend dieser Kontraktion ist die Wandenergie erhöht. Sie beträgt

$$E_G(v) = 4\sqrt{AK_1}\sqrt{1+(\mu^*-1)\sin^2\chi_o(v)} \qquad (11.14)$$

Die zweite Ableitung der Wandenergie nach der Geschwindigkeit ergibt wieder die effektive Wandmasse (11.10).

Die hier wiedergebenen Lösung von Walker ist allerdings nicht auf beliebige Wandgeschwindigkeiten anwendbar. Oberhalb einer kritischen Geschwindigkeit von

$$\tilde{v}_{max} = \sqrt{\mu^*}-1 \qquad (11.15)$$

wird die innere Wurzel in (11.12a) imaginär und die Lösung damit sinnlos. Zu v_{max} gehört eine maximale Wandenergie

$$E_{Gmax} = 4\sqrt{AK_1}\sqrt[4]{\mu^*} \qquad (11.16)$$

und ein maximaler Winkel χ_{max} gemäß:

$$\sin\chi_{max} = \sqrt{(\sqrt{\mu^*}-1)/(\mu^*-1)} \tag{11.17}$$

Bildet man die zweite Ableitung $G^*_{\vartheta\vartheta}$ für $\vartheta=\vartheta_0$, so zeigt sich, daß diese auf dem ganzen Magnetisierungspfad größer als Null ist, solange die Wandgeschwindigkeit kleiner als die kritische Geschwindigkeit ist. Daraus folgt, daß die Walkersche Lösung für $v<v_{max}$ stabil ist.

Bei einer Annäherung an die Grenzgeschwindigkeit wird die Ableitung der Wandenergie nach der Geschwindigkeit zwar unendlich, da die Energie selbst aber endlich bleibt, sollte die Grenzgeschwindigkeit selbst zu erreichen sein. Dies steht im Gegensatz zu der Näherungsrechnung von Enz [11.3], der zum ersten Mal den Begriff einer Grenzgeschwindigkeit einführte. In der Rechnung von Enz schien es so, daß die Wandenergie bei der Annäherung an die Grenzgeschwindigkeit gegen Unendlich geht und die kritische Geschwindigkeit daher ähnlich wie in der Relativitätstheorie grundsätzlich unüberschreitbar wäre. Die exakte Theorie von Walker zeigt dagegen, daß die Grenzgeschwindigkeit zwar erreichbar ist, Lösungen für höhere Geschwindigkeit aber nicht in Form einer gleichförmig bewegten ebenen Wand existieren können. Es ist daher notwendig, die Theorie auf nicht gleichförmig bewegte Wände zu erweitern, worauf wir in Abschn. 11.5 zurückkommen werden.

Zunächst wollen wir uns mit der Frage beschäftigen, ob eventuell bei geeigneten Randbedingungen eine höhere effektive Wandgeschwindigkeit durch eine Änderung der Wandform - etwa durch eine Faltung der Wand - erreicht werden kann.

b) Die geschwindigkeitsinduzierte Faltung der Blochwand

Wir betrachten eine Platte der Dicke D, mit der leichten Richtung parallel zur Plattenoberfläche. Eine 180°-Wand möge sich mit der Geschwindigkeit v parallel zur Plattenoberfläche bewegen.

Mit Hilfe des Variationsprinzips (11.6) wollen wir versuchen, die optimale Struktur dieser Wand als Funktion der Geschwindigkeit zu bestimmen. In Erweiterung von Abschnitt 11.3 lassen wir dabei auch eine Abhängigkeit der Wandstruktur von der Koordinate y senkrecht zur Plattenoberfläche zu, und zwar in der Form einer um den Winkel η gekippten Wand $\tilde{\varphi}=\tilde{\varphi}(x-\mathrm{tg}\eta\cdot y-vt)$. Der Magnetisierungspfad soll jedoch weiterhin kreisförmig (mit dem Orientierungswinkel χ_o) sein. Die beteiligten Energien haben dann im wesentlichen die gleiche Gestalt wie für $\eta=0$. In der Austauschenergie ist die Abhängigkeit von y zu berücksichtigen, bei der Berechnung der Streufeldenergie ist die um η gekippte Normalenrichtung zu beachten. Insgesamt ergibt sich

$$e_A = A\tilde{\varphi}'^2/\cos^2\eta$$

$$e_K = K_1\sin^2\tilde{\varphi}$$

$$e_S = 2\pi I_s^2\sin^2\tilde{\varphi}\sin^2(\chi_o-\eta) \qquad (11.18)$$

Die Lösung ist für beliebige χ_o und η analog zu (11.13) und (11.14):

$$\sin\tilde{\varphi} = \tanh[\sqrt{1+(\mu^*-1)\sin^2(\chi_o-\eta)}\cdot(x-\mathrm{tg}\eta\cdot y-vt)\cdot\cos\eta\sqrt{K_1/A}] \qquad (11.19)$$

$$E_G = 4\sqrt{AK_1}\sqrt{1+(\mu^*-1)\sin^2(\chi_o-\eta)}/\cos\eta \qquad (11.20)$$

Setzt man andererseits (11.19) in Gl. (11.5a) mit $\Theta\equiv\vartheta$, $c_o=0$ und $\phi\equiv\varphi$ ein und berücksichtigt den Zusammenhang (7.5) zwischen $\tilde{\varphi}$ und φ, dann ergibt sich für das kinetische Potential

$$P_{kin} = -4\sqrt{AK_1}\tilde{v}\cdot\chi_o \qquad (11.21)$$

Mit der Abkürzung $\tilde{\chi}=\chi_o-\eta$ erhalten wir somit für die Lagrangefunktion der Platte:

$$E^* = E_G+P_{kin} = 4\sqrt{AK_1}[\sqrt{1+(\mu^*-1)\sin^2\tilde{\chi}}/\cos\eta-\tilde{v}(\tilde{\chi}+\eta)] \qquad (11.22)$$

Dieser Ausdruck ist bezüglich $\tilde{\chi}$ und η zu minimalisieren, was zu folgenden Gleichungen führt:

$$(\mu^*-1)\sin\tilde{\chi}\cos\tilde{\chi} = \tilde{v}\cdot\cos\eta\sqrt{1+(\mu^*-1)\sin^2\tilde{\chi}} \quad (11.23)$$

$$\frac{\sin\eta}{\cos^2\eta}\sqrt{1+(\mu^*-1)\sin^2\tilde{\chi}} = \tilde{v} \quad (11.24)$$

Gl. (11.23) entspricht Gl. (11.12) für die gerade Wand. Die innere Struktur und die Energie pro Flächeneinheit der gekippten Wand entsprechen also erwartungsgemäß einer Wand, welche sich mit der Geschwindigkeit $v\cdot\cos\eta$ in ihre Normalenrichtung bewegt. Gl. (11.24) bestimmt den optimalen Kippwinkel η und besagt, daß dieser Winkel schon für beliebig kleine Geschwindigkeiten v von Null verschieden sein sollte. Explizit läßt sich das aus folgenden Darstellung für η, $\tilde{v}$ und E_G als Funktion des Parameters $\tilde{\chi}$ ablesen:

$$\tan\eta = \frac{(\mu^*-1)\sin\tilde{\chi}\cos\tilde{\chi}}{1+(\mu^*-1)\sin^2\tilde{\chi}}$$

$$\frac{E_G}{4\sqrt{AK_1}} = \left(\frac{1+(\mu^{*2}-1)\sin^2\tilde{\chi}}{1+(\mu^*-1)\sin^2\tilde{\chi}}\right)^{1/2}$$

$$\tilde{v} = \tan\eta\cdot\frac{E_G}{4\sqrt{AK_1}} \quad (11.25)$$

Auch für diese Lösung ergibt sich eine Maximalgeschwindigkeit, oberhalb der die Lösung instabil wird. Sie berechnet sich aus $d\tilde{v}/d\tilde{\chi}=0$ zu

$$\tilde{v}^z_{max} = (1+\mu^*)\left(\frac{\mu^{*2}-2\mu^*+2+(2-\mu^*)\sqrt{\mu^{*2}-\mu^*+1}}{(2-\mu^*+\sqrt{\mu^{*2}-\mu^*+1})}\right)^{1/2} \quad (11.26)$$

Der zugehörige Maximalwinkel $\tilde{\chi}^z_{max}$ beträgt:

$$\sin\tilde{\chi}^z_{max} = [1+\mu^*-\mu^{*2}+\sqrt{\mu^{*2}-\mu^*+1}]^{-1/2} \quad (11.27)$$

Die neue effektive Grenzgeschwindigkeit v^z_{max} übertrifft die Walkersche Grenzgeschwindigkeit besonders für große μ^* erheblich. Das gilt aber nicht für die Normalgeschwindigkeit der Wand $v^z_{max} \cdot \cos\eta$, die kleiner als die Walkersche Grenzgeschwindigkeit ist.

In Fig. 11.2 sind die Wandenergien und die Kippwinkel η für eine Reihe von μ^*-Werten als Funktion der Geschwindigkeit aufgetragen. Zum Vergleich ist auch jeweils die Walkersche Grenzgeschwindigkeit angedeutet.

Dieser Rechnung zufolge hat eine bewegte Wand die Tendenz, ihre Fläche zu vergrößern, und zwar allein auf Grund der kinetischen Gleichungen (11.3). Dissipative Prozesse, die durchaus in die gleiche Richtung wirken können (wie z.B. Wirbelströme) sind vernachlässigt worden.

Richtung und Größe des Kippwinkels η eines Wandabschnitts sind durch (11.25) eindeutig mit der Geschwindigkeitsrichtung und dem Drehsinn der Wand verknüpft. Falls die Wand in der Lage ist, sich in Streifen wechselnden Wanddrehsinns aufzuspalten, dann ist auch eine zickzackförmige Faltung einer Wand als Folge der Bewegung möglich. Ein offenes Problem ist es allerdings, wie der Übergang von der geraden Wand zu der gekippten bzw. gefalteten Wand beim Einsatz der Bewegung geschieht. Bei dieser Frage spielt auch die Dauer einer Bewegung eine Rolle. Im Fall von Bewegungsamplituden, die klein gegen die Plattendicke sind, ist nicht mit einer Änderung der Wandgestalt bei der Bewegung zu rechnen.

Im folgenden wollen wir uns wieder der Untersuchung der Wandbewegung bei vorgegebener Wandfläche widmen und dabei insbesondere auch nicht gleichförmig bewegte Wände studieren. Wir knüpfen dabei wiederum an die früheren Untersuchungen zur statischen Struktur der Wände in einachsigen Kristallen (Abschn. 7) an, wobei sich zwanglos auch Aussagen zur Dynamik von anderen als 180°-Wänden ergeben.

11.5 Die Dynamik von Wänden in einachsigen Kristallen unter der Wirkung äußerer Magnetfelder

a) Berechnung der allgemeinen Lagrangefunktion

Wir gehen von Abschnitt 7.2 aus, in dem wir Wände in einachsigen Kristallen unter der Wirkung äußerer Felder, die senkrecht zur leichten Richtung orientiert waren, untersucht haben. Derartige Felder, charakterisiert durch die reduzierte Feldstärke $h=HI_s/(2K_1)$ und den Orientierungswinkel ψ, wollen wir auch hier zulassen, zusätzlich jedoch Felder $H_{\parallel}$ parallel zur leichten Richtung berücksichtigen, die zu einer Beschleunigung der Wand führen.

In Abschn. 7.2 hat sich die Annahme eines kreisförmigen Magnetisierungspfades als sehr gute Näherung bewährt. Nachdem die exakte Lösung von Walker für den Fall der 180°-Wände ebenfalls zu kreisförmigen Pfaden führte, ist der Versuch berechtigt, auch für die Bewegung beliebiger Wände diese Annahme beizubehalten.

Die Mitte der Wand befinde sich zum Zeitpunkt t am Ort q(t), und ihr Magnetisierungspfad werde durch die zeitunabhängigen Größen h und ψ sowie durch die eventuell zeitabhängige Größe $\chi(t)$ beschrieben. Auf diesem Magnetisierungspfad möge der Verlauf der Magnetisierung demjenigen in der klassischen Theorie entsprechen, wie er sich aus Gl. (7.7), (7.8) und (4.11a) für $\vartheta=\vartheta_o$ berechnet:

$$\cos\tilde{\varphi}-\cos\tilde{\varphi}_o = \frac{\sin^2\tilde{\varphi}_o}{\cos\tilde{\varphi}_o+\cosh[k_o(\chi)\cdot(x-q(t))]}$$

$$k_o^2(\chi) = (K_1/A)(1+(\mu^*-1)\sin^2\chi(t))\sin^2\tilde{\varphi}_o \qquad (11.28)$$

Der Winkel $\tilde{\varphi}_o$ ist durch Gl. (7.6) mit χ verknüpft. Integrieren wir nunmehr alle beteiligten Energien mit Einschluß des kinetischen Potentials über x, dann erhalten wir eine Lagrange-Funktion, die nur noch von der Variablen q(t) und $\chi(t)$ abhängt. Die gewöhnliche statische Energie der Blochwand ist dabei schon durch Gl. (7.9) gegeben. Für die mit einer Verschiebung der Wand gewonnenen Energie auf Grund des anliegenden Feldes parallel zur leichten Richtung ergibt sich

$$E_{\parallel} = -2H_{\parallel}\, I_s\sqrt{1-h^2}\cdot q(t) \tag{11.29}$$

Schließlich benötigen wir das kinetische Potential, das wir, da Magnetisierungspfade mit verschiedenen χ miteinander verglichen werden sollen, auf ein einheitliches Koordinatensystem (χ=0) beziehen müssen. Eine längere Rechnung ergibt dann:

$$P_{kin} = \frac{I_s}{\gamma}\int_{-\infty}^{\infty}(\cos\vartheta-\cos\vartheta_o)\,\dot{\varphi}\,dx = -\frac{I_s}{\gamma}\dot{q}\int_{-\varphi_o}^{\varphi_o}(\cos\vartheta-\cos\vartheta_o)\,d\varphi =$$

$$-\frac{2I_s\dot{q}}{\gamma}\left\{\arctan\left[\frac{\sin\chi\sqrt{1-h^2}}{\cos\chi-h^2\sin\chi\sin(\psi-\chi)}\right]\right.$$

$$\left.+h\left[\sin(\psi-\chi)\arctan\frac{\sqrt{1-h^2}}{h\cdot\cos(\psi-\chi)} - \sin\psi\arctan\frac{\sqrt{1-h^2}}{h\cdot\cos\psi}\right]\right\} \tag{11.30}$$

Wir wollen die berechneten Energien nunmehr dazu benutzen, zunächst die Walkersche Theorie auf Wände beliebigen Wandwinkels zu erweitern und sodann nach dem Vorbild von Slonczewski [11.5] Bewegungsgleichungen eines allgemeineren Typs abzuleiten.

b) Gleichförmig bewegte Wände in äußeren Feldern senkrecht zur leichten Richtung

Für den Fall gleichförmig bewegter Wände setzen wir q=v und $H_{\parallel}$ =0. Dann ist die Lagrangefunktion $E^*(\chi)=E_G+P_{kin}$ für gegebene Geschwindigkeit v in Bezug auf χ zu minimalisieren, was für h=0 wieder zu den Ergebnissen von Walker (Abschn. 11.4) führt. Die Erweiterung auf h≠0 ist numerisch leicht durchzuführen; in Fig. 11.3 sind als Ergebnis die kritischen Geschwindigkeiten als Funktion von h für verschiedene Werte des Orientierungswinkels ψ und des Parameters μ^* aufgezeichnet. Die kritische Geschwindigkeit ergibt sich als diejenige Geschwindigkeit, für die die zweite Ableitung $E^{*''}(\chi)$ verschwindet, die Wand also instabil wird.

Das wesentliche Ergebnis dieser Rechnungen ist, daß ein Feld senkrecht zur Wand ($\psi=90^o$) die kritische Geschwindigkeit reduziert, da es schon im statischen Fall den Winkel χ erhöht. Ein Feld parallel zur Wand ($\psi=0$) dagegen erhöht die kritische Geschwindigkeit, da es die Auslenkung χ unterdrückt.§

In Fig. 11.3 sind nur die kritischen Geschwindigkeiten des Blochwandmodus der Wand eingezeichnet. Es stellt sich nämlich heraus, daß die Näherung eines kreisförmigen Magnetisierungspfades zur Berechnung einer kritischen Geschwindigkeit für den bei $\psi=90^o$ in hohen Feldern stabilen Néelwandmodus nicht gut geeignet ist. Das gleiche trifft für den Bereich hoher Felder im Fall $\psi=0$ zu. In diesen Fällen müßte man wie in Abschn. 7.2d zu einer direkten numerischen Lösung der Differentialgleichungen übergehen.

c) Die oszillierende Wandbewegung nach Slonczewski

Für nicht gleichförmig bewegte Wände betrachten wir $E^*=E_G+P_{kin}+E_{\shortparallel}$ $=E^*(q,\dot{q},\chi)$ als Lagrangefunktion für die bewegte Blochwand, deren Variation bezüglich der Variablen χ und q die Bewegungsgleichungen für die Wand ergibt. Wir kürzen die geschweifte Klammer in (11.30) mit $f_k(\chi)$ ab [also $P_{kin}=-(2I_s/\gamma)\dot{q}\cdot f_k(\chi)$] und erhalten:

$$\dot{\chi} = \gamma H_{\shortparallel}\sqrt{1-h^2}/f_k'(\chi) \qquad (11.31)$$

$$2I_s\dot{q} = \gamma(\partial E_G/\partial\chi)/f_k'(\chi) \qquad (11.32)$$

Derartige Bewegungsgleichungen für Blochwände, die außer dem Ort der Wandmitte q(t) auch noch eine die innere Struktur der Wand kennzeichnende Variable $\chi(t)$ enthalten, wurden zuerst von Slonczewski [11.5] angegeben, und zwar für den Spezialfall von 180°-Wänden in Materialien mit $K_1>>2\pi I_s^2$. Die Gleichungen (11.31) und (11.32) sind darüberhinaus für beliebige Werte von $\mu^*=1+2\pi I_s^2/K_1$ und für beliebige Werte und Orientierungen eines senkrecht zur leichten Richtung angelegten Feldes anwendbar. Eine solche Beschreibung durch zwei pauschale Variable q und χ ist

---

§ Ähnliche Ergebnisse teilte Leeuw [11.7] mit.

immer dann möglich, wenn sich die innere Struktur der Wand während der Bewegung in vernünftiger Näherung durch kreisförmige Magnetisierungspfade und den Magnetisierungsverlauf (11.28) darstellen läßt.

Die weitere Diskussion beschränken wir wie Slonczewski auf 180°-Wände. Die beteiligten Energien (7.9) und (11.30) vereinfachen sich dann wegen h=0 und $f_k=\chi$ zu:

$$E_G(h=0) = 4\sqrt{AK_1}\sqrt{1+(\mu^*-1)\sin^2\chi} \tag{11.33}$$

$$P_{kin}(h=0) = -(2I_s/\gamma)\dot{q}\chi \tag{11.34}$$

Die Differentialgleichungen gehen über in:

$$\dot{\chi} = \gamma H_{\parallel} \tag{11.33a}$$

$$\dot{q} = \frac{\sqrt{AK_1}}{I_s}\gamma\frac{(\mu^*-1)\sin 2\chi}{\sqrt{1+(\mu^*-1)\sin^2\chi}} \tag{11.34a}$$

mit der bemerkenswert einfachen Lösung:

$$\chi = \gamma H_{\parallel}(t-t_o)$$

$$q = q_o + \frac{2\sqrt{AK_1}}{H_{\parallel} I_s}\sqrt{1+(\mu^*-1)\sin^2(\gamma H_{\parallel}(t-t_o))} \tag{11.35}$$

Diese Lösung bedeutet, daß der Magnetisierungsvektor in der Wandmitte unabhängig von der Wandstruktur gleichförmig um das angelegte Feld präzediert. Der Ort der Wandmitte oszilliert mit der doppelten Frequenz der Präzession um die Mittellage. Die Geschwindigkeit erreicht bei $\chi=\chi_{max}$ den Walkerschen Höchstwert, wird dann jedoch wieder geringer und kehrt oberhalb $\chi=90^o$ das Vorzeichen um. Es ist im Rahmen dieser Lösung nicht möglich, die Wand durch ein angelegtes Feld über v_{max} hinaus zu beschleunigen. Schaltet man das Feld vor dem Erreichen von χ_{max} wieder ab, dann wird sich die Wand mit der erreichten Geschwindigkeit weiterbewegen, wie es in den Abschnitten 11.2 und 11.3 zugrundegelegt wurde. Bleibt das Feld aber länger bestehen, dann treten an die Stelle einer fortschreitenden Bewegung die zuerst von Slonczewski gefundenen Oszillationen (11.35). Diese Befunde sind in einem gewissen Umfange zu modifizieren, wenn eine Dämpfung der Wandbewegung hinzutritt. Mit den Auswirkungen einer Dämpfung werden wir uns in den folgenden Abschnitten auseinandersetzen.

11.6 Die Landau-Lifshitz-Gleichung mit Dämpfungsterm

Eine Änderung der Magnetisierungsstruktur einer Probe ist im allgemeinen mit einer Energiedissipation verbunden. Verschiedene Mechanismen können dazu beitragen.

1) Wirbelströme und andere elektromagnetische Verluste, die wesentlich von der Probengeometrie abhängen;
2) makroskopische irreversible Sprünge von Wänden und Bereichsstrukturen, die durch die Geometrie der Domänenanordnung bestimmt werden;
3) eine durch die Änderung der Magnetisierung induzierte Relaxation von Gitterfehlern, die zu Nachwirkungserscheinungen Anlaß geben;
4) lokale mikroskopische Verlustmechanismen des Spinsystem, die sogenannte Spindämpfung. Letztere hängt mit der Streuung von Spinwellen, an Gitterschwingungen sowie an Gitterdefekten zusammen [11.8]. Wir wollen zunächst die ersten drei Verlustmechanismen ausschließen, also eine makroskopisch fehlerfreie Probe betrachten, die auch keine relaxationsfähigen mikroskopischen Gitterfehler enthält, und für die wegen ihrer geringen Ausdehnung oder ihrer geringen Leitfähigkeit die Wirbelströme zu vernachlässigen sind.
Die Änderungsgeschwindigkeit der Magnetisierung an einem Punkt sollte dann allein durch die dort herrschende Magnetisierung $\underline{\alpha}$ und das dort herrschende effektive Feld $\underline{H}$ bestimmt sein. Nach Landau und Lifshitz [1.11] drücken wir $\underline{\dot{\alpha}}$ durch die drei aufeinander senkrecht stehenden Vektoren $\underline{\alpha}$, $\underline{\alpha}\times\underline{H}$ und $\underline{\alpha}\times(\underline{\alpha}\times\underline{H})$ aus:

$$\dot{\alpha} = c_1\underline{\alpha}+c_2(\underline{\alpha}\times H)+c_3\underline{\alpha}\times(\underline{\alpha}\times\underline{H}) \qquad (11.36)$$

Da im Rahmen einer konventionellen mikromagnetischen Theorie $\underline{\alpha}^2=1$ und also $\alpha\dot{\alpha}=0$ gelten soll, muß c_1 in (11.36) verschwinden. Es bleibt die "Landau-Lifshitz-Gleichung", die häufig in der Formulierung von Gilbert [11.9] benutzt wird:

$$\underline{\dot{\alpha}} = \gamma(\underline{\alpha}\times\underline{H}_{eff})+\lambda(\underline{\alpha}\times\dot{\alpha}) \tag{11.37}$$

(11.37) ist äquivalent mit (11.36), wenn man $c_1=0$, $c_2=\gamma/(1+\lambda^2)$ und $c_3=\lambda c_2$ setzt.

Für $\lambda=0$ geht die Gilbert-Gleichung wieder in die gewöhnliche, dämpfungsfreie Gl. (11.1) über. Die Dämpfungskonstante λ ist in der Regel klein, sodaß die Abweichung von der gyromagnetisch bestimmten Bahn des Magnetisierungsvektors nur gering ist. Die phänomenologische Konstante λ könnte theoretisch noch von $\underline{\alpha}$, $\underline{\dot{\alpha}}$ und H_{eff} abhängen. Meist wird sie allerdings als Materialkonstante betrachtet, die etwa aus der Linienbreite einer Resonanzkurve bestimmt werden kann.

Formal läßt sich das Dämpfungsglied in (11.36) durch einen Beitrag $H_D=\frac{\lambda}{\gamma}\underline{\dot{\alpha}}$ zum effektiven Feld wiedergeben. Dieses Feld läßt sich dann allerdings nicht aus einem gewöhnlichen Potential ableiten. Man kann stattdessen aber ein sogenanntes Dissipationspotential p_D einführen [11.9]:

$$p_D = \frac{1}{2}\,\frac{\lambda I_s}{\gamma}\,\dot{\alpha}^2 \tag{11.38}$$

aus dem das Dämpfungsfeld gemäß $H_D=\frac{\partial p_D}{I_s\,\partial\dot{\alpha}}$ abzuleiten ist. Diese Formulierung bietet den Vorteil, daß man sie leicht auf jedes gewünschte Koordinatensystem spezialisieren kann.

11.7 Der Einfluß des Dämpfungsterms auf die Bewegung von Wänden in einachsigen Kristallen

a) Exakte Lösung nach Walker für gleichförmig bewegte 180°-Wände

Wir gehen von der in Abschn. 11.4 dargestellten Lösung von Walker aus und berücksichtigen zusätzlich den Dämpfungsterm. Um trotz

Dämpfung eine gleichförmige Bewegung zu erzielen, müssen wir ein äußeres Feld parallel zur leichten Richtung zulassen. Die beiden dann zusätzlich zu betrachtenden Potentiale schreiben sich in den Koordinaten $\tilde{\varphi}$ und $\tilde{\vartheta}$ wie folgt:

1) das Potential des äußeren Feldes

$$e_H = -H_{\parallel} I_s \sin\tilde{\varphi} \sin\tilde{\vartheta} \tag{11.39}$$

2) das Dissipationspotential der Dämpfung:

$$p_D = \frac{\lambda I_s}{2\gamma}(\sin^2\tilde{\vartheta}\dot{\tilde{\varphi}}^2+\dot{\tilde{\vartheta}}^2) \tag{11.40}$$

Berechnen wir nun von der Lösung (11.13) ausgehend das zusätzliche effektive Feld, so ergibt sich:

$$H_{\tilde{\vartheta}} = \frac{1}{I_s}\left(\frac{\partial e_H}{\partial \tilde{\vartheta}}+\frac{\partial p_D}{\partial \dot{\tilde{\vartheta}}}\right) = -H_{\parallel} \cos\tilde{\vartheta} \sin\tilde{\varphi}+\frac{\lambda}{\gamma}\dot{\tilde{\vartheta}}$$

$$H_{\tilde{\varphi}} = \frac{1}{I_s}\left(\frac{\partial e_H}{\partial \tilde{\varphi}}+\frac{\partial p_D}{\partial \dot{\tilde{\varphi}}}\right) = -H_{\parallel} \sin\tilde{\vartheta} \cos\tilde{\varphi}+\frac{\lambda}{\gamma}\sin^2\tilde{\vartheta}\dot{\tilde{\varphi}} \tag{11.41}$$

Wegen $\cos\tilde{\vartheta}=\cos\tilde{\vartheta}_o=0$ verschwindet $H_{\tilde{\vartheta}}$ auf dem kreisförmigen Magnetisierungspfad identisch. Das gleiche gilt wegen $\dot{\tilde{\varphi}} = -v\sqrt{\frac{K_1}{A}}\times\cos\tilde{\varphi}\sqrt{1+(\mu^*-1)\sin^2\chi_o}$ für $H_{\tilde{\varphi}}$, falls $H_{\parallel}$ folgender Bedingung

$$H_{\parallel} = -\frac{\lambda}{\gamma}v\sqrt{\frac{K_1}{A}}\sqrt{1+(\mu^*-1)\sin^2\chi_o} \tag{11.42}$$

Die Wandstruktur einer dämpfungsfrei mit einer bestimmten Geschwindigkeit bewegten Wand ist also in dem betrachteten Fall gleich der Struktur einer mit der gleichen Geschwindigkeit bewegten Wand, die sich unter der Wirkung eines äußeren Feldes und einer Dämpfung befindet.

Gl. (11.42) verknüpft die Geschwindigkeit mit der erforderlichen Feldstärke und ergibt somit die Wandbeweglichkeit [11.2]:

$$\beta_w = \frac{v}{H_{\parallel}} = -\frac{\gamma}{\lambda}\sqrt{\frac{A}{K_1}}\Big/\sqrt{1+(\mu^*-1)\sin^2\chi} = -4A\frac{\gamma}{\lambda}\Big/E_G(v) \qquad (11.43)$$

Die Beweglichkeit ist also umgekehrt proportional zur Wandenergie E_G im bewegten Zustand. Da die Wandenergie quadratisch mit der Wandgeschwindigkeit zunimmt, entsteht kein großer Fehler, wenn man für $v \ll v_{max}$ in (11.43) einfach die Energie der ruhenden Wand einsetzt. Mit der Walkerschen Maximalgeschwindigkeit (11.15) ergibt sich aus (11.42) ein maximal zulässiges Feld H_1:

$$H_1 = -\lambda H_K(\sqrt{\mu^*}-1)\sqrt[4]{\mu^*} \qquad (11.44)$$

mit $H_K = 2K_1/I_s$. Auch die in Abschn. 11.4 diskutierte gekippte oder gefaltete Wand erlaubt keine Feldstärken, die H_1 überschreiten. Die Faltung erhöht die effektive Beweglichkeit einer Wand, nicht jedoch die für eine stabile Bewegung maximal zulässige Feldstärke.

Es ist eine bisher nicht endgültig geklärte Frage, in welcher Form eine Ummagnetisierung im Bereich $H>H_1$ erfolgt. Auf jeden Fall wird man mit nicht gleichförmigen Bewegungen und insbesondere mit dem oszillierenden Bewegungsmodus nach Slonczewski zu rechnen haben. Mit diesen Fragen wollen wir uns in den nächsten Abschnitten beschäftigen.

b) Verallgemeinerung auf nicht gleichförmig bewegte Wände und Wände geringeren Wandwinkels

Wir erweitern die Theorie des Abschnitts 11.5, indem wir das Dissipationspotential (11.38) hinzunehmen. Auch dieses Potential integrieren wir nach Einsetzen des Ansatzes (11.28) über die Koordinate x, so daß wir einen Ausdruck für P_D gewinnen, der nur noch von $\chi(t)$ und $\dot{q}(t)$ abhängt.

Die Rechnung ergibt:

$$P_D = \frac{\lambda I_s}{2\gamma}\int_{-\infty}^{\infty}[\sin^2\vartheta\dot{\varphi}^2+\dot{\vartheta}^2]dx = \frac{\lambda I_s}{2\gamma}\int_{-\infty}^{\infty}[(\sin\tilde{\vartheta}\dot{\tilde{\varphi}}+\sin\tilde{\varphi}\cos\tilde{\vartheta}\dot{\chi})^2+$$

$$(\dot{\tilde{\vartheta}}-\cos\tilde{\varphi}\dot{\chi})^2]dx$$

$$= \frac{\lambda I_s}{2\gamma}\int_{-\infty}^{\infty}[(\cos\tilde{\varphi}-\cos\tilde{\varphi}_o)^2(\frac{\sin^2\tilde{\vartheta}}{\sin^2\tilde{\varphi}_o}(k_o\cdot\dot{q}+(x-q(t))\frac{\partial k_o}{\partial\chi}\dot{\chi})^2+\dot{\chi}^2)]dx$$

$$= \frac{\lambda I_s}{\gamma}\,\frac{E_G(\chi)}{4A}\,[\dot{q}^2+\frac{\dot{\chi}^2}{k_o^2}+\dot{\chi}^2\,\frac{\partial(1/k_o)}{\partial\chi}^2\cdot\frac{1}{3}(\pi^2-\tilde{\varphi}_o^2-\frac{2\tilde{\varphi}_o^2}{1-\tilde{\varphi}_o\mathrm{ctg}\tilde{\varphi}_o})] \qquad (11.45)$$

wobei $E_G(\chi)$ in Gl. (7.9), $\tilde{\varphi}_o$ in Gl. (7.6) und k_o in Gl. (11.18) definiert ist.

Drei Beiträge zur Dissipation lassen sich demnach unterscheiden:
1) der durch die Translation der Wand $\dot{q}$ verursachte Beitrag,
2) der durch die Rotation $\dot{\chi}$ des Magnetisierungsvektors in der Wandmitte verursachte Beitrag, und
3) der Beitrag, der auf den mit variierendem Winkel χ oszillierenden Wandweitenparameter $1/k_o$ zurückgeht.

Mit Hilfe dieses Dissipationspotential können wir nunmehr die Bewegungsgleichungen der Blochwand für den Fall einer gedämpften Bewegung erweitern. Anstelle der Gleichungen (11.23) und (11.24) ergibt sich durch Hinzunahme der Terme $\partial P_D/\partial\dot{q}$ und $\partial P_D/\partial\dot{\chi}$:

$$\frac{\partial f_k}{\partial\chi}\dot{\chi} = \gamma H_{\parallel}\sqrt{1-h^2} - \lambda\frac{E_G}{4A}\,\dot{q} \qquad (11.46)$$

$$\frac{\partial f_k}{\partial\chi}\dot{q} = \frac{\gamma}{2I_s}\,\frac{\partial E_G}{\partial\chi} + \lambda\frac{E_G}{4A}[\frac{1}{k_o^2}+\frac{\partial(1/k_o)}{\partial\chi}^2\,\frac{1}{3}(\pi^2-\tilde{\varphi}_o^2-\frac{2\tilde{\varphi}_o^2}{1-\tilde{\varphi}_o\mathrm{ctg}\tilde{\varphi}_o})]\dot{\chi} \qquad (11.47)$$

Durch Multiplikation von (11.46) mit $\dot{q}$, (11.47) mit $\dot{\chi}$ und Subtraktion der beiden Gleichungen ergibt sich zunächst der Energiesatz für die bewegte Blochwand mit dem Wandwinkel $2\Theta_o=2\cdot\arccos(h)$:

$$2H_{\parallel}\cdot I_s \sin\Theta_o \cdot \dot{q} = 2\cdot P_D + \frac{\partial E_G}{\partial \chi}\dot{\chi} \tag{11.48}$$

Auf der linken Seite dieser Gleichung steht die vom treibenden Feld in der Zeiteinheit geleistete Arbeit. Auf der rechten Seite erscheint die in der Zeiteinheit dissipierte Energie sowie die zeitliche Veränderung der in der Wand gespeicherten potentiellen Energie. Eine einfache Anwendung dieser Formeln ergibt sich für beliebige gleichförmig bewegte Wände. Mit $\dot{\chi}=0$ und $\dot{q}=v$ ergibt sich dann allein aus (11.48) und (11.45) die Beweglichkeit der Wand:

$$\beta_w = \frac{v}{H_{\parallel}} = \frac{\gamma}{\lambda}\,\frac{4A\sin\Theta_o}{E_G(v)} \tag{11.49}$$

Gl. (11.47) wird für $\dot{\chi}=0$ identisch mit Gl. (11.32) für die ungedämpft bewegte Wand. Das bedeutet, daß auch für Wände beliebigen Wandwinkels im Rahmen der Näherung des kreisförmigen Magnetisierungspfades die Wandstruktur bei gegebener Wandgeschwindigkeit nicht von der Dämpfung abhängt, wie wir es zuerst bei der Walkerschen Lösung für die 180°-Wand feststellten.

Das Differentialgleichungssystem (11.46, 11.47) ist auch für nicht gleichförmige Bewegung bei konstanten äußerem Feld $H_{\parallel}$ integrierbar, indem man $\dot{q}$ aus (11.48) in (11.47) einsetzt und die Variablen χ und t trennt. Auf diese Weise lassen sich sowohl $\chi(t)$ als auch $q(t)$ durch einfache Integration und durch die Umkehrung von Gleichungen gewinnen. Wir wollen dies für den Spezialfall h=0, also für 180°-Wände genauer verfolgen.

c) Die Lösung der Bewegungsgleichung für nicht gleichförmig bewegte 180°-Wände

Wir setzen h=0 und $\tilde{\varphi}_o=90^o$ und führen zur Vereinfachung der Schreibweise die Abkürzungen:

$$f_m(\chi) = \sqrt{1+(\mu^*-1)\sin^2\chi}, \quad g_m(\chi) = 1+\frac{\pi^2}{12}\,f_m'^2/f_m^2 \tag{11.50}$$

ein. Außerdem benutzen wir die schon früher verwendeten Bezeichnungen $\delta_o=\sqrt{A/K_1}$ und $H_K=2K_1/I_s$. Dann lassen sich die Wandenergie E_G, der Wandweitenparameter k_o und das Dissipationspotential p_D wie folgt darstellen:

$$E_G = 4\sqrt{AK_1}f_m(\chi), \quad k_o = f_m(\chi)/\delta_o$$

$$p_D = \frac{\lambda I_s f_m(\chi)}{\gamma\delta_o}[\dot{q}^2+\delta_o^2\dot{\chi}^2 g_m(\chi)/f_m^2(\chi)] \qquad (11.51)$$

Die Differentialgleichungen (11.46) und (11.47) vereinfachen sich dementsprechend:

$$\dot{\chi} = \gamma H_{\parallel} - \frac{\lambda}{\delta_o} f_m(\chi)\dot{q} \qquad (11.51)$$

$$\dot{q} = \gamma H_K \delta_o f_m' + \frac{\lambda\delta_o}{f_m} g_m \dot{\chi} \qquad (11.53)$$

Durch Einsetzen von (11.53) in (11.52) und Trennung der Variablen ergibt sich für den Zusammenhang zwischen χ und t folgende Beziehung:

$$t-t_o = \int \frac{1+\lambda^2 \cdot g_m}{\gamma(H_{\parallel}-\lambda H_K f_m f_m')}\, d\chi \qquad (11.54)$$

Haben wir $\chi(t)$ mit dieser Gleichung berechnet, dann können wir $\dot{q}$ und q mit Hilfe folgender Beziehungen als Funktionen von χ bestimmen:

$$\dot{q}(\chi) = \gamma\delta_o \frac{H_K f_m f_m' + \lambda H_{\parallel} g_m}{f_m(1+\lambda^2 g_m)} \qquad (11.55)$$

$$q(\chi)-q_o = \delta_o \int \frac{H_K f_m f_m' + \lambda H_{\parallel} g_m}{f_m(H_{\parallel}-\lambda H_K f_m f_m')}\, d\chi \qquad (11.56)$$

Wir wollen nun den Verlauf der Funktion $\chi(t)$ als Funktion der äußeren Feldstärke $H_{\parallel}$ an Hand von Gl. (11.54) diskutieren. Denken wir uns dazu das Feld $H_{\parallel}$ zum Zeitpunkt t=0 eingeschaltet, zu dem noch χ=0 gilt. Der Winkel χ wird dann zunächst mit der Zeit t anwachsen. Der weitere Verlauf hängt entscheidend davon ab, ob im

Nenner des Integranden in Gl. (11.54) eine Nullstelle auftritt oder nicht. Ist das äußere Feld kleiner als der Maximalwert des Ausdrucks $H_K f_m f'_m = H_K(\mu^*-1)\sin\chi\cos\chi$, dann tritt eine Nullstelle auf und χ konvergiert für große t gegen den Wert der Nullstelle:

$$\chi(t\to\infty) = 0.5 \arcsin(H_{\parallel}/H_{\lambda}), \quad H_{\lambda} = 0.5\lambda H_K(\mu^*-1) = \lambda\cdot 2\pi I_s \tag{11.57}$$

Die Geschwindigkeit der Wand nähert sich für $t\to\infty$ der Walkerschen Geschwindigkeit, die durch Gl. (11.42) gegeben ist. Diese Lösung bleibt formal auch noch für $H_{\parallel}$ größer als H_1 (Gl. (11.44)) bestehen. solange $H_{\parallel}<H_{\lambda}$ gilt. Allerdings nimmt für $H_1<H_{\parallel}<H_{\lambda}$ die Geschwindigkeit mit zunehmendem äußeren Feld ab, die differentielle Wandbeweglichkeit ist also negativ (Fig. 114). Auf die Bedeutung dieser Tatsache werden wir noch zurückkommen.

Während also für $H_{\parallel}<H_{\lambda}$ die Wand nach einer Beschleunigungsphase in eine gleichförmige Bewegung übergeht, ist dies für $H_{\parallel}>H_{\lambda}$ nicht mehr der Fall. Nach Gl. (11.54) wächst der Winkel χ mit der Zeit unbegrenzt an, ähnlich wie bei der in 11.5 behandelten oszillierenden Bewegung der ungedämpften Blochwand. Der Unterschied liegt darin, daß nun der Oszillation eine durch die Dämpfung bedingte gleichförmige Bewegung überlagert ist. In Fig. 11.5 ist der Verlauf der Kurven $\chi(t)$ und $\dot{q}(t)$ für einige Beispiele aufgezeichnet. Man erkennt, daß der zeitliche Mittelwert der Geschwindigkeit für $\lambda>0$ stets größer als Null ist. Um die mittlere Geschwindigkeit direkt zu berechnen, integrieren wir $q(\chi)$ und $t(\chi)$ jeweils über eine Periode von χ und erhalten mit der Abkürzung $h_{\parallel}=H_{\parallel}/H_{\lambda}$:

$$\bar{v} = \frac{\Delta q}{\Delta t} = 2\pi I_s\sqrt{\frac{A}{K_1}}\gamma \int_{-\pi/2}^{\pi/2} \frac{\sin 2\chi+\lambda^2 h_{\parallel} g_m}{f_m(h_{\parallel}-\sin 2\chi}d\chi \Bigg/ \int_{-\pi/2}^{\pi/2} \frac{1+\lambda^2 g_m}{h_{\parallel}-\sin 2\lambda}d\chi \tag{11.58}$$

Im Grenzfall kleiner $\mu^*[\mu^*-1<<1]$ wird $g_m(\chi)\approx f_m(\chi)\approx 1$ und es ergibt sich:

$$\bar{v} \approx 2\pi I_s\sqrt{\frac{A}{K_1}}\gamma(h_{\parallel}-\frac{\sqrt{h_{\parallel}^2-1}}{1+\lambda^2})) \tag{11.59}$$

Für andere Werte von μ^* ist $\bar{v}(h_{\parallel})$ in Fig. 11.4 eingetragen. Kennzeichnend für alle Kurven ist, daß die mittlere Wandgeschwindigkeit nach dem Einsetzen des oszillierenden Modus bei $h_{\parallel}=1$ in einem steigenden äußeren Feld zunächst abfällt, um erst oberhalb einer Feldstärke $H_2=H_\lambda\cdot\frac{1+\lambda^2}{\lambda\sqrt{2+\lambda^2}}$, wieder anzusteigen. Auch der oszillierende Modus besitzt also für $H_{\parallel}\gtrsim H_\lambda$ ein Gebiet negativer Wandbeweglichkeit.

d) Mögliche Bewegungsmoden im Bereich negativer Wandbeweglichkeit

Allgemeingültige Überlegungen zeigen nun, daß die Bewegung einer Wand mit einer Geschwindigkeit, bei der die Wandbeweglichkeit negativ ist, nicht stabil sein kann (siehe z.B. [11.5]). Bewegt sich etwa ein Abschnitt einer solchen Wand etwas schneller, so daß momentan eine Ausbauchung der Wand entsteht, dann wäre die zur Bewegung dieses Wandabschnittes notwendige Feldstärke geringer als die anliegende Feldstärke, die zur Bewegung der Umgebung des vorauseilenden Abschnitts ausreicht. Die Ausbauchung würde folglich verstärkt und nicht wieder ausgeglichen.

Demnach gibt es nur zwei stabile Bewegungsmoden unter den in Fig. 11.4 dargestellten Bewegungsmöglichkeiten, nämlich die gleichförmige Bewegung bei kleinen Feldstärken $H_{\parallel}<H_1$ und die oszillierende Bewegung im Bereich sehr großer angelegter Felder $H_{\parallel}>H_2$. Im Übergangsbereich muß man erwarten, daß eine Wand in irgendeiner Weise in miteinander verbundene stabil bewegte Abschnitte zerfällt. Slonczewski untersuchte ein solches Modell, die "gewellte" Wand, (engl."corrugated wall"). In diesem Modell nimmt die Wand eine wellige Form an; die in Bewegungsrichtung führenden Abschnitte bewegen sich im gleichförmigen Bewegungsmodus, die zurückhängenden Abschnitte im oszillierenden Modus. Erstere üben durch die Oberflächenspannung der Wand ein zusätzliches effektives Feld auf die zurückbleibenden Abschnitte aus, das diesen die stabile Bewegung im oszillierenden Modus ermöglicht. Umgekehrt bremsen die zurückbleibenden Abschnitte die vorauseilenden Abschnitte und verringern dadurch das dort herrschende effektive Feld bis in den stabilen Bereich $H<H_1$.

Obwohl dieses Modell konsistent erscheint, zeigt eine genauere Überlegung, daß es noch einer Ergänzung bedarf. Betrachten wir zur Veranschaulichung einen Schnitt senkrecht zur Wand, in welchem eine Linie als "Wandmitte" ausgezeichnet ist. Tragen wir von dieser Mittellinie aus die dort herrschende Magnetisierungsrichtung auf, so spannen wir damit ein orientiertes "Magnetisierungsband" auf. In einer ruhenden Blochwand wäre dieses gedachte Magnetisierungsband überall parallel zur Wandfläche orientiert, bei einer gleichförmig bewegten Wand würde es bei konstanter Orientierung relativ zur Wandfläche mit der Wand bewegt. Im oszillierenden Bewegungsmodus schließlich würde es dauernd um die leichte Richtung als Achse gedreht.

In einem Modell, bei dem nur einzelne Wandabschnitte oszillieren, die umgebenden Abschnitte sich aber gleichförmig bewegen, müßte sich das Magnetisierungsband zunehmend verdrillen, was offensichtlich auf die Dauer unmöglich ist, wenn das Band nicht reißen soll, d.h., wenn die Forderung der mikromagnetischen Kontinuität bestehen soll. Es ist deshalb zu fordern, daß sich alle Teile des Bandes im zeitlichen Mittel gleich häufig verdrehen. Das könnte etwa dadurch erreicht werden, daß die oszillierenden Abschnitte im Slonczewskischen Modell als "Wellen" über die Wand hinwegwandern. Eine hiermit verwandte Möglichkeit bestünde darin, an der Stelle ausgedehnter oszillierender Wandabschnitte nur einfache Rotationen des "Bandes" um 180° wandern zu lassen. In diesem Bild bestünde die schnell bewegte Wand aus dynamisch über die Wandfläche wandernden Abschnitten entgegengesetzten Drehsinns. Die mikromagnetischen Details und die quantitative Konsequenzen solcher Vorstellungen sind zum großen Teil noch zu erforschen. Erste Ansätze zu einer Behandlung dieser Fragen finden sich in zwei neueren Arbeiten [11.10, 11.11], in denen auch auf entsprechende experimentelle Befunde Bezug genommen wird.

Wir wollen die Diskussion des Verhaltens von Blochwänden bei hohen Wandgeschwindigkeiten mit diesen Hinweisen abschließen und in einem letzten Abschnitt noch einige zusammenfassende Bemerkungen zur Wandbeweglichkeit bei niedrigen Geschwindigkeiten machen.

11.8 Geltungsbereich und Erweiterungen der entwickelten Formeln für die Wandbeweglichkeit

a) Die Wandbeweglichkeit bei beliebiger Wandstruktur

Wir haben die Bewegung einer Blochwand - außer bei kleinen Geschwindigkeiten - vornehmlich an Hand der Wände in einachsigen Kristallen diskutiert. Die Theorie ließe sich zwanglos auf allgemeinere Formen der Anisotropieenergie erweitern, wie es zum Teil in [11.5] geschehen ist. Einige der Formeln sind jedoch bereits von allgemeiner Gültigkeit, so z.B. der Energiesatz (11.48). Bei gleichförmiger Bewegung einer Wand verschwindet in (11.48) der letzte Term, welcher die Variation der Wandenergie mit der Änderung der Geschwindigkeit wiedergibt. In diesem Fall läßt sich aus (11.48) für jede bekannte Wandstruktur die Wandbeweglichkeit ableiten, und zwar einfach durch die Berechnung des Dissipationspotentials P_D (Gl. (11.38)). Bei isotroper Austauschenergie, gleichförmiger Bewegung und eindimensionaler Wandstruktur ist das Integral über das Dissipationspotential proportional zur Austauschenergie der Wand. Für die Wandbeweglichkeit ergibt sich dann:

$$\beta_W = v/H_{\parallel} = \frac{\lambda}{\gamma}\,\frac{2A\sin\Theta_0}{E_A(v)} \qquad (11.60)$$

Für ruhende, ebene, eindimensionale Wände gilt darüberhinaus stets $E_A = E_G/2$, womit wir zu Gl. (11.49) gelangen, die zuerst von Galt [11.1] angegeben wurde. (In einachsigen Kristallen hatten wir auch für beliebige Geschwindigkeiten $E_A(v) = E_G(v)/2$ gefunden, so daß wir generell (11.48) anstelle von (11.60) benutzen konnten, jedoch ist nicht sicher, ob diese Identität für bewegte Wände allgemein gilt).

Zur Auswertung von Gl. (11.60) benötigt man - außer bei kleinen Geschwindigkeiten - die Struktur der Wand als Funktion der Geschwindigkeit. Bei den Wänden in einachsigen Kristallen hatte sich gezeigt, daß im Rahmen unserer Näherungen die Struktur der ungedämpften und der gedämpft bewegten Wand bei gleicher Geschwindigkeit identisch sind. Es läßt sich abschätzen, daß Abweichungen von dieser Identität, selbst wenn sie auftreten, bei kleiner Dämpfungskonstante λ klein sein müssen. Es ist daher in der Regel erlaubt, in (11.60) die Struktur der ungedämpft bewegten Wand einzusetzen, die man - wie erläutert - unter Zuhilfenahme des kinetischen Potentials (11.5) durch ein Variationsverfahren ähnlich einfach wie statische Wände berechnen kann.

b) Die Bewegungsgleichung der Blochwand unter Benutzung des Begriffs der effektiven Masse

Die Bewegung einer Blochwand in einem äußeren Feld haben wir bisher durch die Slonczewskischen Gleichungen (11.46) und (11.47) beschrieben. Die Slonczweskischen Bewegungsgleichungen haben vor allem den Vorteil, daß sie die innere Struktur der Wand auch bei hohen Wandgeschwindigkeiten in konsistenter Weise berücksichtigen. Bei kleinen Geschwindigkeiten wird man sich jedoch häufig nicht für die genaue Struktur der Wand, die durch die Variable $\chi(t)$ repräsentiert wird, interessieren. Es genügt dann, der Veränderung der Wandstruktur durch die in Abschn. 11.2 eingeführte effektive Wandmasse Rechnung zu tragen, wodurch es möglich wird, eine Bewegungsgleichung abzuleiten, die nur die Variable q(t) enthält.

Wir betrachten dazu eine Platte, in der sich eine Wand mit dem Wandwinkel $2\Theta_o$ unter der Wirkung eines treibenden Feldes $H_\parallel$ bewegt. Dann ergibt sich die Gesamtenergie der Platte pro Querschnitts-Flächeneinheit in der Form:

$$E_T = E_G^o + \frac{1}{2}m^*\dot{q}^2 + \frac{1}{2}p_r \cdot q^2 - 2\,H_\parallel I_s \sin\Theta_o \cdot q \qquad (11.61)$$

Wir haben in (11.61) mit dem Term $\frac{1}{2}p_r q^2$ in einfachster Näherung auch berücksichtigt, daß Blochwände in der Regel auch bei quasistatischer Bewegung ein Potential spüren, welches auf Inhomogenitäten der Probe, auf Wechselwirkungen zwischen verschiedenen Wänden oder auf entmagnetisierenden Feldern beruhen kann. Diesen Term haben wir bisher vernachlässigt, da er nicht spezifisch für die Dynamik von Blochwänden ist. Es wäre jedoch leicht, ihn in Form eines zu q proportionalen Gliedes zur Slonczewskischen Gleichung (11.46) hinzuzufügen. Der Parameter p_r ist durch

$$p_r = I_s^2 \sin^2\Theta_o/\chi_{rev} \qquad (11.62)$$

mit der statischen, in einem Feld $H_{\parallel}$ zu messenden Anfangssuszeptibilität χ_{rev} verknüpft. Zur Ableitung einer Bewegungsgleichung benötigen wir weiterhin das Dissipationspotential (11.38), welches wir mit Hilfe von (11.49) berechnen:

$$P_D = (I_s \sin\Theta_o/\beta_W)\cdot\dot{q}^2 \qquad (11.63)$$

Aus E_T und P_D leiten wir nun die Bewegungsgleichung gemäß

$$\frac{\partial E_T}{\partial q_o} - \frac{d}{dt}\frac{\partial E_T}{\partial \dot{q}} + \frac{\partial P_D}{\partial \dot{q}} = 0 \qquad (11.64)$$

ab und erhalten die einfache Oszillatorgleichung:

$$-m^*\ddot{q} + (2I_s \sin\Theta_o/\beta_W)\cdot\dot{q} + (4I_s^2 \sin^2\Theta_o/\chi_{rev})\cdot q = 2H_{\parallel} I_s \sin\Theta_o \qquad (11.65)$$

Eine Anwendung dieser Gleichung besteht darin, bei einem oszillierenden äußeren Feld die durch die Wandbewegungen bedingte Suszeptibilität einer Probe als Funktion der Frequenz zu untersuchen. Nach Gl. (11.65) muß in diesem Fall (bei kleiner Dämpfung) im Bereich von

$$\omega_{Bl} = 2I_s \sin\Theta_o/\sqrt{m^*\chi_{rev}} \qquad (11.66)$$

eine Resonanz auftreten, die Blochwandresonanz genannt wird. Sie sollte z.B. bei Eisen (mit den in 11.3 angegebenen angeführten Daten und einer angenommenen Suszeptibilität von χ_{rev}=100) bei $\omega_{Bl}\approx 10^7$ Hz liegen. In verschiedenen Materialien wurden solche Resonanzen in der Tat beobachtet [11.12, 11.13].

c) Hinweise auf andere Dämpfungsmechanismen

Die bisherigen Überlegungen zur Wandbeweglichkeit gelten, wie eingangs erläutert, nur für Kristalle, die drei Bedingungen

erfüllen:
1) Sie dürfen keine Haftstellen für Blochwände enthalten, die zu irreversiblen sprungartigen Magnetisierungsänderungen führen können.
2) Die Kristalle dürfen keine relaxationsfähigen Gitterfehler enthalten, die zu einer magnetischen Nachwirkung führen würden.
3) Wirbelströme müssen vernachlässigbar sein.

Die Dämpfung einer Blochwandbewegung durch Wirbelströme [11.14] läßt sich nicht aus den lokalen Eigenschaften einer Blochwand ableiten. Die Wirbelstromverluste sind wesentlich eine Funktion der Probengestalt und der gegenseitigen Anordnung der Blochwände, weshalb ihre Behandlung aus dem Rahmen dieser Arbeit herausfällt. Das gleiche trifft auf makroskopische Barkhausensprünge zu, die in Feldern oberhalb der Koerzitivfeldstärke auftreten. Auch diese sind häufig nur aus dem Gesamtzusammenhang der Bereichsstruktur zu verstehen. Der Leser sei auf zwei neuere Monographien zu diesem Thema verwiesen [11.15, 11.16].

Diese Schwierigkeiten treten nicht in dem Maße bei den sogenannten Rayleighverlusten auf, welche bei quasistatischer Magnetisierung in kleinen Feldern, noch vor Einsatz der großen Barkhausensprünge beobachtet werden. Diese Verluste erweisen sich häufig als Proportional zu dem Volumen, das eine Wand bei ihrer Bewegung überstreicht, und sind anschaulich als eine Art Haftreibung, verursacht durch mikroskopische Sprünge der Wand, zu verstehen. Die dissipierte Energie pro Zeiteinheit schreibt sich für derartige Verluste in der Form: (siehe z.B. [11.17])

$$P_R = R|\dot{q}| \qquad (11.67)$$

Fügt man diesen Term dem Dissipationspotential (11.63) hinzu, dann ist die Bewegungsgleichung (11.64) durch einen konstanten, dem äußeren Feld entgegengesetzten Beitrag zu ergänzen. Die Geschwindigkeit der Wand bei einer gleichförmigen Bewegung ist dann nicht mehr proportional zum äußeren Feld, sondern folgt einem Gesetz

$$v = \beta_W(H_{\parallel}-H_R) \tag{11.68}$$

wobei H_R mit der Konstanten R in Gl. (11.65) durch $H_R=R/(2I_s\sin\Theta_o)$ zusammenhängt. In der Tat wurde in vielen Experimenten ein Gesetz von der Form (11.68) gefunden. Die Unterscheidung zwischen Rayleighverluste und makroskopischen Barkhausensprüngen ist jedoch nicht bei allen Materialien in eindeutiger Weise durchzuführen, und nur im Fall eines haftreibungsartigen Verlustes, wie man ihn für die Rayleighverluste annimmt, kann ein Gesetz der Form (11.68) begründet werden. Jedenfalls dürften Wandbeweglichkeitsmessungen, bei denen die Konstante H_R zu vernachlässigen ist, leichter zu interpretieren sein als Messungen, die in äußeren Feldern nahe H_R durchgeführt wurden. Als letzter Verlustmechanismus wären noch die durch die Relaxation von Gitterfehlern induzierten Verluste zu diskutieren. Darauf werden wir im nächsten Abschnitt nach einer allgemeineren Erläuterung der Auswirkung dieser zeitabhängigen Effekte zurückkommen.

[11.1] J.K. Galt, Phys. Rev. 85, 664 (1952)

[11.2] L.R. Walker, unveröffentlicht (1953) zitiert von J.F. Dillon in "Magnetism" Bd. 3, hrsg. von G. Rado und H. Suhl, (Academic Press, New York, 1963)

[11.3] U. Enz, Helv. Phys. Acta, 37, 245 (1964)

[11.4] E. Schlömann, AIP Conf. Proc. No 5, 160 (1972)

[11.5] J.C. Slonczewski, Intern. J. Magnetism 2, 85 (1972)

[11.6] E. Schlömann, Appl. Phys. Lett. 20, 190 (1972)

[11.7] F.H. Leeuw, vorgetragen auf der Diskussionstagung "Magnetische Nachwirkung", Weinheim Okt. 1972

[11.8] H.B. Callen, J. Phys. Chem. Solids 4, 256 (1958)

[11.9] T.L. Gilbert, Armour Res. Found. Proj. No A 059, Suppl. Report May 1, 1956

[11.10] G.P. Vella-Coleiro, A. Rosencwaig, W.J. Tabor, Phys. Rev. Letters 29, 949 (1972)

[11.11] A.P. Malozemoff, J.C. Slonczewski, Phys. Rev. Letters 29, (1972)

[11.12] G.T. Rado, R.W. Wright, W.H. Emerson, Phys. Rev. 80, 273 (1950)

[11.13] W. Hampe, Z. angew. Physik 20, 201 (1966)

[11.14] H.J. Williams, W. Shockley, C. Kittel, Phys. Rev. 80, 1090 (1950)

[11.15] K. Stierstadt, Barkhausen-Effekt, Springer Tracts in Modern Physics 40 (Springer, Berlin-Heidelberg-New York, 1966)

[11.16] M. Lambeck, Barkhausen-Effekt und Nachwirkung in Ferromagnetika (DeGruyter, Berlin, 1971)

[11.17] J.A. Cape, J. Appl. Phys. 43, 3551 (1972)

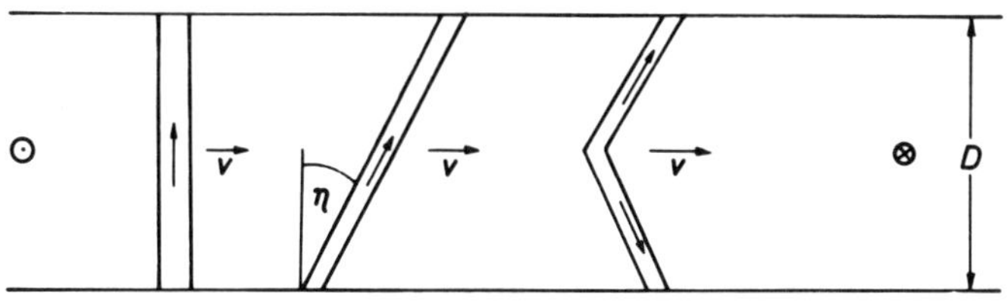

Fig. 11.1
Verkippung und Zickzackfaltung von bewegten Blochwänden

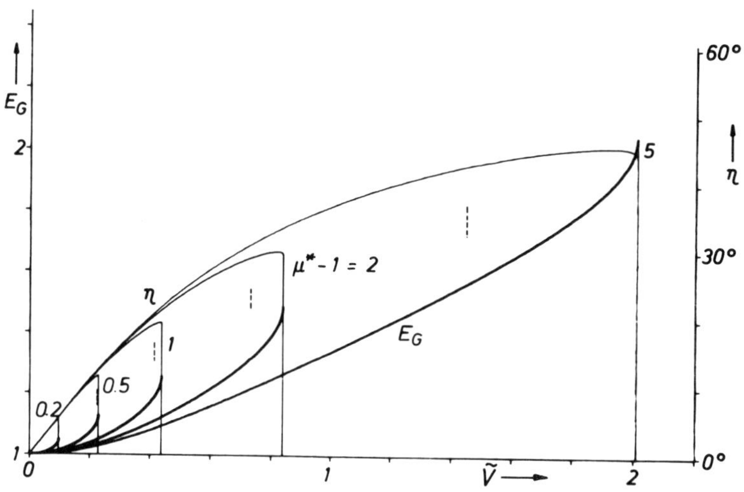

Fig. 11.2
Wandenergie E_G und Kippwinkel η einer 180°-Wand in einem einachsigen Material,die sich mit der Geschwindigkeit $v=(2\gamma\sqrt{AK_1'}/I_s)\cdot\tilde{v}$ parallel zur Plattenoberfläche bewegt. Gestrichelt: Walkers Grenzgeschwindigkeit ($\eta=0^o$)[11.2].

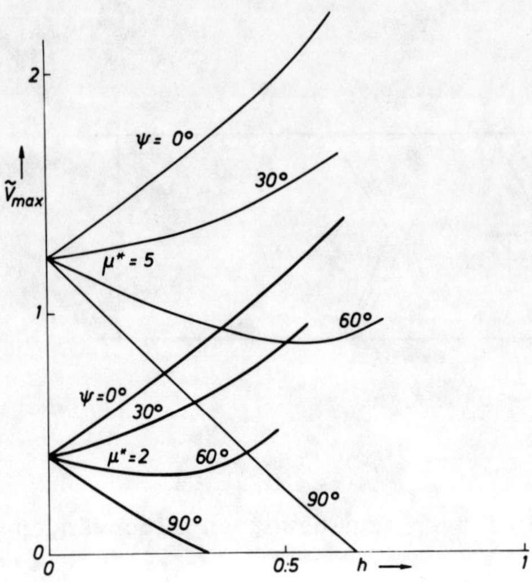

Fig. 11.3
Die kritische Geschwindigkeit von Wänden in einachsigen Kristallen als Funktion der Stärke und Orientierung eines senkrecht zur leichten Richtung angelegten Feldes

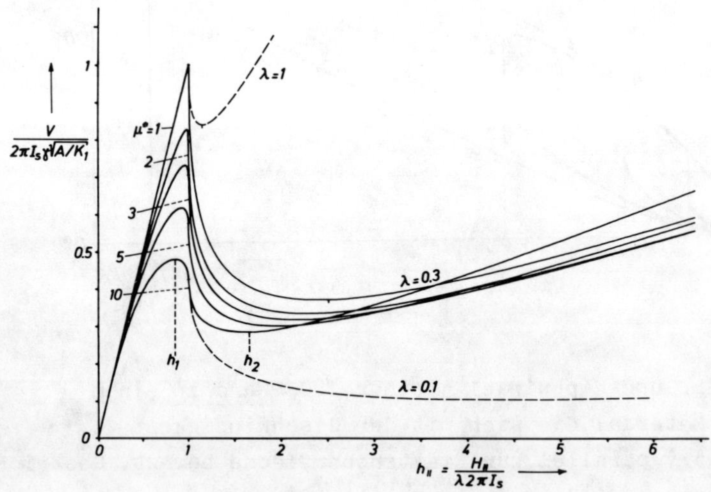

Fig. 11.4
Die mittlere Wandgeschwindigkeit einer 180°-Wnad als Funktion des treibenden Feldes. $h<1$: gleichförmig bewegte Wand nach Walker. $h>1$: oszillierende Bewegung nach Slonczewski.

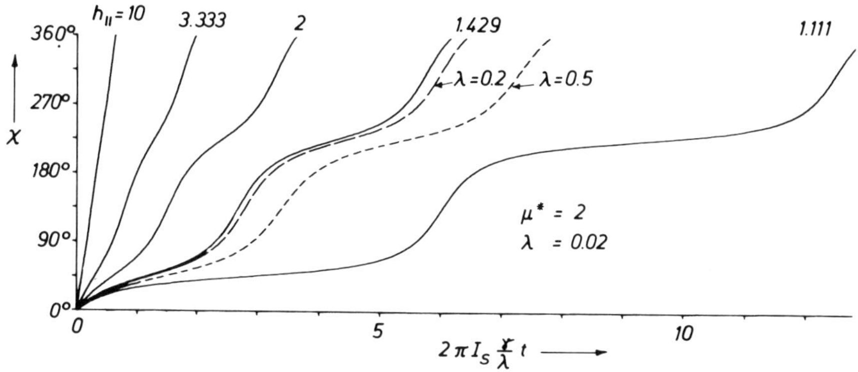

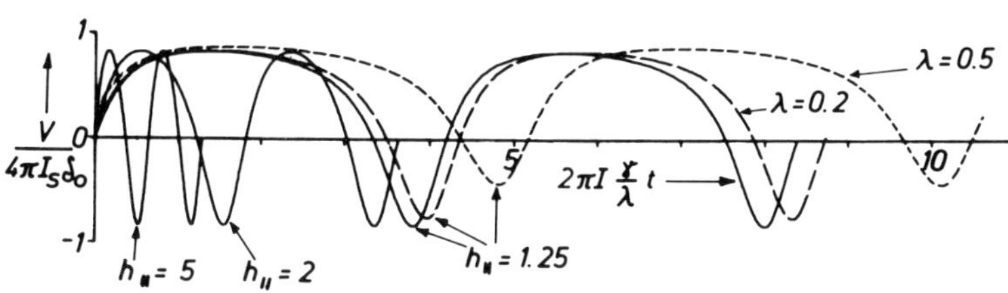

Fig. 11.5
Der Verlauf des Winkels $\chi(t)$ und der Geschwindigkeit $\dot{q}(t)$ im Slonczewskischen oszillierenden Bewegungsmodus für verschiedene Werte des Dämpfungsparameters λ und des angelegten Feldes $h_{\|}=H_{\|}/(\lambda 2\pi I_s)$.

12. Blochwände als Sonden für Relaxationsvorgänge

12.1 Einführung

Relaxationsvorgänge in einem Kristallgitter sind meist mit der Wanderung oder der Reorientierung von Bestandteilen des Festkörpers verbunden. Als relaxationsfähige Bestandteile kommen dabei atomare Fehlstellen im Gitter, Fremdatome, Versetzungen, aber auch elektronische Fehlstellen oder die Spins der Atomkerne in Frage. Vielfach besteht zwischen diesen "Teilchen" und der Magnetisierung eine Wechselwirkung - und sei es auch nur indirekt über die Magnetostriktion. Blochwände sind dann als leicht bewegliche, lokalisierte Inhomogenitäten in der Magnetisierung eines Ferromagneten als Sonden für diese Relaxationsvorgänge geeignet. Im einfachsten Fall nutzt man dabei aus, daß durch die Relaxation der Gitterfehler die Beweglichkeit der Blochwände und damit die Suszeptibilität der Probe beeinflußt werden. Ein anderer Weg eröffnet sich, wenn die Relaxation der Gitterfehler auf direktem Wege gemessen werden kann, wie etwa im Fall der Kernspinresonanz oder bei Messungen der mechanischen Dämpfung. Dann kann die durch ein äußeres Feld angeregte Bewegung der Blochwände zu einer verstärkten Anregung der Relaxation führen.

Die Erforschung dieser Zusammenhänge stellt ein umfangreiches Spezialgebiet dar, zu dem bereits eine Reihe von zusammenfassenden Arbeiten und Monographien vorliegen [12.1-3, 11.16]. Wir können uns hier daher auf die Grundphänomene und einige einfache Beispiele beschränken.

12.2 Wechselwirkungen zwischen Gitterfehlern und der Magnetisierung

Zwischen einem Gitterfehler und einer Blochwand können verschiedene Arten von Wechselwirkungen auftreten [12.1]: Einerseits kann es eine direkte Koppelung zwischen dem Gitterfehler und dem Magnetisierungsfeld $I_s \cdot \alpha(r)$ geben, welche z.B. auf einer lokalenStörung der Spin-Bahn-Kopplungsenergie beruhen kann und welche somit aus der Kristallanisotropie-Energie abgeleitet werden kann. Andererseits besitzen Gitterfehler in der Regel ein weitreichendes mechanisches Verzerrungsfeld, was zu einer Wechselwirkung mit den magnetostriktiven Eigenspannungen der Magnetisierung führt. Schließlich kann ein Gitterfehler - z.B. durch eine Störung von Austauschkopplungen zwischen den regulären Gitteratomen - Inhomogenitäten der Magnetisierung begünstigen (oder erschweren).

a) Die magnetostriktive Wechselwirkung der Magnetisierung mit Punktfehlern

Die magnetostriktive Wechselwirkung läßt sich am einfachsten mit Hilfe der in Abschn. 8 berechneten magnetostriktiven Eigenspannungen darstellen. Dies ist im Fall von Versetzungen bereits in Abschn. 8.7 geschehen. Bei Gitterfehlern, deren Ausdehnung gering gegen die magnetischen Austauschlängen ist (sog. Punktfehlern) ist es zweckmäßig das mechanische Dipolmoment $\underline{P}$ des Fehlers einzuführen. Zur Definition dieses Tensors stellt man sich vor, daß ein Gitterfehler des Volumens V_a in einen Gitterplatz eingefügt werden soll, der nicht genau zu ihm paßt. Um ihn passend zu machen, sei die Deformation $\underline{p}$ notwendig. Dann ist das Dipolmoment $\underline{P}$ durch das Produkt $P_{ik}=V_a \cdot p_{ik}$ definiert. Ein solcher Dipol besitzt in einem äußeren Spannungsfeld die Energie $-P_{ik}\sigma_{ik}$. Diese Wechselwirkungsenergie liefert zugleich eine allgemeingültige Definition des mechanischen Dipolmoments. Die magnetostriktive Wechselwirkung des Gitterfehlers mit einer Blochwand schreibt sich mit Hilfe des Dipoltensors in der Form:

$$\varepsilon_{ms} = -P_{ik}\sigma_{ik}^{(ms)} \qquad (12.1)$$

wobei $\underline{\sigma}^{(ms)}$ aus Gl. (8.36) zu entnehmen ist.
Die Symmetrie des Dipoltensors $\underline{P}$ spiegelt die Symmetrie des Gitterfehlers wieder. Eine einfache Leerstelle in einem Gitter wird z.B. meist durch einen isotropen Dipoltensor $\underline{P}=-\Delta V \cdot \underline{E}$ beschrieben, wobei $\underline{E}$ der Einheitstensor sei. In Tab. 12.1 sind die jeweils

relevanten Tensorkomponenten für verschiedene Gitterfehlertypen in kubischen Kristallen aufgeführt. Die Größenordnung der einzelnen Komponenten entspricht bei atomaren Fehlstellen häufig den Atomvolumina.

b) Die aus der Kristallenergie abzuleitende direkte Kopplungsenergie zwischen Punktfehlern und dem Magnetisierungsfeld

Néel hat zuerst erkannt [12.4], daß die magnetostriktive Wechselwirkung (12.1) meist von der bereits erwähnten direkten Wechselwirkung zwischen Gitterfehler und Magnetisierung überlagert wird. Die wirklichen Wechselwirkungen sind in der Regel stärker als die durch (12.1) gegebenen, und sie können sogar das entgegengesetzte Vorzeichen haben [12.5]. Wesentliche Aussagen in Bezug auf diese Wechselwirkung lassen sich ähnlich wie bei der Kristallenergie aus Symmetrieüberlegungen ableiten.

Wir können voraussetzen, daß die Fehlstelle kein eigenes magnetisches Moment besitzt, da "magnetische" Fehlstellen in der Regel durch ihre starke Wechselwirkung mit der Magnetisierung eine einzige ausgezeichnete Orientierung besitzen und sie kaum zu einer Relaxation Anlaß geben können. Dann kann die Wechselwirkung zwischen dem Gitterfehler und der Magnetisierung keine ungeraden Potenzen der Magnetisierung enthalten. In niedrigster Näherung schreibt sich daher die Wechselwirkungsenergie als quadratische Form in den Komponenten α_i des Magnetisierungsvektors. In manchen Fällen, z.B. für Gitterfehler kubischer Symmetrie in einem kubischen Kristall, muß man aber mindestens bis zu Gliedern vierter Ordnung in den Komponenten α_i gehen, um eine Abhängigkeit der Energie von der Magnetisierungsrichtung zu beschreiben. Die einfachsten und wichtigsten Fälle für ein kubisches Kristallgitter sind in Tab. 12.1 und in Fig. 12.1 erläutert. Die Wechselwirkungskoeffizienten ω sind dabei mindestens von der Größenordnung $K_1 V_a$, wobei K_1 die gewöhnliche Kristallenergie und V_a das Atomvolumen bedeutet. Wenn jedoch der Gitterfehler z.B. eine einachsige Symmetrie in einer kubischen Umgebung besitzt, dann wird in der Regel die Konstante ω/V_a von der Größenordnung der Kristallenergie vergleichbarer einachsiger Kristalle sein, also unter Umständen ein bis zwei

Größenordnungen größer als die Kristallenergie des kubischen Grundkristalls. Häufig überwiegt daher die hier beschriebene direkte Wechselwirkung in kubischen Kristallen alle anderen Wechselwirkungen.

c) Die Wechselwirkung von Punkfehlern mit Magnetisierungsgradienten

Wenn in einem Kristallgitter ein Atom fehlt oder durch ein Zwischengitteratom die Bindung zwischen einzelnen Atomen gelockert ist, dann hat dies notwendigerweise auch Auswirkungen auf die magnetische Austauschenergie. Dieser Effekt läßt sich am einfachsten im Heisenbergmodell für die Austauschwechselwirkung abschätzen. Gehen wir dabei zunächst von einer isotropen Austauschkopplung zwischen benachbarten Atomen aus, bei der also die Austauschwechselwirkung nur von der Differenz der Magnetisierungsrichtung an den beiden Atomen abhängt, dann führt die Summation und Entwicklung der einzelnen Wechselwirkungen in erster Näherung zu Ausdrücken der Form:

$$\varepsilon_A = \sum_{m=1}^{3} \omega_{ik}^A \frac{\partial \alpha_m}{\partial x_i} \frac{\partial \alpha_m}{\partial x_k} \qquad (12.1)$$

wobei der Tensor ω^A die gleiche Symmetrie wie der in Tab. 12.1 für verschiedene Fehlstellentypen aufgeführte mechanische Dipoltensor besitzen muß. Die Koeffizienten ω_{ik}^A werden von der Größenordnung $A \cdot V_a$ sein, wenn A die gewöhnliche Austauschkonstante und V_a das Atomvolumen ist.

Zusätzlich ist es denkbar, daß die Austauschkopplung zwischen benachbarten Atomen in der Umgebung des Gitterfehlers anisotrop wird. In diesem Fall sind an Stelle von (12.1) Ausdrücke der Form:

$$\varepsilon_A = \tilde{\omega}_{iklm}^A \cdot \frac{\partial \alpha_l}{\partial x_i} \frac{\partial \alpha_m}{\partial x_k} \qquad (12.2a)$$

zu betrachten. Da eine Anisotropie der Austauschwechselwirkung auch in einachsigen Kristallen gegenüber dem isotropen Beitrag in den meisten Ferromagnetika vernachlässigbar ist, wird es häufig genügen, mit den einfachen Ausdrücken (12.2) zu rechnen.

12.3 Durch Gitterfehler induzierte Nachwirkungserscheinungen

Die Gitterfehler a) bis c) in Tabelle 12.1 unterscheiden sich in einem wesentlichen Zug von dem Gitterfehler d), und zwar unabhängig vom speziellen Typ der Wechselwirkung mit der Magnetisierung. Die ersten Gitterfehler besitzen nämlich innerhalb der Elementarzelle jeweils mehrere, kristallographisch gleichwertige Orientierungen, deren Energie sich nur durch magnetisch induzierte Terme unterscheidet. Bei einem Wechsel der Magnetisierungsrichtung an einem Punkt können die Gitterfehler in der Umgebung dieses Punktes durch einen thermisch aktivierten Sprung ihre Orientierung wechseln, um in eine Lage günstigerer Wechselwirkungsenergie zu gelangen. Diesen Vorgang nennt man Orientierungsnachwirkung.

Im Gegensatz dazu kann der Fehlstellentyp d) nur dadurch Energie gewinnen, daß er innerhalb des Kristalls an solche Stellen diffundiert, die magnetisch bevorzugt sind. In einem Kristall positiver Anisotropie und bei $\omega > 0$ würden diese Fehlstellen auf Grund des Kristallenergiebeitrags z.B. aus den Blochwänden herausdiffundieren. Diesen Vorgang nennt man Diffusionsnachwirkung. Ein reorientierungsfähiger Gitterfehler kann zusätzlich Anlaß zu einer Diffusionsnachwirkung geben.

Die beiden erläuterten Nachwirkungsprozesse unterscheiden sich durch ihre Dynamik: Da die Orientierungsnachwirkung mit einem oder wenigen elementaren Sprüngen des Gitterfehlers erfolgen kann, dieser bei der Diffusionsnachwirkung aber mindestens Strecken von der Größenordnung der Blochwanddicke zurücklegen muß, wird der Prozess der Orientierungsnachwirkung bei niedrigeren Temperaturen und in kürzerer Zeit stattfinden als die Diffusionsnachwirkung. Die meisten und wichtigsten der auf Punktfehler beruhenden Nachwirkungsprozesses stellen daher eine Orientierungsnachwirkung dar, weshalb wir uns im folgenden auf diese Erscheinung beschränken wollen. Die Diffusionsnachwirkung wird z.B. sehr ausführlich in dem erwähnten Buch von Kronmüller [12.1] behandelt.

12.4 Die Stabilisierungsenergie der Blochwände

a) Allgemeine Formulierung

Der wichtigste Effekt der im letzten Abschnitt eingeführten Nachwirkungserscheinungen besteht darin, daß die Gitterfehler durch ihre Relaxation die Bewegungsfreiheit der Blochwände und damit die Suszeptibilität verringern. Durch die Ausrichtung oder Konzentration der Gitterfehler innerhalb der Wand entsteht eine "Energiemulde", welche quantitativ durch die im folgenden zu diskutierende, von Néel [12.4] eingeführte "Stabilisierungsenergie" beschrieben wird.

Betrachten wir dazu einen Gitterfehler, welcher an jedem Punkt n_E verschiedene Orientierungen besitzen möge. Die Wechselwirkungsenergien der einzelnen Orientierungen seien $\varepsilon_i(\alpha)$, die zugehörigen Konzentrationen $n_i(\underline{\alpha}, t)$. Während die Wechselwirkungsenergien nur Funktionen der Magnetisierungsrichtung $\underline{\alpha}$ sind, sind die Konzentrationen auch noch Funktionen der Vorgeschichte, also der Zeit. Nach langer Wartezeit bei zeitlich konstanter Magnetisierung ergibt sich für die Konzentrationen eine Boltzmannverteilung:

$$n_i(\underline{\alpha},\infty) = \frac{\exp(-\varepsilon_i(\underline{\alpha})/kT)}{\sum_{i=1}^{n_E} \exp(-\varepsilon_i(\alpha)/kT)} \qquad (12.3)$$

Wir betrachten nun folgenden Versuch: Zunächst stellen wir eine Gleichverteilung zwischen den Niveaus ε_i her, indem wir z.B. über eine längere Zeit durch ein magnetisches Wechselfeld die Magnetisierungsrichtung an jedem Ort verändern. Sodann schalten wir das Wechselfeld zum Zeitpunkt t=0 ab und warten eine Zeitspanne t_o, in der sich die vorhandenen Blochwände "eingraben" werden. Die Konzentrationen n_i zum Zeitpunkt t_o sind dann Funktionen der Magnetisierungsverteilung $\alpha(x)$ und der Zeit t_o. Wir fragen nun nach der Energie, die notwendig ist, um eine Blochwand von der Ruhelage um eine Strecke y zu verschieben, und die darauf beruht, daß durch die Relaxation der Gitterfehler die ursprüngliche Lage der Blochwand begünstigt ist. Sie ergibt sich zu:

$$S(y,t) = \int_{-\infty}^{\infty} \sum_{i=1}^{n_E} [\varepsilon_i(\alpha(x+y)) - \varepsilon_i(\underline{\alpha}(x))] \cdot n_i(\underline{\alpha}(x),t)dx \qquad (12.4)$$

Diese Formulierung der Stabilisierungsenergie besitzt die Eigenschaft, daß der Integrand in den Domänen $(x \to \pm\infty)$ verschwindet, da sich dort $\underline{\alpha}(x+y)$ nicht von $\underline{\alpha}(x)$ unterscheidet.

Zur Bestimmung der Funktion $n_i(\underline{\alpha},t)$ ist die Kinematik der Relaxation genauer zu untersuchen [12.1]. Der einfachste denkbare Fall ist derjenige, daß sich alle Orientierungen des Gitterfehlers durch einfache, thermisch aktivierte Sprünge ineinander umwandeln können. Besitzen diese Sprünge eine Relaxationszeit τ, dann gilt für die Konzentrationen n_i die Differentialgleichung:

$$\dot{n}_i(\underline{\alpha},t) = -\frac{1}{\tau}[n_i(\underline{\alpha},t) - n_{i\infty}(\underline{\alpha})] \qquad (12.5)$$

welche mit der Randbedingung $n_i = \bar{n} = \sum_{i=1}^{n_E} n_i/n_E$ für t=0 die folgende Lösung besitzt:

$$n_i(\underline{\alpha},t) = \bar{n} \cdot e^{-t/\tau} + n_{i\infty}(\underline{\alpha})(1-e^{-t/\tau}) \qquad (12.6)$$

Diese Lösung setzen wir in Gl. (12.3) ein und erhalten für die Stabilisierungsenergie:

$$S(y,t) = S_o(y)(1-e^{-t/\tau}), \quad S_o(y) = \sum S_i^o(y)$$

$$S_i^o(y) = \int_{-\infty}^{\infty} [\varepsilon_i(\underline{\alpha}(x+y)) - \varepsilon_i(\underline{\alpha}(x))] \frac{\exp[-\varepsilon_i(\underline{\alpha}(x))/(kT)]}{\sum_i \exp[-\varepsilon_i(\underline{\alpha}(x))/(kT)]} dx \qquad (12.7)$$

In diesem Fall ist es also möglich, die Zeitabhängigkeit der Stabilisierungsenergie von ihrer Ortsabhängigkeit zu separieren. Eine solche Separation gelingt auch in komplizierteren Fällen [12.1], worauf wir hier nicht weiter eingehen wollen. DieStruktur der Blochwand geht dann nur noch in die Néelsche Stabilisierungsenergie $S_o(y)$ ein, welche die Energiemulde wiedergibt, in der sich eine Wand nach unendlich langer Wartezeit befindet. Die Gleichung für $S_o(y)$ läßt sich in einem häufig realisierten Grenzfall noch wesentlich vereinfachen. Meist sind nämlich die Wechselwirkungsenergien ε_i viel kleiner als kT, so daß wir die Exponentialfunktionen in (12.7) entwickeln können. Definieren wir den Mittelwert der Wechselwirkungsenergie

$$\bar{\varepsilon}(\underline{\alpha}) = \frac{1}{n_E} \sum_{i=1}^{n_E} \varepsilon_i(\underline{\alpha}) \qquad (12.8)$$

dann ergibt sich für $S_i^o(y)$ die folgende, im wesentlichen auf Kronmüller zurückgehende Formel:

$$S_i^o(y) = \frac{1}{kT} \int_{-\infty}^{\infty} \{\bar{\varepsilon}[\alpha(x+y/2)] \cdot \bar{\varepsilon}[\alpha(x-y/2)] - (\bar{\varepsilon}[\alpha(x)])^2$$

$$-\varepsilon_i[\underline{\alpha}(x+y/2]\cdot\varepsilon_i[\underline{\alpha}(x-y/2]+(\varepsilon_i[\alpha(x)])^2\}dx \qquad (12.9)$$

Diese Darstellung besitzt den Vorzug, daß sie für einige wichtige Fälle analytisch auszuwerten ist [12.1], was wir am Beispiel von (100)-90°-Wänden in Eisen erläutern wollen.

b) Die Stabilisierungsenergie von 90°-Wänden in Eisen

Nach 5.3 ist die (100)-90°-Wand durch folgenden Funktionsverlauf charakterisiert:

$$\alpha_1 = \sqrt{1/2}(\sin\varphi+\cos\varphi),\ \alpha_2 = \sqrt{1/2}(\sin\varphi-\cos\varphi),\ \alpha_3 = 0$$

$$\sin(2\varphi(x)) = \tanh(x/\delta_o),\ -\pi/4<\varphi<\pi/4 \qquad (12.10)$$

Betrachten wir zunächst einen tetragonalen Gitterfehler mit vorherrschender Kristallenergie-Wechselwirkung. Dann gilt (s.Tab.12.1):

$$n_E = 3, \quad \varepsilon_1 = \frac{\omega}{2}(1+\sin 2\varphi), \quad \varepsilon_2 = \frac{\omega}{2}(1-\sin 2\varphi), \quad \varepsilon_3 = 0,$$

$$\bar{\varepsilon} = \frac{\omega}{3} \qquad (12.11)$$

Mit der Beziehung:

$$\sin(2\varphi(x\pm y)) = \frac{\sin(2\varphi(x))+\sin(2\varphi(y))}{1\pm\sin(2\varphi(x))\sin(2\varphi(y))} \qquad (12.12)$$

ergibt sich durch Einsetzen in (12.9) schließlich:

$$S_o(y) = \frac{\delta_o\omega^2}{kT}\left[\frac{y/\delta_o}{\tanh(y/\delta_o)} - 1\right] \qquad (12.13)$$

Diese Funktion ist in Fig. 12.2 dargestellt. Charakteristisch ist, daß die Stabilisierungsenergie für große Auslenkungen y proportional zu y gegen ∞ strebt. Das ist darauf zurückzuführen, daß sich die Gleichgewichtsverteilung der Fehlstellen in den beiden Domänen unterscheidet. Durch die Verschiebung der Wand um große Strecken wird ein zur Verschiebung proportionales Volumen in eine bezüglich der Fehlstellenorientierung ungünstige Richtung gedreht, wozu eine zur Verschiebung proportionale Energie notwendig ist. Dies ist anders im Fall einer trigonalen Fehlstelle (b) in Tab. 12.1). Für die Wechselwirkungsenergie ergibt sich dann:

$$n_E = 4, \; \varepsilon_1 = \varepsilon_2 = 2\omega\sin^2\varphi, \; \varepsilon_3 = \varepsilon_4 = 2\omega\cos^2\varphi, \; \bar{\varepsilon} = \omega \qquad (12.14)$$

und damit die Stabilisierungsenergie:

$$S_o(y) = \frac{2\omega^2\delta_o}{kT}\left(1 - \frac{y/\delta_o}{\sinh(y/\delta_o)}\right) \qquad (12.15)$$

Diese Funktion, die ebenfalls in Fig. 12.2 eingezeichnet ist, strebt für große y gegen einen konstanten Wert. Der Grund ist, daß in den Domänen ($\varphi=\pm\pi/4$) die Wechselwirkungsenergien ε_1 bis ε_4 übereinstimmen und somit beide Domänen die gleiche Verteilung der Gitterfehler aufweisen.

Auf Grund eines derartigen unterschiedlichen Verhaltens der gleichen Wand bei verschiedenen relaxierenden Gitterfehlern ist es im Prinzip möglich, die Symmetrie eines Gitterfehlers durch die Ausmessung der Stabilisierungsenergie zu bestimmen [12.1].

c) Die Stabilisierungsenergie von 180°-Wänden und tetragonalen Gitterfehlern in Eisen

Eine gegen einen konstanten Wert konvergierende Stabilisierungsenergie wird man auch für alle 180°-Wände erwarten, da die Wechselwirkungsenergien nicht vom Vorzeichen der Magnetisierung abhängen. In Fig. 12.3 sind die Stabilisierungsenergien von 180°-Wänden in Eisen für den Fall tetragonaler Gitterfehler eingezeichnet, und zwar für verschiedene Wandorientierungen ψ (s. Abschn. 9.1 und 4.1). Für $\psi=0$ ist auch der nicht mehr durch die Näherung (12.9) erfaßte Fall, daß die ε_i von der gleichen Größenordnung wie kT sind ($\omega/kT=1$), berechnet worden.

Wir erkennen, daß die Tiefe der Energiemulde sehr stark von der Orientierung der Wand und also von der Wandweite abhängt, die bei $\psi=0^o$ ein Maximum besitzt. Dagegen zeigt die Krümmung der Kurve $S_o(y)$ im Punkte y=0 kaum eine Abhängigkeit von der Orientierung der Wand. Diese Krümmung ist umgekehrt proportional zur Anfangssuszeptibilität der Probe, die wir im folgenden Abschnitt behandeln werden.

12.5 Die Stabilisierungsfeldstärke und die Anfangssuszeptibilität

Wir setzen eine durch einen Relaxationsprozess stabilisierte Blochwand (mit dem Wandwinkel $2\Theta_o$) einem äußeren Feld H_a aus und berechnen die spontane Verschiebung der Wand, die erfolgt, bevor die Gitterfehler relaxieren können. Die von der Verschiebung der Wand abhängigen Energieterme lauten dann:

$$E(q) = S(q) - 2H_a I_s \sin\Theta_o \cdot q \qquad (12.16)$$

Hieraus ergibt sich durch Minimalisierung in Bezug auf q die Beziehung:

$$S'(q) = 2H_a I_s \sin\Theta_o \qquad (12.17)$$

Diese Gleichung läßt sich auch so interpretieren, daß durch die Relaxation ein zusätzliches, der Verschiebung entgegengerichtetes Stabilisierungsfeld der Größe

$$H_{st}(q) = \frac{-S'(q)}{2I_s \sin\Theta_o} \qquad (12.18)$$

induziert wird. Eine Wand kann sich erst dann frei in einem Kristall bewegen, wenn das äußere Feld den Maximalwert des Stabilisierungsfeldes überschreitet. Die Stabilisierungsfeldstärken sind in Fig. 12.2 und 12.3 zusammen mit der Stabilisierungsenergie eingezeichnet. Für 180°-Wände gehört zum Maximalwert der Stabilisierungsfeldstärke eine wohldefinierte Verschiebung q_{max}, welche mit der Wandweite korreliert ist. Gelingt es daher, die Verschiebung der Wand bei derjenigen Feldstärke zu messen, bei der sich die Wand aus der Nachwirkungsmulde befreien kann, dann besitzt man eine sehr direkte Methode zur Bestimmung der Wandweite im Innern eines Kristalls. Die Messung der Wandverschiebung kann etwa dadurch geschehen, daß man durch direkte Beobachtung die Anzahl n_B der Blochwände pro Längeneinheit bestimmt. Wenn sich alle Wände etwa gleich verhalten, dann läßt sich aus der meßbaren Magnetisierungsänderung die zugehörige Wandverschiebung berechnen:

$$\Delta q = \Delta I/(2I_s \sin\Theta_o n_B) \qquad (12.19)$$

Auf diese Weise haben Bindels, Bijvoet und Rathenau [12.6] zum ersten Mal die Blochwanddicke in Siliziumeisen direkt gemessen. Gl. (12.19) gestattet auch, zusammen mit Gl. (12.17) die Suszeptibilität der Probe zu bestimmen:

$$\chi_{stab}(q) = \frac{dI}{dH_a} = \frac{4I_s^2 \sin^2\Theta_o n_B}{S''(q)} \qquad (12.20)$$

Die in diese Beziehung eingehende zweite Ableitung der Stabilisierungsenergie ist ebenfalls in Fig. 12.2 und 12.3 eingetragen. Besonders leicht zu messen ist die sogenannte Anfangssuszeptibilität $\chi_{stab}(0)$. Nach Gl. (12.7) besitzt diese Meßgröße das gleiche

Zeitverhalten wie die Gitterfehler selbst. Die Messung der Temperaturabhängigkeit der Anfangssuszeptibilität - etwa in einer Wechselstrommeßbrücke - gestattet daher die Bestimmung der Relaxationszeit des Gitterfehlers und damit seiner Aktivierungsenergie. Dieser Zusammenhang bildet die Grundlage für ein weitreichendes Forschungsgebiet [12.1].

12.6 Die Wandbeweglichkeit unter dem Einfluß von Relaxationsvorgängen

Eine detaillierte Analyse des Einflusses von Nachwirkungserscheinungen auf die Wanddynamik verdanken wir Janak [12.7]. Die Grundgedanken dieser Arbeit seien im folgenden zusammengefaßt.

Wir gehen von Gl. (12.5) aus, betrachten jedoch die $n_{i\infty}$ nicht als konstant, sondern als vorgegebene Funktionen der Zeit. Die allgemeine Lösung von (12.5) lautet dann:

$$n_i(t) = \frac{1}{\tau}\int_{-\infty}^{t} e^{-(t-\tilde{t})/\tau}\, n_{i\infty}(\tilde{t})d\tilde{t} \qquad (12.21)$$

Um die Wandbeweglichkeit zu berechnen, benötigen wir ähnlich wie im Fall der Landau-Lifshitz-Dämpfung die in der Zeiteinheit dissipierte Energie, welche gleich der in der Zeiteinheit am System der Gitterfehler geleisteten Arbeit ist:

$$p_{dif} = \sum_{i=1}^{n_E} n_i(t)\frac{d\varepsilon_i(t)}{dt} = \frac{1}{\tau}\int_{-\infty}^{t} e^{-(t-\tilde{t})/\tau}\sum_{i=1}^{n_E} n_{i\infty}(\tilde{t})\frac{d\varepsilon_i(t)}{dt}\, d\tilde{t} \qquad (12.22)$$

Diese Gleichung wenden wir nun auf eine bewegte Blochwand an, deren Wandmitte durch die Variable q(t) gegeben sei. Integrieren wir p_{dif} über x-q(t), dann geht die innere Summe in die Ableitung der in (12.7) definierten Stabilisierungsenergie S_o über und es ergibt sich:

$$P_{dif} = \int_{-\infty}^{\infty} p_{dif}[x-q(t)]dx = \dot{q}(t)\int_{-\infty}^{t} e^{-(t-\tilde{t})/\tau}\, S_o'[q(t)-q(\tilde{t})]\, d\tilde{t} \tag{12.23}$$

Diesen Ausdruck können wir unmittelbar zum Dissipationspotential P_D (Gl. 11.63) hinzufügen, um die Bewegungsgleichung der Blochwand abzuleiten. Die Wirkung der Relaxation auf die Wandbewegung ist also äquivalent mit der Wirkung eines zusätzlichen, geschwindigkeitsabhängigen Feldes der Größe

$$H_{dif} = -\frac{1}{2I_s \sin\Theta_o}\int_{-\infty}^{t} e^{-(t-\tilde{t})/\tau}\, S_o'[q(t)-q(\tilde{t})]\, d\tilde{t} \tag{12.24}$$

Dieser Ausdruck ist noch für beliebige, auch nicht gleichförmige Bewegungen gültig. Spezialisieren wir auf gleichförmige Bewegung mit der Geschwindigkeit v, dann vereinfacht sich (12.24) zu:

$$H_{dif} = -\frac{1}{2I_s \sin\Theta_o}\int_{o}^{\infty} e^{-\tilde{t}/\tau}\, S_o'(v\cdot\tilde{t})\, d\tilde{t} \tag{12.25}$$

Die Stabilisierungsenergie variert charakteristischerweise über Dimensionen, die etwa der Blochwanddicke W_α entsprechen. Bei kleinen Geschwindigkeiten, wenn die Wand innerhalb der Relaxationsteil τ eine im Vergleich zur Blochwanddicke kleine Strecke zurücklegt, läßt sich $S_o'(x)$ in (12.25) gemäß $S_o'(x) \approx x \cdot S_o''(o)$ entwickeln, und es ergibt sich:

$$H_{dif} \cong -\frac{\tau^2 v}{2I_s \sin\Theta_o} S_o''(o) \quad \text{für } v \ll W_\alpha/\tau \tag{12.26}$$

Die Beweglichkeit ist in diesem Grenzfall also proportional zur Anfangssuszeptibilität (12.20). Während der ganzen Bewegung bleibt die Wand innerhalb ihrer Nachwirkungsmulde.

Im entgegengesetzten Grenzfall $v > W_\alpha/\tau$ sind zwei Fälle zu unterscheiden. Konvergiert die Nachwirkungsfeldstärke $S_o'(x)$ gegen einen konstanten Grenzwert, wie z.B. bei (12.13), dann konvergiert das effektive Feld H_{dif} gegen

$$H_{dif} = - \frac{\tau}{2I_s \sin\Theta_o} S_o'(\infty) \qquad \text{für } v \to \infty \qquad (12.27)$$

Die Beweglichkeitskurve $v(H_{\parallel})$ wird also auch für sehr große Felder noch durch die Nachwirkung beeinflußt, und zwar ergibt sich eine Verschiebung der Kurve um einen konstanten Betrag - ähnlich wie in Gr. (11.68).

Verschwindet dagegen $S_o'(x)$ für $x \to \infty$, wie im Fall (12.15) oder bei 180°-Wänden, dann verschwindet auch $H_{dif}(v)$ für $v \to \infty$. Die Wand bewegt sich im wesentlichen frei, sobald sie sich aus ihrer Nachwirkungsmulde losgerissen hat. $H_{dif}(v)$ besitzt in diesem Fall notwendigerweise ein Extremum bei einer mittleren Geschwindigkeit. Oberhalb der zum Maximalfeld gehörenden Geschwindigkeit nimmt die zur Bewegung notwendige Feldstärke wieder ab. Wenn die Wandbewegung ausschließlich durch das Nachwirkungsfeld H_{dif} behindert wird, dann entsteht notwendigerweise ein Bereich negativer differentieller Wandbeweglichkeit. In Abschn. 11.7c haben wir darauf hingewiesen, daß ein solcher Bewegungsmodus instabil ist. Sobald also das äußere Feld ausreicht, die Wand aus ihrer Nachwirkungsmulde zu befreien, wird die Wand auf eine wesentlich höhere Geschwindigkeit beschleunigt, die nicht mehr durch die Nachwirkungsdämpfung, sondern z.B. durch eine Spindämpfung vom Landau-Lifshitz-Typ bestimmt ist. Quantitativ ist dies in Fig. 12.4 zu verfolgen. dort ist Gl. (12.25) für die durch Gl. (12.13) und (12.15) gegebenen Stabilisierungsenergien ausgewertet worden und ein geschwindigkeitsproportionales Dämpfungsfeld, wie es aus der Landau-Lifshitz-Dämpfung (für $v \ll v_{max}$) folgt, überlagert worden. Ein Bereich negativer Beweglichkeit tritt nur in dem Fall auf, daß die Nachwirkungsfeldstärke im Unendlichen verschwindet und die Landau-Lifshitz-Dämpfung schwach im Vergleich zur Nachwirkungsdämpfung ist. Für diesen Fall ist charakteristisch, daß zwei stabile Bewegungsmoden existieren: ein langsamer, bei dem sich die Wand innerhalb ihrer Nachwirkungsmulde befindet, und ein schneller, bei dem die Wand frei ist. Der Übergang zwischen beiden Moden erfolgt sprunghaft und ist auch mit Hystereseerscheinungen verbunden. Eine Anzahl von experimentellen Beobachtungen dieses Phänomens wurde vor allem für Ferrite veröffentlicht [12.8-9].

12.7 Der Einfluß von Blochwandbewegungen auf andere Relaxationsvorgänge

Häufig besitzt die Bewegung von vorhandenen Blochwänden einen verstärkenden Einfluß auch auf Relaxationsvorgänge, die nicht unmittelbar mit der Magnetisierung eines Körpers verknüpft sind. Hierzu zwei Beispiele:

1) Bei der Messung der mechanischen Dämpfung wird die zu untersuchende Probe einer elastischen Wechselspannung (z.B. in einem Drehpendel ausgesetzt. Derartige Spannungen induzieren über die magnetoelastische Kopplung die Bewegung z.B. von 90°-Wänden, was zu zusätzlichen Dämpfungen Anlaß gibt. Neben den gewöhnlichen Hysterese- und Wirbelstromverlusten spielt hier bei bestimmten Temperaturen auch die Umverteilung von Gitterfehlern auf Grund der in 12.2 erläuterten Wechselwirkungen eine Rolle. Die damit verbundene Dämpfung kann die Dämpfung bei Abwesenheit von Blochwänden - also im gesättigten Zustand - um ein Vielfaches übertreffen. In den meisten Untersuchungen zur mechanischen Dämpfung ist dieser Effekt unerwünscht, und er wird daher durch ein hinreichend hohes magnetisches Gleichfeld unterdrückt. Einige genauere Aussagen über den Blochwandbeitrag zur mechanischen Dämpfung finden sich z.B. bei Morgner [12.10] und - allerdings ohne besonderen Bezug auf die Relaxation von Gitterfehlern - in Arbeiten von Hrianca und Mitarbeitern [12.11].

2) Ähnliche Erscheinungen beobachtet man bei Messungen der Kernspinresonanz an ferromagnetischen Partikeln [12.12]. Die gemessenen Signale sind unter bestimmten Umständen wesentlich größer, als nach der Stärke des anregenden Hochfrequenzfeldes zu erwarten ist. Dazu ist zunächst zu erwähnen, daß zwischen der Magnetisierung und dem magnetischen Moment des Kerns ein sehr starkes, durch

die inneren s-Elektronen vermitteltes Wechselwirkungsfeld (meist von der Größenordnung einiger 10^5 Oe) existiert. Innerhalb einer Wand variiert die Richtung dieses Feldes, und wenn durch das Hochfrequenzfled Schwingungen der Blochwand angeregt werden, dann oszilliert auch das wesentlich stärkere Wechselwirkungsfeld. Das gemessene Kernresonanzsignal ist dieser Deutung zufolge hauptsächlich auf diejenigen Kerne zurückzuführen, welche sich innerhalb von Blochwänden befinden. Eliminiert man die Wände durch ein starkes äußeres Gleichfeld, dann wird das Kernresonanzsignal schwächer - ganz analog zum Fall der mechanischen Dämpfung.

[12.1] H. Kronmüller, Nachwirkung in Ferromagnetika, Springer Tracts in Natural Philosophy Vol. 12 (Springer, Berlin-Heidelberg-New York, 1968)

[12.2] G. Rathenau, Time Effects in Magnetization, in: Magnetic Properties of Metals and Alloys (Am. Soc. Metals, Cleveland, 1959)

[12.3] P. Moser, Mem. Scient. Rev. Metallurg. 63, 343, 431 (1966)

[12.4] L. Néel, J. Phys. Rad. 12, 339 (1951)

[12.5] G. DeVries, P.W. van Geest, R. van Gersdorf, G.W. Rathenau, Physica 25, 1131 (1959)

[12.6] J.F.M. Bindels, J. Bijvoet, G.W. Rathenau, Physica 26, 163 (1960)

[12.7] J.F. Janak, J. Appl. Phys. 34, 3356 (1963)

[12.8] B.W. Lovell, D.J. Epstein, J. Appl. Phys. 34, 1119 (1963)

[12.9] U. Enz, H. van der Heide, J. Appl. Phys. 39, 435 (1968)

[12.10] W. Morgner, Wiss.Z.Techn. Hochschule O.v. Guericke, Magdeburg 10, 621 (1966)

[12.11] I. Hrianca, I. Muscutariu, Z.angew. Phys. 32, 45 (1971)

[12.12] A.M. Portis, A.C. Gossard, J. Appl. Phys. 31, 205S (1960)

Tabelle 12.1

Die einfachsten Fehlstellentypen in kubischen Kristallen n_E=Anzahl der kristallographisch möglichen Orientierungen, ε_i=Wechselwirkungsenergie des Gitterfehlers der i-ten Orientierung mit der Magnetisierungsrichtung α, $\underline{P}^{(i)}$=zugehöriger mechanischer Dipoltensor.

In der Tabelle erscheinen als Beispiele ε_1 und $\underline{P}^{(1)}$. Bei ε_1 ist die jeweils niedrigste, nicht triviale Näherung aufgeführt, bei $\underline{P}$ erscheinen nicht verschwindende Elemente.

	Achse	Bezeichnung	n_E	ε_1	$P_{ik}^{(1)}$
a)	<100>	tetragonal	3	$\omega\alpha_1^2$	$P_{11}, P_{22}=P_{33}$
b)	<111>	trigonal	4	$\omega(\alpha_1+\alpha_2+\alpha_3)^2$	$P_{11}=P_{22}=P_{33}$, $P_{12}=P_{13}=P_{23}$
c)	<110>	orthorhombisch	6	$\omega_1(\alpha_1+\alpha_2)^2+\omega_2\alpha_3^2$	$P_{11}=P_{22}, P_{12}, P_{33}$
d)	-	kubisch	1	$\omega(\alpha_1^2\alpha_2^2+\alpha_1^2\alpha_3^2+\alpha_2^2\alpha_3^2)$	$P_{11}=P_{22}=P_{33}$

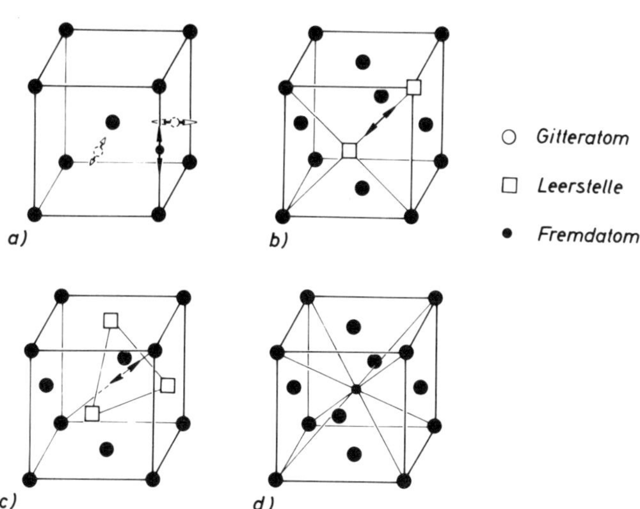

Fig. 12.1 Beispiele zu den in Tab. 12.1 aufgeführten einfachsten Fehlstellentypen in kubischen Kristallen: a) Kohlenstoff in Eisen (gestrichelt: zwei alternative Orientierungen der gleichen Fehlstelle b) und c) Dreifach- und Doppelleerstelle in Nickel, d) Kohlenstoff in Nickel

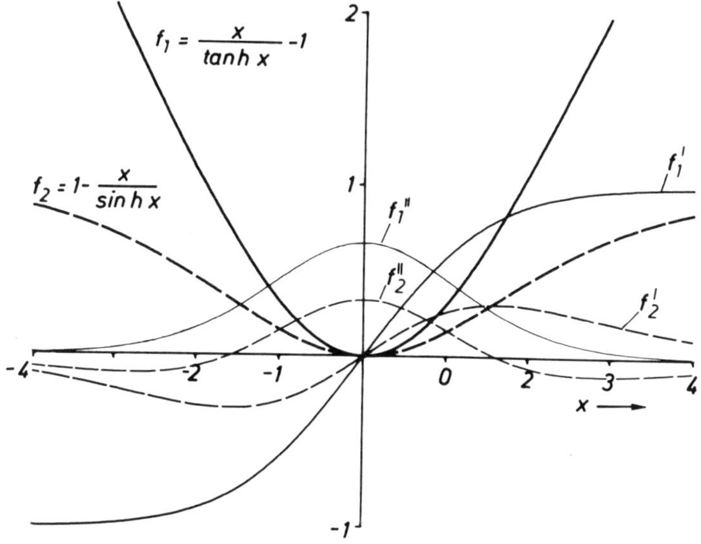

Fig. 12.2 Die Stabilisierungsenergien (12.12) und (12.15) für 90°-Wände und deren Ableitungen.

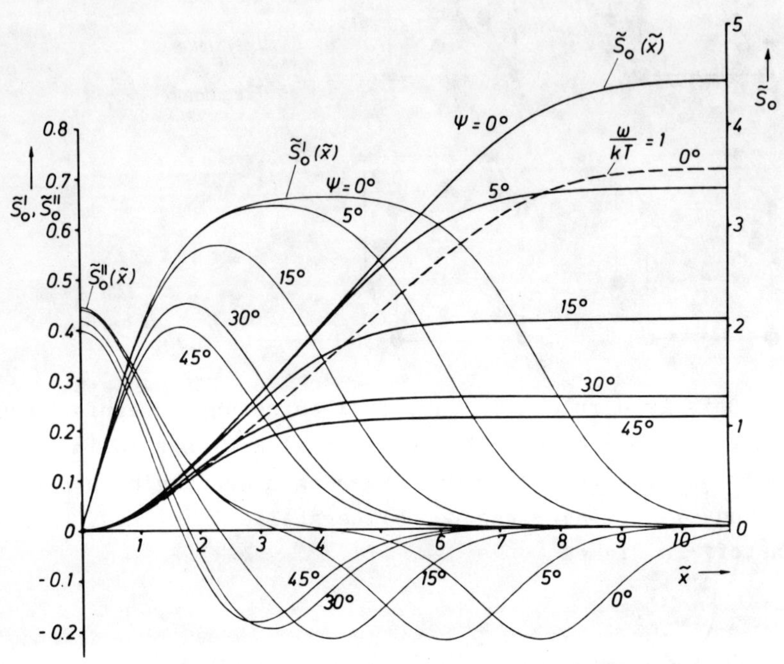

Fig. 12.3
Die Stabilisierungsenergie von tetragonalen Gitterfehlern und 180°-Wänden in Eisen als Funktion der Wandorientierung ψ (ψ=0 entspricht der (100)-Wand) sowie deren Ableitung

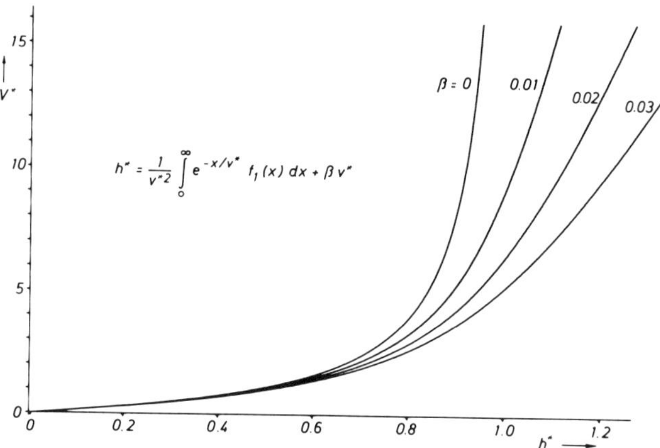

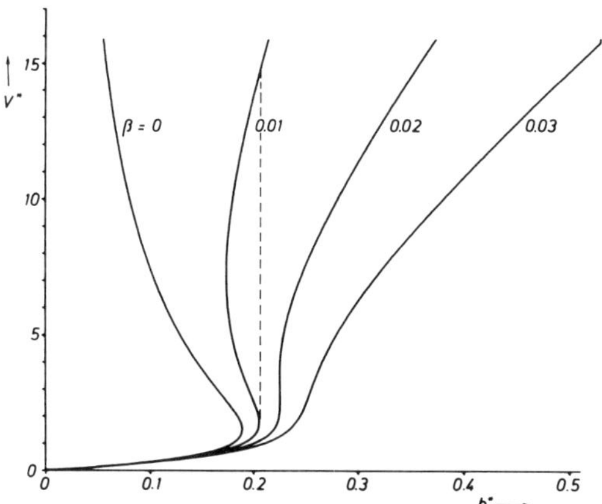

Fig. 12.4
Die Wandbeweglichkeit bei einer Nachwirkungsdämpfung nach Gl. (12.25) und mit einer überlagerten Landau-Lifshitz-Dämpfung (Parameter β). f_1 ist die in Fig. 12.2 definierte Funktion.
b) wie (a) für die im Unendlichen beschränkte Stabilisierungsenergie f_2.

13. Wände in dünnen magnetischen Schichten - Überblick

13.1 Definition der dünnen magnetischen Schicht

Bisher haben wir uns fast ausschließlich mit unendlich ausgedehnten ebenen Wänden beschäftigt. Die Wände in einem realen Kristall werden so lange in guter Näherung durch dieses Konzept beschrieben werden, als der Kristall in allen Dimensionen wesentlich ausgedehnter als die Blochwanddicke ist. Verringert sich eine Dimension bis in den Bereich dieser charakteristischen Länge, so kommen wir zu einem Kristall, den man als magnetische dünne Schicht definiert. Der Begriff der magnetischen dünnen Schicht ist also materialabhängig: Während ein 1 μm dicker Kobalt- oder Eisenkristall mikromagnetisch noch wie das massive Material behandelt werden kann, muß man eine ebenso dicke Schicht aus Permalloy (80Ni20Fe, $\delta=\sqrt{A/K}=1.5\mu m$) schon als dünne Schicht ansprechen.

13.2 Anisotropien in dünnen Schichten

Eine magnetische Anisotropie kann in dünnen Schichten verschiedene Ursachen haben: Zum einen tritt in einkristallinen Schichten die gewöhnliche Kristallenergie auf, zum anderen können elastische Spannungen, die die Unterlage auf die Schicht überträgt, zu zusätzlichen Spannungsanisotropien führen. Schließlich treten insbesondere bei polykristallinen Schichten magnetfeldinduzierte Anisotropien auf, die mit der Form und Textur der Kristallite und bei Legierungen mit Ordnungsvorgängen zusammenhängen können [13.1]. Wichtig für die mikromagnetische Untersuchung sind letztlich nur die aus der Überlagerung aller Anisotropien resultierenden leichten Richtungen. Je nach der Orientierung der leichten Richtungen relativ zur Kristalloberfläche kann man vier Fälle unterscheiden (Fig.13.1)

1) Die einzige leichte Richtung liegt parallel zur Schichtoberfläche. Die Domänen sind dann natürlicherweise parallel zu diesen leichten Richtungen orientiert und innerhalb der Domänen treten keine Streufelder auf. Dieser Fall ist besonders häufig bei in einem Magnetfeld aufgedampften polykristallinen Schichten realisiert (Fig.13.1a).

Wenn nicht anders erwähnt, wird im folgenden immer dieser Fall angenommen.

2) Bei dünnen Einkristallschichten können auch mehrere leichte Richtungen in der Schichtebene liegen. Die dann auftretenden mikromagnetischen Strukturen sind denen bei einachsigen Schichten in vieler Hinsicht verwandt. Der wesentliche Unterschied ist, daß auch ohne äußeres Magnetfeld z.B. 90°-Wände auftreten können. (Fig.13.1b)

3) Zwischen der der Oberfläche nächsten leichten Richtung und der Oberfläche besteht ein endlicher Winkel Θ, jedoch ist die Anisotropieenergie des parallel zur Oberfläche magnetisierten Zustandes ($K_1 \cos^2\Theta$) kleiner als die Streufeldenergie des parallel zur leichten Richtung magnetisierten Zustandes ($2\pi I_s^2 \sin^2\Theta$).
In diesem Fall sind die Domänen in sehr dünnen Schichten annähernd oder genau parallel zur Oberfläche magnetisiert. Oberhalb einer kritischen Dicke ist es möglich, die mit diesem Zustand verbundene Anisotropieenergie durch die Ausbildung streifenförmiger oszillierender Strukturen zu vermindern. Im großen bilden sich Streifenbereiche mit verschieden mittleren Momenten aus, zwischen denen wiederum Domänenwände existieren. (Fig.13.1c, $\Theta=90^o$)

4) Wenn keine leichte Richtung parallel zur Oberfläche liegt und zudem die Kristallenergie die Streufeldenergie überwiegt, dann dreht die Magnetisierung auch in dünnsten Schichten nicht in die Schichtebene ein. Die Bereiche sind mit Streufeldern verbunden, und in der Umgebung von Domänenwänden ist die Streufeldenergie vermindert. (Fig.13.1d)

Die Fälle 3) und 4) sind nur bei senkrechter Anisotropie ($\Theta=90^o$) scharf voneinander getrennt. Bei schräger Anisotropie ($0^o<\Theta<90^o$) existiert ein stetiger Übergang zwischen beiden Grenzfällen. Im folgenden werden wir uns hauptsächlich mit dem ersten Fall beschäftigen, also einachsige dünne Schichten betrachten, deren leichte Richtungen in der Schichtebene liegen. Der Fall 4) (senkrechte Anisotropie) hat in letzter Zeit im Zusammenhang mit den sogenannten Bubble-Domänen [13.2] an Interesse gewonnen. Die in diesem Fall auftretenden Wände untersuchen wir in Abschn.17. Zu den im Zusammenhang mit Streifendomänen auftretenden Wänden läßt sich gegenwärtig wenig sagen. Experimentelle Untersuchungen deuten an, daß die auftretenden Wandstrukturen denjenigen in den Fällen 1) und 2) verwandt sind. [13.3, 13.4]

13.3 Wände in einachsigen Schichten mit der leichten Richtung in der Schichtebene - Allgemeines

Die in Fig. 13.1a angedeutete Blochwand hat die gleiche Struktur, wie man sie auch im massiven Material erwarten würde. Im Innern der Schicht treten keine magnetischen Ladungen (div $\underline{I}$) auf; die Magnetisierung zeigt jedoch in der Mitte der Wand senkrecht auf die Oberfläche der Schicht und erzeugt dadurch zusätzliche Streufelder. Néel [13.5] wies als erster darauf hin, daß für dünne Schichten eine andere, günstigere Struktur existiert, die in Fig. 13.2b angedeutet ist. Diese Struktur, die Néelwand, vermeidet Streufelder durch Oberflächenladungen, und nimmt dafür Volumenladungen in Kauf. Die Néelwand ist dadurch begünstigt, daß bei Schichtdicken, die kleiner als die Wanddicke sind, die Menge der Ladungen geringer ist als im Fall der Blochwand. Zudem können diese Ladungen gleichmäßiger verteilt werden.

Die quantitative Berechnung der Streufeldenergien der beiden in Fig. 13.2 dargestellten Konfigurationen ist insofern schwierig, als die Rückwirkung des Streufeldes auf die Magnetisierung berücksichtigt werden muß. Diese Energie ist nicht mehr, wie in Kap.6, durch Integration über eine lokal aus der Magnetisierung abzuleitende Größe zu berechnen. Selbst wenn man die Magnetisierung als gegeben ansieht und sich die Konfiguration längs einer Dimension nicht ändert (ebene Probleme), so erfordert die Berechnung der Streufeldenergie eine vierfache Integration über die Koordinaten x und y. Will man darüberhinaus die Rückwirkung des Streufeldes auf die Magnetisierungsverteilung erfassen, und damit das mikromagnetische Problem vollständig lösen, so kommt man zu einem komplizierten Integro-Differentialgleichungssystem, das - als Differenzengleichungssystem formuliert - auf den größten gegenwärtig verfügbaren Rechenmaschinen gerade noch gelöst werden kann [13.6]. Die zusätzliche Streufeldenergie hat dabei eine Verkleinerung der Wandweite zur Folge. Aber auch die detaillierte Wandstruktur wird vom Streufeld beeinflußt; z.B. ist es bei Wänden in dünnen Schichten nicht mehr erlaubt, nur von der x-Richtung abhängige Strukturen zuzulassen. Da das Streufeld keineswegs eindimensional ist, wird unter der Wirkung dieses Feldes auch die Magnetisierung eine zweidimensionale, von x und y abhängige Struktur annehmen. Auf Grund all dieser Schwierigkeiten sind bei der Berechnung von Wänden in dünnen Schichten Näherungsansätze der verschiedensten Art unabdingbar notwendig. Das Geschick im Auffinden guter Näherungsansätze markiert den Fortschritt in der Erforschung dieser Wandstrukturen in den letzten fünfzehn Jahren.

13.4 Der Ansatz von Néel zur Berechnung von 180°-Bloch- und Néelwänden

Néel benutzte eine einfache, aber sehr instruktive Näherung zur Berechnung des Streufelds. Er dachte sich die magnetischen Ladungen von einem Ellipsoid erzeugt, dessen entmagnetisierendes Feld leicht zu berechnen ist (Fig.13.2). Dabei hat er das Achsenverhältnis des gedachten Ellipsoids dem Verhältnis von Wanddicke zu Schichtdicke gleichgesetzt. Die Energie des entmagnetisierenden oder Streufelds einer solchen Anordnung - pro Flächeneinheit der Wand berechnet- ergibt sich zu:

$$E_S^{Bl} = 2\pi I_s^2 \frac{W^2}{W+D} \qquad (13.1)$$

wobei W die Wandweite und D die Schichtdicke bedeutet.
Wir machen mit Néel die stark vereinfachende Annahme, daß das Wandprofil unter der Wirkung der Streufeldenergie unverändert bleibt und sich die Konfiguration nur mehr oder weniger in der x-Richtung zusammenzieht. In der allgemeinen Theorie der eindimensinalen Wände wurde bewiesen, daß im Gleichgewicht Austausch- und Kristallenergie gleich groß sind: $E_A^o = E_K^o = E_G^o/2$. Verändern wir nun die x-Skala gemäß:

$$x = x^o \cdot W/W^o \qquad (13.2)$$

wobei W^o die Wandweite im Gleichgewicht (ohne Streufeld) sei, so transformieren sich E_A und E_K gemäß

$$E_A = E_A^o \cdot W^o/W \quad , \quad E_K = E_K^o \cdot W/W^o \qquad (13.3)$$

Insgesamt erhalten wir also für die kontrahierte Wand:

$$E_A+E_K = E_G^o(W/W^o+W^o/W)/2 \qquad (13.4)$$

Die günstigste Wandweite $\underset{\cdot}{W}$ ergibt sich nun aus der Minimalisierung der Gesamtenergie $E_G=E_A+E_K+E_S$. Man sieht, daß für große Dicken D die Streufeldenergie E_s gegen E_A und E_K zu vernachlässigen ist. Für $D\to\infty$ geht also W in W^o und E_G^o in E_G^o über. Für kleinere Dicken nimmt die Wandweite ab und die Wandenergie stark zu. Der Einfluß der Schichtdicke auf die Wandenergie setzt dabei schon bei etwa $D=\mu^*\cdot W^o$ ein, (die effektive Permeabilität $\mu^*=1+2\pi I_s^2/K_1$ möge wieder zur Charakterisierung des Materials dienen). In Fig.13.3 sind für $\mu^*=100$ die optimalen Wandweiten und Wandenergien als Funktion der Schichtdicke aufgetragen.

Betrachten wir nun zum Vergleich die Nêelwand (Fig.13.2b), so ergibt sich in diesem Fall für die Streufeldenergie anstelle von (13.1):

$$E_s^{Ne} = 2\pi I_s^2 \frac{W\cdot D}{W+D} \qquad (13.5)$$

Die Austausch- und die Kristallenergie bleiben gegenüber der Blochwand unverändert (solange wir uns auf 180°-Wände beschränken). Durch Vergleich von (13.5) mit (13.4) erkennen wir zunächst, daß für $D\to 0$ die Streufeldenergie der Néelwand gegenüber der Kristallenergie vernachlässigbar wird. In diesem Grenzfall erhalten wir also wieder die gleiche Wandweite und die gleiche Wandenergie wie bei $D\to\infty$. Mit zunehmender Schichtdicke nimmt die Energie zu und die Wandweite ab. Ergebnisse für $\mu^*=100$ sind wieder in Fig.13.3 eingetragen. Die Energiekurven für die Bloch- und die Néelwand überschneiden sich bei $D=0.14\sqrt{A/K_1}$. Bei dieser Dicke wird die Energie maximal und die Wandweite minimal.

Das in Fig.13.3 dargestellte Bild hat sich in qualitativer Hinsicht bis heute bestätigt. Eine wesentliche Beobachtung ist allerdings in Fig.13.3 noch nicht enthalten: Huber, Smith und Goodenough [13.7] beobachteten 1958 bei einer Schichtdicke, bei der man eigentlich 180°-Blochwände erwartete, eine eigentümliche Struktur, die eine Übergangsstruktur zwischen der reinen Néelwand und der Blochwand darstellt (Bild 13.4). Diese Struktur wird Stachelwand (engl. cross tie wall) genannt. Innerhalb der Stachelwand treten offenbar Wandabschnitte auf, die einen geringeren Wandwinkel als 180° aufweisen. Diese Beobachtung stellt in der Tat den Schlüssel zum Verständnis dieser Struktur dar, wie zuerst Middelhoek nachweisen konnte. Wir wollen deshalb im folgenden die Néelsche Methode auch auf Wände mit anderen Wandwinkeln als 180° anwenden.

13.5 Wände mit beliebigen Wandwinkeln

Wie in Abschn. 7.2 verändern wir den Drehwinkel der Wand mit Hilfe eines äußeren Feldes senkrecht zur leichten Richtung und senkrecht zur Wand. Der Orientierungswinkel dieses Feldes ist also $\Psi=90^o$; der Gesamtdrehwinkel $180^o-2\vartheta_o$ ist mit dem angelegten Feld durch $\cos\vartheta_o=h=HI_s/(2K_1)$ verknüpft.

Bei der Berechnung der Streufeldenergie beachten wir, daß diese Energie dem Quadrat der sie erzeugenden Ladungen proportional ist, solange die Verteilung der Ladungen unverändert bleibt. Die Ladungen sind im Fall der Blochwand proportional zu $\sin\vartheta_o$ und im Fall der Néelwand proportional zu $1-\cos\vartheta_o$. Wir erhalten also für die Streufeldenergie im angelegten Feld:

$$E_s^{Bl} = 2\pi I_s^2 \frac{W^2}{W+D}(1-h^2) \tag{13.6}$$

$$E_s^{Ne} = 2\pi I_s^2 \frac{W\cdot D}{W+D}(1-h)^2 \tag{13.7}$$

Die Summe aus Kristall-, Austausch- und Feldenergie für die beiden Wandmoden ist Gl.(7.9) zu entnehmen, indem dort $\Psi=90^o$ und $I_s=0$ gesetzt wird. Damit ergibt sich für die Gesamtenergie der Blochwand ($\chi=0$):

$$E_G^{Bl}(h) = [4\sqrt{AK_1}(W/W_o+W_o/W)/2+2\pi I_s^2 W^2/(W+D)](1-h^2) \tag{13.8}$$

und für die Néelwand ($\chi=90^o$)

$$E_G^{Ne}(h) = 4\sqrt{AK_1}[\sqrt{1-h^2}-h \arccos(h)](W/W_o+W_o/W)/2$$

$$+2\pi I_s^2 \cdot W \cdot D/(W+D) \cdot (1-h)^2 \qquad (13.9)$$

Fig.13.5 zeigt die mit diesen Ausdrücken berechnete Wandenergie als Funktion der Feldstärke für verschiedene Schichtdicken. Charakteristisch ist, daß die Néelwand in angelegten Feldern ähnlich wie im massiven Material gegenüber der Blochwand begünstigt ist. Die 90°-Néelwand ($h=1/\sqrt{2}$) hat weniger als ein Siebtel der Energie der 180°-Néelwand. Fig. 13.6 zeigt die Wandenergie für verschiedene Werte des angelegten Feldes als Funktion der Schichtdicke. Die kritische Dicke für den Übergang von der Bloch- zur Néelwand verschiebt sich mit zunehmendem Feld zu größeren Schichtdicken.

13.6 Die Stachelwand

Aus Fig.13.5 ist ersichtlich, daß die 180°-Néelwand eine besonders hohe Wandenergie, verglichen mit Néelwänden geringeren Drehwinkels besitzt. Middelhoek [13.8] wies als erster darauf hin, daß die Stachelwand als eine Anordnung angesehen werden kann, die einfache 180°-Wände durch ein komplizierteres System von 90°-Wänden ersetzt. In Middelhoeks Modell (Fig.13.7) tritt an die Stelle der 180°-Wand ein System von 90°-Wänden etwa der 3.5-fachen Länge. Nach Abschn.13.5 jedoch wäre die Wandenergie dieser Anordnung immer noch kleiner als die Energie einer reinen 180°-Wand-Struktur. Weitere Energieterme, wie zusätzliche Kristall- und Austauschenergien in den Gebieten zwischen den Stacheln, oder Energien der Übergangslinien zwischen den 90°-Wänden verschiedener Orientierung sowie Wechselwirkungsenergien zwischen den einzelnen Wandelementen, verschieben zwar die Energiebilanz zuungunsten der Stachelwände. Notwendige Voraussetzung für die Ausbildung von Stachelwänden ist aber die starke Abhängigkeit der Wandenergie vom Wanddrehwinkel, wie sie in Fig.13.5 für die Néelwände eingezeichnet ist. Blochwände können demnach - in Übereinstimmung mit den experimentellen Befunden-keine Stachelstrukturen ausbilden. Blochwände können allerdings innerhalb einer Stachelstruktur einzelne Wandabschnitte der Néelwände ersetzen, vorzugsweise in der Umgebung der Übergangslinien der Stachelstruktur. Die dann entstehende Struktur ist in Fig.13.7b skizziert. Sie wird im Bereich des Übergangs von der Stachelwand zur Blochwand beobachtet. Es besteht eine gewisse Analogie zwischen der Ausbildung von Stachelwänden und der Zickzackfaltung von Wänden, wie sie in Abschn.5.4 behandelt wurde: In beiden Fällen zerfällt eine energetisch ungünstige homogene "Phase" in günstigere Phasen geringerer Symmetrie. Wie im Fall der Zickzackfaltung können wir auch hier die Periode der Stacheln erst nach einer Untersuchung der kleinen "zusätzlichen" Energien berechnen, die mit der inhomogenen Struktur verknüpft sind. Es sei noch bemerkt, daß Stachelwände vor allem in magnetisch einachsigen Schichten vorkommen. Demgegenüber besteht bei mehrachsigen Schichten keine Notwendigkeit zur Ausbildung von Stachelstrukturen, da in solchen Schichten Bereichsstrukturen möglich sind, die weitgehend ohne die energiereichen 180°-Wände auskommen (Fig.13.8).

[13.1] M.Prutton, Thin Ferromagnetic Films, (Butterworths, London, 1964)

[13.2] A.H.Bobeck, Bell System Tech.J., 46, 1901 (1967)

[13.3] R.W.DeBlois, J.Vac.Sci.Techn. 3, 146 (1966)

[13.4] R.W.DeBlois, General Electric Reports AFCRL 67-0107 (1967), 68-0414 (1968)

[13.5] L.Néel, C.R.Acad.Sci.Paris 241, 533 (1953)

[13.6] A.E.LaBonte, J.Appl.Phys. 40, 2450 (1969)

[13.7] E.E.Huber, D.O.Smith, J.B.Goodenough, J.Appl.Phys. 29, 294 (58)

[13.8] E.Feldtkeller, Symp. of the Electric and Magnetic Properties of Thin Metallic Films, Leuven, 1961, Proceedings, (S.98)

[13.9] S.Middelhoek, J.Appl.Phys. 34, 1054 (1963)

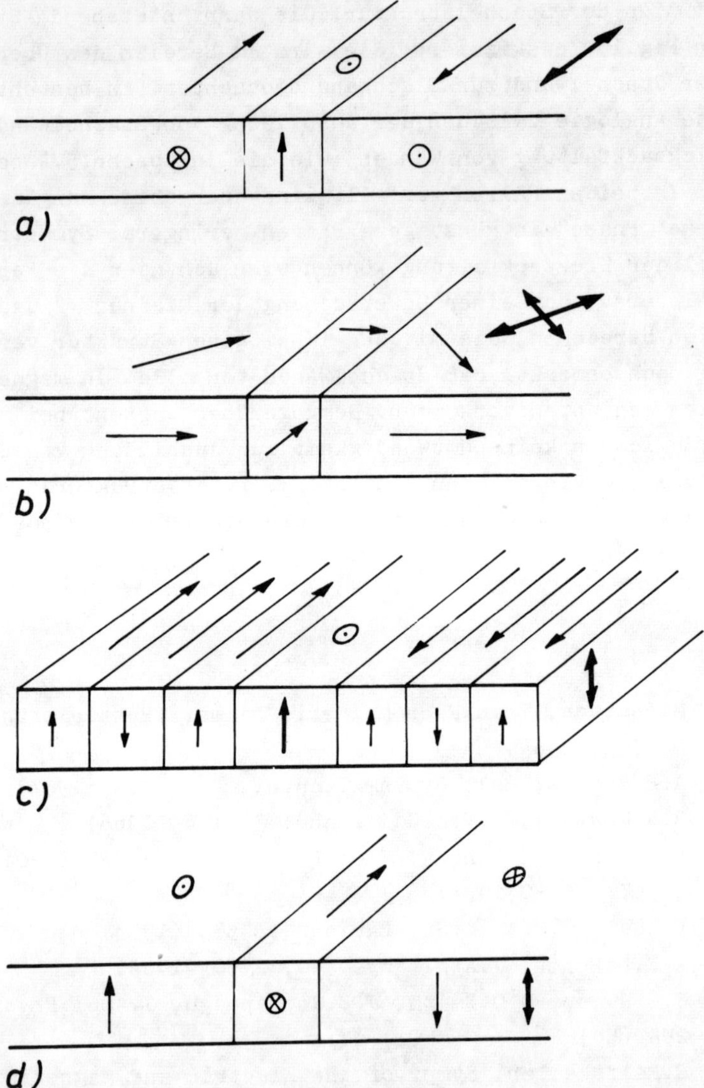

Fig.13.1
Schematische Darstellung der möglichen Orientierungen der leichten Richtung relativ zur Oberfläche einer dünnen magnetischen Schicht und der daraus resultierenden Domänen- und Wandanordnungen

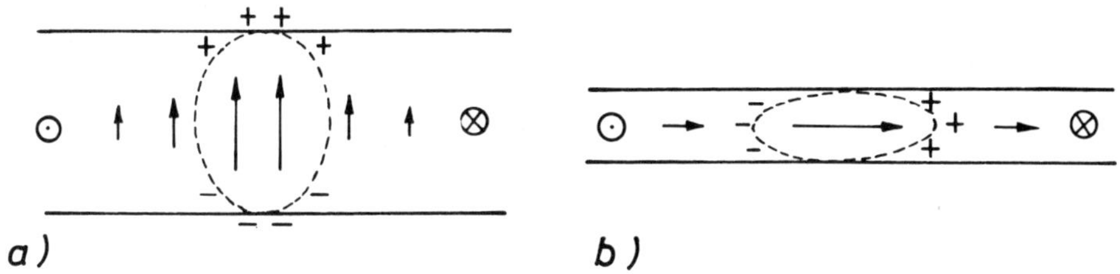

Fig.13.2
Das Néelsche Modell einer Blochwand und einer Néelwand in einer dünnen magnetischen Schicht

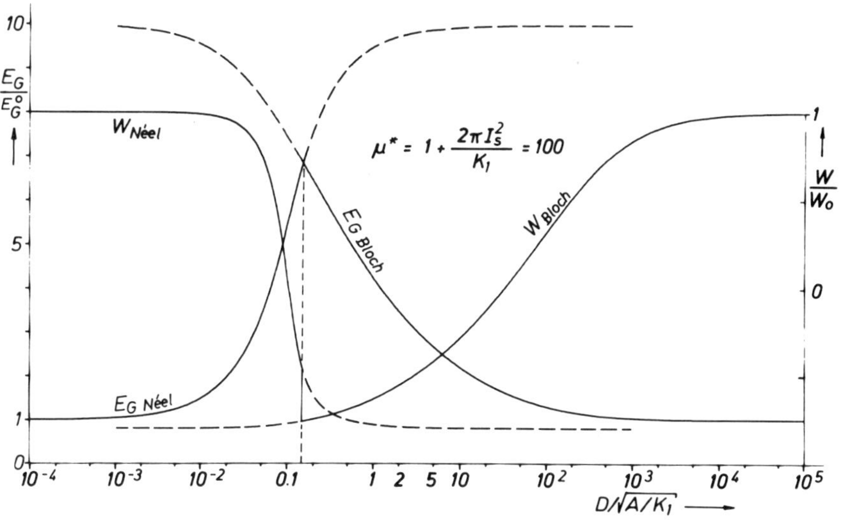

Fig.13.3
Wandenergie E_G und Wandweite W gemäß dem Néelschen Modell als Funktion der Schichtdicke

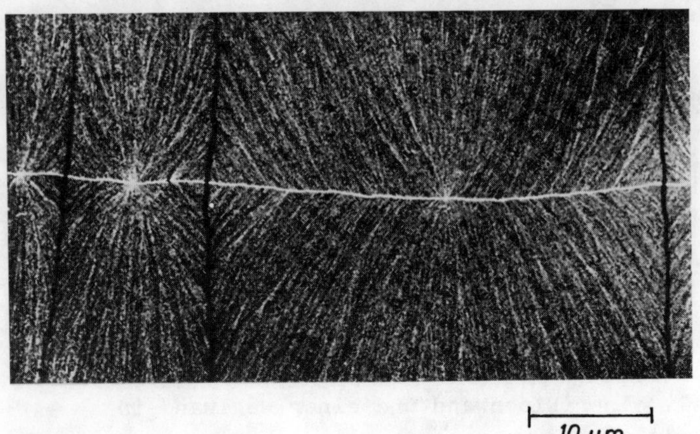

Bild 13.4
Elektronenmikroskopische Beobachtung der Stachelwand in einer Permalloyschicht. Die in den Domänen sichtbare "ripple"-Struktur steht an jeder Stelle senkrecht zur Magnetisierungsrichtung. Entnommen aus [13.8]

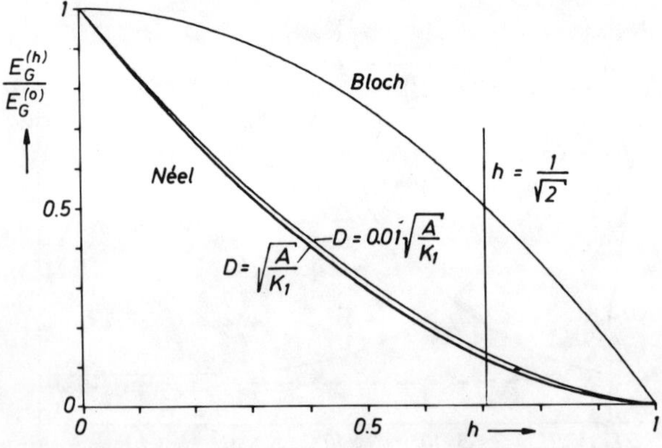

Fig.13.5
Die Abhängigkeit der Wandenergie der Blochwand und der Néelwand im Néelschen Modell von der Stärke eines parallel zur schweren Richtung angelegten Feldes.
$h = HI_s/(2K_1) = 1/\sqrt{2}$ entspricht einer 90°-Wand.

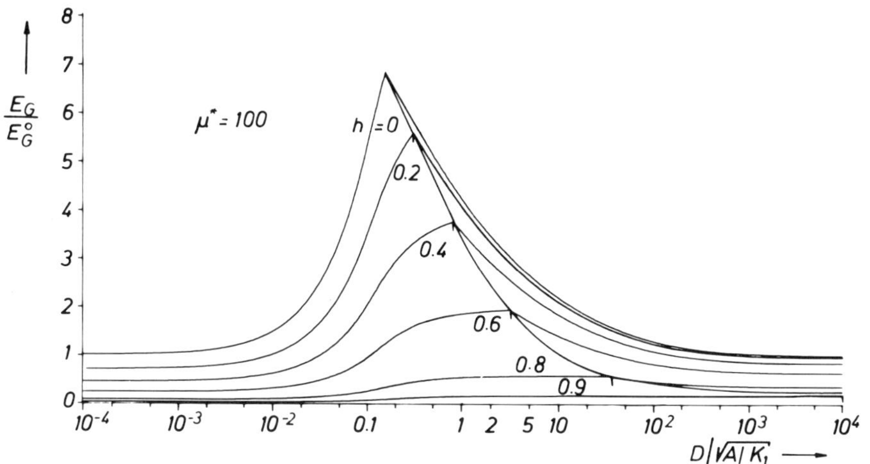

Fig. 13.6 Wandenergie von Bloch- und Néelwand im Néelschen Modell als Funktion der Schichtdicke für verschiedene Werte des angelegten Feldes.

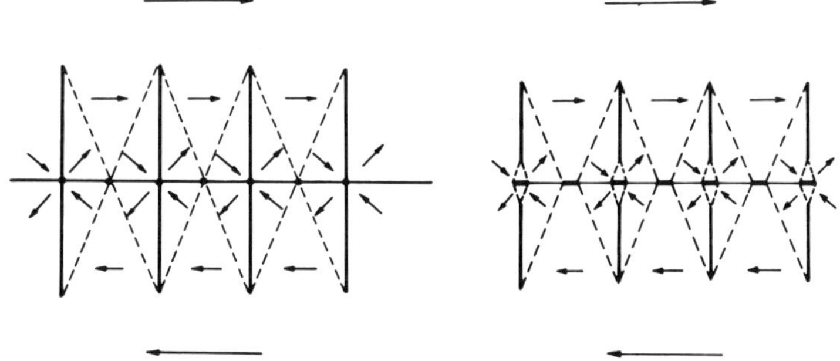

Fig. 13.7 Eine vereinfachte Version des Middelhoekschen Modells für die Stachelwand [13.9]. Die Fläche der 90°-Wände ist etwa 3.6-mal so groß wie die Fläche einer äquivalenten glatten 180°-Wand. b) Stachelwand mit Blochwandabschnitten.

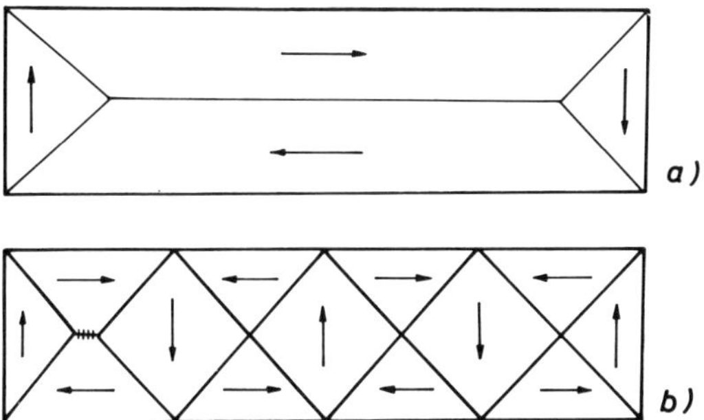

Fig. 13.8 Einfachere Möglichkeit zur Vermeidung von 180°-Wänden in einkristallinen Schichten. Die Fläche der 90°-Wände ist hier nur $2\sqrt{2}$-mal größer als die Fläche der äquivalenten 180°-Wand.

14. Genauere Untersuchung der Néelwände in dünnen Schichten

14.1 Historischer Überblick

Die offensichtlichen Unzulänglichkeiten des Néelschen Modells führten schon früh zu Bemühungen um exaktere Rechenmethoden. Ein erster wichtiger Schritt stammt von Dietze und Thomas (14.1). Sie legten für Bloch- und Néelwand jeweils ein einfaches Modell zugrunde, für das sie die verschiedenen Energien einschließlich der Streufeldenergie exakt berechnen konnten. Der Vorteil dieser Methode ist, daß die so berechneten Gesamtenergien notwendigerweise obere Grenzen für die wirkliche Wandenergie darstellen. Bei Néels Abschätzung der Streufeldenergie kann man a priori nicht entscheiden, ob das Ergebnis zu hoch oder zu niedrig liegt. (In der Tat erwies sich die Néelsche Streufeldenergie für die Néelwand als zu hoch, für die angesetzte Blochwandstruktur aber als zu niedrig).
Die von Dietze und Thomas eingeführten Testfunktionen haben die Form

$$\alpha_1(x) = \frac{A_1^2}{A_1^2+x^2}\ , \quad \alpha_2 = 0\ , \quad \alpha_3 = \sqrt{1-\alpha_1^2} \qquad (14.1)$$

(Für die Blochwand sind α_1 und α_2 zu vertauschen)

Diese Funktionen enthalten nur einen anpaßbaren Parameter A_1, der die Wandweite bestimmt. Insoweit geht dieser Ansatz nicht über das Néelsche Modell hinaus. Mit diesen Funktionen lassen sich jedoch alle beteiligten Energien mit Hilfe des Residuenkalküls exakt berechnen, sodaß der jeweils optimale Parameter A_1 durch Minimalisierung der Gesamtenergie ohne Schwierigkeiten bestimmt werden kann. Die zunächst sehr befriedigenden Ergebnisse dieser Rechnungen wurden durch genauere Experimente in Frage gestellt. Fuchs und Feldtkeller [14.2-14.4] beobachteten im Elektronenmikroskop, daß Néelwände offensichtlich aus zwei Bereichen bestehen, nämlich einem Kernbereich und einem sehr weitreichenden Ausläuferbereich (Bild 14.1). Derartige Ausläufer sind vom massiven Material her nicht bekannt. Man mußte folgern, daß die Streufeldenergie in dünnen Schichten nicht nur die Wandweite bei sonst gleichem Wandverlauf reduziert, sondern daß sie auch die Form der Wand drastisch beeinflußt. Diese Vermutung konnte schon von Feldtkeller und Fuchs [14.3,14.4] bestätigt werden, die den Ansatz von Dietze und Thomas erweiterten, um auch eine aus Kern und Ausläufer zusammengesetzte Wand beschreiben zu können:

$$\alpha_1(x) = \frac{C_1A_1^2}{A_1^2+x^2} + \frac{(1-C_1)A_2^2}{A_2^2 + x^2} \qquad (14.2)$$

Eine in Kern und Ausläufer aufgespaltene Wand wäre mit diesem Ansatz etwa durch C_1=0.5 und A_2=100A_1 darzustellen, und in der Tat erreichten die Autoren mit solchen Werten für die Parameter in Gl. (14.2) eine Energieabsenkung um etwa 20% gegenüber den Energiewerten bei Dietze und Thomas. Damit war gezeigt, daß die experimentell gefundenen Ausläufer wirklich aus einer Minimalisierung von Kristall-, Austausch und Streufeldenergie abgeleitet werden können und nicht etwa auf irgendwelchen Unvollkommenheiten der untersuchten Schichter beruhen.

Die experimentellen und theoretischen Ergebnisse von Feldtkeller und Fuchs bildeten den Ausgangspunkt für eine lange Reihe von Bemühungen um eine geschlossene Lösung des Néelwandproblems, die erst in jüngster Zeit zu einem einigermaßen befriedigenden Abschluß gelangten. Die wichtigsten Stationen auf diesem Weg seien im folgenden skizziert:

R. Collette (1964) [14.5]: Numerische Lösung für sehr dünne Schichten, ausgehend von der bekannten Lösung für die unendlich dünne Schicht. Das iterative Verfahren konvergierte nur für Schichtdicken bis etwa 200 Å (für Permalloy). Bei dickeren Schichten zeigten sich jedoch bereits deutliche Ansätze für einen weitreichenden Ausläufer.

W.F. Brown und A. E. LaBonte (1965) [14.6]: Numerische Lösung durch ein Differenzenverfahren mit konstanten Intervallen. Das Verfahren konvergierte nicht für die Néelwand, da der durch die Intervalle bedeckte Bereich auf der x-Skala nicht groß genug gewählt werden konnte, um die vollen Ausläufer aufnehmen zu können. Es zeichnen sich jedoch Ansätze zu einem Ausläufer mit einem logarithmischen Charakter $\alpha_1(x) \cong A-B\cdot\log x$ ab.

R. Kirchner und W. Döring (1968) [14.7]: Erste vollständige numerische Lösung des Néelwandproblems für dickere Schichten durch ein Differenzenverfahren mit variablen Intervallgrößen. Bestätigung der logarithmischen Ortsabhängigkeit der Magnetisierung im Ausläufer. Außerhalb des logarithmischen Ausläufers schließt sich ein Bereich an, in dem α_1 wie $1/x^2$ gegen Null geht.

A. Holz und A. Hubert (1969): Verbesserter Näherungsansatz durch Erweiterung der Ansätze (14.1) und (14.2) auf vier gleichartige Terme, wodurch die wirkliche Struktur der Wand einschließlich des logarithmischen Ausläufers sehr gut angenähert werden konnte. Der numerische Aufwand dieser Methode ist geringer als bei einer Differenzenmethode, die Ergebnisse stimmen bis auf wenige Promille mit den Ergebnissen der exakteren Differenzenmethode überein. So konnten erstmals die Eigenschaften der Néelwände in einem weiten Parameterbereich und auch unter der Wirkung eines angelegten Feldes untersucht werden. (s. auch das verbesserte und veröffentlichte Programm [14.9]). Erster Versuch einer zweidimensionalen Erweiterung der Wandstruktur.

H. Riedel und A. Seeger (1971) [14.10]: Analytische Ableitung des logarithmischen Ausläufers mit Hilfe der Theorie der Integralgleichungen. Es wird dabei ausgenutzt, daß im Ausläuferbereich die Austauschenergie zu vernachlässigen ist. Die Ergebnisse stimmen ausgezeichnet mit den Ergebnissen der numerischen Rechnungen überein. Im folgenden wollen wir diese letzte Methode genauer erläutern, da sie am ehesten einen Einblick in die Mechanismen bei der Ausbildung der Néelwandstruktur liefert.

14.2 Die Grundgleichungen für die eindimensionale Néelwand

Wir wollen uns zunächst auf streng eindimensionale Modelle für die Néelwand beschränken. Dies ist eine um so bessere Näherung, je dünner die magnetische Schicht ist. In Abschn. 14.4 werden zweidimensionale Verallgemeinerungen diskutiert. Ähnlich wie in Gl. (14.1) möge die Néelwand also durch die Magnetisierungskomponente $\alpha_1(x)$ beschrieben werden. Dann ergibt sich die Austauschenergie aus Gl. (1.2) in folgender Form:

$$e_A = A\left(\left(\frac{\partial\alpha_1}{\partial x}\right)^2 + \left(\frac{\partial\alpha_3}{\partial x}\right)^2\right) = \frac{A\,\alpha_1'^2}{1-\alpha_1^2} \qquad (14.3)$$

Die Summe aus Kristall- und Feldenergie wurde bereits in Abschn. 4.2 berechnet. Aus Gl.(4.9) ergibt sich mit $\kappa=0$ und $\cos\Theta=\alpha_1$

$$e_{HK} = K_1(\alpha_1-\alpha_\infty)^2 \qquad (14.4)$$

Schließlich ist noch die Streufeldenergie zu berechnen. Diese berechnet man aus den Quellen des Streufeldes (Gl.(1.5)) mit Hilfe der Potentialtheorie. Eine von vielen möglichen Schreibweisen für die Streufeldenergie pro Flächeneinheit der Wand ist:

$$E_s = \frac{1}{8\pi D}\int\int_{D/2}^{D/2}\int\int_{-\infty}^{\infty}\rho(x)\cdot\rho(\tilde{x})\ln[(x-\tilde{x})^2+(y-\tilde{y})^2]dxd\tilde{x}dyd\tilde{y} \qquad (14.5)$$

$$\rho(x) = -4\pi I_s\alpha_1'(x).$$

Nach zwei partiellen Integrationen über x und den beiden Integrationen über y und $\tilde{y}$ ergibt sich folgende, für $\alpha_\infty=0$ schon von Dietze und Thomas [14.1] angegebene Formel für die Streufeldenergie:

$$E_s = 2\pi I_s^2\int_{-\infty}^{\infty}[(\alpha_1(x)-\alpha_\infty)^2-\frac{1}{D}(\alpha_1(x)-\alpha_\infty)\int_{-\infty}^{\infty}(\alpha_1(\tilde{x})-\alpha_\infty)F(x-\tilde{x})d\tilde{x}]dx \qquad (14.6)$$

mit: $$F(\xi) = \ln(1+D^2/\xi^2) \qquad (14.7)$$

Danach läßt sich die Streufeldenergie in einen lokalen Anteil und einen nicht lokalen Anteil aufspalten. Letzterer verschwindet für große Schichtdicken D.

Die Gesamtenergie der eindimensionalen Néelwand schreibt sich also in der Form:

$$E_G-E_G(\infty) = \int_{-\infty}^{\infty}[\frac{A}{1-\alpha_1^2}\alpha_1'^2 +(K_1+2\pi I_s^2)(\alpha_1-\alpha_\infty)^2$$

$$-(\alpha_1-\alpha_\infty)\frac{I_s^2}{D}\int_{-\infty}^{\infty}(\alpha_1(x)-\alpha_\infty)F(x-x)dx]dx \qquad (14.8)$$

Daraus folgt durch Variation nach α die Integrodifferentialgleichung:

$$A\left[\frac{\alpha_1''}{1-\alpha_1^2} + \frac{\alpha_1\alpha_1'^2}{(1-\alpha_1^2)^2}\right]-(K_1+2\pi I_s^2)(\alpha_1-\alpha_\infty)+\frac{I_s^2}{D}\int_\infty^\infty(\alpha_1(\bar{x})-\alpha_\infty)F(x-\bar{x})d\bar{x}=0 \tag{14.9}$$

14.3 Die Näherungsmethode von Riedel und Seeger [14.10]

Eine exakte Lösung der Integrodifferentialgleichung (14.9) kann nur mit mühsamen numerischen Methoden gefunden werden [14.5, 14.7]. Dies ist besonders dann der Fall, wenn sich die Néelwand in einen Kern- und einen Ausläuferbereich aufspaltet. Die Riedelsche Methode nutzt nun gerade diese Aufspaltung zu einer sinnvollen Separation der Gleichung (14.9) aus. Für den Ausläuferbereich kann nämlich i.a. der Austauschterm in (14.9) vernachlässigt werden, während sich im Kernbereich der nichtlokale Beitrag in (14.9) als näherungsweise konstant erweist. Man erhält so für den Kernbereich eine einfache Differentialgleichung und für den Ausläufer eine lineare inhomogene Integralgleichung. Verknüpft werden beide Beiträge durch Superposition und die Nebenbedingung $\alpha_1(0)=1$.

a) Lösung der Differentialgleichung für den Kernbereich

Wir teilen demnach die Komponente $\alpha_1(x)$ in zwei Anteile auf (Fig. 14.2):

$$\alpha_1(x) = f(x)+g(x) \tag{14.10}$$

und berechnen zunächst f(x) für g(x)=0 unter der Annahme, daß der nicht lokale Beitrag in Gl.(14.9) sich mit einer noch zu bestimmenden Konstanten α_K in der Form $(\alpha_K-\alpha_\infty)(K_1+2\pi I_s^2)$ schreiben läßt. Mit der Substitution $f(x)=\cos\Theta(x)$ und mit $\alpha_K=\cos\Theta_K$ ergibt sich dann für $\Theta(x)$ die einfache Differentialgleichung

$$A\frac{\Theta''}{\sin\Theta} + K_1\mu^*(\cos\Theta-\cos\Theta_K)=0 \tag{14.11}$$

Die Lösung (identisch mit Gl.(4.11a)) lautet:

$$f(x)=\cos\Theta=\cos\Theta_K + \frac{\sin^2\Theta_K}{\cos\Theta_K+\cosh(x/x_o)}, \quad x_o=\sqrt{\frac{A}{K_1\mu^*}}\,\frac{1}{\sin\Theta_K} \tag{14.12}$$

Aus (14.12) läßt sich die Steigung der α_3-Komponente im Nullpunkt und damit die (Kern-)Wandweite der Néelwand berechnen (s.Abschn.2.2).

Wir wollen im Bereich dünner Schichten nur die Wandweite W_α benutzen, da die Lilleysche Definition auf viele Wandmodelle nicht anwendbar ist. Es ergibt sich:

$$W_\alpha = 2\sqrt{\frac{A}{K_1\mu^*}}\,\frac{\sqrt{1-\alpha_\infty^2}}{1-\alpha_K} \qquad (14.12)$$

b) Lösung der Integralgleichung für den Ausläuferbereich

Um die Funktion g(x) im Ausläuferbereich zu berechnen, wird nun f(x) in Gl.(14.9) eingesetzt, wobei die Austauschterme vernachlässigt werden können. Um eine übersichtlichere Schreibweise zu erreichen, führen wir die neuen Funktionen $\bar{f}(x)=f(x)-\alpha_K$ und $\bar{g}(x)=g(x)+\alpha_K-\alpha_\infty$ ein. Dann gilt:

$$\alpha_1(x) = \bar{f}(x)+\bar{g}(x)+\alpha_\infty \qquad (14.14)$$

Für $\bar{g}(x)$ ergibt sich folgende Integralgleichung:

$$-K_1\mu^*\bar{g}(x)+\frac{I_s^2}{D}\int_{-\infty}^{\infty}\bar{g}(\bar{x})\cdot F(x-\bar{x})d\bar{x} = -\frac{I_s^2}{D}\int_{-\infty}^{\infty}\bar{f}(\bar{x})F(x-\bar{x})d\bar{x} \qquad (14.15)$$

Durch Fourier-Transformation folgt hieraus:

$$-K\mu^*\frac{1}{\sqrt{2\pi}}\,\tilde{g}(k)+\frac{I_s^2}{D}\,\tilde{g}(k)\tilde{F}(k) = -\frac{I_s^2}{D}\,\tilde{f}(k)\tilde{F}(k) \qquad (14.16)$$

mit $\tilde{F}(k) = \sqrt{2\pi}\frac{1-\exp(-D|k|)}{|k|}$

und $\tilde{f}(k) = \sqrt{2\pi}\sqrt{A/(K_1\mu^*)}\frac{\sinh(\Theta_K x_o k)}{\sinh(\pi x_o k)}$ (14.17)

$\tilde{g}$ sei die Fourier-Transformierte von g: $\tilde{g}= \frac{1}{\sqrt{2\pi}}\int_{-\infty}^{\infty}\bar{g}(x)\cos(kx)dx$.

Durch Auflösung nach $\tilde{g}$ und Rücktransformation erhält man schließlich:

$$\bar{g}(x) = \frac{2}{\sqrt{2\pi}}\int_0^{\infty}\cos(kx)\cdot\tilde{f}(k)\cdot P(\kappa,kD)dk \qquad (14.18)$$

mit $P(\kappa,k) = \frac{1-e^{-k}}{(1+\kappa)k-1+e^{-k}}$

und $\kappa = K_1/(2\pi I_s^2)$.

Um nun die noch unbekannte Konstante $\alpha_K=\cos\Theta_K$ zu bestimmen, nutzen wir die Randbedingung $\alpha_1(o)=1$ oder $\overline{g}(o)=\alpha_K-\alpha_\infty$ aus. Aus dieser Bedingung folgt mit Gl.(14.18) die Gleichung für den Winkel Θ_K:

$$\alpha_\infty = \cos\Theta_K - \frac{2}{\delta}\int_o^\infty \frac{\sinh(\Theta_K\cdot\overline{k}/(\delta\sin\Theta_K))}{\sinh(\pi\overline{k}/(\delta\sin\Theta_K))} P(\kappa,\overline{k})d\overline{k} \qquad (14.19)$$

$$\delta = D/\sqrt{A/(K\mu^*)}\ , \quad \overline{k} = kD\ .$$

Will man die Wand für ein festes äußeres Feld $h=\alpha_\infty$ berechnen, so muß Gl.(14.19) numerisch nach α_K aufgelöst werden. Häufig kann man jedoch so verfahren, daß man einen Winkel Θ_K vorgibt und mit (14.19) den Wert des angelegten Feldes, für den die Lösung gültig ist, bestimmt.

In diesem Sinne ist die Struktur der Néelwand durch das Verfahren von Riedel und Seeger vollständig durch einfache Integrationen gegeben. In Fig. 14.3 sind einige mit dieser Methode gewonnene Wandprofile wiedergegeben.

c) Berechnung des Streufeldes

Gl.(14.9) gibt die Bilanz der auf einen Magnetisierungsvektor wirkenden effektiven Felder wieder. Daher läßt sich aus dieser Gleichung das in der Schichtebene wirkende Streufeld entnehmen. Zusammen mit Gl.(14.14) und (14.15) ergibt sich:

$$\begin{aligned} H_s &= -4\pi I_s(\alpha_1-\alpha_\infty)+\frac{2I_s}{D}\int_{-\infty}^{\infty}(\alpha_1(\overline{x})-\alpha_\infty)F(x-\overline{x})d\overline{x} \\ &= -4\pi I_s\cdot\overline{f}+(2K_1/I_s)\overline{g} \qquad (14.20) \end{aligned}$$

Da die Funktion $\overline{f}(x)$ nur im Kernbereich wesentlich von Null verschieden ist, beschränkt sich der bei großem μ^* überwiegende erste Anteil des Feldes auf den Kernbereich. Der zweite Anteil hält im Ausläuferbereich dem Anisotropiefeld die Waage und ist im Gegensatz zum ersten Anteil der x-Komponente der Magnetisierung gleichgerichtet.

d) Berechnung der Wandenergie

Wir wollen schließlich die Gesamtenergie der Wand berechnen. Dazu setzen wir die berechneten Funktionen f und g in Gl.(14.8) ein und berücksichtigen auch die mit g(x) verbundene Austauschenergie bis zur ersten Ordnung in g und g'. Mit Gl.(14.9), (14.14), (14.15) und nach einer partiellen Integration des Gliedes mit g' ergibt sich:

$$E_G-E_G(\infty) = K_1\mu^*\int_{\infty}^{\infty}\bar{f}\cdot(2\bar{f}+\bar{g}-2g)dx \qquad (14.21)$$

Dabei stellt $\bar{f}(\bar{f}-2g)$ den Beitrag der Austauschenergie zum Integranden in Gl.(14.21) dar, während $\bar{f}(\bar{f}+\bar{g})$ den Beitrag der Kristallenergie und der magnetischen Feldenergien beschreibt. Setzen wir in (14.21) $\bar{g}=g+\alpha_K-\alpha_\infty$ ein, so können wir den von g(x) unabhängigen Term der Energie unmittelbar integrieren. Der Rest, den wir mit ΔE^g bezeichnen, ist ein kleiner Beitrag, da die Funktion g(x) im Kernbereich, die Funktion f(x) aber außerhalb des Kernbereichs verschwindet.Wir erhalten zunächst:

$$E_G-E_G(\infty) = 4\sqrt{AK_1\mu^*}(\sin\Theta_K-\tfrac{1}{2}\Theta_K(\cos\Theta_K+\alpha_\infty)]+\Delta E^g \qquad (14.22)$$

mit $$\Delta E^g = -K_1\mu^*\int_{-\infty}^{\infty}\bar{f}\cdot g\cdot dx \qquad (14.23)$$

Zur Berechnung von ΔE^g setzt man Gl.(14.14), (14.18) und (14.19) in Gl.(14.23) ein, vertauscht die Reihenfolge der Integrationen über k und x und erhält:

$$\Delta E^g = 2K_1\mu^*\int_0^{\infty}[\tilde{f}(o)-\tilde{f}(k)]\tilde{f}(k)P(\kappa,kD)dk \qquad (14.24)$$

Ergebnisse sind in Tabelle 14.1 wiedergegeben. Es zeigt sich eine hervorragende Übereinstimmung zwischen den nach der Methode von Riedel und Seeger berechneten Gesamt-Wandenergien und den von Kirchner und Döring numerisch exakt berechneten Energien. Der Korrekturterm ΔE^g trägt nur zu wenigen Prozent zur Gesamtenergie in den in Rab.1 wiedergegebenen Beispielen bei. Nun entspricht $2\Delta E^g$ genau der durch g(x) induzierten zusätzlichen Austauschenergie die in der Methode von Riedel und Seeger bei der Ableitung des Wandprofils vernachlässigt wird. Diese Vernachlässigung wird nachträglich gerechtfertigt, wenn ΔE^g klein ist, wenn also durch eine deutliche Trennung in Kern und Ausläuferbereich das Faltungsintegral (14.23) klein wird.

e) Der logarithmische Ausläufer

Unser nächstes Ziel ist es, das Verhalten der Funktion $g(x)$ an Hand von Gl.(14.18) für große x, also im Ausläuferbereich zu diskutieren. Für große x trägt nur die Umgebung von $k=0$ wesentlich zum Integral (14.18) bei (s.Fig.14.4). Wir können daher $\tilde{f}(k)$ näherungsweise konstant $(=\tilde{f}(0))$ setzen und die Funktion $P(\kappa,k)$ in geeigneter Weise für kleine k entwickeln:

$$P(\kappa,k) \approx \frac{1}{1-2\kappa}\left(\frac{1-\kappa}{\kappa+k/2} - \frac{1}{1+k}\right) \tag{14.25}$$

Führen wir zur Abkürzung die für $x>0$ monoton fallende Funktion

$$gi(x) = \int_0^\infty \frac{\cos(k)}{x+k}dk = -\cos(x)Ci(x)-\sin(x)si(x) \tag{14.26}$$

ein (s.[14.11], dort mit $g(x)$ bezeichnet), so schreibt sich die gesuchte Funktion $\bar{g}(x)$ nach (14.17) und (14.18) in folgender Form:

$$\bar{g}(x) = \frac{2}{\delta}\,\frac{\Theta K}{\pi}\,\frac{1}{1-2\kappa}[(1-\kappa)gi(2\kappa x/D)-gi(x)] \tag{14.27}$$

Wir setzen $\kappa<<1$ voraus und unterscheiden dann zur Diskussion von Gl.(14.27) zwei Bereiche:

1) Im Bereich $1<<x/D<<0.5/\kappa$ ist die Entwicklung $gi(x)\approx-\gamma-\ln(x)$ für $x<<1$ anzuwenden [14.11]. Dann gilt:

$$\bar{g}(x) \approx \frac{4}{\delta}\,\frac{\Theta_K}{\pi}[-\gamma-\ln(2\kappa x/D)] \tag{14.28}$$

also genau das erwartete logarithmische Verhalten. Durch Extrapolation des logarithmischen Ausläufers auf $\bar{g}=0$ (s.Fig.14.2) ergibt sich eine Größe, die als äußere Wandweite der Néelwand zu definieren wäre. Aus Gl.(14.28) berechnet sich hierfür:

$$\frac{W_s}{D} = \frac{4}{e^{\gamma}\kappa} = \frac{2\pi}{e^{\gamma}} \cdot I_s^2/K_1 \approx 3.528 \cdot I_s^2/K_1 \qquad (14.29)$$

Die äußere Wandweite der Néelwand hängt also weder vom Kern der Néelwand noch vom angelegten Feld ab. Dieses Gesetz wurde zuerst von Holz und Hubert [14.8] aus numerischen Untersuchungen erschlossen (mit dem Vorfaktor 3.6 anstelle von 3.528 in Gl.(14.29)).

2) Im Bereich $x/D \gg 0.5/\kappa$, also für $x \gg W_s$, ist die für $x \gg 1$ gültige Näherungsformel $gi(x) \approx 1/x^2$ [14.11] anwendbar. Damit ergibt sich:

$$\bar{g}(x) \approx \frac{1}{\delta\kappa^2} \cdot \left(\frac{D}{x}\right)^2 \qquad (14.30)$$

also die gesuchte $1/x^2$-Abhängigkeit. Dieses $1/x^2$-Gesetz für große Abstände folgt auch aus folgender Überlegung: Die Néelwand kann idealisiert als magnetischer Liniendipol aufgefaßt werden. Das Streufeld eines solchen Dipols fällt im Unendlichen wie $1/x^2$ ab. Sind die durch ein solches Feld erzeugten Auslenkungen klein und die damit verbundenen Streufelder vernachlässigbar, so wird auch die Magnetisierung dem $1/x^2$-Verlauf des Feldes folgen [14.12]. Im Gegensatz dazu wird der Logarithmische Teil des Ausläufers gerade durch die im Ausläufer selbst erzeugten Streufelder beherrscht.

f) Zusammenfassung und Vergleich mit anderen Methoden

Um alle wichtigen Eigenschaften einer Néelwand zu berechnen, ist es nach dem Vorhergehenden lediglich notwendig, die beiden Integrale in Gl.(14.19) und in Gl.(14.24) zu berechnen. Die Wandenergie ergibt sich dann nach Gl.(14.22), die Wandweiten nach Gl.(14.13) und Gl.(14.29) und die Amplitude des logarithmischen Ausläufers nach Gl.(14.28). Wenn der Beitrag ΔE^g zur Gesamtenergie Gl.(14.22) klein ist, dann ist der Ausgangspunkt der Riedelschen Methode gerechtfertigt. Tabelle 14.1 zeigt, daß dies für fast alle praktisch vorkommenden Anwendungen der Fall ist. Nur in drei Extremfällen versagt das Verfahren: wenn $\delta = D/\sqrt{A/K_1\mu^*} \ll 1$ ist, wenn $\kappa = K_1/(2\pi I_s^2) \gg 1$ ist und wenn $1-\alpha_\infty = 1-HI_s/(2K_1) \ll 1$ ist. In allen drei Fällen verschwindet auch die für normale Néelwände charakteristische Trennung in Wandkern und Ausläufer, sodaß man z.B. schon mit dem Ansatz von Dietze und Thomas (Gl.(14.1) ein gutes Ergebnis erzielen würde. Auch das in Abschn.14.1 erwähnte, auf der Arbeit von Holz und Hubert basierende numerische Programm [14.9] funktioniert in den erwähnten Grenzfällen im Rahmen seiner mit besser als 1% anzugebenden Genauigkeit, sodaß im Zweifelsfall eine Überprüfung des Geltungsbereichs der Riedelschen Methode möglich ist. Dieses Programm [14.9] ist auch auf die Berücksichtigung einer zweiten Anisotropiekonstante K_2 eingerichtet, um damit z.B. auch 90°-Wände in kubischen dünnen Schichten berechnen zu können [14.13]. Die Riedelsche Methode ist bei zwei Anisotropiekonstanten nicht so leicht zu handhaben, da in diesem Fall die Differentialgleichung für f(x) nicht mehr elementar zu lösen ist.

Ergebnisse für die Wandenergie und die Wandweite als Funktion der Parameter α_∞=h und D sind in Fig.11 und Fig.12 zusammen mit Ergebnissen zur Blochwand dargestellt. Man erkennt, daß auch die genaue Rechnung in etwa die gleiche Feldabhängigkeit der Wandenergie liefert, wie sie für das Néelsche Modell (Fig.13.5) gefunden wurde. Die Überlegungen des Abschnitts 13.4 zu Stachelwand bleiben also gültig.

14.4 Zur zweidimensionalen Struktur der Néelwand

Die Beschreibung der Néelwand durch eine Funktion nur einer Variablen x stellt eine Näherung dar, über deren Berechtigung Zweifel bestehen können. Bisher existiert keine systematische Untersuchung des vollständigen zweidimensionalen Magnetisierungsverlaufs dieses Wandtyps. Einige Versuche mit Hilfe eines Ritzschen Verfahrens wurden in [14.8] angestellt. Die Ergebnisse deuten darauf hin, daß die Abweichungen von der Eindimensionalität nur einen geringen Einfluß auf Wandenergie und Wandverlauf haben. Wir wollen diesen Befund hier anschaulich begründen, indem wir getrennt den Kernbereich und den Ausläuferbereich der Wand untersuchen.

a) Zweidimensionale Struktur im Kernbereich

Im Normalfall ist die charakteristische Dimension des Kerns x_o

(Gl.(14.12)) klein gegen die Schichtdicke. Der Kern stellt dann im wesentlichen einen "Kondensator" dar, dessen Streufeld - außer in den Randbereichen nahe den Schichtoberflächen - in x-Richtung zeigt. Im Innern der Schicht besteht also keine treibende Kraft für eine Auslenkung in y-Richtung, und eine starke Auslenkung lediglich in der Nähe der Oberfläche wird durch Austauschkräfte und Randbedingungen unterdrückt.

Sollte x_0 nicht sehr klein gegen D sein, so wird gleichzeitig der Kernbeitrag zur Gesamtdrehung klein, sodaß wiederum eine zweidimensionale Struktur des Kerns zu vernachlässigen ist. Für sehr große Schichtdicken, wenn also die Energie des Kerns sehr groß wird, findet der Kernbereich einen Ausweg in einem neuen Wandmodus, der asymmetrischen Néelwand. Der Kernbereich wird dann asymmetrisch und zweidimensional verzerrt. Auf dieses Phänomen, das oberhalb einer kritischen Dicke auftritt, werden wir ausführlich in Abschnitt 16. zurückkommen.

b) Zweidimensionale Struktur im Ausläuferbereich

Im Ausläuferbereich läßt sich die y-Auslenkung der Magnetisierung in einer einfachen Näherung quantitativ verfolgen. Wir gehen von der eindimensionalen Lösung $\alpha_1(x)$ als erster Näherung aus und berechnen $\alpha_2(x,y)$ unter der Annahme, daß $\alpha_1(x)$ im Ausläufer nur schwach von x abhängt. Die Komponente $\alpha_1(x)$ erzeugt dann ein magnetisches Feld in y-Richtung, das aus Symmetriegründen in der Ebene y=0 verschwinden muß. Um es zu berechnen, betrachten wir die Schicht als magnetischen "Kondensator", der zunächst homogen mit der Ladungsdichte $4\pi I_s\alpha_1'(x^*)$ gefüllt sei, wobei x* der Mittelpunkt eines zu untersuchenden Abschnittes der Schicht sei. Zu dieser Ladung tritt nun die von $\alpha_2(y)$ erzeugte magnetische Ladung hinzu, woraus sich für das Feld innerhalb der Schicht $H_y=4\pi I_s[\alpha_1'(x^*)\cdot y-\alpha_2(y)]$ ergibt. Die zugehörige Dichte der Streufeldenergie beträgt dann $e_S=\frac{1}{8\pi}H_y^2$.

Fügen wir die mit α_2 verbundenen Terme der Austauschenergie und der Kristallenergie hinzu, so erhalten wir folgenden Ausdruck für die Energiedichte pro Querschnittsfläche der Schicht:

$$\dot{e}^y_G(x) = \frac{1}{D}\int_{-D/2}^{D/2}\{2\pi I_s^2[\alpha_1'(x)\cdot y-\alpha_2(y)]^2+A(\frac{\partial\alpha_2}{\partial y})^2+K_1\alpha_2^2\}dy \qquad (14.31)$$

Durch Variation nach α_2 ergibt sich die Differentialgleichung:

$$A\frac{\partial^2\alpha_2}{\partial y^2} = K_1\mu^*\alpha_2-2\pi I_s^2\alpha_2'\cdot y \qquad (14.32)$$

Mit der Randbedingung $\alpha_2'(\pm D/2) = 0$ [1.1] lautet die Lösung:

$$\alpha_2(y) = \frac{\alpha_1'}{1+\kappa}\sqrt{\frac{A}{K_1\mu^*}}[\eta-\frac{\sinh\eta}{\cosh(\delta/2)}] ,$$

$$\eta = y/\sqrt{A/(K_1\mu^*)}, \quad \delta = D/\sqrt{A/(K_1\mu^*)}, \quad \kappa = K_1/(2\pi I_s^2) \qquad (14.33)$$

Für $\delta>>1$ und $\kappa<<1$ bedeutet dieses Ergebnis, daß die Ladungen aus dem Innern der Schicht fast vollständig verdrängt werden. Sie werden im wesentlichen durch Oberflächenladungen ersetzt; lediglich in einer Randschicht der Dicke $\sqrt{A/(K_1\mu^*)}$ verbleiben Volumenladungen.

Wir wollen nun den Energiegewinn berechnen, der durch die Lösung (14.33) gegenüber der eindimensionalen Lösung $\alpha_2 \equiv 0$ erzielt wird. Aus Gl.(14.31) und (14.33) ergibt sich:

$$\Delta e^y = -\frac{A\alpha_1'^2}{(1+\kappa)^2}(\frac{\delta^2}{12}+\frac{2}{\delta}\tanh\frac{\delta}{2}-1) \qquad (14.34)$$

Diese Energiedichte ist im allgemeinen klein, sie verschwindet für kleine δ sogar wie δ^4. Da Gl.(14.34) nur im Ausläuferbereich der Néelwand gültig ist, können wir α_1' durch die in 14.3 definierte, im Kernbereich verschwindende Funkton $g'(x)$ ersetzen und Δe^y nach dieser Substitution über die ganze x-Skala integrieren. Nach einigen Umformungen mit Hilfe von Gl.(14.18) ergibt sich so:

$$\Delta E^y = -\frac{2A}{(1+\kappa)^2}(\frac{\delta^2}{12}+\frac{2}{\delta}\tanh\frac{\delta}{2}-1)\int_0^\infty[k\cdot\tilde{f}(k)\cdot P(\kappa,kD)]^2dk \qquad (14.35)$$

Werte für ΔE^y sind ebenfalls in Tab. 14.1 aufgeführt. Auch dieser Beitrag zur Gesamtenergie ist gering und meist zu vernachlässigen. Numerische Rechnungen [14.8] auf der Grundlage eines Ritzschen Verfahrens, bei welchen die verschiedenen Energien genauer berechnet wurden und auch die Rückwirkungen auf den Wandkern miteinbezogen wurden, lieferten vergleichbare Werte für ΔE^y.

Zusammenfassend läßt sich feststellen, daß im Falle der (symmetrischen) Néelwand eindimensionale Modelle als gute Näherung gelten können.

14.5 Wechselwirkungen zwischen Néelwänden

Die weitreichenden Ausläufer der Néelwände haben vor allem dadurch eine besondere Bedeutung, daß sie ebenso weitreichende Wechselwirkungen zwischen einzelnen Wänden vermitteln. Diese Wechselwirkungen beherrschen das Magnetisierungsverhalten dünner magnetischer Schichten, und zwar vor allem den Prozess der sogenannten inkohärenten Rotation [12.1], der die Verwendung dünner Schichten als schnelle Speicherelemente störend beeinträchtigt.

Es ist nicht allzu schwer, von der Einzelwand ausgehend auch wechselwirkende Wände zu berechnen [14.14]. Manche numerische Untersuchungen [14.15] gingen von vornherein von periodischen Anordnungen von Néelwänden aus. Am übersichtlichsten werden die Verhältnisse im Rahmen der Riedelschen Theorie, deren Erweiterung für mehrere Wände wir deshalb hier studieren wollen.

Wir wollen voraussetzen, daß sich die Kerne der beteiligten Néelwände nicht überlappen, da wir uns vor allem für die weitreichenden Wechselwirkungen interessieren. Die verschiedenen Kerne sind dann unabhängig voneinander zu berechnen, wobei den einzelnen Kernen unterschiedliche effektive Felder α_{Ki} zugeordnet sein können.
Die Wände mögen zueinander parallel sein, jedoch können der Drehsinn und die Funktion f(x) durchaus verschiedene Vorzeichen besitzen. Schließlich wollen wir annehmen, daß der Ort der Wandkerne x_i durch Haftkräfte irgendwelcher Art festgehalten werde -

eine nicht unrealistische Annahme, da Inhomogenitäten der Schicht stets bevorzugt mit den energiereichen Wandkernen reagieren.

Das System der Ausläufer berechnet sich nun aus der Integralgleichung (14.15), in der $\bar{f}(x)$ durch die Summe $\sum_i f_i(x-x_i)$ zu ersetzen ist. Da (14.15) eine in $\bar{f}$ und $\bar{g}$ lineare Gleichung ist, ergibt sich die Gesamtlösung durch Superposition der zu den einzelnen Kernen mit Gl.(14.18) zu berechnenden Einzellösungen $\bar{g}_i(x-x_i)$. Die Konstanten α_{Ki} folgen aus den Randbedingungen:

$$\alpha_{Ki}-\alpha_\infty = \sum_j \bar{g}_j(x_i-x_j) \qquad (14.36)$$

Anstelle der einfachen Gleichung (14.19) tritt also jetzt ein Gleichungssystem mit soviel Gleichungen wie verschiedene Wände beteiligt sind. Die Wandenergie ergibt sich, wenn die α_{Ki} bekannt sind, wie zuvor aus Gl.(14.22) und (14.24). In Fig. 14.7 sind als Beispiele die Energien einer periodischen Anordnung gleichsinniger Wände, einer ebensolchen Anordnung von Wänden wechselnden Vorzeichens sowie von gleichsinnigen und wechselsinnigen Wandpaaren, jeweils als Funktion des Abstandes der Wände aufgezeichnet. Aus Fig. 14.7 wie auch aus Gl.(14.36) ist ersichtlich, daß Néelwände dann stark miteinander wechselwirken, wenn der Ausläufer einer Wand den Kern der anderen Wand überdeckt.

Die Gleichung für α_{Ki} des Gleichungssystems (14.36) hat annähernd die gleiche Struktur wie die einfache Gleichung (14.19), und zwar besonders dann, wenn man die Beiträge $\bar{g}_j(x_i-x_j)$, $i \neq j$, in der Nähe von x_i näherungsweise konstant setzen kann. Sie haben dann in (14.19) die gleiche Wirkung wie ein zusätzliches äußeres Feld $h=\alpha_\infty$. Aus diesen Überlegungenfolgt auch, daß sich gleichsinnige Néelwände stets abstoßen und gegensinnige Wände anziehen. Leider ist die Riedelsche Methode nicht geeignet, Wechselwirkungen zwischen senkrecht aufeinander stehenden Wänden zu berechnen. Indes dürfte kein Zweifel bestehen, daß ähnliche weitreichende Wechselwirkungen wie bei parallelen Wänden auch bei senkrechten Wänden auftreten, wenn sich die Ausläufer der beteiligten Wände überdecken. Diese Wechselwirkung hat eine Bedeutung für die Periode der Stachelwände [14.8].

14.6 Geladene Néelwände

Unter geladenen Wänden verstehen wir wie in Abschn.6 Wände, für die die Normalkomponenten der Magnetisierung in den Bereichen nicht gleich sind, sodaß eine magnetische Überschußladung in der Wand frei wird. Der einfachste Fall ist, daß eine 180°-Wand genau senkrecht zu den leichten Richtungen steht (Fig. 14.8). Wir wollen diesen Grenzfall hier genauer untersuchen. In massiven Proben ist eine solche Wand nur möglich, wenn $2\pi I_s^2 < K_1$ gilt. Wir werden sehen, daß in dünnen Schichten solche Wände auch für $K_1 \ll 2\pi I_s^2$ existieren können. Das Streufeld hat dabei wie im massiven Material eine aufweitende Tendenz: Die Streufeldenergie ist um so geringer, je gleichmäßiger die Pole verteilt sind. Da das Verhalten des Streufeldes in der dünnen Schicht aber ganz anders ist als das Verhalten des Anisotropiefeldes, stellt sich in der dünnen Schicht ein Gleichgewicht zwischen Streufeld- und Anisotropieenergie ein, das - ähnlich wie im Ausläufer der gewöhnlichen Néelwand - die völlige Vernachlässigung der Austauschenergie gestattet.

Eine quantitative Analyse dieses Falles verdanken wir Spain [14.16]. Die folgende, an 14.3 anschließende Ableitung ist im wesentlichen äquivalent mit der Rechnung von Spain.

Wir gehen von der Integralgleichung (14.16) aus. Da für die geladene Wand kein Wandkern zu erwarten ist, kann die rechte Seite in (14.16) gleich Null gesetzt werden. $\bar{g}(x)$ kann mit der gesamten Magnetisierungskomponente $\alpha_1(x)$ identifiziert werden. Die Kristallenergie schreibt sich in dem in Fig. 14.8 dargestellten Fall in der Form $K_1(1-\alpha_1^2)$. Demnach ist das Vorzeichen des Gliedes $K_1\alpha_1(x)$ in (14.16) umzukehren. Insgesamt erhalten wir die Integralgleichung

$$(K_1-2\pi I_s^2)\alpha_1(x)+\frac{I_s^2}{D}\int_{-\infty}^{\infty}\alpha_1(\bar{x})\cdot F(x-\bar{x})d\bar{x} = 0 \qquad (14.37)$$

Wenden wir auf diese Gleichung wie in Abschn. 14.3 die Fouriertransformation an, so zeigt sich, daß es keine Lösung gibt, die einer isolierten Wand entspricht, wohl aber eine periodische Lösung:

$$\alpha_1(x) = C\cdot\sin(kx) \qquad (14.38)$$

wobei sich durch Einsetzen in (14.37) für k die Bedingung:

$$kD\left(1-\frac{K_1}{2\pi I_s^2}\right) = 1-e^{-kD} \qquad (14.39)$$

ergibt. Für $K_1/(2\pi I_s^2)<<1$ ergibt sich näherungsweise $kD=K_1/(\pi I_s^2)$ und damit die Lösung von Spain [14.16]:

$$\alpha_1(x) = \sin\left(\frac{K_1 \cdot x}{\pi I_s^2 \cdot D}\right) \qquad (14.40)$$

Die Wellenlänge dieser Lsöung ist vergleichbar mit der Dimension des Ausläufers gewöhnlicher Néelwände (14.29). Damit bestätigt sich nachträglich, daß die Vernachlässigung der Austauschenergie im Fall $K_1/(2\pi I_s^2)<<1$ gerechtfertigt ist.

Experimentell werden derartige geladene Wände in der Tat beobachtet, allerdings nicht in der periodischen Anordnung (14.40). Sie treten vielmehr auf, wenn sie durch Störungen in der Schicht oder die Zusammenhangsverhältnisse der Bereichsstruktur erzwungen werden. In diesem Fall wird (14.37) durch ein inhomogenes Glied zu ergänzen sein, sodaß auch isolierte Lösungen möglich werden. Die charakteristische Wellenlänge der Lösung (14.40) wird jedoch auch in diesem Fall erhalten bleiben.

[14.1] H.D.Dietze, H.Thomas, Z.Physik 163, 523 (1961)

[14.2] E.Fuchs, Z.Angew.Phys. 14, 203 (1962)

[14.3] E.Feldtkeller, Z.Angew.Phys. 15, 206 (1963)

[14.4] E.Feldtkeller, E.Fuchs, Z.Angew.Phys. 18, 1, (1964)

[14.5] R.Collette, J.Appl.Phys. 35, 3294 (1964)

[14.6] W.F.Brown, A.E.LaBonte, J.Appl.Phys. 36, 1380 (1965) 37, 1299 (1966)

[14.7] R.Kirchner, W.Döring, J.Appl.Phys. 39, 855 (1968)

[14.8] A.Holz, A.Hubert, Z.Angew.Physik 26, 145 (1969)

[14.9] A.Hubert, Computer Phys.Commun. 1, 343 (1970)

[14.10] H.Riedel, A.Seeger, phys.stat.sol. (b) 46, 377 (1971)

[14.11] M.Abramowitz, I.Segun (Ed.) Handbook of Mathematical Functions, (Dover, New York, 1965)

[14.12] H.Kronmüller, phys.stat.sol. 11, K125 (1965)
[14.13] A.Hubert, J.de Physique 32, C1-404 (1970)
[14.14] A.Hubert, Czech.J.Phys. B21, 532 (1971)
[14.15] E.J.Torok, A.L.Olson, H.N.Oredson, J.Appl.Phys. 36, 1394 (1965)
[14.16] R.J.Spain, C.R.Acad.Sci. 257, 2427 (1963)

Tabelle 14.1

Berechnung einiger Néelwände mit Hilfe der Methode von Riedel und Seeger. $K_1/I_s^2=1/640$ (Permalloy)

$\varepsilon_s=\sqrt{AI_s^2}$, $\delta_s=\sqrt{A/I_s^2}$

K_1/I_s^2	1/640				0.001	0.01	0.1	1	1/640			
D/δ_s	8	5	3	1	5	5	5	5	5			
h	0	0	0	0	0	0	0	0	0,4	0,8	-0,4	-0,8
α_K	0.56247	0.70212	0.82795	0.96059	0.71711	0.62755	0.49729	0.29863	0.86075	.97593	0.52036	0.32519
E_G/ε_s	5.6144	4.4299	3.2375	1.5034	4.2913	5.1018	6.2612	8.4216	1.7665	0.2368	8.0745	12.6216
$\Delta E^g/\varepsilon_s$	0.0685	0.0792	0.0854	0.0725	0.0752	0.0989	0.1327	0.1623	0.0381	0.0075	0.1290	0.1879
$\Delta E^y/\varepsilon_s$	-0.206	-0.135	-0.067	-0.044	-0.125	-0.181	-0.246	-0.200	-0.048	-0.004	-0.260	-0.419

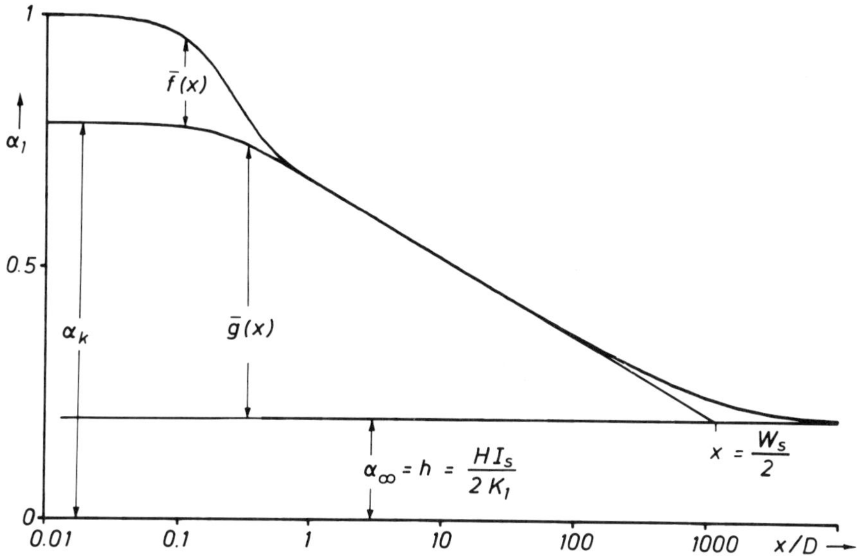

Fig. 14.2
Zur Definition der bei der Berechnung von symmetrischen Néelwänden benötigten Größen. Die im Text erscheinenden Funktionen f und g sind durch $f(x)=\bar{f}(x)+\alpha_K$ und $g(x)=\bar{g}(x)-\alpha_K+\alpha_\infty$ definiert.

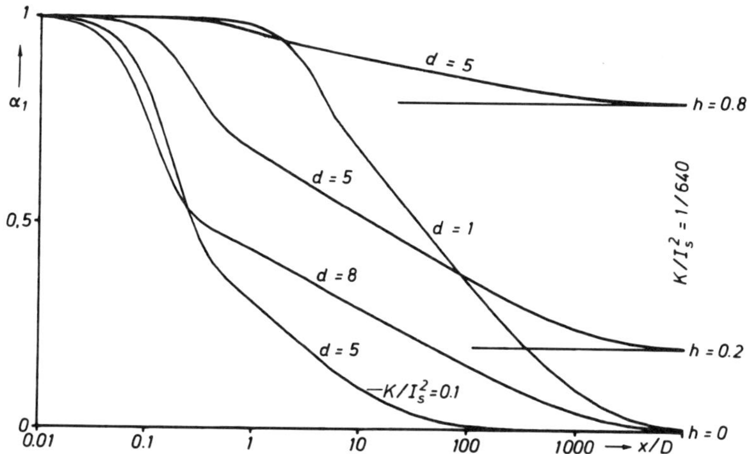

Fig. 14.3
Wandprofile für verschiedene Parameterkombinationen, berechnet nach der Methode von Riedel und Seeger.

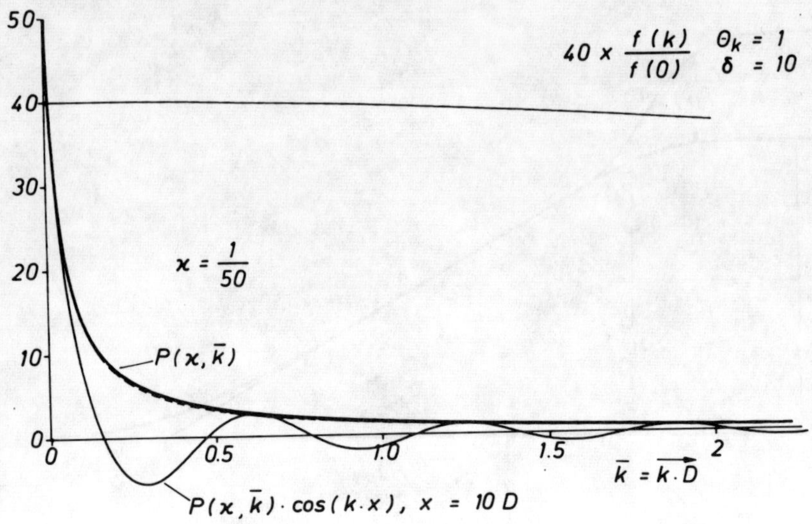

Fig. 14.4
Der Verlauf des Integranden in Gl.(14.18). Gestrichelt: die Näherungsdarstellung (14.25) für $P(\kappa,k)$.

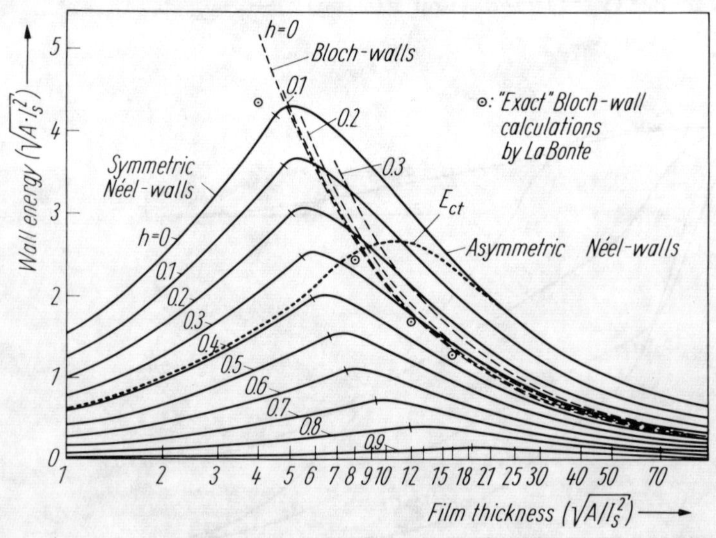

Fig. 14.5
Übersicht über die Energien der verschiedenen Wandtypen als Funktion der Schichtdicke für $K/I_s^2 = 1/640$ (Permalloyschichten). E_{ct} ist die mittlere Energie der Stachelwand gemäß Fig. 13.7. Entnommen aus [15.3]

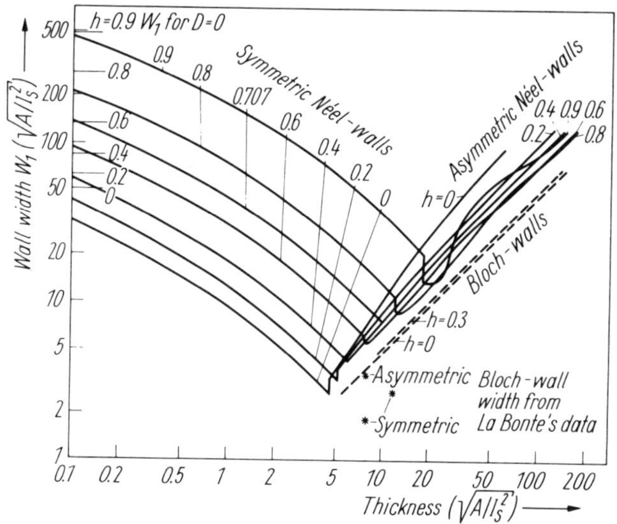

Fig. 14.6

Wie Fig. 14.5 für die Wandweiten W_α (Zur Definition der Wandweite s. Abschn. 2.2) $W_1 = W_\alpha / \sqrt{1-h^2}$.

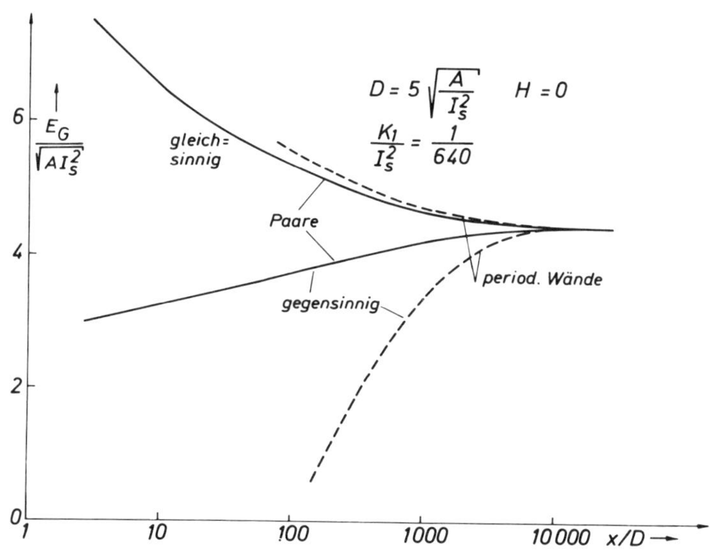

Fig. 14.7

Die Energie von wechselwirkenden symmetrischen Néelwänden als Funktion des Abstandes x zwischen den Wänden.

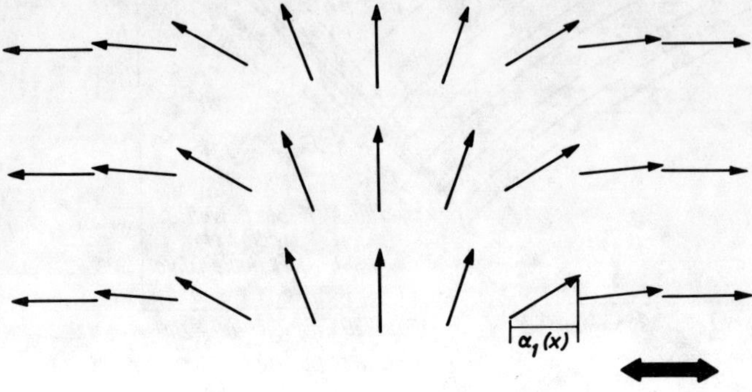

Fig. 14.8
Aufsicht auf eine dünne Schicht mit einer Néelwand, die senkrecht zur leichten Richtung orientiert ist (geladene Néelwand).

15. Genauere Untersuchung der Blochwand in dünnen Schichten

15.1 Historischer Überblick

Die Erforschung der Blochwand über das Näherungsmodell Néels hinaus begann wiederum mit der Arbeit von Dietze und Thomas [14.1], die erstmals die Energie für ein bestimmtes Modell (Gl.(14.1)) exakt berechneten. Auch die Feldtkellersche Verallgemeinerung dieser Rechnungen wurde auf Blochwände angewandt [14.3, 14.4]. Die weitere Entwicklung sei im folgenden skizziert:

W.F. Brown und A.E. LaBonte (1965) [14.6]: Numerische Berechnung der eindimensionalen Blochwand mit Hilfe eines Differenzenverfahrens. Die Blochwand erweist sich im Gegensatz zur Néelwand als gut lokalisiert und ist deshalb leicht numerisch zu berechnen. Charakteristisch für die Lösung ist die Tatsache, daß sich die α_2-Komponente in den Außenbereichen der Wand umkehrt (Rücktransport des magnetischen Flusses zur anderen Oberfläche). Die Energie der Wand liegt um gut 10% niedriger als bei Dietze und Thomas. (Fig. 15.1a)

A.E. LaBonte (1966) [15.1]: Zweidimensionale Erweiterung des symmetrischen eindimensionalen Wandmodells. Die mikromagnetischen Wechselwirkungen werden voll in einem zweidimensionalen Differenzverfahren berücksichtigt. Es ergibt sich eine drastische Reduktion der Energie gegenüber dem eindimensionalen Modell um mehr als 30%. Im Fall der Blochwand sind eindimensionale Modell demnach unzulänglich (Fig. 15.1b)

A. Aharoni (1967) [15.2]: Erster Versuch einer Abkehr von bezüglich der Wandmitte symmetrischen Strukturen mit Hilfe eines aus mehreren Abschnitten zusammengesetzten Modells, das in den Außenbereichen keine Streufelder erzeugt. Die Wandenergie ergibt sich zwar geringer als die Energie der eindimensionalen Wand, jedoch höher als im Fall des zweidimensionalen symmetrischen Modells von LaBonte. Endgültige Schlüsse bezüglich der Symmetrie sind daher aus dieser Arbeit noch nicht zu ziehen. (Fig. 15.1c)

A. Hubert (1969) [15.3], A.E. LaBonte (1969) [15.4].
Unabhängige, gleichzeitige Entdeckung einer wirbelförmigen, unsymmetrischen Struktur, deren Energie niedriger als die Energie des symmetrischen Modells von LaBonte ist. LaBonte führte seine früheren Rechnungen fort und verzichtete dabei auf die bis dahin angenommene Symmetriebedingung. Die Spinanordnung nahm daraufhin eine neue Gleichgewichtsform an, deren Energie um 10% - 30% unter den früheren Werten lag. Praktisch die gleiche Struktur wurde vom Verfasser mit Hilfe eines Ritzschen Verfahrens abgeleitet, bei welchem nur völlig streufeldfreie mikromagnetische Konfigurationen zugelassen waren. Die Möglichkeit solcher Strukturen nicht nur im massiven Material, sondern auch in dünnen Schichten, ergab den Schlüssel zum Verständnis der wirklichen Blochwandstruktur (Fig.15.1d)

Die größte Schwierigkeit bei der anschaulichen Beschreibung und der Diskussion der Eigenschaften der wirbelförmigen Blochwand besteht darin, daß es nur schwer möglich ist, ihren Spinverlauf analytisch in einer vernünftigen Näherung darzustellen. Am ehesten ist hierzu bisher die Beschreibung der Blochwand durch eine (näherungsweise) streufeldfreie Konfiguration geeignet [15.3], auf die wir uns im folgenden stützen wollen.

15.2 Die Randbedingungen für zweidimensionale Blochwände

Wir wollen zunächst eine 180°-Wand in einem einachsigen Material untersuchen, dessen leichte Richtung parallel zur Schicht liegen möge. Die Wand werde durch die beiden Magnetisierungskomponenten $\alpha_1(x,y)$ und $\alpha_2(x,y)$ beschrieben, aus denen sich die dritte Komponete gemäß $\alpha_3(x,y) = \sqrt{1-\alpha_1^2-\alpha_2^2}$ berechnet. Aus $\alpha_3(\pm\infty) = \pm 1$ ergeben sich für die anderen Komponenten die Randbedingungen $\alpha_1(\pm\infty) = \alpha_2(\pm\infty) = 0$. Ein Vektorfeld (α_1,α_2), das diese Randbedingung erfüllt, beschreibt aber noch nicht immer eine Wand. Dazu ist notwendig, daß für alle Werte von y mindestens ein Wert $x=x_o(y)$ existiert, bei dem die Komponente α_3 ihr Vorzeichen wechselt. Wir führen die Hilfsfunktion $M(x,y) = \alpha_1^2+\alpha_2^2$ ein, für die auf jeden Fall $M \le 1$ gelten muß. Der Punkt $x_o(y)$ wird dann durch folgende Bedingung gekennzeichnet:

$$M(x_o,y)=1\ ,\quad M_x(x_o,y)=0 \tag{15.1}$$

Die Punkte $x_o(y)$ verbinden sich zu einer ausgezeichneten Kurve der Funktion $M(x,y)$, die man etwa als Scheitellinie bezeichnen könnte. Sie muß die beiden Oberflächen der Schicht in stetiger Weise verbinden.

Aus (15.1) lassen sich weitere Eigenschaften der Scheitellinie ableiten, die gelegentlich von Nutzen sind. Da (15.1) für alle y gültig ist, muß M auf $x_o(y)$ auch bezüglich der y-Richtung stationär sein, und darüberhinaus muß die Gaußsche Krümmung für alle Punkte der Scheitellinie verschwinden:

$$M_y(x_o,y) = 0\ ,\quad M_{xx}M_{yy}-M_{xy}^2\big|_{x_o,y} = 0 \tag{15.2}$$

Für Wände mit einem geringeren Wandwinkel als 180° ist lediglich die Randbedingung im Unendlichen abzuwandeln:

$$\alpha_1(\pm\infty) = \alpha_\infty\ ,\quad \alpha_2(\pm\infty) = 0 \tag{15.3}$$

Die Bedingungen (15.1) für die Wandmitte bleiben auch für solche Wände gültig.

Für alle symmetrischen Wandmodelle (und auch für den Vorschlag von Aharoni [15.2]) ist die Kurve $x_o(y)$ gleich der Geraden x=0. Die unsymmetrischen Modelle von LaBonte und Hubert zeichnen sich dagegen durch gekrümmte, bezüglich der y-Achse unsymmetrische Kurven $x_o(y)$ aus. Diese Unsymmetrie führt zum energetisch günstigsten Zustand, obwohl alle beteiligten Energien bezüglich x=0 und y=0 symmetrisch sind. Verantwortlich hierfür ist die Streufeldenergie, die nun dann weitgehend vermieden werden kann, wenn unsymmetrische Strukturen zugelassen sind. In den folgenden Abschnitten sollen diese streufeldfreien und streufeldarmen Strukturen genauer untersucht werden.

15.3 Die Konstruktion streufeldfreier Modelle für Wände in dünnen Schichten

Eine beliebige, durch die Komponenten $(\alpha_1(x,y),\alpha_2(x,y))$ charakterisierte zweidimensionale Wand besitzt genau dann kein magnetisches Streufeld, wenn seine Quellen sowohl im Innern der Schicht wie auf den Schichtoberflächen verschwinden. Das ergibt die Bedingungen:

$$\frac{\partial\alpha_1}{\partial x} + \frac{\partial\alpha_2}{\partial y} = 0 \ , \quad \alpha_2(x,\pm D/2) = 0 \qquad (15.4)$$

Wir suchen nun ein Vektorfeld, das gleichzeitig die Bedingungen (15.1) bis (15.4) erfüllt. Es wird sich zeigen, daß derartige Strukturen möglich sind, wenn man die im letzten Abschnitt erläuterten Unsymmetrien zuläßt. Da die Blochwand in dünnen Schichten nach Néel gerade durch ihre hohe Streufeldenergie ungünstig wird, ist abzusehen, daß eine streufeldfreie Konfiguration wesentlich günstigere Energiewerte ergeben wird.

Jede streufeldfreie Struktur ist mit Hilfe eines Vektorpotentials in folgender Weise darzustellen

$$\alpha_1(x,y) = \frac{\partial\tilde{A}(x,y)}{\partial y} \ , \ \alpha_2(x,y) = -\frac{\partial\tilde{A}(x,y)}{\partial x} \ , \ \tilde{A}(x,\pm D/2) = \text{const} \qquad (15.5)$$

Gehen wir von irgendeiner Funktion $\tilde{A}(x,y)$ aus, die gemäß (15.5) auf den beiden Oberflächen konstant ist, so erfüllt auch die Funktion $\tilde{A}(\xi,y)$ mit:

$$\xi = x+Q(y) \qquad (15.6)$$

diese Bedingung und führt somit zu einer streufeldfreien Struktur. Mit der Abkürzung $q(y)=dQ(y)/dy$ schreiben sich dann die Komponenten α_1 und α_2 wie folgt:

$$\alpha_1 = \frac{\partial\tilde{A}(\xi,y)}{\partial y} + q(y)\frac{\partial\tilde{A}(\xi,y)}{\partial\xi} \ , \quad \alpha_2 = -\frac{\partial\tilde{A}(\xi,y)}{\partial\xi} \qquad (15.7)$$

Die Funktion q(y) soll dazu dienen, bei vorgegeben A(x,y) die Bedingung (15.1) zu befriedigen. Wegen (15.6) ist die Bedingung $\partial M/\partial x=0$ auf der Scheitellinie äquivalent mit $\partial M/\partial\xi=0$. Man kann also (15.1) als einfaches Gleichungssystem für die beiden Variablen ξ_o und q betrachten, das für alle y zu lösen ist. Ist dies geschehen, so kann Q(y) integriert werden und damit x anstelle von ξ bestimmt werden. Um das Gleichungssystem (15.1) etwa nach der Newtonschen Methode auflösen zu können, ist es notwendig, daß die Determinante der Ableitungen nach den Variablen ξ und q ungleich Null ist:

$$M_\xi M_{\xi q}-M_{\xi\xi}M_q \neq 0 \; . \tag{15.8}$$

M_ξ verschwindet ohnedies auf der Scheitellinie, und da $M_{\xi\xi}\neq 0$ angenommen werden kann, reduziert sich die Bedingung (15.8) auf

$$M_q = -2\alpha_1\alpha_2 \neq 0 \tag{15.8a}$$

Aus der Darstellung in Fig. 15.1d ist ersichtlich, daß (15.8a) für die meisten Punkte der Scheitellinie gilt, sodaß man nach q auflösen kann. In einzelnen (kritischen) Punkten verschwindet M_q allerdings auf der Scheitellinie, z.B. bei $y=\pm D/2$ wegen $\alpha_2=0$. Man muß deshalb zunächst die Ausgangsfunktion A(x,y) so anpassen, daß in den kritischen Punkten die Bedingungen (15.1) und (15.2) auf jeden Fall erfüllt sind; dann erst kann man q(y) für die übrigen Werte von y bestimmen. Wenn schließlich q(y) als stetige Kurve von $y=-D/2$ bis $y=D/2$ bekannt ist, und wenn auch für Punkte außerhalb der Scheitellinie überall $M<1$ gilt, dann besitzen wir ein streufeldfreies Modell für eine Blochwand, daß alle Randbedingungen erfüllt. Für dieses Modell läßt sich die Wandenergie durch Integration bestimmen und durch Variation der Startfunktion A(x,y) im Sinne eines Ritzschen Verfahrens optimieren. Das gesamte Programm ist nur numerisch zu bewältigen. Wir wollen uns deshalb hier darauf beschränken, einen Ansatz für A(x,y) wiederzugeben, für den das Verfahren arbeitet, und der zu einer niedrigen Gesamtenergie führt. Im übrigen sei auf die Originalarbeiten [15.3, 15.5] verwiesen.

15.4 Streufeldfreie Blochwände in dünnen Schichten

a) Die streufeldfreie Wand minimaler Austauschenergie

Wie wir noch genauer begründen werden, gibt es unter den streufeldfreien Blochwänden eine ausgezeichnete Struktur, nämlich die Struktur mit der geringsten Austauschenergie pro Längeneinheit der Wand. Folgender Ansatz führt zu der bisher besten Annäherung an diese Lösung:

$$\tilde{A}(x,y) = C\cdot p(x)\cdot g(y) \ ,$$

$$p(x) = \frac{1+b_o \tanh(a_1 x)}{\cosh(a_2 x)}$$

$$g(y) = \sum_{i=1}^{4} g_i \cdot \cos((2i-1)\pi\frac{y}{D}) \qquad (15.9)$$

Für die Konstanten ergeben sich - teils aus den Randbedingungen (14.1) in den kritischen Punkten, teils aus der Minimalisierung der Gesamtenergie - folgende Werte:

$$C = 0.27247, \quad a_1 = 4.0071, \quad a_2 = 2.3754, \quad b_o = 0.8934$$

$$g_1 = 1-g_2-g_3-g_4, \quad g_2 = 0.0489, \quad g_3 = 0.00260, \quad g_4 = -0.000137.$$

Die Funktion Q(y) (Gl.(15.6)) folgt häherungsweise folgender Darstellung:

$$Q(y) = -0.0170\cdot\sin^2(\pi y/D)-0.02546 \sin^4(\pi y/D) \qquad (15.10)$$

Das dieser Lösung nach Gl.(15.7) entsprechende Vektorfeld (α_1,α_2) ist in Fig. 15.2a dargestellt. Die Integration der Austauschenergie ergibt den Wert E_A^o=21.430·A (A=Austauschkonstante). Die Austauschenergie pro Längeneinheit ist unabhängig vom Maßstabsfaktor in Fig. 15.2a, also unabhängig von der Schichtdicke.

Ein Charakteristikum der in Fig. 15.2a dargestellten Lösung ist, daß die Magnetisierung an den beiden Oberflächen in der Wandmitte in entgegengesetzte Richtungen zeigt. Bei diesem Wandtyp trägt also auch die Umlenkung der Magnetisierung längs der y-Dimension wesentlich zur Austauschenergie bei. In einem Gedankenversuch verändern wir nun den x-Maßstab in Fig. 15.2a, ohne den y-Maßstab oder die Länge der Vektoren zu verändern. Bei einer Ausdehnung des Wandkerns in x-Richtung würde zwar der "x-Beitrag" zur Austauschenergie sinken, der erläuterte "y-Beitrag" aber ansteigen. Umgekehrt wäre es bei einer Kontraktion des Wandkerns längs der x-Richtung. Aus solchen Überlegungen läßt sich verstehen, daß es genau eine Struktur des in Fig. 15.2a dargestellten Wandtyps mit minimaler Austauschenergie gibt.

b) Die Wandenergie als Funktion der Schichtdicke

Hat man ein Wandmodell für eine bestimmte Schichtdicke berechnet, dann läßt es sich leicht auf andere Schichtdicken übertragen, indem man sowohl den x-Maßstab wie den y-Maßstab mit dem gleichen Faktor multipliziert. Bei dieser Operation verändert sich die Streufeldenergie ebenso wie die Kristallenergie proportional zum Maßstab, während sich die Austauschenergie pro Flächeneinheit der Wand umgekehrt proportional zum Maßstab verhält. Die Gesamtenergie pro Flächeneinheit der Wand ergibt sich also zu:

$$E_G(D) = E_A^o/D+(E_K^o+E_S^o)D \tag{15.11}$$

wobei E_A^o, E_K^o und E_S^o die Austausch- Kristall- und Streufeldenergie der betreffenden Struktur für die Dicke 1 seien. Werte für E_A^o, E_K^o und E_S^o finden sich in Tab. 15.1, und zwar sowohl für die streufeldfreien Modelle, die im letzten Abschnitt behandelt wurden, wie auch für eine von LaBonte berechnete Wand. Fig. 15.3 zeigt die Wandenergie als Funktion der Schichtdicke nach Gl.(15.11) für das Modell kleinster Austauschenergie pro Längeneinheit.

Die Hyperbel besitzt ein Minimum bei $D_o=\sqrt{E_A^o/E_K^o} \approx 6.1\sqrt{A/K_1}$.

Für $D<<D_o$ wird die Wandenergie im wesentlichen durch die Austauschenergie bestimmt. Die Kristallenergie besitzt nur einen geringen Einfluß. Daraus folgt, daß in dem ganzen Dickenbereich $D<<D_o$ die im letzten Abschnitt erläuterte streufeldfreie Struktur

minimaler Austauschenergie eine gute Näherung darstellt. Wandstrukturen bei verschiedenen Dicken gehen in diesen Bereich durch eine Ähnlichkeitstransformation auseinander hervor, die Wandweite wird proportional zur Schichtdicke, die Wandenergie umgekehrt proportional zur Schichtdicke.

Je nach der Größe des Verhältnisses $K_1/(2\pi I_s^2)$ wird sich mit abnehmender Schichtdicke eine zunehmende Abweichung von der vereinfachenden Annahme der Streufeldfreiheit zeigen, wie auch durch die Rechnungen LaBontes bestätigt wird. Bei noch geringeren Schichtdicken geht die Blochwand schließlich in die Néelwand über. Fig. 14.5 enthält sowohl die Energie der Blochwand wie eine Abschätzung für die Energie der Stachelwand für Permalloyschichten ($K_1/(2\pi I_s^2)=1/640$). Danach ist der Übergang von der Stachelwand zur Blochwand bei $D=8\sqrt{A/I_s^2}\approx 1000$ Å zu erwarten - in guter Übereinstimmung mit den Experimenten.

Im nächsten Abschnitt wollen wir den entgegengesetzten Grenzfall sehr großer Schichtdicken ($D>D_o$) untersuchen.

c) Der Übergang zur Blochwand im massiven Material

Es ist zu erwarten, daß die Energie der Blochwand mit zunehmender Schichtdicke monoton abnimmt. Das Wandmodell minimaler Austauschenergie kann also für Schichtdicken $D>D_o$ nicht mehr gültig sein. In [15.6] wurden abgewandelte Modelle berechnet, die dem zunehmenden Einfluß der Kristallenergie insofern Rechnung tragen, daß die Wirbelstruktur in der y-Richtung gestreckt wird und die Umlenkung der Magnetisierung parallel zur Oberfläche auf die Umgebung der Oberflächen beschränkt ist. Im Innern der Schicht ähneln solche Modelle mit zunehmender Schichtdicke mehr und mehr der klassischen streufeldfreien eindimensionalen Wand.

Bezüglich der Einzelheiten sei wiederum auf die Originalarbeit verwiesen [15.6]. Fig. 15.4 zeigt die detaillierte Struktur einer Wand für $D=20\sqrt{A/K_1}$ und Fig. 15.3 enthält die gemäß Gl.(15.11) berechneten Energiehyperbeln für verschiedene Modelle. Wir entnehmen dieser Darstellung, daß das streufeldfreie Modell minimaler Austauschenergie in der Tat bis in den Bereich $\frac{3}{4}D_o=4.5\sqrt{A/K_1}$ als gute Näherung zu betrachten ist. Erst für größere Schichtdicken sind abgewandelte Modelle zu benutzen. Dieser Übergang wird besonders gut sichtbar in einer Darstellung der Wandweiten W_α als Funktion der Schichtdicke (Fig. 15.5). Im Bereich des Modells minimaler Austauschenergie gilt $W_\alpha \cong 0.469D$. Im Bereich von $D>4.5\cdot\sqrt{A/K_1}$ weicht die Wandweite von diesem Gesetz ab, um sich dem bei sehr großen Schichtdicken gültigen Grenzwert $W_\alpha=2\sqrt{A/K_1}$ anzunähern.

Wir können zusammenfassen: In einem Dickenbereich

$$8\sqrt{A/I_s^2}<D<4.5\sqrt{A/K_1} \qquad (15.12)$$

stellt das durch Gl.(15.9) wiedergegebene streufeldfreie Modell minimaler Austauschenergie eine gute Näherung für die Blochwand in dünnen Schichten dar. Für kleinere Schichtdicken werden Stachel- und Néelwände günstiger, für größere Schichtdicken findet der Übergang zur eindimensionalen Blochwand statt.

Da in dem durch (15.12) gegebenen Intervall die Austauschenergie den größten Anteil an der Wandenergie darstellt, hat die Kristallenergie nur einen geringen Einfluß auf die Wandstruktur. Das gilt auch, wenn die Kristallenergie eine völlig andere Form hat, also etwa in Einkristallschichten. Genauere Untersuchungen [14.14, 15.6] ergaben, daß in kubischen (100)-orientierten Schichten die Struktur der Wand sich nur wenig gegenüber der Wand in einachsigen Schichten ändert. Lediglich die obere Grenze in (15.12) verschiebt sich auf etwa $7\sqrt{A/K_1}$ (Fig. 15.5).

d) Blochwände in äußeren Feldern

Wir wollen nun untersuchen, in welcher Weise sich die Blochwand minimaler Austauschenergie deformiert, wenn ein Feld parallel zur Schicht und senkrecht zur leichten Richtung angelegt wird. Das äußere Feld wird besonders mit den beiden Oberflächenzonen des Wandkerns wechselwirken. Eine dieser Oberflächenzonen ist dem

Feld gleichgerichtet und wird sich deshalb ausdehnen, die andere wird sich, da dem Feld entgegengerichtet, zusammenziehen. Daraus folgt, daß die y-Symmetrie der normalen streufeldfreien Blochwand in einem angelegten Feld verloren geht.

Derartige Modelle wurden in [15.5] berechnet. Der wesentliche Unterschied im Ansatz besteht darin, daß die Funktion g(y) über (15.9) hinaus auch unsymmetrische Beiträge der Form $\tilde{g}_i \sin(2\pi \cdot i \cdot y/D)$ aufnehmen muß. Die Behandlung der kritischen Punkte erfordert etwas mehr Aufwand und die Funktion q(y) wird unsymmetrisch bezüglich y=0. Das Endergebnis systematischer Minimalisierungen der Gesamtenergie ist in Fig. 15.2b,c dargestellt. Tabelle 15.1 gibt Energien und Wandweiten als Funktion der Feldstärke wieder. Das auffälligste Ergebnis dieser Rechnungen ist die Zunahme der Wandenergie im angelegten Feld - im Gegensatz etwa zur eindimensionalen Wand (Fig. 13.4). Anschaulich ist dieser Effekt auf die durch den Magnetisierungsfluß in x-Richtung erzwungene Kompression des Magnetisierungswirbels in der Nähe einer Oberfläche zurückzuführen, die zu einer Erhöhung der Austauschenergie führt. Diese Energieerhöhung läßt sich wahrscheinlich etwas vermindern, wenn ein Teil des Flusses in Form von Streufeld über den Wandkern hinwegtransportiert wird. Derartige Modelle, die also vom rein streufeldfreien Modell abweichen, wurden bisher nicht untersucht, sie dürften jedoch nichts an der Tatsache ändern, daß die Blochwand auf ein angelegtes Feld mit einer Energieerhöhung reagiert.

Es ist nicht gelungen, für reduzierte Feldstärke h>0.3 noch streufeldfreie Modelle zu konstruieren. Dies ist ein Hinweis darauf, daß in größeren äußeren Feldern eine andere Wandstruktur stabil wird, die wir in Abschnitt 16. behandeln werden.

15.5 Experimentelle Beobachtungen der Blochwand

Schon sehr früh [15.7, 13.1] war man darauf aufmerksam geworden, daß Blochwände im Gegensatz zu Néelwänden bei Bitterstreifenuntersuchungen praktisch keinen Konstrast zeigen. Bei solchen Versuchen wird die Konzentration kolloidaler magnetischer Teilchen in Streufeldern über der Oberfläche einer Probe sichtbar gemacht. Nun ist es nicht einfach, die zu erwartende Konzentration quantitativ abzuschätzen und also aus der Unsichtbarkeit der Wände auf die maximal existierenden Felder zu schließen. Jedenfalls entspricht der erwähnte Befund den Erwartungen, die wir mit den streufeldfreien theoretischen Modellen verbinden.

Eine direkte Bestätigung der zweidimensionalen unsymmetrischen Struktur der Blochwand ist sicherlich nur mit elektronenmikroskopischen Methoden möglich. Sie wurde schon verschiedentlich versucht, und mehrere Arbeiten [15.8-15.11] kommen auf mehr oder weniger indirektem Wege zu einer Bestätigung der in den letzten Abschnitten entwickelten Modelle. Besonders anschaulich ist eine Arbeit von Tsukahara und Kawakatsu [15.12], die die unsymmetrische Struktur des elektronenmikroskopischen Bildes einer 180°-Wand in einem Einkristall unmittelbar sichtbar machen konnten. Sie konnten auch zeigen, daß der beobachtete Konstrast quantitativ mit dem etwa aus Fig. 15.6 zu berechnenden Konstrast übereinstimmt.

Eine streufeldfreie Blochwand kann grundsätzlich in vier verschiedenen Orientierungen existieren, die alle energetisch gleichwertig sind: Die α_2-Komponente kann - bei jeder Blochwand - positiv oder negativ sein, und bei einer asymmetrischen Blochwand kann zusätzlich der Wirbel in Fig.15.1d nach rechts oder nach links orientiert sein. Tsukahara und Kawakatsu beobachteten Bilder von Blochwänden, in denen sich die Unsymmetrie umkehrte, was genau einem Wechsel der Orientierung des Wirbels entsprechen würde. Auch dieser Befund bestätigt die Richtigkeit des theoretischen Modells.

[15.1] A.E.LaBonte, Thesis, University of Minnesota (1966)

[15.2] A.Aharoni, J.Appl.Phys. 38, 3196 (1967)

[15.3] A.Hubert, phys.stat.sol. 32, 519 (1969)

[15.4] A.E.LaBonte, J.Appl.Phys. 40, 2450 (1969)

[15.5] A.Hubert, phys.stat.sol. 38, 699 (1970)

[15.6] A.Hubert, Z.angew.Phys. 32, 58 (1971)

[15.7] S.Methfessel, S.Middelhoek, H.Thomas, IBM J.Res.Dev. 4, 96 (1960)

[15.8] H.Kappert, P.Schmiesing, phys.stat.sol. (a) 4, 737 (1971)

[15.9] D.C.Hothersall, phys.stat.sol. (b) 51, 529 (1972)

[15.10] C.G.Harrison, K.D.Leaver, phys.stat.sol. (a) 12, 413 (1972)

[15.11] T.Suzuki, Z.angew.Physik 32, 75 (1971)

[15.12] S.Tsukahara, H.Kawakatsu, J.Phys.Soc. Japan 32, 1493 (1972)

Tabelle 15.1

Daten für verschiedene asymmetrische Blochwandmodelle

1) Streufeldfreie Blochwand minimaler Austauschenergie,

2)-5) Varianten für größere Schichtdicken,

6)-8) Wände im angelegten Feld,

9) Wand von LaBonte für eine Permalloyschicht der Dicke 1000 Å.

Nr.	D/δ_o	h	E_A^o/A	E_K^o/K_1	E_s^o/I_s^2	W_α/D	Q_x
1	<3	0	21.43	0.581	0	0.469	11.90
2	5	0	22.52	0.489	0	0.375	11.4
3	10	0	34.40	0.272	0	0.302	25.1
4	20	0	61.00	0.125	0	0.128	46.3
5	33.3	0	96.63	0.071	0	0.079	76.8
6	<3	0.1	21.77	0.579	0	0.471	9.2
7	<3	0.2	22.86	0.560	0	0.471	9.3
8	<3	0.3	25.46	0.528	0	0.469	9.6
9	0.32	0	19.55	0.61	0.0016	0.423	-

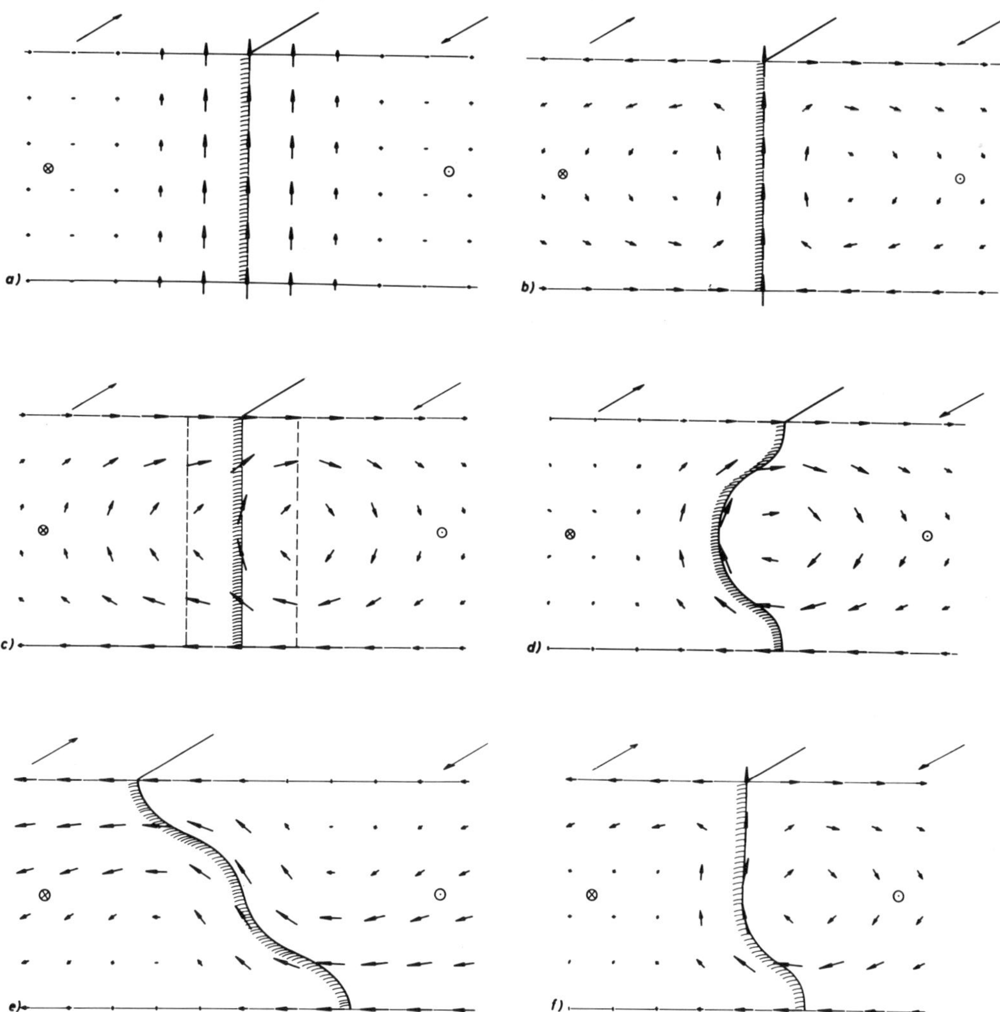

Fig. 15.1
Schematische Darstellung verschiedener Wandstrukturen (Schnitt durch die magnetische Schicht mit Projektion der Magnetisierung auf die Schnittebene) a) Blochwand nach Dietze und Thomas [14.1], b) Symmetrische Blochwand nach LaBonte [15.1], c) Asymmetrisches Modell von Aharoni [15.2], d) Asymmetrische Blochwand nach LaBonte [15.4] und Hubert [15.3], e) Asymmetrische Néelwand nach Hubert [15.3], f) Hypothetische, instabile Übergangsstruktur zwischen asymmetrischer Blochwand und Néelwand

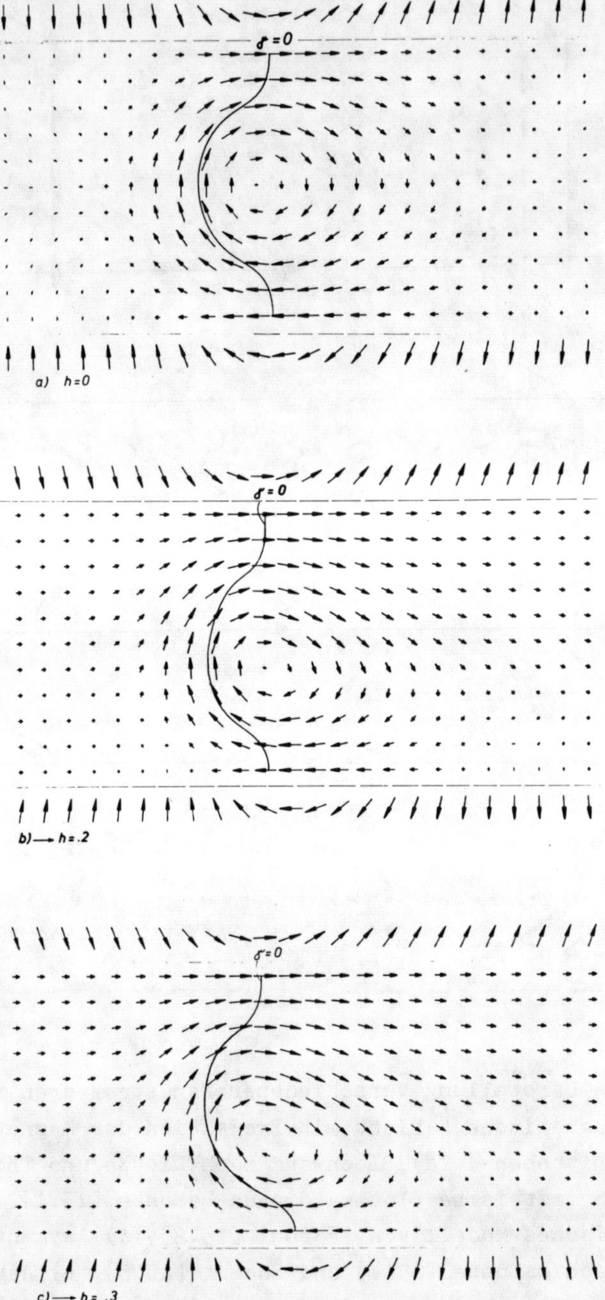

Fig. 15.2
Genauere Darstellung der Struktur asymmetrischer Blochwände als Funktion eines angelegten Feldes parallel zur schweren Richtung. Entnommen aus [15.5].

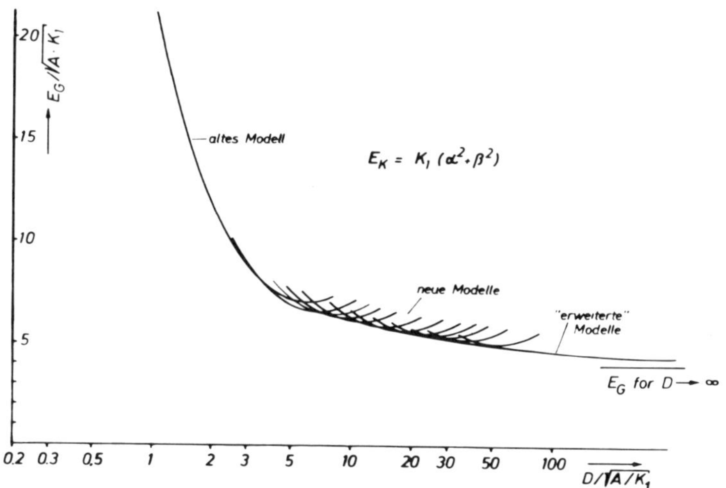

Fig. 15.3
Die Wandenergie von Blochwänden im Bereich größerer Schichtdicken. Übergang von der streufeldfreien Blochwand minimaler Austauschenergie bei $D<4.5\sqrt{A/K_1}$ zur eindimensionalen Blochwand bei $D\to\infty$. Entnommen aus [15.6].

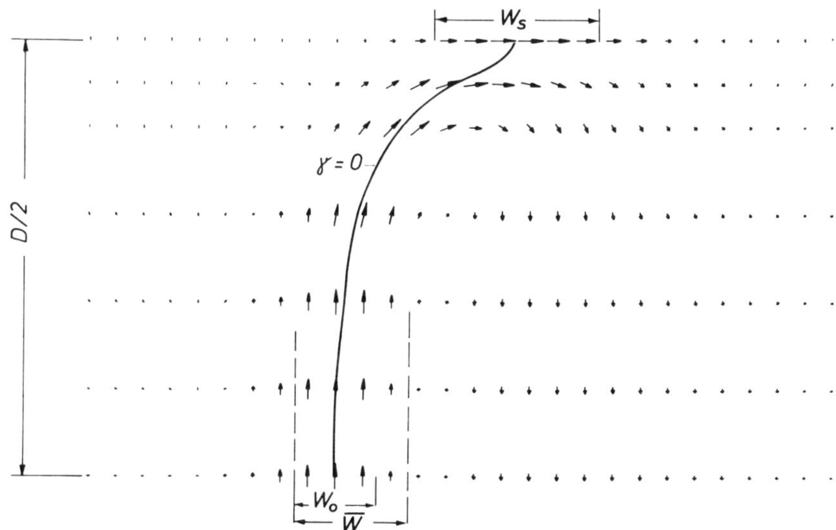

Fig. 15.4 Modell einer asymmetrischen Blochwand in einer dicken Schicht ($D=20\sqrt{A/K_1}$). Entnommen aus [15.6]

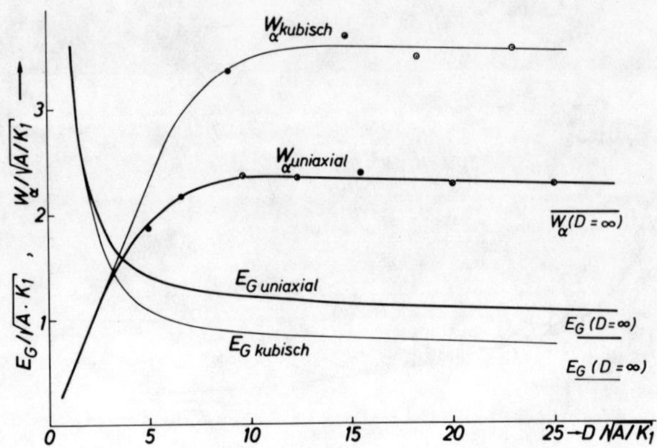

Fig. 15.5 Wandweite und Wandenergie als Funktion der Schichtdicke im Bereich des Übergangs vom wirbelförmigen Modus zum eindimensionalen Modus bei großen Schichtdicken. "kubisch" bezeichnet eine kubische Schicht mit (100)-Oberfläche und $K_1>0$.

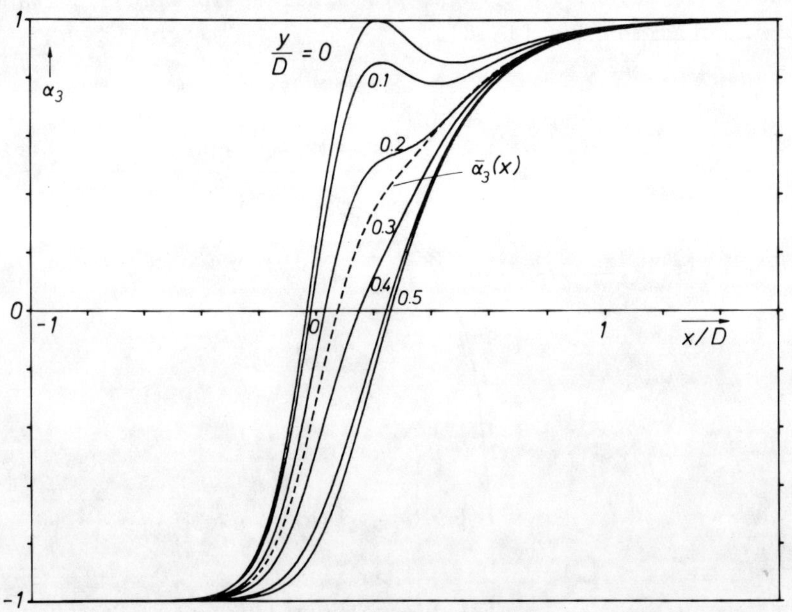

Fig. 15.6 Die z-Komponente der Magnetisierung α_3 der asymmetrischen Blochwand als Funktion der Koordinate x für verschiedene Werte von y. Gestrichelt: Der über y gemittelte Wert von α_3, der für den Konstrast im Elektronenmikroskop bei senkrechter Durchstrahlung maßgeblich ist.

16. Die asymmetrische Néelwand

16.1 Die Entdeckung des neuen Wandtyps

Daß es außer der in Abschn. 15 behandelten Blochwand in dicken Schichten noch eine zweite mögliche Konfiguration der 180°-Wand gibt, wurde unabhängig voneinander experimentell und theoretisch entdeckt. R.W. DeBlois [12.4] beobachtete in dünnen Kristallplättchen - teilweise in der gleichen Probe - zwei verschiedene Typen von 180°-Wänden: die gewöhnlichen, im Bitterstreifenbild praktisch unsichtbaren Blochwände, und eine "metastabile" Wand, die einen starken Bitterstreifenkontrast erzeugt. Er nannte diesen Wandtyp "bright metastable intermediate walls"; "intermediate", da er zeigen konnte, daß diese Wände in irgend einer Weise Eigenschaften von Blochwänden und von Néelwänden vereinigen.

Auf einem völlig anderen Weg wurde der zweite Wandtyp theoretisch gefunden, nämlich bei der Untersuchung möglicher streufeldfreier Strukturen [15.3]. Es erweist sich nämlich als durchaus möglich, eine Wand mit Hilfe des Ansatzes (15.9) auch dann zu konstruieren, wenn man b_o - die Größe, die die Unsymmetrie erzeugt - nicht konstant, sondern als ungerade Funktion von y ansetzt. Q(y) wird dann ebenfalls eine ungerade Funktion von y. Das Ergebnis ist eine Wand, die nicht wie die Blochwand eine Spiegelsymmetrie bezüglich der Ebene y=0 aufweist, sondern eine Punktsymmetrie bezüglich x=0, y=0 (Fig. 15.1e).

Die weitere Verfolgung der Wände dieses Symmetrietyps [15.5] ergab schließlich Eigenschaften, die mit denen der DeBlois'schen "bright intermediate walls" in allen Punkten übereinstimmten. Wir wählten zur Bezeichnung dieser Wand den Begriff "asymmetrische Néelwand", da sie in stetiger Weise aus gewöhnlichen, symmetrischen Néelwänden hervorgehen kann. Heute weiß man, daß dieser Wandtyp eine weitreichende Bedeutung in dicken Schichten besitzt. Ebenso wie gewöhnliche Néelwände werden asymmetrische Néelwände bei geringen Wandwinkeln begünstigt, die in einachsigen Schichten etwa durch ein Feld in der schweren Richtung erzeugt werden können. Der Übergang von der Blochwand zur asymmetrischen Néelwand führt in dicken Schichten zum sogenannten Wandkriechen, wenn gleichzeitig ein geringes Feld parallel zur leichten Richtung vorliegt. Bei der Untersuchung dieser Zusammenhänge [16.1] wurde übrigens der Wandtyp, der zwischen Blochwand und reiner Néelwand einzuordnen ist, ein drittes Mal auf unabhängigem Wege gefunden.

16.2 Mathematisches Modell für die asymmetrische Néelwand

Die in Fig. 15.1e angedeutete mikromagnetische Struktur der asymmetrischen Néelwand zeigt, daß in dieser Konfiguration - im Gegensatz zur Blochwand - die Magnetisierung im Wandkern an beiden Oberflächen gleichgerichtet ist. Die Wandenergie wird sich als Folge davon in einem äußeren Feld, das der Magnetisierung im Wandkern gleichgerichtet ist, absenken. Insofern verhält sich der Kern der asymmetrischen Néelwand ebenso wie der Kern einer gewöhnlichen Néelwand. Aus diesem Grund ist es nicht überraschend, daß auch asymmetrische Néelwänden in nicht zu dicken Schichten einen weitreichenden Ausläufer bilden (wie er sich im Experiment im starken Bitterstreifenkontrast dieser Wände zeigt). Die asymmetrische Néelwand ist also nicht gut mit einem völlig streufeldfreien Modell zu beschreiben. Der einfachste realistische Ansatz besteht darin, den streufeldfreien Kernbereich durch Überlagerung einer gewöhnlichen eindimensionalen Néelwandkomponente $\alpha_s(x)$ zu erweitern. Folgender Ansatz - analog zu (15.7) und (15.9) für die Blochwand - erwies sich als erfolgreich:

$$\alpha_1(x,y) = \frac{\partial\tilde{A}(\xi,y)}{\partial y} + q(y)\frac{\partial\tilde{A}(\xi,y)}{\partial\xi} + \alpha_S(x) + \alpha_\infty$$

$$\alpha_2(x,y) = -\frac{\partial\tilde{A}(\xi,y)}{\partial\xi}\ , \quad \xi = x+Q(y)\ ,$$

$$\tilde{A}(\xi,y) = C\cdot p(\xi,y)\cdot g(y)\ , \quad p(\xi,y) = [\xi+b(y)]/\cosh(a_o\xi)$$

$$b(y) = b_1\sin(\pi y/D)+b_2 y/D\ , \quad g(y) = \sum_{i=1}^{3} g_i\cos[(2i-1)\pi y/D] \qquad (16.1)$$

Für $\alpha_S(x)$ läßt sich ein Ansatz analog zu Gl.(14.2), wie er in [14.8] verwendet wurde, benutzen:

$$\alpha_S(x) = \sum_{i=1}^{4} \frac{c_i A_i^2}{x^2 + A_i^2} \qquad (16.2)$$

Es wäre nicht sinnvoll, α_S ebenfalls als Funktion der Variablen ξ anzusetzen, da dann im Ausläuferbereich viel zu hohe Austauschenergiebeiträge entstehen würden. Daraus resultieren einige zusätzliche Schwierigkeiten, vor allem, was die Befriedigung der Randbedingungen (Abschn. 15.2) angeht. Da der Zusammenhang zwischen ξ und x nunmehr in die Randbedingungen eingeht, muß mit der Berechnung der Ableitung q(y) gleichzeitig auch Q(y) berechnet werden. Das ist numerisch möglich, wenn man etwa q(y) von y=0 nach y=D/2 fortschreitend berechnet. Zuvor sind jedoch, wie in Abschn. 15.3 erläutert, die Randbedingungen im kritischen Punkt y=D/2 zu befriedigen, und dazu ist bereits die Kenntnis von Q(D/2) erforderlich. Das angewendete numerische Verfahren besteht darin, mit einem Wert $\bar{Q}(D/2)$ zu beginnen, dann q(y) und $Q(y) = \int_0^y q(y)dy$ zu berechnen, und für den Fall, daß der Ausgangswert $\bar{Q}(D/2)$ nicht mit dem Integral Q(D/2) übereinstimmt, den Ausgangswert solange abzuwandeln, bis diese Übereinstimmung erzielt wird. Im Grunde handelt es sich hierbei um die Lösung eines Randwertproblems einer Differentialgleichung.

Ähnlich wie für die Blochwand seien die Parameter einer asymmetrischen Néelwand explizit angegeben. Es gibt hier jedoch kein ausgezeichnetes Modell - wie das Blochwandmodell minimaler Austauschenergie - das für einen größeren Dickenbereich gültig wäre. Das Verhältnis von Kern- und Ausläuferbeitrag zur Gesamtdrehung hängt stark von der Schichtdicke (und auch von der Kristallenergie) ab, sodaß ein bestimmtes Modell nur für eine bestimmte Parameterkombination $(D, K_1/I_s^2, H_a)$ gültig ist. Als Beispiel wählen wir eine 180°-Wand in einer Permalloyschicht

(K_1/I_s^2=1/640) der Dicke $D=12.25\sqrt{A/I_s^2}\approx1570$ Å. Die Parameter, teils aus den Randbedingungen, teils durch eine iterative Minimalisierung der Gesamtenergie gewonnen, ergeben sich dann zu:

$C=0.9689$, $a_o=2.20814$, $Q(D/2)=-0.2185\cdot D$, $q(o)=-0.1958$, $\alpha_\infty=0$,

$b_1=0.0547$, $b_2=0.00764$

$g_1=1-g_2-g_3$, $g_2=0.039$, $g_3=-0.000258$

$c_1=0.0843$, $c_2=0.0467$, $c_3=0.0409$, $c_4=0.0292$,

$A_1=0.73$, $A_2=7.2$, $A_3=71$, $A_4=700$

Die Funktion Q(y) erlaubt die Näherungsdarstellung:

$$Q(y) = q(O)\cdot y-0.1622\cdot D\cdot\sin^3(\pi y/D)+0.0416\cdot D\cdot\sin^5(\pi y/D)$$

16.3 Allgemeine Eigenschaften der asymmetrischen Néelwände

a) Der symmetrische Beitrag zur Wandstruktur

Fig.16.1 zeigt die Vektordiagramme (α_1,α_2) einiger Néelwände mit verschiedenen Werten des angelegten Feldes. Kennzeichnend ist, daß für zunehmende Feldstärken der unsymmetrische, streufeldfreie Beitrag zur Rotation immer mehr an Bedeutung verliert. Wir wählen als Maß für die Höhe des symmetrischen Beitrags zur Gesamtdrehung die Größe

$$r_S = \frac{1}{D(1-\alpha_\infty)}\int_{-D}^{D}[\alpha_1(o,y)-\alpha_\infty]dy = \alpha_S(o)/(1-\alpha_\infty) \qquad (16.3)$$

Die erste Definition in (16.3) ist auf beliebige Wandmodelle vom Typ der asymmetrischen Néelwand sinnvoll anwendbar. Für unser spezielles Modell geht r_S in den einfacheren zweiten Ausdruck in (16.3) über, da der streufeldfreie Beitrag zur Struktur bei der Integration über den Querschnitt der Schicht verschwindet. Die Größe r_S variiert von r_S=0 für die völlig streufeldfreie Wand bis r_S=1 für die gewöhnliche symmetrische Néelwand.

Quantitative Werte für r_S finden sich in Fig. 16.2. Parameter sind das angelegte Feld h $=H_a I_s/2K_1$ und die Schichtdicke D. Für das Verhältnis von Kristallenergie und Streufeldenergie wurde der für Permalloyschichten typische Wert $K_1/I_s^2=1/640$ zugrundegelegt. Die Kurven für verschiedene Feldstärken sind in Fig. 16.2 der Übersichtlichkeit halber proportional zu h parallel nach oben verschoben. Für große Schichtdicken konvergiert r_S für alle Feldstärke asymptotisch gegen r_S=0. Das wichtigste, Fig. 16.2 zu entnehmende Ergebnis ist, daß es für jede Feldstärke eine kritische Dichte gibt, bei der die symmetrische Néelwand in die unsymmetrische Néelwand übergeht. Möglicherweise handelt es sich hierbei um einen stetigen Phasenübergang (2. Art), jedoch deuten die Rechnungen eine geringe Unstetigkeit im Bereich zwischen r_S=1 und r_S=0.9 an, die in Fig. 16.2 vernachlässigt wurde, aber in Fig. 14.6 zu erkennen ist. Es zeigt sich, daß sich mit der Stärke des symmetrischen Beitrags immer auch die Wandweite des symmetrischen Beitrags verändert. Die erwähnte Unstetigkeit ist also möglicherweise auf die starke Kopplung zwischen den Variablen r_S und A_1 zurückzuführen. Dieser Befund basiert allerdings nur auf numerischen Näherungsrechnungen und ist daher nicht als gesichert anzusehen.

b) Die Wandenergie der asymmetrischen Néelwand

Ein Überblick über die Energien der verschiedenen Wandmodelle für Permalloy findet sich in Fig. 14.5, einige genauere Werte auch in Tab. 16.1. Zunächst stellen wir fest, daß die Energie der 180°-Néelwand für alle in Fig. 14.5 betrachteten Dicken höher als die Energie der Blochwand ist. Das ist auf die kompliziertere Struktur des Wandkerns zurückzuführen, die zwei Magnetisierungswirbel enthält (Fig. 15.1e). In angelegten Feldern parallel zur schweren Richtung fällt die Wandenergie der Néelwand jedoch sehr schnell ab. Schon bei h=0.3 ist die asymmetrische Néelwand bei allen Schichtdicken günstiger als die Blochwand. Es ist abzusehen, das der Unterschied in der Energie pro Flächeneinheit zwischen

Bloch- und Néelwand für sehr große Schichtdicken $D \gg \sqrt{A/K_1}$ verschwindet, da sich ihre Struktur im Inneren immer mehr derjenigen der klassischen eindimensionalen Blochwand nähern wird. Der Unterschied zwischen beiden Modellen liegt dann nur noch in der gegenseitigen Orientierung der Oberflächenzonen, die auf Grund ihres Abstandes keine starke Wechselwirkung mehr miteinander haben werden. Bisher liegen keine Rechnungen zur asymmetrischen Néelwand in diesem Dickenbereich vor, die mit den entsprechenden Blochwandmodellen (s. Abschn. 15.4b) zu vergleichen wären.

Dagegen sind 90°-Wände in Schichten oberhalb $D=10\sqrt{A/I_s^2}$ stets vom Typ der asymmetrischen Néelwand. Das trifft, wie zu erwarten, auch für einkristalline Schichten zu [14.13], in denen 90°-Wände den vorherrschenden Wandtyp darstellen.

16.4 Übergänge zwischen verschiedenen Wandtypen und ihre experimentelle Beobachtung

In Fig. 16.3 sind die verschiedenen Wandenergien für einige Schichtdicken als Funktion des äußeren Feldes aufgetragen. Die daraus folgenden Stabilitätsgrenzen sind in Fig. 16.4 in Form eines Phasendiagramms als Funktion der Schichtdicke und des angelegten Feldes zusammengefaßt. Für eine gegebene Dicke $D \gtrsim 8.5\sqrt{A/I_s^2}$ sind demnach bei zunehmendem Feld zwei Übergänge zu anderen Wandtypen zu erwarten: In der Umgebung von $h=0.25$ sollte sich die Blochwand in die asymmetrische Néelwand umwandeln, und diese Umwandlung muß notwendigerweise unstetig erfolgen, da kein stetiger streufeldfreier Weg zwischen beiden Konfigurationen denkbar ist. In der Umgebung von $h=0.8$ erfolgt dann der mehr oder weniger stetige Übergang zur symmetrischen Néelwand. Der unstetige Übergang zwischen Bloch- und Néelwand ist vermutlich mit einer Hysterese verbunden, deren Größe von der Energieschwelle zwischen beiden Konfigurationen abhängt. In Fig. 15.1f ist eine plausible Schwellenstruktur für diesen Übergang dargestellt. Sie ähnelt an einer Oberfläche der von LaBonte [15.1] berechneten instabilen symmetrischen Blochwand (Fig. 15.1b). Man kann deshalb davon ausgehen, daß die Energie dieser Struktur irgendwo zwischen den Energien der asymmetrischen und der symmetrischen Blochwand liegen wird. Zur Orientierung haben wir den Mittelwert zwischen beiden Energien in Fig. 16.3 eingetragen.

Die Übergänge zwischen den verschiedenen Wandtypen lassen sich auch experimentell beobachten. Zum einen gibt die unterschiedliche Sichtbarkeit im Bitterstreifenbild die Möglichkeit, zwischen Bloch- und Néelwänden zu unterscheiden. Zum anderen gibt es ein dynamisches, gyromagnetisches Phänomen, das sogenannte Wandflattern [16.1-16.3], das speziell auf die α_2-Komponente im Wandkern anspricht und dadurch zwischen Blochwänden ($\alpha_{2max}=1$), asymmetrischen Néelwänden ($0<\alpha_{2max}<1$) und symmetrischen Néelwänden ($\alpha_{2max}=0$) zu unterscheiden gestattet.

Bourne, Kusuda und Lin [16.1] benutzten beide Methoden und beobachteten bemerkenswerterweise genau das oben abgeleitete Verhalten, ohne von den zugrundeliegenden theoretischen Modellen Kenntnis zu haben. Einen Übergang von der Blochwand zu einer Néelwand, die aber noch eine α_2-Komponente im Wandkern besitzt, fanden sie bei h=0.4. Der umgekehrte Übergang wurde bei h=0.15 beobachtet. Bei h≈0.8 verschwand schließlich die gyromagnetische Reaktion der Wand, was dem Übergang zur gewöhnlichen Néelwand entspricht. Dieser Übergang zeigte im Rahmen der Meßgenauigkeit im Gegensatz zum ersten Übergang keine Hysterese.

Der in der Umgebung von h=0.25 erfolgende Bloch-Néel-Übergang ist den Untersuchungen von Bourne, Kusuda und Lin zufolge auch die Ursache für das "Wandkriechen" in dickeren Schichten. Die Veränderung der mikromagnetischen Struktur des Wandkerns ermöglicht es der Wand, sich aus der Verankerung an Schichtinhomogenitäten (oder aus Nachwirkungs-Energiemulden) loszureißen. Sie kann sich daher bei jedem Übergang einen kleinen Schritt in die durch ein äußeres Feld parallel zur leichten Richtung vorgegebene Richtung bewegen, auch wenn das treibende Feld wesentlich kleiner als das Koerzitivfeld ist. Das Wandkriechen tritt als störendes Phänomen in Speicheranordnungen auf, in denen durch Schreib- und Lesefelder in benachbarten Speicherelementen häufig Felder parallel zur schweren Richtung auftreten, die die kritischen Werte für die Wandumwandlung überschreiten. Es wurden auch schon Vorschläge gemacht, das Wandkriechen dank seiner Reproduzierbarkeit selbst zu Speicherzwecken für analoge Größen zu benutzen [16.4].

16.5 Wechselwirkungen zwischen asymmetrischen Néelwänden

DeBlois [12.4] fand bei der Untersuchung seiner "bright intermediate walls" in dünnen Einkristallplättchen eine besondere Eigenschaft. Unter bestimmten Umständen bildeten diese Wände stabile Paare mit Abständen von der Größenordnung einiger Schichtdicken, und zwar fand er diese Erscheinung sowohl bei 180°-Wänden wie bei 90°-Wänden. Aus dem Zusammenhang der Bereichsstruktur konnte DeBlois ableiten, daß diese Wände, falls sie reine Néelwände wären, sich bis zur gegenseitigen Annihilation anziehen müßten (s. Fig. 14.7 für gegensinnige Wände). Offenbar gibt es bei diesem Wandtyp eine zusätzliche kurzreichende Wechselwirkung, die eine Abstoßung zwischen den Wandkernen bewirkt. Dieses Phänomen wurde in [14.14] theoretisch untersucht; es gelang, mikromagnetische Modelle für Paare von asymmetrischen Néelwänden zu konstruieren und es ergab sich in der Tat eine starke Abstoßung zwischen den wirbelförmigen Kernbereichen der beiden Teilwände. Zusammen mit der anziehenden Wechselwirkung zwischen den symmetrischen Beiträgen beider Wände, die wesentlich weiter reicht, ergibt sich ein Minimum im Wechselwirkungspotential. Fig. 16.5 zeigt die mikromagnetische Struktur zweier solcher im Gleichgewicht befindlicher Wandpaare. Beide Konfigurationen sind energetisch etwa gleichwertig. Die Teilwände besitzen übrigens nicht mehr die Punktsymmetrie, welche die isolierte Néelwand auszeichnet. Der berechnete Gleichgewichtsabstand von etwa $2.75 \cdot D$ für Paare von 180°-Wänden entspricht sehr gut den experimentellen Befunden. Demnach ist auch dieses interessante Phänomen aus der wirbelförmigen Struktur der asymmetrischen Néelwand zu verstehen.

Abschließend sei zur asymmetrischen Néelwand bemerkt, daß bisher keine exakte Berechnung ihrer Konfiguration vorliegt. Obwohl alle Konsequenzen aus den Modellrechnungen sehr gut mit den Experimenten übereinstimmen, wäre doch eine exakte Berechnung zumindest einer Wandstruktur dieses Typs wünschenswert, um die Genauigkeit der Näherungsrechnungen abschätzen zu können.

[16.1] H.C.Bourne, T.Kusuda, C.H.Lin, IEEE Trans.Magn. Mag5, 247 (1969)

[16.2] K.U.Stein, E.Feldtkeller, J.Appl.Phys. 38, 4401 (1967)

[16.3] T.Kusuda, S.Konishi, Y.Sakurai, IEEE Trans Magn. Mag3, 286 (1967)

[16.4] K.Takahashi, H.Yamada, H.Murakami , IEEE Trans. Magn. Mag-8, 4o3 (1972)

Tabelle 16.1

Daten für einige asymmetrische Néelwände. $\delta_s = A/I_s^2$, übrige Bezeichnungen wie in Tab. 15.1. r_S ist der in Gl. 16.3 definierte symmetrische Beitrag zur Magnetisierungsdrehung.

Nr.	D/δ_s	h	E_A^o/A	E_K^o/K_1	E_S^o/I_s^2	r_s	W_α/D	Q_x
1	5.63	0	13.90	1.47	0.295	0.6	0.76	6.81
2	12.24	0	30.16	1.07	0.035	0.2	1.12	8.43
3	6.12	0.2	11.48	0.88	0.177	0.6	0.72	6.08
4	12.45	0.2	21.88	0.67	0.022	0.2	0.87	7.95
5	7.08	0.4	8.94	0.47	0.093	0.6	0.66	5.18
6	13.41	0.4	15.78	0.40	0.012	0.2	1.40	7.11
7	11.53	0.6	8.72	0.17	0.017	0.4	0.52	5.39
8	17.81	0.8	5.16	0.045	0.0034	0.4	0.37	3.94

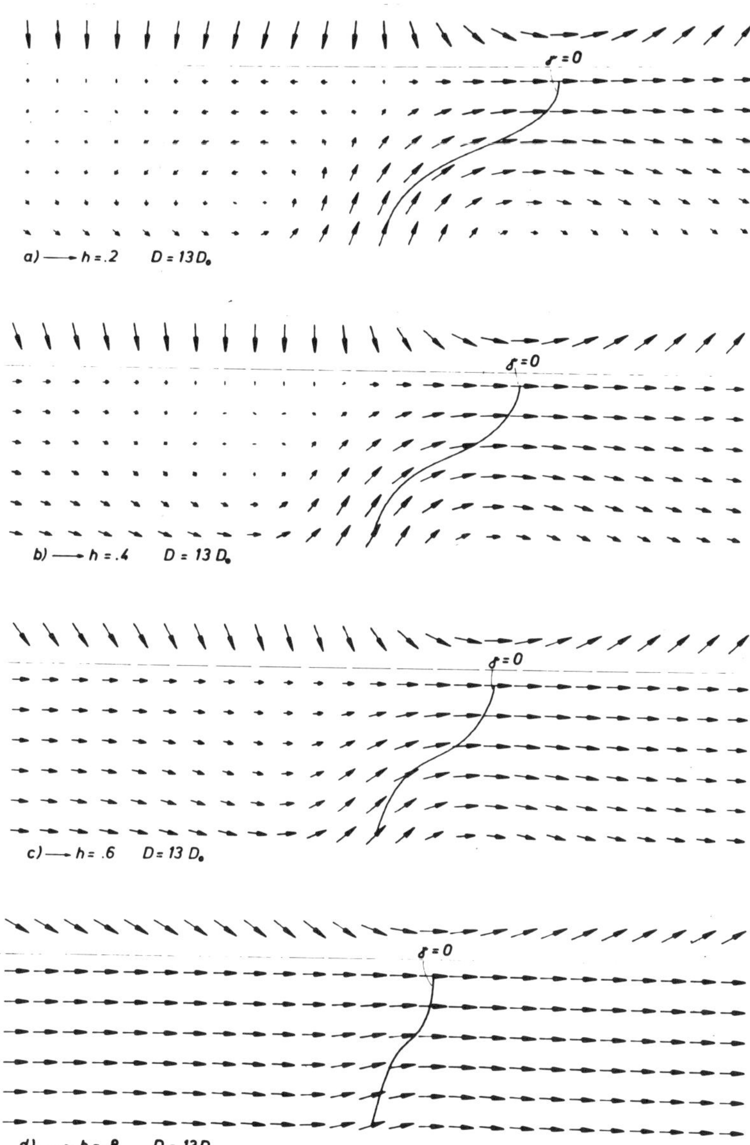

Fig. 16.1
Die Struktur einiger asymmetrischer Néelwände für verschiedene Werte des angelegten Feldes. Angesichts der in Fig. 15.1e skizzierten Symmetrie ist jeweils nur die obere Schichthälfte dargestellt. $D_o=\delta_s$.

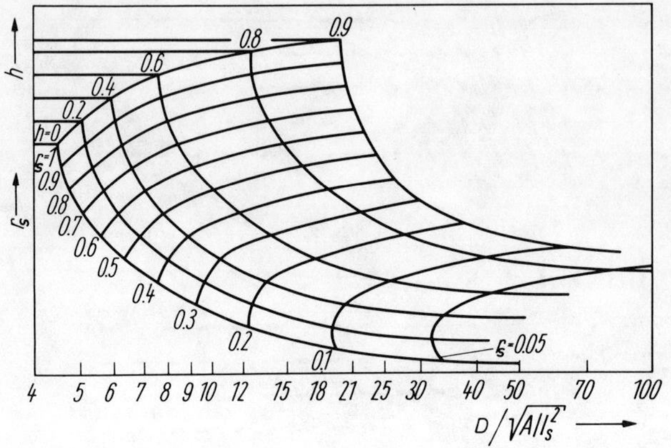

Fig. 16.2
Der symmetrische Beitrag r_S zur Gesamtdrehung der Magnetisierung in einer asymmetrischen Néelwand (s. Gl.(16.3)) als Funktion der Schichtdicke und des angelegten Feldes.

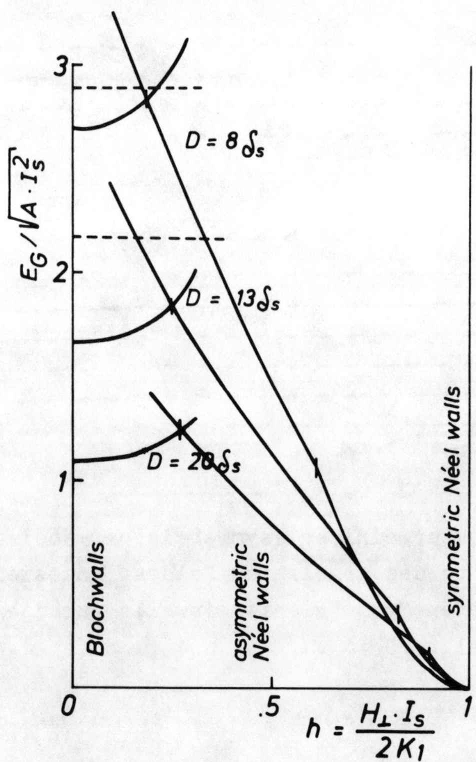

Fig. 16.3
Die Energie von Bloch- und Néelwänden als Funktion eines angelegten Feldes. Gestrichelt: Der Mittelwert zwischen der Energie der asymmetrischen Blochwand u. der symmetrischen Blochwand (Fig.15.1b)

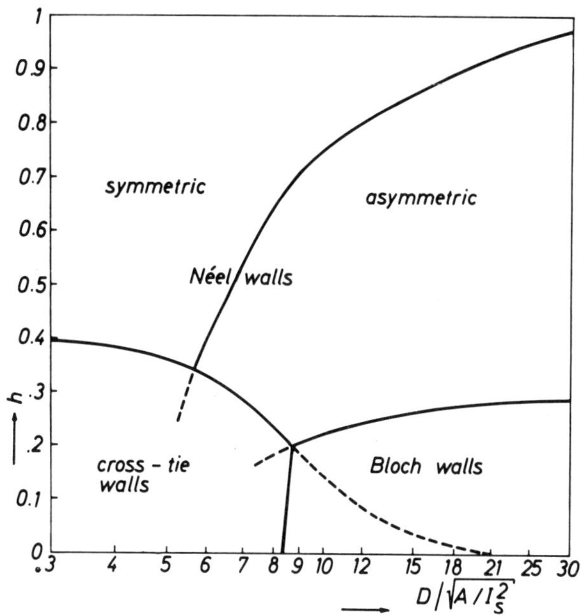

Fig. 16.4 Phasendiagramm für Wände in dünnen magnetischen Schichten (K_1/I_s^2=1/640). Die Phasengrenzen für die Stachelwand ergeben sich aus der nach Abschn. 13.6 geschätzten Wandenergie dieses Wandtyps

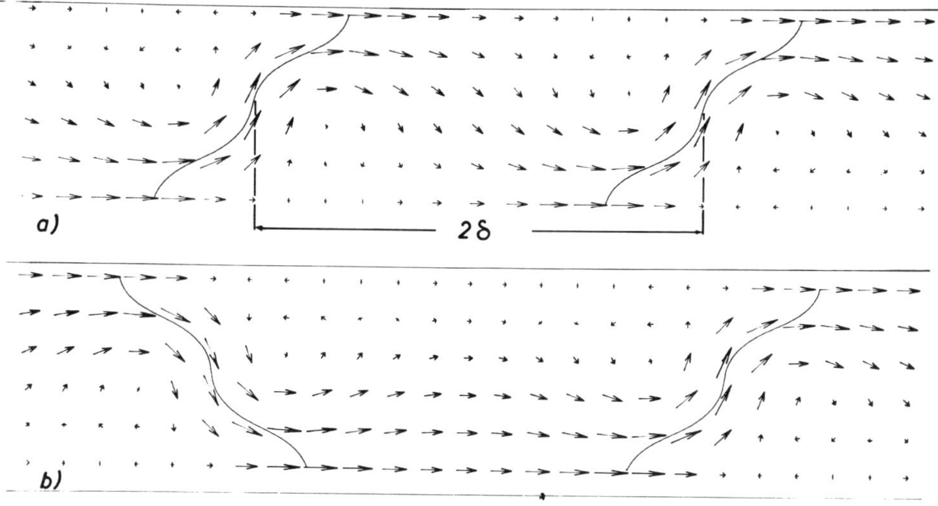

Fig. 16.5 Modelle für zwei verschiedene stabile Paare von asymmetrischen Néelwänden (Entnommen aus [14.14])

17. Wände in Schichten senkrechter Anisotropie

17.1 Einführung

Unter Schichten senkrechter Anisotropie verstehen wir magnetisch einachsige Schichten, deren leichte Richtung senkrecht zur Schichtoberfläche steht, und deren Kristallenergie K_1 die Streufeldenergie $2\pi I_s^2$ überwiegt. Derartige Schichten haben in jüngster Zeit als Träger für sogenannte Blasen- ("bubble"-)Domänen in der Magnetspeichertechnik Interesse gefunden.

Auf Grund des Überwiegens der Kristallenergie ist die Magnetisierung in den Bereichen - weitab von den Wänden - stets senkrecht zur Schicht orientiert. In der Mitte einer Wand verläuft dagegen die Magnetisierung parallel zur Schicht, sodaß die Streufeldenergie in der Nähe der Wand im Vergleich zu den Domänen reduziert ist. Je weiter eine Wand ist, um so geringer ist die Gesamtmenge der magnetischen Ladung und somit die Streufeldenergie. Die Streufeldenergie hat also in dünnen Schichten senkrechter Anisotropie die Tendenz, die Wände aufzuweiten, und dies gilt insbesonders für die Umgebung der Oberflächen und für sehr dünne Schichten. Dieses Verhalten steht gerade im Gegensatz zum Fall der dünnen Schichten paralleler Anisotropie.

Im folgenden wollen wir diese Verhältnisse an Hand eines einfachen Modells quantitativ verfolgen.

17.2 Ein einfaches zweidimensionales Wandmodell

Wir betrachten ausschließlich 180°-Wände und benutzen im übrigen die gleichen Bezeichnungen wie im Fall paralleler Anisotropie. Für eine unendlich dicke Schicht gilt dann die klassische Lösung (2.6):

$$\alpha_1^o = 0 \ , \quad \alpha_2^o = \tanh(x/d_o) \qquad (17.1)$$

mit $d_o=\delta_o=\sqrt{A/K_1}$. Um den Veränderungen bei kleineren Schichtdicken näherungsweise Rechnung zu tragen, betrachten wir zunächst d_o als freien Parameter, der so gewählt wird, daß die Gesamtenergie (unter Einschluß der Streufeldenergie) minimal wird. Außerdem entnehmen wir der Anschauung (Fig. 17.1), daß in der Mitte der Wand an beiden Oberflächen zueinander entgegengesetzte α_1-Komponenten auftreten sollten. Wir können diese in einfacher Weise durch einen im Innern divergenzfreien Magnetisierungswirbel darstellen und gelangen damit zu folgendem Ansatz:

$$\alpha_1 = -g(x)\cdot f'(y)$$

$$\alpha_2 = g'(x)\cdot f(y)+\tanh(x/d_o) \qquad (17.2)$$

wobei sich für die beiden geraden Funktionen f und g folgende Ansätze anbieten:

$$g(x) = 1/\cosh(x/d_o), \quad f(y) = f_o\frac{1-\cos(\pi y/D)}{1+f_1\cos(\pi y/D)} \qquad (17.3)$$

Der Vorteil dieses Ansatzes ist, daß in ihm ebenso wie bei (17.1) nur Obenflächenpole auftreten und daher die Streufeldenergie durch ein zweifaches Integral dargestellt werden kann.

Die Größe $M(x,y)=\alpha_1^2+\alpha_2^2$ besitzt für die hier betrachteten Wände im Bereich der Wandmitte ein Minimum und kein Maximum wie bei den in Abschn. 15 behandelten Wänden. Die Nebenbedingung $M\leq 1$ ist daher für den Ansatz (17.2) ohne Schwierigkeit zu erfüllen. Die Komplikationen, die in 15.2 im Zusammenhand mit der Scheitellinie M=1 auftraten, entfallen hier. Aus diesem Grunde ist für Blochwände in dünnen Schichten senkrechter Anisotropie allenfalls eine symmetrische Wirbelstuktur und keine unsymmetrische Wirbelstruktur wie im Fall der Blochwand in dünnen Schichten paralleler Anisotropie zu erwarten.

Als Streufeldenergie der Wand definieren wir die Differenz zwischen der Streufeldenergie der Probe mit einer wirklichen Wand und der Streufeldenergie der gleichen Probe mit einem diskontinuierlichen Magnetisierungsübergang. Nach dieser Definition ist die Streufeldenergie der Wand negativ. Sie berechnet sich nach der Formel von Dietze und Thomas [14.1] unter Ausnutzung der Symmetrie in folgender Form:

$$E_s = 2I_s^2 \frac{1}{D} \int\limits_{0}^{\infty}\int\limits_{0}^{\infty} [\alpha_2(x,0.5)\cdot\alpha_2(\bar{x},0.5)1]G(x,\bar{x})\cdot dx\cdot d\bar{x}$$

$$G(x,\bar{x}) = \ln[1+1/(x-\bar{x})^2]+\ln[1+1/(x+\bar{x})^2] \qquad (17.4)$$

Die Kristallenergie stellt sich in der Form

$$e_K = K_1(1-\alpha_2^2) \qquad (17.5)$$

dar.

Die zwei Grenzfälle sehr großer und sehr kleiner Schichtdicken lassen sich explizit behandeln. Für $D \gg \sqrt{A/K_1}$ ist die Streufeldenergie in der Gesamtbilanz der Energie pro Flächeneinheit der Wand zu vernachlässigen, und wir erhalten das klassische Ergebnis $E_G = 4\sqrt{AK_1}$ und $W_\alpha = 2\sqrt{A/K_1}$. (Die Oberflächenzone der Wand wird natürlich auch im Fall sehr dicker Schichten durch die Streufeldenergie beeinflußt).

Im Fall sehr kleiner Schichtdicken $D \ll \sqrt{A/K_1}$ reduziert sich die Streufeldenergie (17.4) zu einem Integral über einen lokalen Term $e_s = 2\pi I_s^2(\alpha_2^2(x)-1)$, der die gleiche Form wie die Kristallenergie hat. In diesem Fall wird die effektive Kristallenergie einfach durch die Energie des entmagnetisierenden Feldes reduziert. Die Wandenergie ergibt sich zu $E = 4\sqrt{A(K_1-2\pi I_s^2)}$ und die Wandweite zu $W_\alpha = 2\sqrt{A/(K_1-2\pi I_s^2)}$. Im Grenzfall $K_1 = 2\pi I_s^2$ wird die Wandweite in sehr dünnen Schichten also unendlich. Das ist ein Ausdruck dafür, daß in solchen Schichten keine effektive leichte Richtung existiert.

Der Übergang vom Grenzfall sehr dünner Schichten zum massiven Material wurde durch eine numerische Minimalisierung der Gesamtenergie auf der Grundlage des Ansatzes (17.2) berechnet. Fig. 17.2 zeigt die Wandenergie E_G und die Wandweite W_α als Funktion der Schichtdicke D. Parameter ist die effektive Permeabilität

$\mu^*=1+2\pi I_s^2/K_1$, welche für Schichten senkrechter Anisotropie im Bereich $1<\mu^*<2$ variieren kann. Einige Werte für die Parameter sind in Tabelle 17.1 zusammengefaßt. Erwartungsgemäß nimmt die Wandenergie mit abnehmender Schichtdicke ab - im Gegensatz zum Fall paralleler Anisotropie. Die Wandweite W_α nimmt dementsprechend mit abnehmender Schichtdicke zu.

Neuere, eingehendere Untersuchungen zur Wandstruktur in Schichten senkrechter Anisotropie [17.1-3] haben ergeben, daß das Modell (17.2) für größere Schichtdicken ($D>2\sqrt{A/K_1}$) keine gute Beschreibung darstellt. Es zeigt sich, daß bei größeren Schichtdicken in der Nähe der Oberfläche ein Übergang von der Blochwand zur Néelwand (s. Abschn. 7) erfolgt, der durch (17.2) nicht beschrieben werden kann, da in diesem Ansatz magnetische Ladungen im Innern ausgeschlossen wurden. In Bezug auf die Einzelheiten sei auf die Originalliteratur verwiesen.

[17.1] B.E.Argyle, J.C.Slonczewski, A.F.Mayadas, AIP Conf. Proc. No. 5, 175 (1972)

[17.2] E.Schlömann, Appl. Phys. Lett. 19, 227 (1972)

[17.3] E.Schlömann, AIP Conf. Proc. No. 10, 478 (1973)

Tabelle 17.1

Ergebnisse zu Wänden in dünnen Schichten senkrechter Anisotropie. Q_x ist der durch Gl. (18.1) definierte Wert, der nach Gl. (18.2) die Wandbeweglichkeit bestimmt. d_o, f_o und f_1 sind die durch die Rechnung bestimmten optimalen Werte der Parameter in (17.3).

μ^*	1.9			1.5			1.1		
$D/\sqrt{A/K_1}$	1	5	12	1	5	12	1	5	12
$E_G/\sqrt{AK_1}$	2.500	3.200	3.495	3.336	3.671	3.669	3.880	3.944	3.968
$E_K/\sqrt{AK_1}$	4.246	3.082	2.773	2.574	2.324	2.225	2.088	2.035	2.017
$E_s/\sqrt{AK_1}$	-2.689	-1.425	-0.900	-0.791	-0.430	-0.278	-0.120	-0.054	-0.030
$E_A/\sqrt{A \cdot K_1}$	0.944	1.543	1.623	1.553	1.778	1.854	1.912	1.963	1.981
Q_x	0.942	1.342	1.533	1.552	1.735	1.828	1.912	1.962	1.980
W_α	4.248	2.971	2.712	2.575	2.260	2.355	2.090	2.030	2.011
$\alpha_{1\ max}$	0.0083	0.441	0.549	0.0037	0.180	0.268	0.0001	0.014	0.023
$d_o/\sqrt{A/K_1}$	0.471	0.804	0.945	0.777	0.951	1.024	0.957	0.991	1.002
f_o	-0.0028	-0.1186	-0.0756	-0.0015	-0.0442	-0.0318	-0.0001	-0.0037	-0.0026
f_1	-0.06	0.18	1.32	-0.20	0.29	1.68	-0.69	0.19	1.77

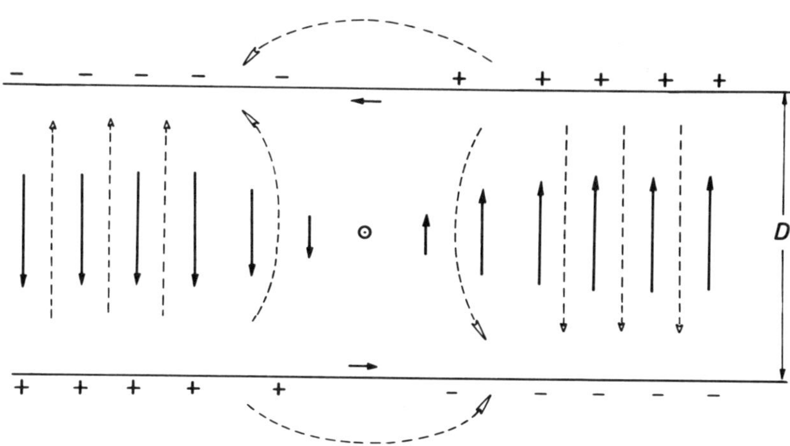

Fig. 17.1 Schematische Darstellung einer Blochwand in Schichten senkrechter Anisotropie und der in der Umgebung der Wand herrschenden Streufelder (gestrichelt)

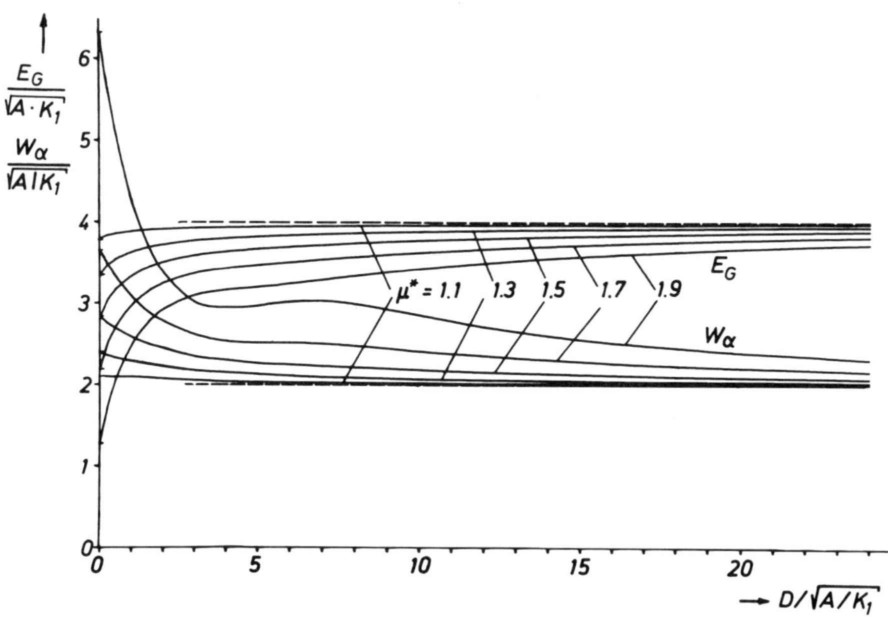

Fig. 17.2 Wandenergie E_G und mittlere Wandweite W_α als Funktion der Schichtdicke D für verschiedene Werte der effektiven Permeabilität $\mu^*=1+2\pi I_s^2/K_1$.

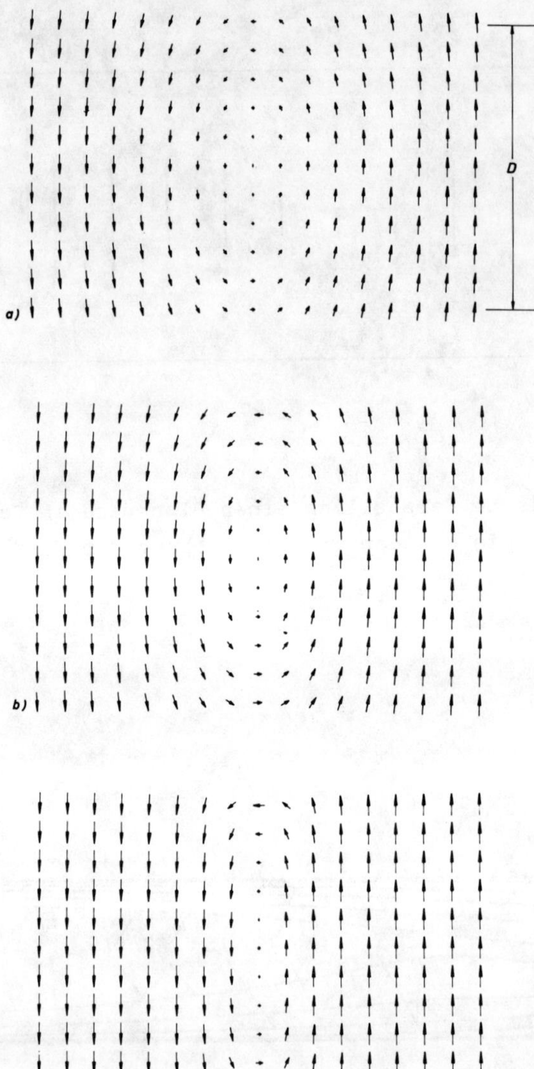

Fig. 17.3 Projektion der Magnetisierungsstruktur der Blochwand in dünnen Schichten senkrechter Anisotropie auf einer Ebene senkrecht zur Schicht und senkrecht zur Wand. $\mu^*=1.9$ a) $D=3\sqrt{A/K_1}$, b) $D=5\sqrt{A/K_1}$, c) $D=12\sqrt{A/K_1}$. Die Struktur in Teilbild c) entspricht Fig. 15.4 insofern, als in beiden Fällen die zweidimensionale, wirbelförmige Struktur im wesentlichen auf die Umgebung der Schichtoberflächen beschränkt ist.

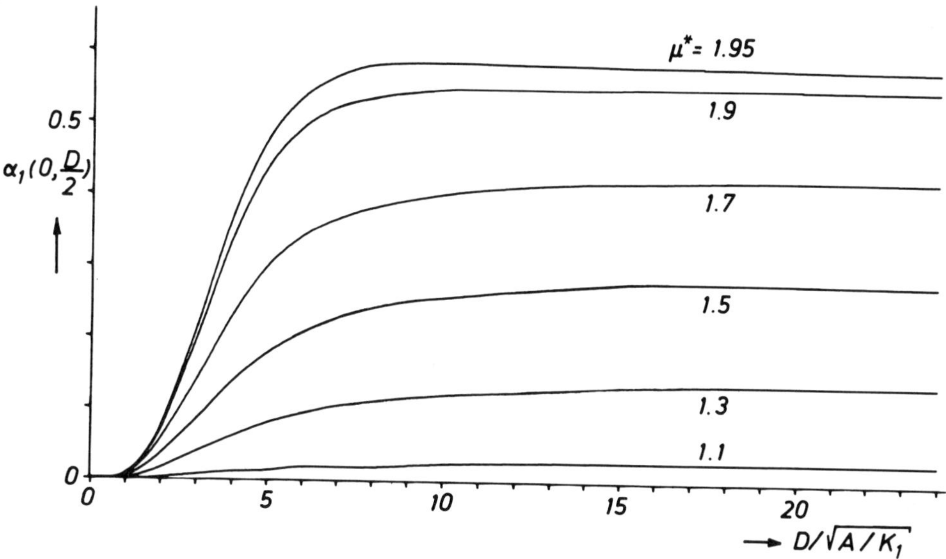

Fig. 17.4 Der maximale Wert der Komponente α_1 als Funktion der Schichtdicke für verschiedene μ^*.

18. Dynamik von Wänden in dünnen magnetischen Schichten

Zur Wanddynamik in dünnen Schichten liegt eine große Zahl experimenteller Arbeiten vor [18.1-3]. Theoretische Untersuchungen sind naturgemäß schwieriger als im Fall des massiven Materials (Abschn. 11), da die Wandstrukturen komplizierter sind. Wir wollen uns daher in diesem Abschnitt auf den Bereich kleiner Geschwindigkeiten beschränken und die Fragen eventueller oberer Grenzgeschwindigkeiten und Instabilitäten der Bewegung ausklammern.

18.1 Die Wandbeweglichkeit im Grenzfall kleiner Geschwindigkeiten

Zur Berechnung der Wandbeweglichkeit auf der Grundlage der Landau-Lifshitz-Dämpfung gehen wir von Gl. (11.48) aus. Für gleichförmige Geschwindigkeit verschwindet der letzte Term, und das Dissipationspotential pro Flächeneinheit der Wand nimmt für beliebige zweidimensionale Strukturen die Form

$$P_D = v^2 \cdot \frac{Q_x \lambda I_s}{2D\gamma}, Q_x = \int_{-D/2}^{D/2} \int_{-\infty}^{\infty} \left[\left(\frac{\partial \alpha_1}{\partial x}\right)^2 + \left(\frac{\partial \alpha_2}{\partial x}\right)^2 + \left(\frac{\partial \alpha_3}{\partial x}\right)^2 \right] dx\, dy \qquad (18.1)$$

an (D=Schichtdicke). Für eindimensionale Strukturen wird Q_x identisch mit dem Integral der Austauschenergie, was zu Gl. (11.60) führte. Für zweidimensionale Strukturen ist jedoch Q_x kleiner als E_A/A, da in die Austauschenergie auch die y-Variation der Magnetisierung eingeht. Selbst für eindimensionale Strukturen in dünnen Schichten - etwa für symmetrische Néelwände - ist die Austauschenergie in der Regel ungleich der halben Wandenergie, so daß für solche Wände zwar Gl. (11.60), nicht aber Gl. (11.49) anwendbar wird.

Für beliebige zweidimensionale Strukturen ergibt sich die Wandbeweglichkeit aus Gl. (11.48) mit (18.1) zu:

$$\beta_w = \frac{2\gamma}{\lambda} \sin\Theta_o \cdot \frac{D}{Q_x(\underline{\alpha})} \tag{18.2}$$

Diese Gleichung wurde zuerst in [18.4], und zwar auf einem anderen, direkteren Wege aus den Bewegungsgleichungen abgeleitet.

Für kleine Geschwindigkeiten ist es erlaubt, in $Q_x(\underline{\alpha})$ die Struktur der statischen Wände einzusetzen. Die zugehörigen Integrationen wurden von Höcker [18.4,5] für die verschiedenen, in den Abschnitten 14. bis 16. besprochenen Wandmodelle durchgeführt. Die Ergebnisse sind in Fig. 18.1 als Funktion der Schichtdicke aufgetragen (s. auch Tab. 15.1 und Tab. 16.1).

Fig. 18.2 zeigt die daraus abgeleitete Wandbeweglichkeit als Funktion der Schichtdicke für Permalloyschichten. Demnach ist ein deutliches Minimum der Beweglichkeit in der Umgebung des Übergangs von der Blochwand zur Néelwand zu erwarten. Die Vorhersagen stimmen recht gut mit den vorliegenden Experimenten überein [18.4].

Die Theorie läßt sich allerdings nicht auf den Bereich der Stachelwände (s. 13.6) anwenden, einerseits, weil deren Struktur noch nicht gut genug bekannt ist, andererseits, weil Experimente darauf hinweisen, daß die Beweglichkeit der Stachelwände wesentlich durch die Wechselwirkung der Blochlinien mit Schichtinhomogenitäten bestimmt wird. Es ist zu vermuten, daß die Beweglichkeit von Stachelwänden kleiner als die Beweglichkeit entsprechender einfacher Néelwände ist.

Die Integrale $Q_x(\underline{\alpha})$ für die in Abschn. 17 behandelten Wände in Schichten senkrechter Anisotropie finden sich in Tab. 17.1. Bezüglich des Einflusses anderer als der hier behandelten Spindämpfungsverluste auf die Beweglichkeit in dünnen Schichten verweisen wir auf die Literatur. Die Wirbelstromdämpfung wurde von Patton, McGill und Wilts [18.6] untersucht. Sie konnten zeigen, daß auch in metallischen dünnen Schichten die Wirbelstromverluste unterhalb einer Schichtdicke von einigen Tausend Ångstrom vernachlässigt werden können. Feldtkeller [18.7] untersuchte den

Einfluß von irreversiblen Sprüngen auf die Wandbeweglichkeit. Er fand in Übereinstimmung mit den Experimenten starke Nichtlinearitäten in der $v(H_{\parallel})$-Kurve oberhalb der in 11.8c erläuterten Schwellfeldstärke H_R. Umfangreiche, vor allem experimentelle Untersuchungen zum Einfluß von Nachwirkungserscheinungen auf die Wandbeweglichkeit in dünnen Schichten verdanken wir Bostanjoglo und Lambeck (s.[11.16]).

18.2 Die effektive Wandmasse von Bloch-Wänden in dünnen Schichten

Die effektive Masse einer Blochwand ist definiert als zweite Ableitung der Wandenergie nach der Wandgeschwindigkeit (s. 11.2). Sie läßt sich daher nicht aus der Struktur der ruhenden Wand allein berechnen; benötigt wird vielmehr die Energie der bewegten Wand, wobei es allerdings in der Regel erlaubt ist, dissipative Terme in den Bewegungsgleichungen zu vernachlässigen. Die Berechnung der Struktur bewegter Wände sind mindestens so schwierig wie die in Abschn. 14 bis 16 erläuterten Berechnungen statischer Wände, weshalb sie auch zum größten Teil noch ausstehen. Erste Ergebnisse zur Struktur der bewegten asymmetrischen Blochwand, die inzwischen verfeinert wurden, finden sich in [18.5]. Wir wollen diese hier kurz erläutern.

Ausgehend von dem in 15.3 dargestellten Rechenverfahren wurden folgende Elemente hinzugefügt:

1) Die zu minimalisierende Energie wurde durch das kinetische Potential P_{kin} in der Form (11.5b) ergänzt. Als Achse des Polarkoordinatensystem in welchem die Winkel Θ und ϕ definiert sind, wurde dabei die leichte Richtung gewählt. Innerhalb der Wand verläuft Θ von 0 bis 180°, der Winkel ϕ nimmt je nach dem Wert von y verschiedene Werte an. Es ist bei der Integration zu beachten, daß p_{kin} eine unstetige Funktion ist, die jeweils bei $\phi=360^{\circ}$ einen Sprung erleidet.

2) Die bewegte Wand wird eine bezüglich der Ebene y=0 unsymmetrische Struktur besitzen, wie sie auch unter der Wirkung eines Feldes senkrecht zur leichten Richtung (Abschn. 15.4c) auftritt. Die dort benutzten Verfahren zur Beschreibung solcher Wände wurden

daher übernommen.

3) Da wir von der Untersuchung der Wanddynamik in massiven Kristallen wissen, daß durch die Bewegung innere Streufelder induziert werden, haben wir auch hier eine Zusatzkomponente $\alpha_1^{(z)}(x,y)$ zugelassen, welche der streufeldfreien Struktur überlagert wird. Die systematische Minimalisierung der Lagrangefunktion $E^*=E_G+P_{kin}$ ergab Strukturen, wie sie in Fig. 18.3 dargestellt sind. In ihren Symmetrieeigenschaften ähneln sie den Blochwänden in einem Feld quer zur leichten Richtung (Fig.15.2b,c). Jedoch sind die neuen Strukturen nicht streufeldfrei; die maximale Komponente $|\alpha_1^{(z)}|$ beträgt in Fig. 18.3 -0.126.

Tab. 18.1 gibt die wichtigsten Daten für eine Reihe derartiger Modelle wieder, welche für die Schichtdicke $D=13\sqrt{A/I_s^2}$ berechnet wurden. Für diese Schichtdicke entspricht der Prameter ω in Tab. 18.1 der reduzierten Wandgeschwindigkeit $w=v/(\sqrt{A}|\gamma|)$. Näherungsweise lassen sich diese Modelle auch auf andere Schichtdicken übertragen, indem man bei gegebener Schichtdicke und gegebener Wandgeschwindigkeit w durch numerische Interpolation denjenigen Wert des Parameters ω sucht, der die Lagrangefunktion $E^*=(E_K+E_s)D+E_A/D+w\cdot P_{kin}^o$ zu einem Minimum macht. Auf diese Weise läßt sich z.B. die effektive Masse der asymmetrischen Blochwand als Funktion der Schichdicke berechnen. Allerdings erlauben es die durch die Kompliziertheit der numerischen Prozeduren bedingten Unregelmäßigkeiten nicht, in diesen Werten mehr als nur einen ersten Anhaltspunkt zu sehen. Das Ergebnis ist in Fig. 18.4 aufgetragen. Demnach fällt die effektive Masse der Blochwand mit zunehmender Schichtdicke ab. Sie besitzt ihren größten Wert im Bereich des Übergangs von der Stachelwand zur Blochwand. Dort beträgt sie für Permalloy etwa $8\cdot 10^{-10}$ g/cm^2 und ist etwa um den Faktor 50 größer als die Masse der Blochwand im massiven Material (11.10).

18.3 Die effektive Masse und die Struktur bewegter asymmetrischer Néelwände

Die Struktur bewegter asymmetrischer Néelwände unterscheidet sich nicht grundsätzlich von der Struktur ruhender Wände. Schon die ruhende Wand besitzt ein Streufeld und Komponenten der Magnetisierung sowohl senkrecht wie parallel zur Bewegungsrichtung und somit alle Elemente, die man aus Symmetriegründen bei einer bewegten Wand erwarten muß. Zu einer Berechnung genügt es daher, die statische Wandenergie durch das kinetische Potential zu ergänzen, wie es auch bei der Blochwand benutzt wurde, und die Lagrangefunktion numerisch zu minimalisieren. Ebenso wie bei den statischen Wänden spielt dabei die in Gl. (16.3) definierte Größe r_S, die ein Maß für die Stärke des symmetrischen Anteils an der Gesamt-Magnetisierungsdrehung der Wand ist, die wichtigste Rolle. Tab. 18.2 zeigt diesen Parameter neben anderen wichtigen Größen als Funktion der Geschwindigkeit für einige Schichtdicken. Die daraus abzuleitende effektive Masse der asymmetrischen Néelwände ist in Fig. 18.4 eingezeichnet. Sie ist generell kleiner und nimmt mit zunehmender Schichtdicke stärker ab als die effektive Masse der Blochwand.

Charakteristisch für die Struktur bewegter Néelwände ist, daß sie wesentlich vom Vorzeichen der Geschwindigkeit abhängt. Für die eine Bewegungsrichtung nimmt der symmetrische Beitrag r_S zu und der Wert der Lagrangefunktion E_G+P_{kin} ab, für die andere Bewegungsrichtung ist es umgekehrt. Bei einem Wechsel des Vorzeichens der α_2-Komponente im Kern der Néelwand wechselt auch die günstige Geschwindigkeitsrichtung. Geht man davon aus, daß sich die Wandstruktur mit dem kleinsten Wert des Lagrangepotentials einstellt, dann muß eine asymmetrische Néelwand in einem magnetischen Wechselfeld bei jeder Richtungsumkehr das Vorzeichen ihrer α_2-Komponente umkehren. Allerdings ist dieser Übergang mit einer Energieschwelle verbunden, und er kann daher nur dann bei kleinen Geschwindigkeiten stattfinden, wenn schon zu Beginn der Bewegung Abschnitte (Keime) der günstigen Orientierung existieren und die Übergangslinien zwischen verschieden orientierten Néelwandabschnitten leicht beweglich sind.

18.4 Der Geschwindigkeits-induzierte Bloch-Néelwand-Übergang

Trägt man die Lagrangefunktionen E_G+P_{kin} sowohl der Blochwand als auch der asymmetrischen Néelwand als Funktion der Geschwindigkeit auf (Fig. 18.5), dann zeigt sich, daß bei Geschwindigkeiten oberhalb $v \approx 0.6\sqrt{A}|\gamma|$ die Néelwand gegenüber der Blochwand begünstigt wird. Ähnlich wie im Fall eines senkrecht zur leichten Richtung anliegenden Feldes (Fig. 16.3) wird also auch durch die Bewegung ein Übergang von der Blochwand zur asymmetrischen Néelwand induziert.

Die aus Fig. 18.5 folgenden kritischen Geschwindigkeiten v_{B-N} sind in Fig. 18.4 als Funktion der Schichtdicke aufgetragen. Der Übergang müßte experimentell z.B. dadurch nachzuweisen sein, daß die Néelwand eine größere Beweglichkeit als die Blochwand besitzt (s. hierzu die für $v=v_{B-N}$ gültigen Kurven $Q_x(D)$ in Fig. 18.4). Der Absolutwert der kritischen Geschwindigkeit v_{B-N} beträgt für Permalloyschichten etwa 10^4 cm/sec und ist also experimentell noch gut zugänglich. Kleinere kritische Geschwindigkeiten sind dann zu erwarten, wenn zusätzlich zu dem treibenden Feld noch ein schwaches Transversalfeld angelegt wird, welches die ruhende Néelwand gegenüber der ruhenden Blochwand weniger ungünstig macht.

Der kinetisch induzierte Übergang von der Blochwand zur asymmetrischen Néelwand ist mit dem in 11.4 berechneten Effekt der geschwindigkeitsinduzierten Orientierungsänderung einer Wand im massiven Material verwandt. Betrachten wir etwa die Fläche $\alpha_3(x,y)=0$ als "Wandfläche", dann unterscheidet sich die asymmetrische Néelwand von der Blochwand durch ihre größere Wandfläche und deren schräge Orientierung relativ zur Schichtoberfläche (vgl. Fig. 15.1d und e). Der Unterschied zum massiven Material besteht lediglich darin, daß durch den Streufeldeinfluß der Oberflächen der Übergang zwischen der senkrecht orientierten Blochwand und der schräg orientierten Néelwand in der dünnen Schicht unstetig erfolgt.

18.5 Bewegte eindimensionale Néelwände

Die erste Untersuchung der Dynamik des im Ruhezustand symmetrischen Néelwandtyps, welcher bei kleinen Schichtdicken auftritt, und welcher im wesentlichen durch eine eindimensionale Struktur beschrieben wird (s. Abschn. 15) verdanken wir Schlömann [11.6]. Schlömann benutzte allerdings das Wandmodell von Dietze und Thomas und vernachlässigte somit die weitreichenden Ausläufer der Néelwand (s. Abschn. 14). Noch nicht abgeschlossene Untersuchungen von Riedel [18.8] zeigen jedoch, daß den weitreichenden Ausläufern auch bei der Bewegung der Néelwände eine entscheidende Bedeutung zukommt. Dadurch ergibt sich eine starke Erhöhung der von Schlömann gefundenen kritischen Geschwindigkeit.

[18.1] E. Feldtkeller, in "Magnetismus" (VEB Deutscher Verlag für Grundstoffindustrie, Leipzig, (1967)) S. 215

[18.2] S. Middelhoek, IBM J. Res. Developm. 10, 351 (1966)

[18.3] C.E. Patton, F.B. Humphrey, J. Appl. Phys. 37, 4269 (1966)

[18.4] S. Höcker, A. Hubert, Intern. J. Magnetism 3, 139 (1972)

[18.5] S. Höcker, Diplomarbeit, Universität Stuttgart, 1972

[18.6] C.E. Patton, T.C. McGill, C.H. Wilts, J.Appl.Phys. 37, 3594 (1966)

[18.7] E. Feldtkeller, phys.stat.sol. 27, 161 (1968)

[18.8] H. Riedel, private Mitteilung (1972)

Tabelle 18.1

Ergebnisse numerischer Berechnungen zur bewegten Blochwand in dünnen Schichten. Die Strukturen wurden durch numerische Minimalisierung der Lagrangefunktion $E^*=(E_K+E_S)D+E_A/D+w\cdot P^o_{kin}$ für $D=13\delta_s=13\sqrt{A/I_s^2}$. Für diese Dicke entspricht der Parameter ω der reduzierten Geschwindigkeit $w=v/(\sqrt{A}|\gamma|)$.

ω	E_A/A	E_K/K_1	E_s/I_s^2	P^o_{kin}	W_α/D	$\alpha_1^{(z)}(0)$	Q_x
0	21.430	0.580	0	0	0.467	0	11.90
0.25	21.459	0.581	0.00048	-0.065	0.467	-0.0255	11.91
0.5	21.514	0.583	0.00186	-0.127	0.469	-0.0428	11.87
1	21.665	0.591	0.00706	-0.226	0.476	-0.0774	11.73
1.5	21.941	0.604	0.01442	-0.320	0.489	-0.108	11.52
2	22.026	0.606	0.02048	-0.332	0.496	-0.126	11.52
3	23.441	0.607	0.04618	-0.501	0.506	-0.183	11.58

Tabelle 18.2

Ergebnisse numerischer Rechnungen zur bewegten asymmetrischen Néelwand. Bezeichnungen wie in Tab. 18.1 und Tab. 16.1 $K_1/I_s^2=1/640$.

w	D/δ_s	E_A/A	E_K/I_s^2	E_s/I_s^2	P^o_{kin}	W_α/D	r_S	Q_x
0	6.36	16.98	0.0198	0.2157	-2.371	0.838	0.509	7.12
0.5	"	15.58	0.0227	0.2493	-2.435	0.807	0.548	6.94
1	"	13.82	0.0269	0.2978	-2.503	0.777	0.598	6.67
0	9.16	24.81	0.0085	0.0865	-2.088	0.973	0.316	8.03
0.5	"	23.32	0.0098	0.1041	-2.159	0.938	0.347	7.94
1	"	21.81	0.0115	0.0865	-2.209	0.905	0.380	7.83
0	12.24	30.09	0.0043	0.0356	-1.945	1.119	0.201	8.43
0.5	"	28.64	0.0050	0.0454	-1.985	1.077	0.226	8.37
1	"	27.20	0.0058	0.0571	-2.031	1.036	0.253	8.30
0	19.48	36.17	0.0025	0.0088	-1.792	1.321	0.099	8.73
0.5	"	34.17	0.0027	0.0122	-1.827	1.277	0.115	8.69
1	"	34.08	0.0029	0.0151	-1.847	1.244	0.128	8.67

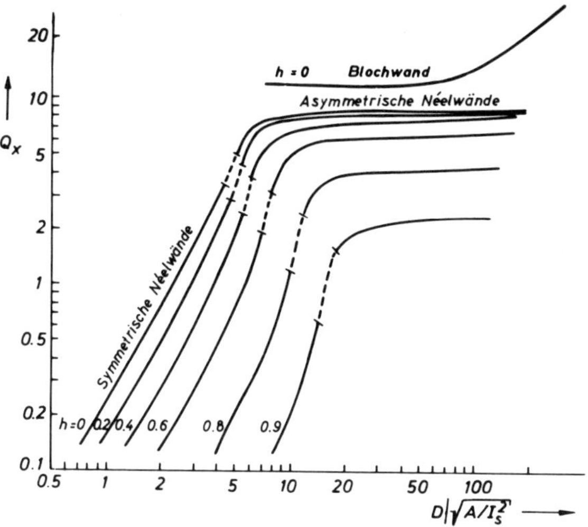

Fig. 18.1 Die in Gl. (18.1) definierten Integrale Q_x für die verschiedenen Wandmodelle in einachsigen Schichten. Parameter: $h=HI_s/(2K_1)$= Stärke eines quer zur leichten Richtung angelegten Feldes

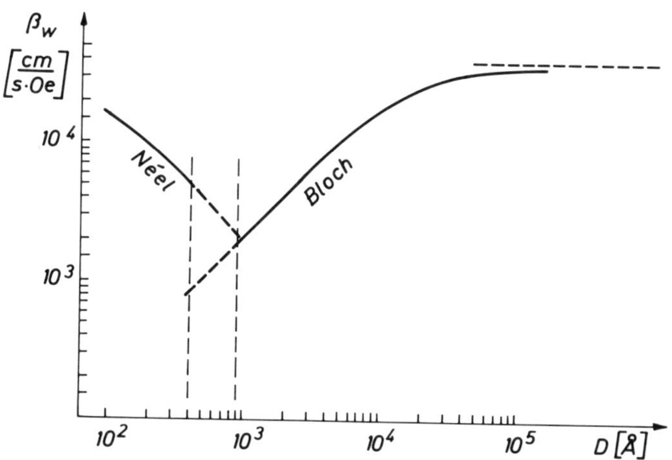

Fig. 18.2 Aus (18.2) und Fig. 18.1 abgeleitete Beweglichkeit von 180°-Wänden in Permalloy-Schichten. Gestrichelt: Der Dickenbereich vorherrschender Stachelwände, für den noch keine brauchbare Theorie vorliegt.

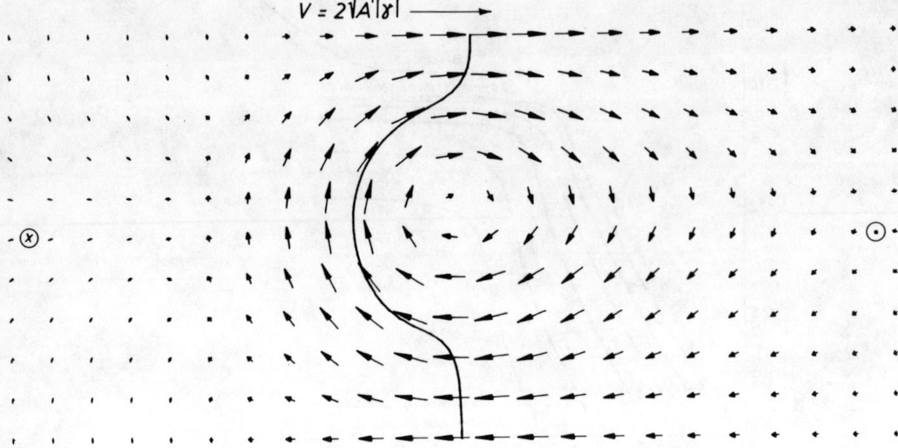

Fig. 18.3 Struktur einer bewegten 180°-Blochwand, gültig etwa für $D=13\sqrt{A/I_s^2}$ (≈1650 Å in Permalloy) und $v=2\sqrt{A}|\gamma|$ (~$3.5\cdot10^4$ cm/sec bei Permalloyschichten)

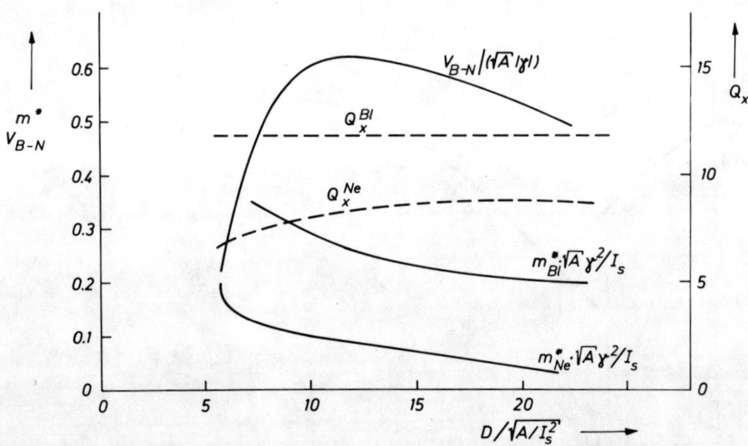

Fig. 18.4 Die effektiven Massen m^*, die kritische Geschwindigkeit v_{B-N} für den Übergang von der Blochwand zur asymmetrischen Néelwand und das Integral Q_x (Gl. (18.1)) bei $v=v_{B-N}$ als Funktion der Schichtdicke

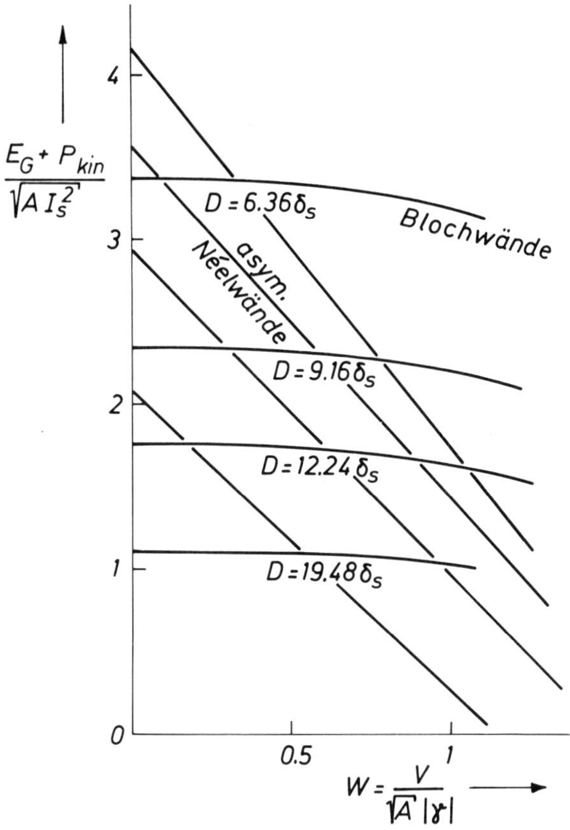

Fig. 18.5 Die Lagrangefunktionen $E^* = E_G + P_{kin}$ als Funktion der Geschwindigkeit für 180°-Blochwände und asymmetrische Néelwände für verschiedene Schichtdicken. Die Schnittpunkte ergeben jeweils die kritische Geschwindigkeit v_{B-N} für den Übergang von der Bloch- zur Néelwand. $\delta_s = \sqrt{A/I_s^2}$

19. Übergangslinien zwischen Domänenwänden verschiedenen Drehsinns

19.1 Einführung

An verschiedenen Stellen dieser Arbeit, so bei der Zickzack-Wand (Abschn. 5.4) und bei der Stachelwand in dünnen Schichten (Abschn. 13.6) wurde auf Übergangslinien zwischen Wandabschnitten verschiedenen Drehsinns hingewiesen. Derartige Linien, die oft auch Bloch- oder Néellinien genannt werden, können z.B. durch die Vorgeschichte einer Probe bedingt sozusagen zufällig auftreten. Sie können aber auch zur Verminderung der freien Energie einer Probe beitragen, wie z.B. in der in Fig. 19.1 dargestellten Situation: Eine (100)-Oberfläche eines Eisen-Einkristalls werde von einer senkrecht auf ihr stehenden 180°-Wand geschnitten. Diese Wand führt einen gewissen magnetischen Fluß zur Oberfläche. Zwar wird durch eine geeignete Oberflächenstruktur (s. Fig. 15.4) vermieden, daß hohe lokale Streufelder entstehen, jedoch vermindert dieser Mechanismus nicht die Summe des zur Oberfläche strömenden Flusses. Der Fluß muß, soweit er nicht als Streufeld austritt, durch die Domänen wieder abfließen. Verschiedene Möglichkeiten hierzu sind denkbar.

1) Der Fluß kann zur gegenüberliegenden Oberfläche der gleichen Wand fließen.

2) Er kann zu einer benachbarten Wand entgegengesetzten Drehsinns fließen.

3) Er kann parallel zur Wand zu einem Abschnitt entgegengesetzten Drehsinns fließen. Ist die Probe dick und der Weg zur benachbarten Wand weit, dann wird sicherlich die dritte Möglichkeit energetisch begünstigt, vorausgesetzt, daß die Energie der Übergangslinien zwischen verschieden orientierten Wandabschnitten nicht zu groß ist.

Die hier erläuterte Unterteilung der 180°-Wand wurde von verschiedener Autoren gefunden [2.3,19.1-4]. Die Beobachtungen deuten darauf hin, daß die Energie der Übergangslinien in der Tat relativ gering sein muß.

Über die Bedeutung der Übergangslinien für die magnetischen Eigenschaften ist gegenwärtig noch wenig bekannt. Man weiß, daß sie unter bestimmten Umständen die Beweglichkeit der Wände beeinträchtigen [11.11]. Es ist aber auch denkbar, daß sie Anlaß zu mikroskopischen Sprüngen und Irreversibilitäten geben, und daß sie sich thermisch aktiviert bewegen und so eine thermische Nachwirkung auslösen.

Die Übergangslinien in massiven Kristallen haben viel mit den Wänden in dünnen Schichten gemeinsam; man kann sie anschaulich als linienhafte Wände in einer Domänenwand bezeichnen. Ebenso wie im Fall der Wände in dünnen Schichten kann es Übergangslinien, die ein Dipolstreufeld besitzen (Fig. 19.2a) und geladene Übergangslinien (Fig. 19.2b) geben. In Analogie zur streufeldfreien Blochwand in dünnen Schichten sind auch streufeldfreie Übergangslinien möglich (Fig. 19.2c).

Quantitative Rechnungen existieren bisher allerdings nur für zwei Typen von Übergangslinien: In [15.3] wurde eine Lösung für den in Fig. 19.1 angedeuteten Fall einer Übergangslinie in einer 180°-Wand im massiven Material angedeutet, die inzwischen weiter entwickelt wurde. Auf diese Struktur werden wir im nächsten Abschnitt eingehen. Ausführliche Rechnungen **erscheinen** außerdem zu den "Blochlinien" innerhalb der Stachelwandstruktur in sehr dünnen einachsigen Schichten. Diese Linien sind mit Streufeldern verbunden und daher von sehr geringer Ausdehnung. Bezüglich der Einzelheiten sei der Leser auf die Originalliteratur verwiesen [19.5-6].

19.2 Streufeldfreie Übergangslinien innerhalb von 180°-Wänden

Die Berechnung der in Fig. 19.2c angedeuteten Struktur geschieht weitgehend analog zur Berechnung der Blochwand in dünnen Schichten, die in Abschn. 15.3 ausführlich beschrieben wurde. Wir betrachten eine Wand in einem einachsigen Material ($K_2=0$) und legen einen Schnitt senkrecht zur Übergangslinie. Die x-Achse verlaufe parallel zur leichten Richtung, die y-Achse senkrecht zur Wand. Als Maßstab verwenden wir $\delta_o=\sqrt{A/K_1}$. Die ungestörte Wand wird dann durch $\alpha_1^o=\tanh(y)$ beschrieben, und zwar unabhängig vom Drehsinn. Um den Wechsel des Drehsinns zu beschreiben, benötigen wir zusätzliche Magnetisierungskomponenten α_1 und α_2, sodaß wie bei der Blochwand für alle y ein Punkt $x_o(y)$ existiert, für den $\alpha_1^2+\alpha_2^2=1$ wird. Auf dieser Scheitellinie $x_o(y)$ wechselt dann die α_3-Komponente ihr Vorzeichen.

Wir leiten wie bei der Blochwand die zusätzlichen Komponenten α_1 und α_2 aus einem Vektorpotential ab, um eine streufeldfreie Strutur zu gewinnen. Im einzelnen erwies sich folgender Ansatz als zweckmäßig:

$$\alpha_1(x,y) = \tanh(y) - \partial\tilde{A}(x,y)/\partial y, \quad \alpha_2(x,y)=\partial\tilde{A}(x,y)/\partial x,$$

$$\tilde{A}(x,y) = p(\xi)\cdot g(y), \quad \xi = x+Q(y)$$

$$p(\xi) = C_o\left[\frac{1}{\cosh(d_1(\xi-b_o/2))}+\frac{1}{\cosh(d_2(\xi+b_o/2))}-\frac{C_1}{\cosh(d_3\xi)}\right]$$

$$g(y) = \frac{1}{\cosh(a_o y)}\left[1+C_2\frac{\sinh^2(a_o y)}{1+C_3\sinh^2(a_o y)}\right]^{-1} \qquad (19.1)$$

Die Scheitellinie ist wie bei der Blochwand mit Hilfe der Funktion $q(y)=Q'(y)$ zu berechnen. Eine günstige Konfiguration ergibt sich, wenn man zwei kritische Punkte auf der Scheitellinie zuläßt, einen (mit $\alpha_1=0$) bei y=0 und einen (mit $\alpha_2=0$) bei $y\approx1$. Die Bedingungen (15.1) und (15.2) für die kritischen Punkte lassen sich mit Hilfe der Konstanten C_o und C_2 befriedigen. Die übrigen Konstanten werden durch die Minimalisierung der Energie der Übergangslinie gewonnen, und zwar genauer gesagt der Überschußenergie der durch (α_1, α_2) gegebenen Struktur gegenüber der Energie der ungestörten Blochwand $(\alpha_1^o, 0)$. Das Ergebnis der numerischen Berechnung ist in Fig. 19.3 dargestellt.

Die Daten sind

$d_1=1.644$, $d_2=1.201$, $d_3=0.913$, $b_o=0.832$, $a_o=0.663$,

$C_1=1.494$, $C_o=1.73099$, $C_2=3.78835$, $C_3=0.0003$

Mit diesen Parametern ergibt sich für die zusätzliche Energie der Übergangslinie pro Längeneinheit ein Wert von

$E_G = 8.962 \cdot A$ (A=Austauschkonstante)

Diese Energie setzt sich zusammen aus

$E_A = 8.006 \cdot A$ (Austauschenergie) und $E_K = 0.956 \cdot A$ (Kristallenergie)

Das in Fig. 19.3 dargestellte Modell besitzt gegenüber dem ersten streufeldfreien Modell ([15.3], s. auch [19.7]) eine etwa halb so große Energie, was auf Verbesserungen in der mathematischen Behandlung - vor allem im Zusammenhang mit dem zweiten kritischen Punkt - zurückzuführen ist. Bemerkenswert ist, daß das neue, günstigere Modell im wesentlichen aus einem negativen oder "Kreuzwirbel" besteht, wie man ihn auch von der Stachelwand her kennt - im Gegensatz zur Blochwand und auch zu dem ersten Modell für die Übergangslinie.

Schön und Buchenau [19.7] haben erkannt, daß streufeldfreie Übergangslinien auch dann möglich sind, wenn die Linie nicht mehr parallel zur Magnetisierungsrichtung in der Mitte der ungestörten Wand verläuft. Um den dann aus den beiden Teilwänden auf die Übergangslinie zulaufenden Fluß abzuleiten, müssen die beiden Teilwände senkrecht zur Wandebene gegenseitig versetzt angenommen werden. Mit Hilfe solcher Übergangslinien ist es möglich, z.B. dreieckige Bereiche entgegengesetzten Drehsinns in einer Wand zu erzeugen (Fig. 19.1), wie sie in der Tat von Schön und Buchenau beobachtet wurden.

Man kann sich überlegen, daß die Scheitellinie in diesem Fall nicht die Spiegelsymmetrie wie in Fig. 19.3 besitzen wird, sondern annähernd eine Punktsymmetrie analog zur asymmetrischen Néelwand in dünnen Schichten (Fig. 19.2d). Eine quantitative Berechnung dieser Art von Übergangslinien steht aber ebenso noch aus wie die Untersuchung von Übergangslinien in kubischen Kristallen oder in angelegten Feldern.

[19.1] H.J. Williams, M. Goertz, J. Appl. Phys. 23, 316 (1952)

[19.2] R.W. DeBlois, C.D. Graham, J. Appl. Phys. 29, 931 (1958)

[19.3] S. Shtriktman, D. Treves, J. Appl. Phys. 31, 147S (1960)

[19.4] J. Kranz, U. Buchenau, IEEE Trans. Magn. Mag2, 297 (1966)

[19.5] E. Feldtkeller, H. Thomas, Phys. kond. Mater. 4, 8 (1965)

[19.6] H. Bäurich, phys. stat.sol. 23, K137 (1967)

[19.7] L. Schön, U. Buchenau, Intern. J. Magnetism 3, 145 (1972)

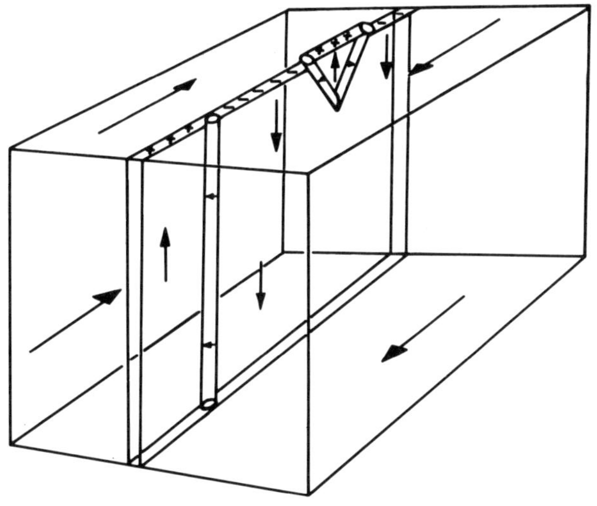

Fig. 19.1
Schematische Darstellung einer 180°-Wand in Eisen, welche durch eine Übergangslinie in zwei Abschnitte entgegengesetzten Drehsinns unterteilt ist. Im Hintergrund ein Dreiecksbereich entgegengesetzter Polarisation innerhalb der Blochwand.

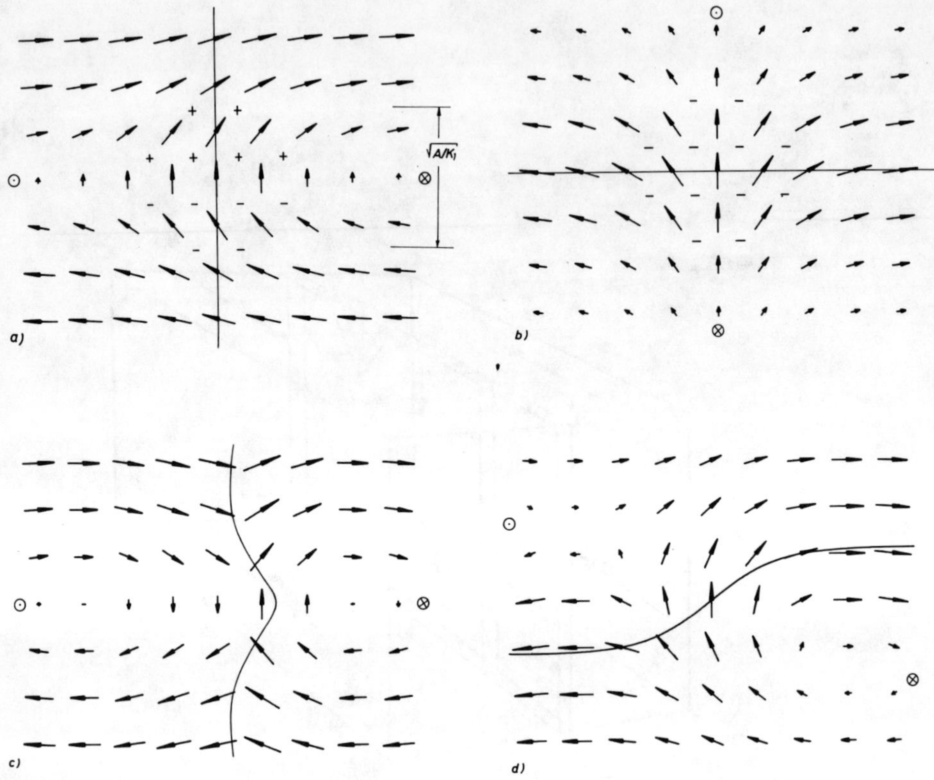

Fig. 19.2
Schematische Darstellung von vier verschiedenen Übergangslinien innerhalb von 180°-Wänden. Dargestellt ist jeweils die Projektion der Magnetisierung auf eine Querschnittsfläche senkrecht zur Übergangslinie. ψ sei der Winkel zwischen der Linienrichtung und der Magnetisierungsrichtung in der Wandmitte.

a) Einfache streufeldbehaftete Übergangslinie, $\psi=0$,

b) "Geladene" Übergangslinie, $\psi=90^{\circ}$,

c) Streufeldfreie Übergangslinie, $\psi=0$,

d) Vermutete Struktur einer streufeldfreien Übergangslinie für $\psi=50^{\circ}$.

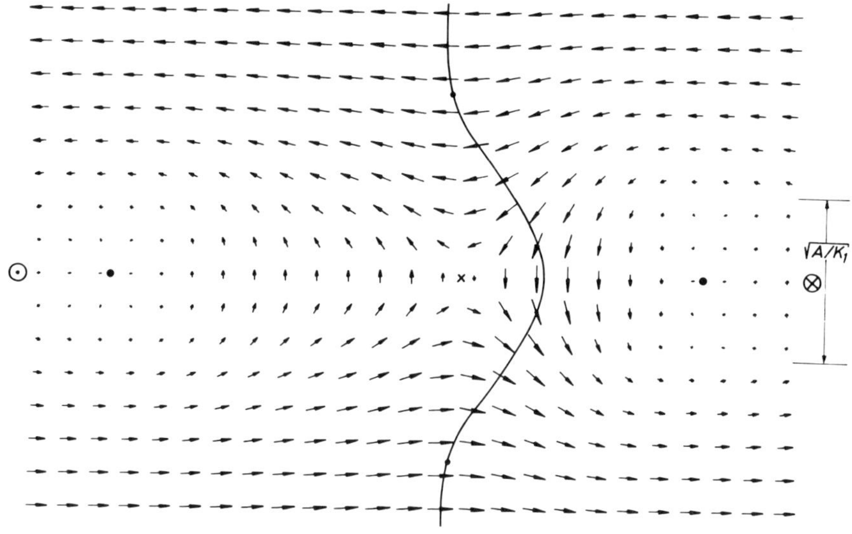

Fig. 19.3
Magnetisierungsverlauf innerhalb einer streufeldfreien Übergangslinie zwischen Blochwandabschnitten entgegengesetzten Drehsinns, berechnet für eine 180°-Wand in einem einachsigen Material. Dargestellt ist die Projektion der Magnetisierungsvektoren auf eine Ebene senkrecht zur Übergangslinie. Längs der ausgezogenen Linie dreht sich die Magnetisierung innerhalb der Zeichenebene.

III. DOMÄNENWÄNDE IN SUPRALEITERN

1. Grundlagen der phänomenologischen Theorie der Supraleitung

1.1 Die Ginzburg-Landau-Gleichungen

Die Theorie von Ginzburg und Landau [1.1] spielt auf dem Gebiet der Supraleitung eine ähnliche Rolle wie der Mikromagnetismus in der Theorie des Ferromagnetismus. Sie beschreibt das räumliche Verhalten des inneren magnetischen Feldes sowie eines charakteristischen makroskopischen Ordnungsparameters in Gestalt einer komplexen, skalaren Funktion $\Psi(\underline{r})$. Der Ordnungsparameter läßt sich als Wellenfunktion der "supraleitenden Elektronen" interpretieren. In diesem Bild entspricht das Betragsquadrat des Ordnungsparameters der Dichte der Elektronen, welche eine Funktion der Temperatur ist und oberhalb einer kritischen Temperatur verschwindet. Bezeichnen wir die relative Abweichung von der kritischen Temperatur mit ϑ ($\vartheta = (T_c - T)/T_c$), dann wächst die Dichte der supraleitenden Elektronen unterhalb T_c in erster Näherung linear mit ϑ an. Demnach handelt es sich bei dem Übergang zur Supraleitung um einen stetigen Phasenübergang (auch Phasenübergang zweiter Art genannt), und Ginzburg und Landau haben ihre Theorie der Supraleitung aus der allgemeinen Landauschen Theorie für derartige Phasenübergänge entwickelt. Aus diesem Grunde ist sie primär in der Umgebung des Phasenübergangs, also für kleine Dichten der supraleitenden Elektronen gültig. Zusammenfassende Darstellungen und Begründungen der GL-Theorie finden sich in verschiedenen Lehrbüchern [1.2-1.5], weshalb wir uns hier auf eine kurze Darstellung der Ergebnisse beschränken können.

Ähnlich wie im Fall des Mikromagnetismus läßt sich auch die GL-Theorie aus einem Funktional für die freie Enthalpie ableiten, nämlich aus:

$$F = \int \left[\frac{1}{8\pi} |\underline{H} - \underline{H}_a|^2 + \tilde{\alpha} |\Psi|^2 + \frac{1}{2} \beta |\Psi|^4 + \mu |(i\gamma\nabla + \underline{A})\Psi|^2 \right] dV \qquad (1.1)$$

$\underline{A}$ ist dabei das Vektorpotential des inneren Magnetfeldes $\underline{H}$=rot $\underline{A}$, $\underline{H}_a$ ist das äußere Feld, $\tilde{\alpha}(T)$ und $\beta(T)$ sind Funktionen der Temperatur, wobei $\tilde{\alpha}(T)$ unterhalb der kritischen Temperatur T_c negativ wird. μ und γ sind Konstanten, die eine anschauliche Bedeutung gewinnen, wenn man sie - wie üblich - in folgender Form schreibt:

$$\mu = e^{*2}/(2m^* c^2) \ , \quad \gamma = hc/e^* \tag{1.2}$$

e^* und m^* bedeuten Ladung bzw. Masse derjenigen elementaren Teilchen, die den makroskopischen Quantenzustand der "supraleitenden Elektronen" bilden. (Heute weiß man, daß es sich hierbei um Elektronenpaare handelt, weshalb man $e^*=2e$ und $m^*=2m$ setzen kann). Der ortsabhängige Term in (1.1) erfüllt die Forderung nach der Eichinvarianz des Energiefunktionals: Da nur das magnetische Feld $\underline{H}$=rot $\underline{A}$ beobachtbar ist, darf eine Umeichung $A=A+\nabla\chi$ nicht zu einer Änderung des Betrages der Wellenfunktion Ψ führen. Erlaubt ist dagegen eine Änderung der Phase $\Psi^*=\Psi e^{i\chi/\gamma}$. Ersetzen wir in (1.1) A durch A^* und Ψ durch Ψ^*, so bleibt F in der Tat unverändert.

In einem homogenen Körper ohne Magnetfeld nimmt die Wellenfunktion Ψ unterhalb T_c nach (1.1) spontan den Wert

$$\Psi_o = (-\tilde{\alpha}(T)/\beta(T))^{1/2} \tag{1.3}$$

an. Ein homogenes inneres Feld wäre aber mit einem Wert $\Psi \neq 0$ wegen des Terms $A^2\Psi^2$ in (1.1) nicht verträglich ("Meissner-Effekt"). Bei Anwesenheit eines äußeren Feldes sind deshalb zunächst zwei Zustände miteinander zu vergleichen: der Meissner-Zustand ($\Psi=\Psi_o$, $H=0$, $F=\int\left[H_a^2/(8\pi)-\tilde{\alpha}^2/(2\beta)\right]dV$) und der normalleitende Zustand ($\Psi=0$, $H=H_a$, $F=0$). Bei

$$H_a = H_c = (4\pi\tilde{\alpha}^2/\beta)^{1/2} \tag{1.4}$$

erreicht man die kritische Feldstärke, oberhalb derer der normalleitende Zustand günstiger als der supraleitende Meissnerzustand ist.

Aus (1.1) lassen sich zwei charakteristische Längen ableiten, die das räumliche Verhalten des inneren Feldes einerseits und des Ordnungsparameters andererseits bestimmen. Zu ihrer Ableitung gehen wir von eindimensionalen, ebenen Problemen aus und setzen zunächst $\Psi=\Psi_o$=const. Daraus ergibt sich für das Vektorpotential A die Differentialgleichung

$$\frac{1}{8\pi} A'' = A\Psi_o^2 \qquad (1.5)$$

mit der Lösung

$$A = c\cdot e^{-x/\lambda} \qquad \lambda = 1/(\sqrt{8\pi\mu}\,\Psi_o) = \sqrt{\beta/(8\pi|\alpha|\mu)} \qquad (1.6)$$

Ein Magnetfeld dringt also mit einer bestimmten <u>Eindringtiefe</u> λ in einen Supraleiter ein. Setzen wir andererseits H=0, A=0, so verbleibt für Ψ die Differentialgleichung

$$\alpha\Psi+\beta\Psi^3 = \mu\gamma^2\Psi'' \qquad (1.7)$$

mit der Lösung

$$\Psi = \Psi_o\tanh(x\sqrt{2}/\xi), \quad \xi = \sqrt{\mu\gamma^2/|\alpha|} \qquad (1.8)$$

wobei der Faktor $\sqrt{2}$ den Konventionen entspricht und die Randbedingung $\Psi(0)=0$ vorausgesetzt wurde. Die Größe ξ wird <u>Kohärenzlänge</u> der supraleitenden Elektronen genannt, da sie angibt, in welchem Abstand von einer lokalen Störung mit $\Psi=0$ der Gleichgewichtswert Ψ_o in einem Supraleiter annähernd wieder erreicht ist.

Es ist nun üblich, das GL-Funktional (1.1) durch Einführung reduzierter Variabler zu vereinfachen. Wir definieren zu diesem Zweck: $h=H/(\sqrt{2}H_c)$, $a=A/(\sqrt{2}H_c\lambda)$, $\psi=\Psi/\Psi_o$, $\tilde{x}=x/\lambda$ und erhalten damit:

$$F = \frac{H_c^2\lambda^3}{4\pi}\int\left[|\underline{h}-\underline{h}_a|^2-\psi^2+\frac{1}{2}\psi^4+|(\frac{i\nabla}{\kappa}+\underline{a})\psi|^2\right]d\tilde{v} \qquad (1.9)$$

In dieser Form ist nur noch ein wesentlicher Parameter verblieben, nämlich der sogenannte GL-Parameter:

$$\kappa = \frac{\lambda}{\xi} = \frac{1}{\gamma\mu}\sqrt{\frac{\beta}{8\pi}} \tag{1.10}$$

Der Materialparameter κ bestimmt den Charkter der aus (1.9) abzuleitenden Lösungen, wie wir noch im einzelnen erläutern werden. Unter den eigentlichen Ginzburg-Landau-Gleichungen versteht man die aus (1.9) durch Variation nach ψ und h abzuleitenden Differentialgleichungen, die wir in ihrer allgemeinen Form hier nicht benötigen.

1.2 Geltungsbereich und Erweiterungen des Ginzburg-Landau-Funktionals

Nach der Art der Herleitung ist das GL-Funktional nur in der Umgebung der kritischen Temperatur T_c gültig. Um den Geltungsbereich abschätzen zu können, ist es nötig, die Ergebnisse der GL-Theorie mit Ergebnissen einer genaueren Theorie zu vergleichen. Eine solche genauere Theorie, die heutzutage als Grundlage für das Verständnis der Supraleitung gilt, ist die BCS-Theorie [1.6, 1.7]. Gorkov [1.8, 1.9] konnte die GL-Gleichungen in der Tat als Grenzfall der BCS-Theorie für $T \to T_c$ ableiten. Es liegt nahe, Funktionale zu suchen, die auch bei tieferen Temperaturen, also für größere Werte von $|\Psi|^2$, noch gültig sind. Sie müßten dann z.B. auch noch Terme der Ordnung $|\Psi|^6$ enthalten. Dieser Weg wurde in systematischer Weise von Tewordt [1.10, 1.11] beschritten. Nimmt man zu (1.9) genau diejenigen Terme hinzu, die höchstens von linearer Ordnung in $\vartheta = (T_c - T)/T_c$ sind, dann gelangt man zu dem Funktional von Neumann und Tewordt (NT) [1.12]. Wir beschränken uns hier auf dieses Funktional. Bezüglich weitergehender Verallgemeinerungen des GL-Funktionals verweisen wir auf die ausführliche Arbeit von Werthamer [1.4]. Zur Abkürzung führen wir den Operator

$$O_i = \frac{i}{\kappa_3}\frac{\partial}{\partial x_i} + a_i \tag{1.11}$$

ein, wobei κ_3 ein mit dem GL-Parameter κ zusammenhängender Parameter sei (s.Gl. (1.15)). Das Funktional von Neumann und Tewordt hat dann in reduzierter Darstellung folgende Form

$$F = \frac{H_c^2\lambda^3}{4\pi} \int d\tilde{v}\{|\underline{h}-\underline{h}_a|^2-|\psi|^2+\frac{1}{2}|\psi|^4+|O\psi|^2$$

$$+\vartheta[\eta_c P_c+\eta_k P_k+\eta_w P_w+(\eta_{4d}+3\eta_{4c})P_{43}+\eta_{4c}P_{4c}]\} \quad (1.12)$$

$$P_c = |\psi|^2(1-|\psi|^2)^2 \ , \quad P_k = -(1-|\psi|^2)|O\psi|^2$$

$$P_w = |\psi|^2(\frac{1}{\kappa_3}\nabla|\psi|)^2 \ , \quad P_{43} = |\sum_{i=1}^{3} O_i O_i \psi|^2$$

$$P_{4c} = \sum_{i\neq k}[(O_i O_k\psi)\cdot((O_i O_k\psi)^*+(O_k O_i\psi)^*)-2(O_i O_i\psi)(O_k O_k\psi)^*]$$

(1.12a)

Die von NT eingeführten Koeffizienten ergeben sich als Funktion eines sogenannten Verunreinigungsprameters $\alpha=0.882\ \xi_o/l$, wobei l die freie Weglänge der Elektronen im mormalleitenden Zustand sei und ξ_o die Kohärenzlänge der BCS-Theorie. Der Parameter α verschwindet für reine Metalle (reiner Grenzfall, engl. clean limit) und geht für stark verunreinigte Metalle gegen Unendlich (schmutziger Grenzfall, engl. dirty limit). Die NT-Theorie enthält also zwei wesentliche Materialparameter: den GL-Parameter κ und den Verunreinigungsprameter α. Im einzelnen ergibt sich mit Hilfe der Funktionen

$$S_{ik}(\alpha) = \sum_{n=0}^{\infty} (2n+1)^{-i}(2n+1+\alpha)^{-k} \quad (1.13)$$

für die Koeffizienten:

$$\eta_c = -\frac{1}{4}\frac{S_{50}}{S_{30}^2} \ , \quad \eta_w = -\frac{S_{41}}{S_{30}S_{21}} \ , \quad \eta_k = 1.5\eta_w+0.5\alpha\frac{S_{42}}{S_{30}S_{21}}$$

$$\eta_{4c} = -0.3\cdot\frac{S_{23}}{S_{21}^2} \ , \quad \eta_{4d} = -0.5\alpha\frac{S_{33}}{S_{21}^2} \quad (1.14)$$

Der Parameter κ_3 ist für beliebige ϑ nicht mehr identisch mit dem Materialparameter κ, geht aber für $\vartheta\to 0$ in diesen über. In erster Ordnung in ϑ gilt:

$$\kappa_3 = \kappa(1+\vartheta\phi(\alpha)) = \kappa[1+\vartheta(2\eta_c-\eta_k-\varsigma_{12}/S_{21})] \tag{1.15}$$

Das NT-Funktional unterscheidet sich vom GL-Funktional vor allem durch zwei Merkmale: 1) Es enthält die schon erwarteten Glieder der Ordnung $|\Psi|^6$, und zwar in dem Ausdruck P_c. 2) Es enthält in den Termen P_{43} und P_{4c} höhere als erste Ableitungen des Ordnungsparameters. Diese Terme führen nach der Variation bezüglich Ψ zu Differentialgleichungen vierter Ordnung. Die höheren Ableitungen spiegeln den stark nichtlokalen Charakter der Wechselwirkungen in Supraleitern wieder, der in der Gorkov-Theorie durch Integralgleichungen anstelle von Differentialgleichungen dargestellt wird. Höhere Ableitungen des Magnetfeldes, die in der strengen Theorie ebenfalls zu beachten sind, treten dagegen in erster Ordnung in ϑ noch nicht auf.

Bei der Auswertung des NT-Funktionals ist eine gewisse Schwierigkeit zu beachten, die daher rührt, daß die Koeffizienten η_{4c} und η_{4d} negativ sind. Damit wird insbesondere der bei stark oszillierenden Funktionen $\Psi(\underline{r})$ vorherrschende Term $\vartheta(\eta_{4d}+3\cdot\eta_{4c})P_{43}$ negativ und das Funktional ist im strengen Sinne instabil. (Eine ähnliche Situation ist uns bereits in Abschn. II.3.4a bei der Erweiterung der magnetischen Austauschenergie auf Glieder vierter Ordnung in den Ableitungen des Magnetisierungsvektors begegnet). Sinnvolle Lösungen sind in einem solchen Fall nur dann zu erwarten, wenn man nicht nur das Funktional, sondern auch die Lösungsfunktionen $\Psi(\underline{r})$ und $a(\underline{r})$ in der Umgebung von bereits bekannten GL-Lösungen linearisiert und nur die Korrekturen erster Ordnung in ϑ zu den GL-Lösungen aus den erweiterten Gleichungen berechnet.

Diese Komplikation läßt sich durch einen Kunstgriff bis zu einem gewissen Grade umgehen: Wie in [1.13] nachgewiesen wurde, gibt es ein "transformiertes" NT-Funktional, das stabil und doch in einem bestimmten Sinne äquivalent mit dem ursprünglichen NT-Funktional ist. Berechnet man nämlich sowohl mit dem ursprünglichen wie mit dem transformierten Funktional die erwähnten Korrekturen erster Ordnung zu den GL-Lösungen, dann ergeben sich in beiden Fällen identische Ergebnisse. Das gleiche gilt auch für die freie Energie und damit für alle meßbaren Größen.

Die Transformation wird mit der Abkürzung $\eta_{43}=\eta_{4d}+3\eta_{4c}$ durch folgende Substitution erreicht:

$$\eta_c \to \tilde{\eta}_c = \eta_c - \eta_{43}\,, \qquad \eta_w \to \tilde{\eta}_w = \eta_w - 4\eta_{43} \tag{1.16}$$

$$\eta_k \to \tilde{\eta}_k = \eta_k - 2\eta_{43}\,, \qquad \eta_{4d} \to \tilde{\eta}_{4d} = \eta_{4d} - \eta_{43}$$

Nach dieser Transformation entfällt in dem transformierten Funktional der Term P_{43}, der die Hauptursache für die Instabilität bildete. Gleichzeitig werden die Koeffizienten $\tilde{\eta}_w$ und $\tilde{\eta}_c$ positiv (Fig. 1.1), sodaß auch von den Termen P_w und P_c kein instabiles Verhalten mehr herrühren kann.

Da das transformierte Funktional somit sowohl einfacher als auch physikalisch und mathematisch sinnvoller ist, werden wir im folgenden ausschließlich mit diesem Funktional arbeiten.

1.3 Kristallanisotropie in Supraleitern

Sowohl das Funktional (1.1) wie auch das erweiterte Funktional (1.12) sind invariant bezüglich einer Drehung des Koordinatensystems. Formal läßt sich aus (1.1) ein anisotropes Potential gewinnen, wenn man den Skalar μ durch einen symmetrischen Tensor $\underline{\mu}$ ersetzt [1.14]. Der letzte Term in (1.1) lautet dann (mit der Abkürzung (1.11)):

$$P_2 = \sum_{i,k} \mu_{ik} (O_i \psi)(O_k \psi)^* \tag{1.17}$$

Da μ mit der effektiven Masse der supraleitenden Elektronen zusammenhängt (s. Gl.(1.2)), spiegelt die Anisotropie des Tensors $\underline{\mu}$ die Anisotropie des effektiven Massentensors wieder [1.14]. Im allgemeinen treten bei geeigneter Wahl des Koordinatensystems drei Hauptwerte des Tensors μ_i an die Stelle des Skalars μ. In einachsigen Kristallen reduzieren sich diese auf zwei wesentlich verschiedene Koeffizienten $\mu_{\parallel}$ und $\mu_{\perp}$, sodaß sich die Anisotropie in einem einachsigen Kristall in dieser Näherung durch eine Konstante $\mu_{\parallel}/\mu_{\perp}$ beschreiben läßt.

In kubischen Kristallen müssen aus Symmetriegründen alle drei Koeffizienten μ_i übereinstimmen, sodaß in dieser Näherung eine Kristallanisotropie in kubischen Materialien nicht beschrieben werden kann [1.15]. Dies gelingt erst mit Hilfe der Terme vierter Ordnung, die in der Neumann-Tewordtschen Erweiterung des GL-Funktionals auftreten [1.16]. Liegt das Koordinatensystem parallel zu den kubischen Achsen, dann läßt sich eine Anisotropie z.B. durch einen zusätzlichen Term $\propto \eta_{4a}P_{4a}$ mit:

$$P_{4a} = \sum_{i=1}^{3} |O_i O_i \psi|^2 - P_{is} \qquad (1.18)$$

darstellen, wobei P_{is} ein geeigneter isotroper Potentialbeitrag sei, der den Mittelwert von P_{4a} über alle Raumrichtungen verschwinden läßt. Auch für kubische Kristalle benötigt man also einen zusätzlichen Parameter η_{4a} zur Beschreibung der Kristallanisotropie.

1.4 Die Magnetisierungskurve und der Zwischenzustand in Typ-I-Supraleitern

Das Integral (1.1) der Ginzburg-Landau-Theorie ist streng genommen über den ganzen Raum zu erstrecken, da ein Supraleiter ebenso wie ein ferromagnetischer Körper weitreichende Störungen des Magnetfelds im Außenraum ("Streufelder") erzeugen kann. Nur für lange, schlanke und parallel zum äußeren Feld orientierte Proben, die (auf Grund ihres kleinen "Entmagnetisierungsfaktors" $N \to 0$) das äußere Feld nicht beeinflussen, ist es erlaubt, das Integral auf das Volumen der Probe zu beschränken. Für derartige Proben, die außerdem auch in ihren seitlichen Dimensionen sehr groß gegenüber ξ und λ sein sollen, hatten wir in 1.1 zwei mögliche Zustände miteinander verglichen: 1) den Meissner-Zustand mit verschwindendem innerem Feld $H=0$, und 2) den normalleitenden Zustand mit $H=H_a$. Für eine große Klasse von Supraleitern, die sog. Typ-I-Supraleiter, sind in einem homogenen äußeren Feld im Gleichgewicht tatsächlich nur diese beiden Zustände möglich. Der Übergang vom Meissner- zum normalleitenden Zustand erfolgt in unstetiger Weise bei $H_a=H_c$. Supraleiter, die nicht diesen unstetigen Übergang von der Meissner-Phase zur normalleitenden Phase aufweisen (Typ-II-Supraleiter) behandeln wir in Abschn. 3.

In einem inhomogenen äußeren Feld, das an manchen Stellen der Probe den Wert H_c überschreitet, an anderen aber nicht, wird man beide Phasen gleichzeitig erwarten. Die Grenzfläche zwischen der supraleitenden und der normalleitenden Phase, die S-N-Wand, entspricht der Fläche $|\underline{H}_a(r)|=H_c$.

Ein zweiphasiger Zustand kann aber auch dann auftreten, wenn die Probe einen nicht verschwindenden Entmagnetisierungsfaktor besitzt. Man versteht dies am einfachsten an Hand der Analogie zum Ferromagnetismus, wenn man auch für Supraleiter den Begriff der "Magnetisierung" definiert . Für eine Probe mit dem Entmagnetisierungsfaktor N=O soll diese Größe den Unterschied zwischen dem mittleren inneren Feld (also der Induktion) und dem äußeren Feld beschreiben:

$$4\pi I = B-H_a = \bar{H}-H_a \tag{1.19}$$

Für beliebige N gilt stattdessen:

$$4\pi I = B-H_a-H_s = \bar{H}-(1-N)H_a \tag{1.19a}$$

Die Magnetisierung von Supraleitern ist in der Regel negativ, das heißt, der Mittelwert des inneren Magnetfeldes $\bar{H}$ ist kleiner als das äußere Feld H_a. Fig. 1.2 zeigt die Magnetisierungskurve für einen Typ-I-Supraleiter mit verschwindendem Entmagnetisierungsfaktor (Kurve N=O), die bei $H_a=H_c$ den erläuterten Sprung aufweist. Es ist nun ein im Ferromagnetismus geläufiges Verfahren, aus einer für N=O gültigen Magnetisierungskurve die Magnetisierungskurve für N>O durch eine sogenannte Scherungstransformation abzuleiten. Hierbei ordnet man die für N=O dem Feld H_a^o zugeordneten Werte der Magnetisierung I bei N>O dem Feld

$$H_a^N = H_a^o - 4\pi N\cdot I(H_a^o) \tag{1.20}$$

zu. Dieses Verfahren ist unter sehr allgemeinen Voraussetzungen gültig, nämlich immer dann, wenn sich die freie Energie eines Körpers in einer ersten Näherung als Funktion der mittleren Magnetisierung und des äußeren Feldes für N=0 in der Form

$$F(I,H_a) = E(I)-H_a \cdot I+G(H_a) \tag{1.21}$$

aufspalten läßt. Durch Einsetzen von (1.19) in (1.1) zeigt sich, daß auch das Ginzburg-Landau-Funktional dieser Bedingung genügt. Die Magnetisierungskurve für N=0 leitet sich aus (1.21) durch Minimalisierung bezüglich I ab:

$$H_a^o = E'(I) \tag{1.22}$$

Geht man nun zu N>0 über, dann ist zusätzlich zu (1.21) die mit der Inhomogenität des Feldes verbundene Energie zu berücksichtigen, die im Ferromagnetismus Streufeldenergie genannt wird, und die sich für Ellipsoide bei homogener Magnetisierung in der Form $E_s(I)=2\pi NI^2$ schreiben läßt. Die Minimalisierung der um E_s erweiterten freien Energie bezüglich I ergibt unmittelbar den Zusammenhang (1.20).

In Fig. 1.2 sind neben der Ausgangskurve für N=0 auch gescherte Magnetisierungskurven eingezeichnet. Da in Supraleitern die Magnetisierung keine so anschauliche Bedeutung wie die mittlere Induktion der Probe $B=\bar{H}$ besitzt, sind in Fig. 1.2b auch die durch Gl. (1.19b) mit den Magnetisierungskurven verknüpften Induktionskurven $B(H_a)$ aufgetragen.

Wichtig ist nun die Rolle des Sprungs in der Magnetisierungskurve bei der Scherung. Allgemein gilt, daß eine Unstetigkeit in der Magnetisierungskurve, also ein Phasenübergang erster Ordnung, nach der Transformation (1.20) in ein Zweiphasengebiet übergeht, welches aus einer Mischung der beiden Phasen besteht, zwischen denen bei N=0 der Phasenübergang stattfindet. Konkret für den Typ-I-Supraleiter gilt:

Im Intervall $(1-N)H_c<H_a<H_c$ ist ein zweiphasiger Zustand stabil, der Zwischenzustand genannt wird, und der aus Meissner-Domänen einerseits und normalleitenden Domänen mit $H=H_c$ andererseits besteht. Das relative Volumen v_N der normalleitenden Phase wächst linear mit dem äußeren Feld an,

In obigen Überlegungen ist durch die Annahme einer homogenen Magnetisierung die genaue Struktur des zweiphasigen Zustands vernachlässigt worden. Ein Überblick über die Gesetze, die den Zwischenzustand beherrschen, und über die einschlägige Literatur, findet sich z.B. in [1.17] und [1.18]. Einer der Bestimmungsfaktoren für die Bereichsweite ist die Energie der Wände zwischen beiden Phasen, die das Thema des folgenden Abschnitts sind.

[1.1] V.L. Ginzburg, L.D. Landau, Ž.Expt.Teor.Fiz. 20, 1064 (1950) s. auch V.L. Ginzburg, Nuovo Cimento 2, 1234 (1955)

[1.2] P.G. De Gennes, Superconductivity of Metals and Alloys (Benjamin, New York, 1966)

[1.3] D. Saint-James, E.J. Thomas, G. Sarma, Type II Superconductivity, (Pergamon, New York, 1969)

[1.4] N.R. Werthamer, in: Superconductivity, hrsg. von R.D. Parks (Dekker, New York, 1969) Kap. 6

[1.5] A.L. Fetter, P.C. Hohenberg, s. [1.4], Kap. 14

[1.6] J. Bardeen, L.N. Cooper, J.R. Schrieffer, Phys.Rev. 108, 1175 (1957)

[1.7] G. Rickayzen, s. [1.4], Kap 2

[1.8] L.P. Gorkov, Ž.Exp.Teor.Fiz. 36, 1918, 37, 1407 (1959) [Sov.Phys. JETP 9, 1364 (1959), 10, 998 (1960)]

[1.9] G. Eilenberger, Z.Physik 190, 142 (1966), 214, 195(1968)

[1.10] L. Tewordt, Z.Physik 180, 385 (1964)

[1.11] L. Tewordt, Phys.Rev. 137, A1745 (1965)

[1.12] L. Neumann, L. Tewordt, Z.Physik 189, 55 (1966)

[1.13] A. Hubert, phys.stat.sol(b), 53, 147 (1972)

[1.14] V.L. Ginzburg, Ž. Exp.Teor.Fiz. 23, 236 (1952)

[1.15] P.C. Hohenberg, N.R. Werthamer, Phys.Rev. 153, 493 (1967)

[1.16] I.D. Livingston, W.De Sorbo, s. [1.4], Kap. 21

[1.17] A. Hubert, phys.stat.sol. 24, 669 (1967)

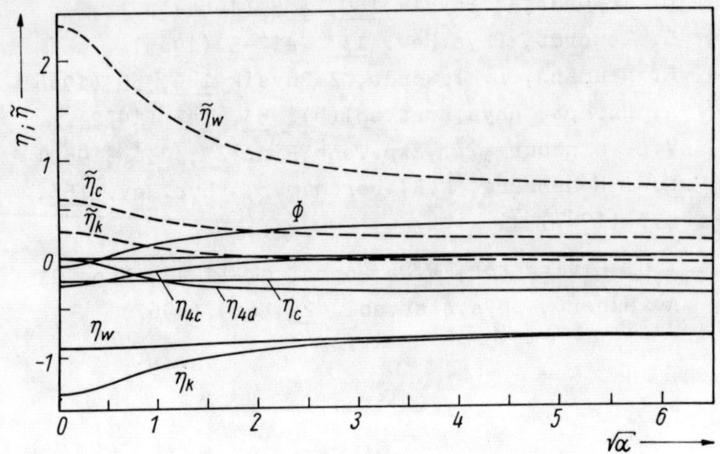

Fig. 1.1
Die in den Gleichungen (1.14) bis (1.16) definierten Neumann-Tewordtschen Koeffizienten als Funktion des Verunreinigungsparameters α.

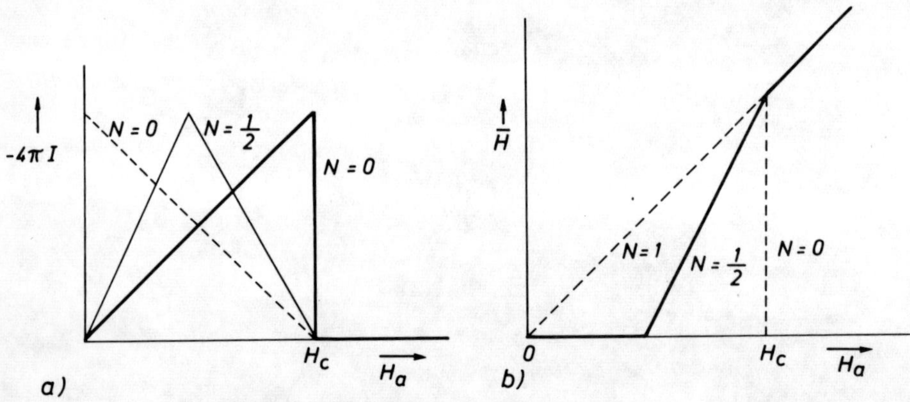

Fig. 1.2
a) Die Magnetisierung I und b) der Mittelwert des inneren Magnetfeldes $B=\overline{H}$ für ellipsoidförmige Typ-I-Supraleiter als Funktion des äußeren Magnetfeldes H_a und für verschiedene Werte des Entmagnetisierungsfaktors N.

2. Berechnung von ebenen S-N-Wänden

2.1 Berechnung im Rahmen der GL-Theorie

a) Allgemeine Beziehungen

Nach den Erläuterungen des letzten Abschnitts trennt eine sogn. S-N-Wand einen supraleitenden Bereich mit ($h=0$, $\psi=1$) von einem normalleitenden Bereich mit ($h=1/\sqrt{2}$, $\psi=0$). Die geeignete Gibbssche Energie zur Berechnung dieses Übergangs ist durch (1.9) gegeben. F verschwindet in beiden Bereichen, sodaß die Wandenergie gerade durch den Überschuß an freier Energie in der Wandzone gegeben ist.

Da das Funktional (1.9) isotrop ist, können wir die Wandnormale parallel zur x-Achse legen. Nur magnetische Felder parallel zur Wand sind erlaubt. Die Feldrichtung sei die y-Achse. Dann können wir das Vektorpotential so wählen, daß es parallel zur z-Achse zeigt und einfach $h=a'$ gilt. Damit erhalten wir folgende Gleichung für die Wandenergie pro Flächeneinheit der Wand:

$$\sigma_{SN} = \frac{H_c^2\lambda}{4\pi}\int_{-\infty}^{\infty} [(h-1/\sqrt{2})^2-\psi^2+ \frac{1}{2}\psi^4+ \frac{\psi'^2}{\kappa^2} + a^2\psi^2]dx \qquad (2.1)$$

ψ kann demnach als reell angenommen werden. Die Randbedingungen lauten

$$h(\infty) = a(\infty) = 0, \quad h(-\infty) = 1/\sqrt{2}, \quad \psi(\infty) = 1, \quad \psi(-\infty) = 0 \qquad (2.2)$$

(2.1) ist nun bezüglich der beiden skalaren Funktionen $a(x)$ und $\psi(x)$ unter den Randbedingungen (2.2) zu variieren. Dieses Variationsproblem ist verwandt mit dem Variationsproblem für die Blochwand in ferromagnetischen Stoffen. Der wesentliche Unterschied liegt in der Randbedingung für die Variable $a(x)$, die für $x\to-\infty$ wie $-x\sqrt{2}$ gegen unendlich gehen muß und für die also kein wohldefinierter Randwert existiert.
Durch die Bildung der Variationsableitungen nach ψ und a gehen aus (2.1) folgende Differentialgleichungen hervor:

$$-\psi(1-\psi^2) - \kappa^{-2}\psi'' + a^2\psi = 0 \tag{2.3}$$

$$-a'' + a\psi^2 = 0 \tag{2.4}$$

Multiplizieren wir (2.3) mit ψ' und (2.4) mit a', addieren beide Gleichungen und integrieren, so erhalten wir nach Festlegung der Integrationskonstanten durch die Randbedingungen (2.2) folgende Identität:

$$\frac{1}{2}(1-\psi^2)^2 + a^2\psi^2 = \kappa^{-2}\psi'^2 + a'^2 \tag{2.5}$$

Dieses Ergebnis entspricht Gl. (II.3.4) für den Fall von Wänden in ferromagnetischen Materialien.
Multiplizieren wir andererseits (2.3) mit ψ, integrieren und ziehen das Integral von (2.1) ab, so erhalten wir ein vereinfachtes Integral für σ_{SN}:

$$\sigma_{SN} = \frac{H_c^2}{4\pi}\lambda \int_{-\infty}^{\infty} [(h-1/\sqrt{2})^2 - \frac{1}{2}\psi^4]dx \tag{2.6}$$

Diese Form der Wandenergie ist mit (2.1) nur dann identisch, wenn h(x) und $\psi(x)$ die Differentialgleichungen (2.3) und (2.4) bereits erfüllen. (2.6) kann nicht als Ausgangspunkt für ein Variationsverfahren benutzt werden.

b) Analytische Berechnung in den Grenzfällen $\kappa \ll 1$ und $\kappa \to \infty$

In zwei Grenzfällen lassen sich die Differentialgleichungen für die Wand explizit lösen [1.1, 1.3]:

1) $\kappa \ll 1$: In diesem Fall ist die Eindringtiefe sehr klein im Vergleich zur Kohärenzlänge, so daß wir für das Magnetfeld einen diskontinuierlichen Übergang ansetzen können. Wir verlangen daher $h=1/\sqrt{2}$, $\psi=0$ für $x<0$ und $a=h=0$ für $x>0$. Die verbleibende Differentialgleichung für ψ im Bereich $x>0$ haben wir bereits mit (1.8) gelöst. Einsetzen in (2.1) oder (2.6) ergibt für die Wandenergie:

$$\sigma_{SN} = \frac{H_c^2\lambda}{4\pi} \frac{\sqrt{8}}{3\kappa} \tag{2.7}$$

2) $\kappa \gg 1$: In diesem Fall ist der Term $\kappa^{-2}\psi''$ in (2.3) zu vernachlässigen. Wir verlangen wieder $h=1/\sqrt{2}$, $\psi=0$ für $x<0$ und erhalten für den Bereich $x>0$ aus (2.3) die Beziehung $\psi^2=1-a^2$, die wir in (2.5) einsetzen. Das ergibt für a(x) die Differentialgleichung

$$a'^2 = a^2 - \frac{1}{2}a^4 \tag{2.8}$$

Als Randbedingungen fordern wir $\psi(0)=0$, $\psi(\infty)=1$, $a(0)=-1$, $a(\infty)=0$.

Dann lautet die Lösung von (2.8):

$$a(x) = -\sqrt{2}/\cosh(x+c) \text{ mit } \cosh(c) = \sqrt{2} \tag{2.9}$$

Die Wandenergie ergibt sich aus (2.1) zu

$$\sigma_{SN} = \frac{H_c^2\lambda}{4\pi}\left[-\sqrt{2}+\int_0^\infty \left(a'^2+a^2-\frac{1}{2}a^4\right)dx\right] = \frac{H_c^2\lambda}{4\pi}\left[-\sqrt{2}-\int_0^1 \sqrt{a^2-\frac{1}{2}a^4}\,da\right] =$$

$$= -\frac{H_c^2\lambda}{4\pi}\,\frac{4}{3}\,(\sqrt{2}-1) \tag{2.10}$$

Die Wandenergie ist also für große κ negativ, eine Tatsache, die eng mit der Erscheinung der sogenannten Typ-II-Supraleitung verbunden ist, wie noch genauer zu erläutern sein wird.

c) Die Nullstelle der Wandenergie

Da die Wandenergie bei $\kappa=0$ positiv, bei $\kappa\to\infty$ aber negativ ist, muß es mindestens einen Wert von κ geben, für den σ_{SN} verschwindet. Es läßt sich zeigen, daß eine Nullstelle (und wie man heute weiß, die einzige) bei $\kappa=1/\sqrt{2}$ liegt.

Zum Beweis gehen wir von (2.6) aus und stellen fest, daß die Wandenergie auf jeden Fall dann verschwindet, wenn der Integrand identisch verschwindet, wenn also

$$\psi^2 = 1-\sqrt{2}\,h \tag{2.11}$$

mit beiden Differentialgleichungen (2.3) und (2.4) verträglich ist. Setzen wir zunächst (2.11) in (2.5) ein, so ergibt sich

$$\frac{1}{\kappa}\psi' = -a\psi \tag{2.12}$$

Wir bilden nun die Ableitung von (2.11), setzen (2.12) ein und erhalten:

$$a'' = \sqrt{2}\kappa a\psi^2 \tag{2.13}$$

Diese Gleichung ist dann mit Gleichung (2.4) verträglich, wenn $\kappa=1/\sqrt{2}$ ist, was zu beweisen war.

d) Numerische Berechnungen der S-N-Wand für beliebige κ.

Es ist nicht möglich, die Wandenergie für beliebige Werte von κ analytisch zu berechnen. Numerische Berechnungen können ähnlich, wie in Abschn. II.3.4b erläutert, mit Hilfe eines Differenzenverfahrens gewonnen werden. Man wählt dabei zweckmäßigerweise ψ und h als Variable, da für diese wohldefinierte Randwerte existieren. Da in den Differentialgleichungen aber $a=\int h\,dx$ vorkommt, nimmt die in II.3.4b erläuterte Wechselwirkungsmatrix F_{nm} eine Dreiecksgestalt anstelle einer Bandform an. Das zugehörige Gleichungssystem läßt sich jedoch ebenso leicht wie im Fall einer Bandmatrix mit Hilfe eines Gaußschen Algorithmus auflösen. Lediglich der Speicherbedarf in der Rechenmaschine ist zwangsläufig größer.

Die Ergebnisse numerischer Rechnungen sind in Fig. 2.1 und in Tabelle 2.1 zusammengefaßt. Zunächst ist die Wandenergie als Funktion von κ dargestellt, wie sie schon von Ginzburg [2.1] berechnet wurde. Die Wandenergie geht stetig in die zuvor berechneten Grenzwerte für $\kappa\to\infty$ über. In der Umgebung von $\kappa=0$ läßt sich die Wandenergie näherungsweise durch $4\pi\sigma_{SN}/(H_c^2\xi)=\sqrt{8}/3-1.0283\sqrt{\kappa}$ darstellen. Die Funktion $\kappa\cdot\sigma_{SN}(\kappa)$ besitzt also bei $\kappa=0$ eine unendliche Steigung so daß die Lösung bei $\kappa=0$ keinen sehr großen Geltungsbereich besitzt. Auch im anderen Grenzfall $\kappa\to\infty$ besteht für den interessierenden Bereich von κ-Werten noch eine große Differenz zwischen $\sigma_{SN}(\kappa)$ und der Asymptoten.

Zur Charakterisierung der Wandweite verfahren wir ähnlich wie im Fall der magnetischen Wände (Abschn. II.2.2). Dazu werden an die Kurven $\psi(x)$ und $h(x)$ Tangenten in den Punkten extremer Steigung, also in den Wendepunkten, angelegt und die Schnittpunkte mit den Grenzgeraden für $x\to\infty$ und $x\to-\infty$ bestimmt (s. Fig. 2.2). Aus der Differenz der Schnittpunkte ergeben sich für $\psi(x)$ und $h(x)$ die Wandweiten W_ψ bzw. W_h. Als weitere charakteristische Größe wird der Abstand der Wendepunkte der beiden Kurven $\psi(x)$ und $h(x)$ bestimmt, der mit $L_{h\psi}$ bezeichnet wird. Diese Wandweitenparameter sind ebenfalls in Tabelle 2.1 und in Fig. 2.1 als Funktion von κ dargestellt.

Generell sind die Wandweiten größer als die jeweiligen charakteristischen Längen ξ und λ. Für kleine κ nähert sich W_ψ dem Wert ξ, gleichzeitig wird jedoch W_h sehr groß gegen λ. $h(x)$ wird also in diesem Bereich wesentlich durch die Funktion $\psi(x)$ bestimmt und nicht durch das Eigenverhalten des Magnetfelds bei konstantem ψ, wie es in der Eindringtiefe λ zum Ausdruck kommt. Bei großen κ nähert sich umgekehrt W_h dem Wert λ, während W_ψ sehr viel größer als ξ wird. Im Übergangsbereich $\kappa\approx1$ sind schließlich sowohl W_ψ als auch W_h um den Faktor 2-3 größer als ξ und λ. Die weit verbreitete anschauliche Vorstellung zur Form einer S-N-Wand, nach der die Wellenfunktion $\psi(x)$ in der Wand mit der charakteristischen Länge ξ ansteigt, während das Magnetfeld $h(x)$ mit der Eindringtiefe λ abfällt, ist also nicht brauchbar. Es ist bemerkenswert, daß offensichtlich weder W_ψ noch W_h für $\kappa\to0$ gegen die Wandweiten der Lösung bei $\kappa=0$ ($W_h=0$, $W_\psi=\xi/\sqrt{2}$) konvergieren. Das unterstreicht den singularen Charakter der Lösung bei $\kappa=0$.

Fig. 2.3 zeigt den genauen Verlauf der Funktionen $\psi(x)$ und $h(x)$ für eine Reihe von κ-Werten.

Im nächsten Abschnitt wollen wir untersuchen, in welchem Maße Struktur und Energie der S-N-Wand bei tieferen Temperaturen von dem durch die GL-Gleichungen beschriebenen Verhalten bei $T=T_c$ abweichen. Wir benutzen dazu das in Abschn. 1.2 eingeführte Funktional von Neumann und Tewordt, das die Korrekturen erster Ordnung in $\vartheta=1-T/T_c$ zu berechnen gestattet.

2.2 Berechnung von SN-Wänden mit Hilfe des Funktionals von Neumann und Tewordt

a) Allgemeine Beziehungen

Unter den gleichen geometrischen Bedingungen wie in 2.1 vereinfachen sich die Zusatzterme (1.12a) wie folgt:

$$P_c = \psi^2(1-\psi^2)^2,$$

$$P_k = -(1-\psi^2)(\kappa_3^{-2}\psi'^2+a^2\psi^2)$$

$$P_w = \kappa_3^{-2}\psi^2\psi'^2$$

$$P_{4c} = \kappa_3^{-2}(4a^2\psi\psi''+(2a\psi'+a'\psi)^2) \mathrel{\hat{=}} \kappa_3^{-2}(a'^2\psi^2-4aa'\psi\psi') \qquad (2.14)$$

Den Term P_{43} eliminieren wir - wie erläutert - mit Hilfe der Transformation (1.16). Die zweite Form für P_{4c} geht aus der ersten durch eine partielle Integration hervor. Die zugehörigen Differentialgleichungen lauten:

$$-\psi(1-\psi^2)-(1-\vartheta\tilde{\eta}_k)(\kappa_3^{-2}\psi''-a^2\psi)+\vartheta\tilde{\eta}_c\psi(1-\psi^2)(1-3\psi^2)$$

$$+2\vartheta\tilde{\eta}_k a^2\psi^3-\vartheta(\tilde{\eta}_w+\tilde{\eta}_k)\kappa_3^{-2}\psi(\psi'^2+\psi\psi'')$$

$$+\vartheta\eta_{4c}\kappa_3^{-2}(3a'^2\psi+2aa''\psi) = 0 \qquad (2.15)$$

$$-a''+a\psi^2-\vartheta\tilde{\eta}_k a\psi^2(1-\psi^2)+\vartheta\eta_{4c}\kappa_3^{-2}(2a(\psi\psi''+\psi'^2)-a''\psi^2-2a'\psi\psi') = 0 \qquad (2.16)$$

An die Stelle der Identität (2.5) tritt für das NT-Funktional:

$$\frac{1}{2}(1-\psi^2)^2+a^2\psi^2+\vartheta\tilde{\eta}_c P_c = \kappa_3^{-2}\psi'^2+a'^2+\vartheta\tilde{\eta}_k P_k+\vartheta\tilde{\eta}_w P_w+\vartheta\eta_{4c}\kappa_3^{-2}(a'^2\psi^2-4aa'\psi\psi') \qquad (2.17)$$

Die vereinfachte Formel für die Wandenergie (2.7) geht über in:

$$\sigma_{SN} = \frac{H_c^2\lambda}{4\pi}\int_{-\infty}^{\infty}\left[(h-\tfrac{1}{\sqrt{2}})^2-\tfrac{1}{2}\psi^4+\vartheta(2\tilde{\eta}_c\psi^4(1-\psi^2)-\tilde{\eta}_k a^2\psi^4-\kappa_3^{-2}(\tilde{\eta}_k+\tilde{\eta}_w)\psi^2\psi'^2)\right]dx \qquad (2.18)$$

b) Analytische Berechnung in den beiden Grenzfällen $\kappa \ll 1$ und $\kappa \to \infty$. Die beiden Grenzfälle $\kappa \ll 1$ und $\kappa \gg 1$ lassen sich für das NT-Funktional ebenso wie für das GL-Funktional analytisch exakt behandeln. Die Rechnungen führen zu Lösungen in Form von elliptischen Integralen, die für kleine ϑ in elementarer Weise entwickelt werden können. (Ähnliche Rechnungen finden sich bereits in [2.2])

1) $\kappa \ll 1$: Wir setzen wieder $a=a'=0$ für $x>0$ und erhalten aus (2.17) die Differentialgleichung:

$$\frac{1}{2}(1-\psi^2)^2+\vartheta\tilde{\eta}_c\psi^2(1-\psi^2)^2 = \kappa_3^{-2}\psi'^2-\vartheta\tilde{\eta}_k(1-\psi^2)\kappa_3^{-2}\psi'^2+\vartheta\tilde{\eta}_w\kappa_3^{-2}\psi^2\psi'^2 \tag{2.19}$$

Diese Gleichung entspricht der allgemeinen Blochwandgleichung (II.3.4) und ist, da nur eine Variable $\psi(x)$ eingeht, ebenso wie diese zu lösen. Wir erhalten demnach unter Berücksichtigung der Randbedingungen:

$$x = \frac{\sqrt{2}}{\kappa_3}\int_0^\psi \frac{1}{1-\psi^2}\left[\frac{1-\vartheta(\tilde{\eta}_k-(\tilde{\eta}_k+\tilde{\eta}_w)\psi^2)}{1-2\vartheta\tilde{\eta}_c\psi^2}\right]^{1/2} d\psi \tag{2.20}$$

$$\sigma_{SN} = \frac{H_c^2\lambda}{4\pi}\frac{\sqrt{2}}{\kappa_3}\int_0^1 (1-\psi^2)\cdot[(1+2\vartheta\tilde{\eta}_c\psi^2)(1-\vartheta(\tilde{\eta}_k-(\tilde{\eta}_k+\tilde{\eta}_w)\psi^2)]^{1/2} \tag{2.21}$$

Für kleine ϑ ist es sinnvoll, die Wurzelausdrücke in (2.20) und (2.21) bis zu linearen Gliedern in ϑ zu entwickeln. Um eine explizite Form $\psi(x)$ zu erhalten, führt man dabei zweckmäßigerweise zunächst die Lösung erster Ordnung $\psi_o(x)=\tanh(x\sqrt{2}\kappa)$, die für $\vartheta=0$ gültig ist, in alle zu ϑ proportionalen Terme in (2.19) ein. Trennt man dann die Variablen und integriert, dann ergibt sich:

$$\psi(x) \cong \tanh\{\sqrt{2}\kappa_3 x[1+\vartheta(2\tilde{\eta}_c-\tilde{\eta}_w)]-(2\tilde{\eta}_c-\tilde{\eta}_k-\tilde{\eta}_w)\tanh(\sqrt{2}\kappa_3 x)\} \tag{2.22}$$

Für die Wandenergie schließlich folgt aus (2.21) unmittelbar:

$$\sigma_{SN} = \frac{H_c^2\lambda}{4\pi}\frac{\sqrt{2}}{\kappa_3}\left[\frac{2}{3}+\frac{\vartheta}{15}(2\tilde{\eta}_c-4\tilde{\eta}_k+\tilde{\eta}_w)\right] \tag{2.23}$$

2) $\kappa >> 1$

In diesem Fall gehen wir von (2.15) aus und vernachlässigen zunächst alle κ_3^{-2} enthaltenden Terme. Daraus folgt:

$$a^2 = (1-\psi^2) \frac{1-\vartheta\tilde{\eta}_c(1-3\psi^2)}{1-\vartheta\tilde{\eta}_k(1-2\psi^2)} \qquad (2.24)$$

Mit diesem Ausdruck eliminieren wir ψ^2 aus Gl. (2.17) und erhalten wiederum eine separierbare Differentialgleichung vom gleichen Typ wie (2.19), diesmal jedoch für a(x), welche für kleine ϑ in folgende Beziehung übergeht:

$$a'^2 = a^2-\frac{1}{2} a^4+\vartheta(\tilde{\eta}_c-\tilde{\eta}_k)a^4(1-a^2) \qquad (2.25)$$

Setzen wir in den letzten, zu ϑ proportionalen Term die Lösung 1. Ordnung $a(x)=-1/\cosh(x+c)$ ein, so erhalten wir:

$$a(x) = -1/\cosh(\xi(x)),\ \xi(x)=x+c+\vartheta(\tilde{\eta}_c-\tilde{\eta}_k)[2\tanh(x+c)-\arctan(\sinh(2(x+c)))] \qquad (2.26)$$

wobei c wiederum so zu bestimmen ist, daß $a(0)=-1$ gilt.
Für die Wandenergie ergibt sich analog zu (2.10):

$$\sigma_{SN} = \frac{H_c^2\lambda}{4\pi} [-\frac{4}{3}(\sqrt{2}-1) - \frac{2}{5}\vartheta(\tilde{\eta}_c-\tilde{\eta}_k)(3\sqrt{2}-4)] \qquad (2.27)$$

Die analytische Berechnung der Nullstellen der Wandenergie scheint für das NT-Funktional nicht möglich zu sein. Der Beweis, der im Fall des GL-Funktionals zum Erfolg führte, ist nicht übertragbar. Ein Grund hierfür ist, daß - wie numerische Rechnungen zeigen - der Integrand von Gl. (2.18) für das NT-Funktional bei $\sigma_{SN}=0$ nicht verschwindet. Im GL-Fall verschwand der entsprechende Integrand in (2.6) (und nicht nur das Integral), was den Ansatzpunkt für die Berechnung der Nullstelle von $\sigma_{SN}(\kappa)$ lieferte.

c) Numerische Berechnungen für beliebige κ und kleine ϑ.
Die numerische Behandlung von S-N-Wänden mit Hilfe des NT-Funktionals ist nicht wesentlich schwieriger als im Fall der GL-Theorie, da in den Differentialgleichungen (2.15) und (2.16) ebenso wie in den Gleichungen (2.3) und (2.4) nur höchstens zweite Ableitungen der Variablen $a(x)$ und $\psi(x)$ auftreten. Mit Hilfe solcher Rechnungen lassen sich im Prinzip die Wandenergie, Wandweiten und Wandprofile als Funktion der drei Parameter κ, α und ϑ berechnen. Wenn man sich allerdings nur für die Wandenergie im Bereich kleiner ϑ interessiert, dann ist es nicht einmal nötig, die erweiterten Gleichungen (2.15) und (2.16) explizit zu lösen. Wie Jacobs [2.3] gezeigt hat, genügt die Kenntnis der GL-Lösung für ein gegebenes κ, um die Wandenergie bis zur ersten Ordnung in ϑ zu berechnen.

Zum Beweis dieses Satzes entwickeln wir die gesuchte Lösung $\psi(x)$ und $a(x)$ als Funktion von ϑ:

$$\psi(x) = \psi_o(x)+\vartheta\psi_1(x), \quad a(x) = a_o(x)+\vartheta a_1(x) \tag{2.28}$$

wobei $\psi_o(x)$ und $a_o(x)$ die GL-Gleichungen (2.3) und (2.4) erfüllen sollen. Die Entwicklungen (2.28) setzen wir in die Wandenergie (2.1) und die Zusatzterme (2.14) ein und berücksichtigen dabei alle Terme bis zu erster Ordnung in ϑ. Dabei ist auch die Temperaturabhängigkeit von κ_3 (1.15) zu beachten. Es ergibt sich:

$$\sigma_{SN} = \frac{H_c^2\lambda}{4\pi}\int_{-\infty}^{\infty} [p_o(\psi_o,a_o)+2\vartheta p_1(\psi_o,\psi_1,a_o,a_1)+\vartheta p_2(\psi_o,a_o)]dx,$$

$$p_o = (h_o-1/\sqrt{2})^2-\psi_o^2+\tfrac{1}{2}\psi_o^4+\kappa^{-2}\psi_o'^2+a_o^2\psi_o^2$$

$$p_1 = h_1(h_o-1/\sqrt{2})-\psi_o\psi_1+\psi_o^3\psi_1+\kappa^{-2}\psi_o'\psi_1'+a_oa_1\psi_o^2+a_o^2\psi_o\psi_1,$$

$$p_2 = -2\kappa^{-2}\phi\psi_o'^2+\tilde{n}_c\psi_o^2(1-\psi_o^2)^2-\tilde{n}_k(1-\psi_o^2)(\kappa^{-2}\psi_o'^2+a_o^2\psi_o^2)$$

$$+\tilde{n}_w\kappa^{-2}\psi_o^2\psi_o'^2+n_{4c}\kappa^{-2}(a_o'^2\psi_o^2-4\psi_o\psi_o'a_oa_o') \tag{2.29}$$

Ähnlich wie im Fall der Blochwand (Abschn. II.3.3b) lassen sich auch hier alle Terme, die die Korrekturfunktionen ψ_1 und a_1

enthalten, zu einem vollständigen Differential zusammenfassen:

$$p_1 = \frac{d}{dx}\left[a(a'-1/\sqrt{2})+\kappa^{-2}\psi_o'\psi_1\right] \qquad (2.30)$$

sodaß wegen der Randbedingungen (2.2) das Integral über p_1 verschwindet. In dieser Näherung ergibt sich demnach die Temperaturabhängigkeit der Wandenergie allein aus dem Integral über $p_2(\psi_o,a_o)$, also aus der GL-Lösung. Tab. 2.2 zeigt die dabei auftretenden Integrale als Funktion von κ, mit deren Hilfe $d\sigma_{SN}/d\vartheta$ an der Stelle $\vartheta=0$ für alle Werte des Verunreinigungsparameters α berechnet werden kann:

$$\frac{d\sigma_{SN}}{d\vartheta} = \frac{H_c^2\lambda}{4\pi}\vartheta(\tilde{\eta}_cE_3-(2\phi+\tilde{\eta}_k)E_1+(\tilde{\eta}_k+\tilde{\eta}_w)E_4-\tilde{\eta}_kE_5+\eta_{4c}E_6) \qquad (2.31)$$

wobei die Funktionen $E_i(\kappa)$ in Tabelle 2.2 definiert sind. Für die Werte von α ist diese Größe in Tabelle 2.1 angegeben. Auch die Verschiebung der Nullstelle von σ_{SN} läßt sich in erster Ordnung in ϑ mit diesem Verfahren berechnen [2.3]. Wir entwickeln dazu σ_{SN} in der Umgebung des Punktes $(\kappa=1/\sqrt{2}, \vartheta=0)$ bis zu linearer Ordnung in ϑ und $\kappa-1/\sqrt{2}$:

$$\sigma_{SN} = \sigma_\kappa^o(\kappa-1/\sqrt{2})+\sigma_\vartheta^o\cdot\vartheta \qquad (2.32)$$

mit $\sigma_\kappa^o = \frac{d\sigma}{d\kappa}\Big|_{\kappa=1/\sqrt{2},\vartheta=0}$ und $\sigma_\vartheta^o = \frac{d\sigma}{d\vartheta}\Big|_{\kappa=1/\sqrt{2},\vartheta=0}$.

Daraus ergibt sich der kritische Wert für das Verschwinden der Wandenergie zu

$$\kappa_{SN} = 1/\sqrt{2}-\vartheta\sigma_\vartheta^o/\sigma_\kappa^o \qquad (2.32)$$

Die Werte für σ_ϑ^o sind durch (2.32) gegeben und in Tabelle 2.1 bei $\kappa=1/\sqrt{2}$ angegeben. σ_κ^o berechnet sich auf ähnlichem Wege zu

$$\sigma_\kappa^o = -2\sqrt{2}E_1\left(\frac{1}{\sqrt{2}}\right) = -1.0965 \ .$$

Mit dem Verfahren von Jacobs ist es nicht möglich, etwas über die Temperaturabhängigkeit der Wandweiten oder der Wandprofile selbst zu erfahren, da man dazu die Korrekturfunktionen ψ_1 und a_1 (2.28) benötigt. In Tab. 2.1 sind Werte für die Ableitungen der Wandweiten nach der Temperatur angegeben, die aus numerischen Rechnungen durch Extrapolation von endlichen ϑ auf $\vartheta=0$ gewonnen wurden.

2.3 Anisotropie der Wandenergie

a) Hexagonale Kristalle

In Abschn. 1.3 haben wir diejenigen Beiträge zur freien Energie angeführt, die zu einer Anisotropie in Supraleitern führen können. Da eine theoretische Ableitung der zugehörigen Koeffizienten noch nicht zu endgültigen Ergebnissen geführt hat, wollen wir uns hier darauf beschränken, die jeweils einfachsten anisotropen Terme in phänomenologischer Weise zum isotropen Potential hinzuzunehmen und den Einfluß dieses Zusatzterms auf die Wandenergie zu berechnen. In einem hexagonalen Kristall legen wir dazu ein orthogonales Koordinatensystem derart in den Kristall, daß die z_3-Achse mit der c-Achse des Kristalls zusammenfällt. Dann läßt sich nach 1.3 der anisotrope Beitrag zur freien Enthalpie in der Form $\eta_u P_u$ mit

$$P_u = [|O_3\psi|^2 - \frac{1}{2}(|O_1\psi|^2 + |O_2\psi|^2)] \qquad (2.33)$$

darstellen. Dabei haben wir P_u derart gewählt, daß für den Fall, daß $\underline{O}\psi$ ein gewöhnlicher Vektor ist, der Mittelwert von P_u über alle Raumrichtungen verschwindet.

Die Richtung der Wand werde durch den Einheitsvektor $\underline{n}$ gekennzeichnet, während das Vektorpotential in die Richtung $\underline{t}$ senkrecht zu $\underline{n}$ zeigen möge. Da in einer Wand nur Variationen längs der Richtung der Wandnormalen (x-Richtung) zugelassen sind, läßt sich der Operator $\underline{O}$ (Gl. (1.11)) in diesem Fall in folgender Form schreiben:

$$\underline{O} = \underline{n}\frac{i}{\kappa} \cdot \frac{d}{dx} + \underline{t}a \qquad (2.34)$$

Damit berechnet sich der anisotrope Zusatzterm (2.33) zu

$$P_u = \frac{3}{2}((n_3^2-\frac{1}{3})\kappa^{-2}\psi'^2+(t_3^2-\frac{1}{3})a^2\psi^2) \qquad (2.35)$$

Die Richtung des Magnetfeldes $\underline{m}$ steht senkrecht auf $\underline{n}$ und $\underline{t}$. Mit Hilfe der Beziehung $m_3^2+n_3^2+t_3^2=1$ können wir in (2.35) die Richtung des Vektorpotentials eliminieren.

Wir wollen den Beitrag P_u als kleine Korrektur zur GL-Energie auffassen und können dann - ähnlich wie im letzten Abschnitt - die Korrekturen erster Ordnung zur Wandenergie durch Einsetzen der GL-Lösung in P_u und Integration gewinnen. Dabei treten zwei Integrale auf, die wir mit E_1 und E_2 bezeichnet haben, und die als Funktion von κ in Tab. 2.2 aufgeführt sind. Mit diesen Größen erhalten wir einen geschlossenen Ausdruck für die Orientierungsabhängigkeit der Wandenergie, die nur noch die Magnetfeldrichtung $\underline{m}$ und die Richtung der Wandnormale $\underline{n}$ enthält:

$$\sigma_{SN}(\kappa,\eta_u) = \sigma_{SN}^o(\kappa)+\eta_u\frac{3}{2}[-m_3^2\; E_2+n_3^2\;(E_1-E_2)-\frac{1}{3}(E_1-2E_2)] \qquad (2.36)$$

b) Kubische Kristalle

Kubische Supraleiter lassen sich mit Hilfe des Zusatzpotentials P_{4a} (Gl. (1.18)) analog zum hexagonalen Fall behandeln. Die genaue Form des isotropen Beitrags P_{is} wollen wir offenlassen und das entsprechende Glied in der Wandenergie durch eine Konstante K_{is} darstellen.

Einsetzen von (2.34) in (1.18) ergibt im kubischen Fall folgendes Ergebnis:

$$P_{4a} = \kappa_3^{-4}\sum_i n_i^4\psi''^2+\sum_i t_i^4 a^4\psi^2+\kappa_3^{-2}\sum_i n_i^2 t_i^2[(a'\psi+2a\psi')^2-2a^2\psi\psi''] \qquad (2.37)$$

Die zugehörigen Integrale über die GL-Lösungen sind wiederum in Tab. 2.2 unter den Bezeichnungen E_7, E_8 und E_9 aufgeführt. Rechnen wir die Richtung des Vektorpotentials $\underline{t}$ mit Hilfe der Beziehungen $n_i^2+t_i^2+m_i^2=1$ in die Richtung des Magnetfeldes $\underline{m}$ um, so erhalten wir für den anisotropen Beitrag zur Wandenergie in kubischen Materialien in niedrigster Näherung:

$$\sigma_{SN}(\kappa,\eta_{4a}) = \sigma^{o}_{SN}(\kappa)+\vartheta\eta_{4a}[\Sigma n_i^4(E_7+E_8-E_9)$$

$$+\Sigma m_i^4\cdot E_7+\Sigma n_i^2 m_i^2(2E_7-E_9)-E_7+E_9-K_{is}] \qquad (2.38)^*$$

Die Koeffizienten

$$E_A = E_7+E_8-E_9 \text{ , } E_B = 2E_7-E_9 \qquad (2.39)$$

sowie E_7 sind in Fig. 2.4 als Funktion von κ aufgetragen. E_A charakterisiert die Anisotropie der Wandenergie für den Fall, daß das Magnetfeld in eine [100]-Richtung zeigt. In diesem Fall ist nämlich der Energieunterschied zwischen einer (001)-Wand und einer (011)-Wand gleich $\vartheta\eta_{4a}\cdot\frac{1}{2}\cdot E_A$. Liegt das Feld dagegen in einer [110]-Richtung, dann ergibt sich für den Energieunterschied zwischen einer (110)-Wand und einer (001)-Wand $\vartheta\eta_{4a}\cdot\frac{1}{2}(E_B-E_A)$ und für den Energieunterschied zwischen einer (111)-Wand und einer (001)-Wand $\vartheta\eta_{4a}\cdot\frac{1}{3}(E_B-2E_A)$. Wenn das Feld in (111)-Richtung liegt, wird im Rahmen dieser Theorie keine Anisotropie der Wandenergie vorausgesagt.

Durch Einsetzen von (2.11) und (2.12) in die Integrale E_7, E_8 und E_9 läßt sich zeigen, daß die Kombination E_A ebenso wie die Wandenergie selbst bei $\kappa=1/\sqrt{2}$ verschwindet, was auch aus Fig. 2.4 hervorgeht. Wenn das Magnetfeld in eine [100]-Richtung zeigt, sollte deshalb bei $\kappa=1/\sqrt{2}$ keine Anisotropie der Wandenergie beobachtet werden.

Es ist zu beachten, daß für die Wandenergie stets das innere Feld in der unmittelbaren Umgebung der Wand maßgeblich ist. Die innere Feldrichtung kann in einem Supraleiter durchaus von der äußeren Feldrichtung abweichen, z.B. in der Nähe der Oberflächen einer Probe oder bei schräg zu den Oberflächen einer Probe orientierten Feldern. Auf Grund solcher Effekte ist es möglich, daß man auf

---

* Nach einem Hinweis von H. Teichler [2.4] hängt der Koeffizient η_{4a} eng mit η_{4c} zusammen und es ist daher sinnvoll, als isotropen Beitrag in Gl. (1.18) ein Fünftel des Koeffizienten von η_{4c} abzuziehen ($P_{is}=\frac{1}{5}(3P_{43}+P_{4c})$). Damit ergäbe sich die Konstante K_{is} in (2.38) zu

$$K_{is} = \frac{1}{5}(3E_7+3E_8+E_9) \qquad (2.38a)$$

einer (111)-Oberfläche selbst dann anisotrope Strukturen beobachtet, wenn das äußere Feld senkrecht zur Oberfläche steht. Dies möge im folgenden noch genauer erläutert werden.

c) Die anisotrope Aufweitung einer Flußröhre

Wir betrachten einen röhrenförmigen normalleitenden Bereich, der sich - wie aus der Theorie bekannt [2.5] - in der Nähe der Oberfläche trichterförmig aufweitet, um die Inhomogenität des Magnetfeldes außerhalb der Probe zu vermindern (Fig. 2.5). Dabei wird in der Nähe der Oberfläche zusätzliche Wandenergie aufgewandt, und wenn die Wandenergie anisotrop ist, dann ist auch eine Anisotropie der Aufweitung zu erwarten. Wir berechnen die Energie einer Wand, die um den Winkel $\bar{\vartheta}$ gegen die Wandnormale geneigt ist. Das Magnetfeld soll parallel zur Wand und in der von Wandnormale und [111]-Achse aufgespannten Ebene liegen. In den Polarkoordinaten $\bar{\vartheta}$ und $\bar{\varphi}$ (Fig. 2.5) schreibt sich dann die Normalenrichtung $\underline{n}$ in der Form

$$\underline{n}(\vartheta,\varphi) = \frac{1}{\sqrt{6}} \begin{pmatrix} \sqrt{2}\,\sin\bar{\vartheta} + \sqrt{3}\,\cos\bar{\vartheta}\sin\bar{\varphi} + \cos\bar{\vartheta}\cos\bar{\varphi} \\ \sqrt{2}\,\sin\bar{\vartheta} + \sqrt{3}\,\cos\bar{\vartheta}\sin\bar{\varphi} + \cos\bar{\vartheta}\cos\bar{\varphi} \\ \sqrt{2}\,\sin\bar{\vartheta} - 2\cdot\cos\bar{\vartheta}\cos\bar{\varphi} \end{pmatrix}$$

Die Magnetfeldrichtung ergibt sich aus $\underline{m}(\bar{\vartheta},\bar{\varphi}) = \underline{n}(\bar{\vartheta}-\pi/2,\bar{\varphi})$.
Mit diesem Ansatz berechnen sich die in (2.38) eingehenden Invarianten wie folgt:

$$\sum n_i^4 = \frac{1}{6}(3+6\sin^2\bar{\vartheta} - 7\cdot\sin^4\bar{\vartheta} - 4\sqrt{2}\sin\bar{\vartheta}\cos^3\bar{\vartheta}\cos 3\bar{\varphi})$$

$$\sum m_i^4 = \frac{1}{6}(3+6\cos^2\bar{\vartheta} - 7\cdot\cos^4\bar{\vartheta} + 4\sqrt{2}\,\sin^3\bar{\vartheta}\cos\bar{\vartheta}\cos 3\bar{\varphi})$$

$$\sum n_i^2 m_i^2 = \frac{1}{6}(2-7\cdot\sin^2\bar{\vartheta}\cdot\cos^2\bar{\vartheta} + \sqrt{2}\,\sin 2\bar{\vartheta}\cdot\cos 2\bar{\vartheta}\cdot\cos 3\bar{\varphi})$$

Aus (2.38) ergibt sich demnach eine dreizählige Anisotropie der Wandenergie für $0<\bar{\vartheta}<90^\circ$. Eine Flußröhre nach Fig. 2.5, die parallel zu einer [111]-Richtung verläuft, sollte demnach weitab von der Oberfläche, wo $\bar{\vartheta}=0$ gilt, einen kreisförmigen Querschnitt besitzen.

In der Nähe der Oberfläche jedoch, wo ϑ>0 wird, erwartet man eine Verzerrung der Querschnittsfläche in Richtung auf eine Dreiecksform. Die Anisotropie wäre in diesem Fall <u>auf</u> der Oberfläche sehr wohl zu beobachten, auch wenn sie im Volumen der Probe keine Rolle spielt.

[2.1] V.L.Ginzburg, Z.Exp.Teor.Fiz. <u>30</u>, 593 (1956)
Sov.Phys. JETP <u>3</u>, 621 (1956)

[2.2] M. Petersen, Diplomarbeit, Universität Stuttgart, 1971

[2.3] A.E. Jacobs, Phys.Rev. B <u>4</u>, 3016 (1971)

[2.4] H. Teichler, private Mitteilung (1972)

[2.5] L.D. Landau, E.M. Lifshitz, Lehrbuch der Theoretischen Physik (Akademie-Verlag, Berlin, 1967), Bd. 8, Elektrodynamik der Kontinua S. 214 f.

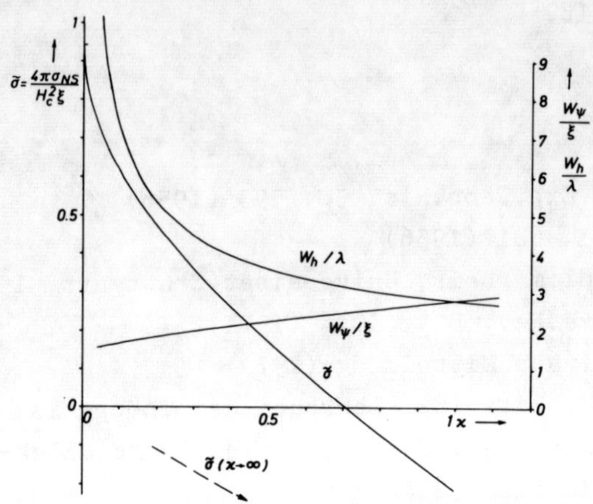

Fig. 2.1
Wandenergie und Wandweiten der S-N-Wand als Funktion des GL-Parameters.

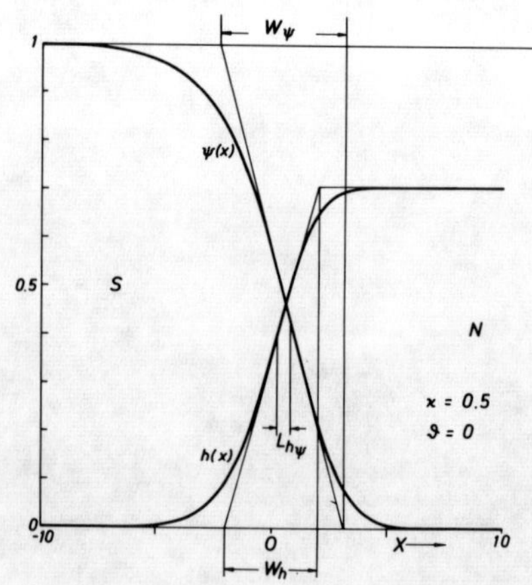

Fig. 2.2
Zur Definition der Wandweitenparameter W_ψ, W_h und $L_{h\psi}$.

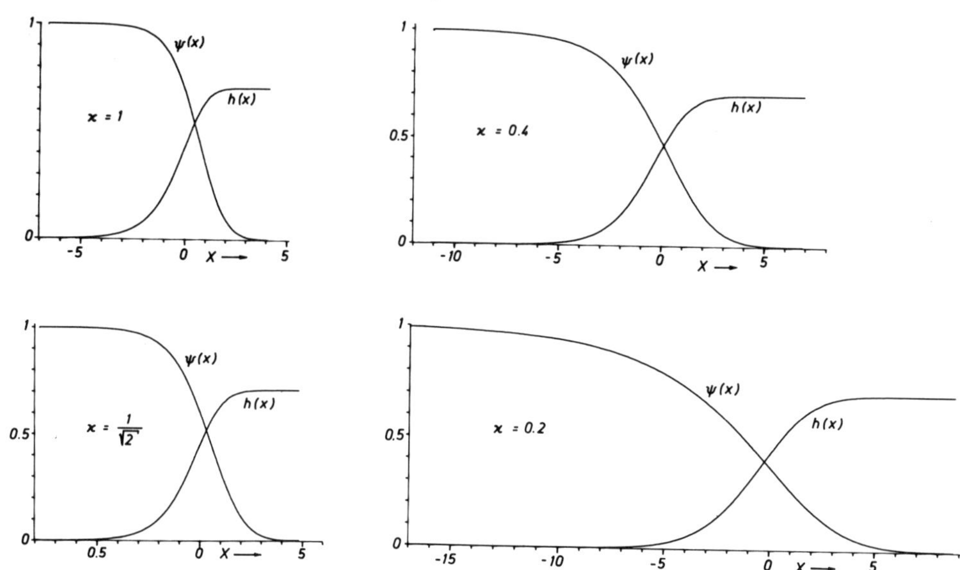

Fig. 2.3
Die Wandprofile einiger S-N-Wände nach der Ginzburg-Landau-Theorie. Längenmaßstab ist die Eindringtiefe.

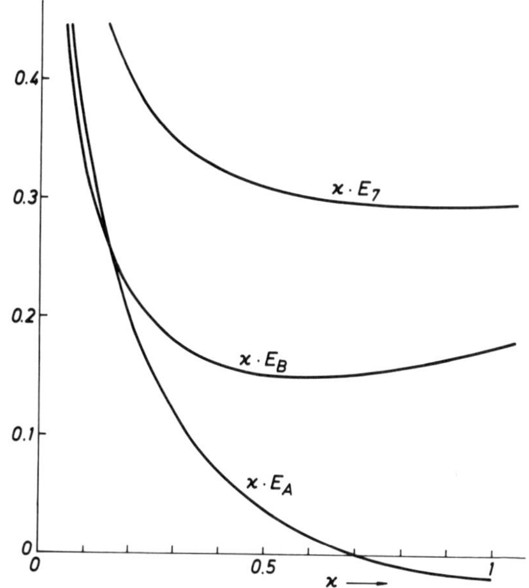

Fig. 2.4
Die Parameter E_A, E_B und E_7, die nach Gl. (2.39) die Anisotropie der S-N-Wand in kubischen Materialien charakterisieren. Zur Definition der Parameter siehe Gl. (2.39) und Tab. 2.2 .

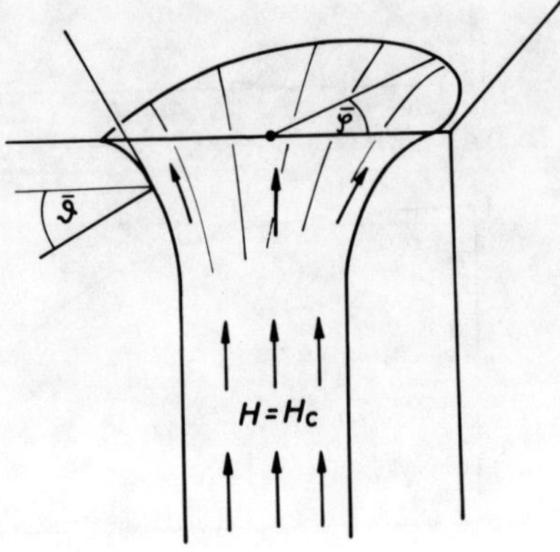

Fig. 2.5

Schematische Darstellung einer in der Nähe einer Probenoberfläche aufgeweiteten Flußröhre in einem Typ-I-Supraleiter.

Tabelle 2.1

Die Ergebnisse numerischer Rechnungen zur S-N-Wand im Rahmen der Ginzburg-Landau-Theorie. $\tilde{\sigma}=4\pi\sigma_{SN}/(H_c^2\lambda)$. Die Wandweitenparameter W_ψ, W_h und $L_{h\psi}$ sind in Fig. 2.2 definiert. Die Ableitungen der Wandenergie nach der Temperatur bei $T=T_c$ wurden mit Hilfe der in Tab. 2.2 aufgeführten Integrale berechnet, die entsprechenden Größen für die Wandweiten numerisch durch Lösung der Neumann-Tewordt-Gleichungen.

κ	$\tilde{\sigma}$	W_ψ	W_h	$L_{h\psi}$	$d\tilde{\sigma}/d\vartheta\vert_{\vartheta=0}$				$dW_\psi/d\vartheta$	$dW_h/d\vartheta$	$dL_{h\psi}/d\vartheta$
					$\alpha=0$	$\alpha=1$	$\alpha=5$	$\alpha=10$	$\alpha=0$	$\alpha=0$	$\alpha=0$
1	-0.21585	2.792	2.781	0.723	0.0389	-0.0028	-0.0294	-0.0414	-0.275	-0.66	0.63
0.9	-0.16038	2.989	2.882	0.724	0.0265	-0.0147	-0.0409	-0.0530	-0.31	-0.78	0.765
0.8	-0.08840	3.232	3.003	0.723	0.0071	-0.0318	-0.0563	-0.0683	-0.37	-0.91	0.93
0.75	-0.04396	3.376	3.073	0.721	-0.0064	-0.0431	-0.0661	-0.0779	-0.41	-1.01	1.045
$1/\sqrt{2}$	0	3.515	3.140	0.719	-0.0209	-0.0548	-0.0759	-0.0873	-0.45	-1.11	1.145
0.7	0.00787	3.539	3.152	0.719	-0.0236	-0.0570	-0.0777	-0.0891	-0.46	-1.115	1.165
0.65	0.06897	3.726	3.240	0.715	-0.0458	-0.0742	-0.0917	-0.1023	-0.52	-1.24	1.335
0.6	0.14180	3.941	3.341	0.710	-0.0745	-0.0959	-0.1088	-0.1183	-0.60	-1.41	1.53
0.5	0.33808	4.493	3.587	0.692	-0.1635	-0.1600	-0.1567	-0.1618	-0.81	-1.84	2.065
0.4	0.64755	5.305	3.929	0.657	-0.3321	-0.2746	-0.2365	-0.2316	-1.22	-2.55	3.025
0.3	1.19282	6.627	4.440	0.585	-0.6965	-0.5089	-0.3873	-0.3572	-2.05	-3.875	4.96
0.2	2.3555	9.203	5.317	0.421	-1.6905	-1.1120	-0.7412	-0.6334	-4.08	-6.93	9.875
0.15	3.5791	11.729	6.068	0.246	-2.9822	-1.8639	-1.1101	-0.9333	-6.55	-10.49	15.70
0.1	6.1346	16.696	7.343	0.112	-6.3028	-3.7312	-2.0962	-1.5830	-12.10	-18.74	31.78
0.05	14.228	31.312	10.256	-1.138	-20.818	-11.554	-5.6878	-3.7972	-20.43	-47.93	105.6

Tabelle 2.2

Integrale über die Ginzburg-Landau-Lösung der S-N-Wand, welche zur Berechnung von Energiekorrekturen erster Ordnung im Rahmen von Störungsrechnungen dienen können.

κ	$E_1=\int dx$ $\kappa^{-2}\psi'^2$	$E_2=\int dx$ $\psi^2 a^2$	$E_3=\int dx$ $\psi^2(1-\psi^2)^2$	$E_4=\int dx$ $\kappa^{-2}\psi^2\psi'^2$	$E_5=\int dx$ $\psi^2 a^2(1-\psi^2)$	$E_6=\int dx$ $\kappa^{-2}[\psi^2 h^2 -4\psi\psi' ah]$	$E_7=\int dx$ $\psi^2 a^4$	$E_8=\int dx$ $\kappa^{-4}\psi''^2$	$E_9=\int dx$ $\kappa^{-2}[(2\psi' a+\psi h)^2 -2\psi\psi'' a^2]$
1	0.24505	0.35294	0.26837	0.06951	0.23187	0.79938	0.29587	0.10049	0.41547
0.9	0.28230	0.36245	0.28816	0.07979	0.24524	0.96164	0.32725	0.12392	0.46967
0.8	0.32997	0.37413	0.31291	0.09278	0.26128	1.18017	0.36820	0.15857	0.53867
0.75	0.35908	0.38102	0.32776	0.10062	0.27057	1.31924	0.39366	0.18031	0.58071
$1/\sqrt{2}$	0.38766	0.38763	0.34219	0.10828	0.27936	1.45968	0.41898	0.20244	0.62200
0.7	0.39278	0.38880	0.34475	0.10963	0.28090	1.48516	0.42354	0.20650	0.62937
0.65	0.43214	0.39762	0.36437	0.12007	0.29247	1.68549	0.45901	0.23842	0.68632
0.6	0.47867	0.40773	0.38730	0.13231	0.30553	1.93075	0.50170	0.27793	0.75383
0.5	0.60220	0.43311	0.44709	0.16420	0.33756	2.62308	0.61895	0.39088	0.93484
0.4	0.79275	0.46892	0.53730	0.21225	0.38129	3.79613	0.81049	0.58516	1.22113
0.3	1.12011	0.52361	0.68883	0.29233	0.44570	6.06567	1.16725	0.96420	1.73667
0.2	1.7971	0.61923	0.99498	0.4520	0.55383	11.5934	2.00252	1.890	2.9019
0.15	2.4919	0.70223	1.30365	0.6110	0.64475	18.2248	2.97749	2.993	4.2295
0.1	3.9118	0.84432	1.92484	0.9279	0.79669	34.211	5.2804	5.610	7.3112
0.05	8.2860	1.1717	3.7999	1.8744	1.1375	98.95	14.4109	16.00	19.326

3. Domänenwände in Typ-II-Supraleitern

3.1 Einführung

In Abschnitt 2.1 wurde gezeigt, daß die Wandenergie im Rahmen der Ginzburg-Landau-Theorie bei $\kappa=1/\sqrt{2}$ verschwindet und für $\kappa>1/\sqrt{2}$ negativ wird. Geht man von einem gewöhnlichen Domänenzustand aus, so könnte man bei einer solchen negativen Wandenergie insgesamt dadurch Energie gewinnen, daß man die Bereiche immer feiner unterteilt und dadurch zusätzliche Wandfläche schafft. Dies ist sicher so lange möglich, als die Bereiche ausgedehnter als die Wände sind. Seit Abrikosov [3.1] weiß man, daß sich schließlich ein sogenannter Flußlinienzustand einstellt, bei dem der Supraleiter gleichmäßig von "Flußlinien" durchsetzt ist, deren magnetischer Fluß jeweils ein elementares Flußquantum $\phi_o = \frac{h\cdot c}{2\cdot e^*} = H_c\xi\lambda/\sqrt{2}$ beträgt. Die Flußlinien sind in der Regel in Form eines Dreiecksgitters angeordnet, jedoch kommen auch andere Anordnungen vor. Das Auftreten von Flußlinien hat zur Folge, daß auch in makroskopischen Proben Supraleitung und ein inneres magnetisches Feld koexistieren können, was bei den in Abschn. 2 behandelten Typ-I-Supraleitern nur innerhalb einer dünnen Schicht von der Größenordnung der Eindringtiefe λ möglich ist. Zur Unterscheidung von den Typ-I-Supraleitern nennt man Supraleiter,in welche der Fluß auch bei makroskopischen Probendimensionen in Form von Flußlinien eindringt, Typ-II-Supraleiter.

Aus der obigen qualitativen Überlegung läßt sich schließen, daß eine negative S-N-Wandenergie stets Typ-II-Supraleitung zur Folge hat - ein Schluß, der auch nach genaueren Analysen bisher nicht in Frage gestellt werden mußte. Eine Umkehrung dieser Aussage ist zwar im Rahmen der GL-Theorie auch richtig, ist aber im allgemeinen nicht erlaubt. Jacobs [3.2] konnte zeigen, daß z.B. im Rahmen der Theorie von Neumann und Tewordt eine Koexistenz von positiver Wandenergie und Typ-II-Supraleitung durchaus möglich ist. In einem solchen Fall spaltet eine gedachte Typ-I-Domänenanordnung zwar nicht spontan in kleinere Domänen auf (da die Wandenergie positiv ist), aber jeder flußtragende Bereich zerfällt in elementare Flußlinien, wobei die mittlere Flußdichte der Domäne reduziert wird. Es bildet sich ein neuer Zwischenzustand aus rein supraleitenden Bereichen (sog. Meissner-Bereichen) einerseits, und Flußlinienbereichen andererseits. Diese theoretischen Untersuchungen waren ausgelöst worden durch die experimentelle Beobachtung derartiger Domänenstrukturen von Krägeloh [3.3] und andeutungsweise auch schon von Sarma[3.4] (Bild 3.1).

Wir sind bei der Diskussion des Zwischenzustandes in Typ-II-Supraleitern von einem gedachten Typ-I-Zwischenzustand ausgegangen. Auch das umgekehrte Verfahren, das von einem gewöhnlichen Typ-II-Supraleiter ausgeht, der homogen mit Flußlinien angefüllt ist, führt zu interessanten Einsichten. Voraussetzung für die Ausbildung eines Zwischenzustands ist in diesem Bild offenbar die Existenz einer anziehenden Wechselwirkung zwischen den Flußlinien. Ähnlich wie bei der Kondensation einer Flüssigkeit aus einem Gas läßt sich auch hier die Grenzflächenenergie aus der Wechselwirkungsenergie abschätzen, indem man die den Randelementen der kondensierten Phase fehlenden "Bindungen" aufsummiert.

In einem Typ-II-Supraleiter wird man also auf jeden Fall dann die Möglichkeit eines Zwischenzustands erwarten, wenn die gewöhnliche S-N-Wandenergie positiv ist, darüberhinaus aber auch dann noch, wenn zwar $\sigma_{SN}<0$ gilt, die Flußlinien aber eine anziehende Wechselwirkung aufeinander ausüben.

Die vollständige Berechnung einer Wand zwischen Meißner- und Flußlinien-Gebieten dürfte sehr schwierig sein. Nach dem vorhergehenden können wir gewisse Aussagen zur Wandenergie machen, wenn wir z.B. die Wechselwirkungsenergie zwischen den Flußlinien kennen. Diese Größe läßt sich in guter Näherung mit Methoden berechnen, die denjenigen, die bei der gewöhnlichen S-N-Wand zum Erfolg führten, weitgehend entsprechen.

3.2 Die Differentialgleichungen und Randbedingungen für rotationssymmetrische Flußlinien

a) Die Kreiszellennäherung

Flußlinien sind fadenförmige Strukturen in einem Supraleiter, in deren Kern die Dichte der supraleitenden Elektronen $|\psi|^2$ verschwindet, während das innere magnetische Feld im Kern der Flußlinie ein Maximum aufweist. Dieses Magnetfeld wird durch ringförmig verlaufende Supraströme erzeugt, die nach außen hin zusammen mit dem Magnetfeld abklingen. Flußlinien wurden zuerst von Abrikosov [3.1] als Lösungen der Ginzburg-Landau-Gleichungen gefunden. Später zeigte sich sowohl experimentell wie theoretisch, daß diese Strukturen nicht nur im Geltungsbereich der Ginzburg-Landau-Theorie bei T_c, sondern bei allen Temperaturen unterhalb T_c vorkommen. Insbesondere konnten Flußlinien auch explizit als Lösungen der Gleichungen von Neumann und Tewordt (s. 1.2) berechnet werden [1.12].

Man muß isolierte Flußlinien und Flußlinien innerhalb eines Flußliniengitters unterscheiden. Während bei einer isolierten Flußlinie sowohl die Abweichung der supraleitenden Elektronendichte vom Gleichgewichtswert wie der Suprastrom für große Radien asymptotisch verschwindet, muß im Fall eines Flußliniengitters der Suprastrom aus Symmetriegründen bereits auf den Rändern der Wigner-Seitz-Zellen der einzelnen Flußlinien durch Null gehen. Aus den gleichen Gründen muß auf den Zellengrenzen die Dichte der supraleitenden Elektronen stationär sein. Isolierte Flußlinien kann man in isotropen Supraleitern als rotationssymmetrische Strukturen betrachten. Diese Symmetrie geht in einem Flußliniengitter in der Nähe der polygonalen Zellengrenzen verloren, auch wenn man die Umgebung des Flußlinienkerns weiterhin als rotationssymmetrisch betrachten kann. Eine zuerst von Marcus [3.5] auf das Problem des Flußliniengitters angewandte Näherung besteht nun darin, die wirkliche, polygonale Wigner-Seitz-Zelle durch eine kreisförmige Zelle gleicher Fläche zu ersetzen (Fig. 3.2). Auf der Berandung dieser Zelle soll ebenso wie auf dem Rand der wirklichen Zelle der Suprastrom verschwinden und der Betrag der Wellenfuktion ψ stationär sein. Die Kreiszellenmethode erweist sich als sehr gut geeignet, um die makroskopischen magnetischen Eigenschaften eines Flußliniengitters zu berechnen. Nur besondere Feinheiten, wie z.B. die optimale Symmetrie des Flußliniengitters, werden durch diese Näherung nicht erfaßt. Aus diesem Grund beschränken wir uns im folgenden - wie in [1.13] - auf die Kreiszellenmethode und damit auf rotationssymmetrische Strukturen.

b) Die Differentialgleichung für rotationssymmetrische Flußlinien

Um die freie Enthalpie einer Flußlinie in einer solchen Zelle anzugeben, gehen wir von Gl. (1.12) und (1.16) aus und spalten die Funktion $\psi(\underline{r})$ gemäß $\psi(\underline{r})=f(\underline{r})\exp(i\cdot\varphi(\underline{r}))$ auf. Wegen der Rotationssymmetrie können wir dann verlangen, daß nur f und nicht φ vom Radius r abhängt. Ebenso können das Magnetfeld h(r) und das Vektorpotential a(r) als skalare Funktionen des Radius angesehen werden. Es ist zweckmäßig, anstelle des Vektorpotentials a(r) eine Größe einzuführen, die dem Suprastrom proportional ist, nämlich:

$$v(r) = \kappa_3^{-1}\nabla\varphi - a(r) = \frac{1}{\kappa_3 r} - a(r) \qquad (3.1)$$

Für die Energie einer Flußlinie in einer Zelle vom Radius R ergibt sich dann (in enger Analogie zu Gl. (2.14) für die S-N-Wand):

$$F = \frac{H_c^2\lambda^2}{2}\int_0^R r\,dr\left[(h-h_a)^2 - \tfrac{1}{2} + \tfrac{1}{2}(1-f^2)^2 + \kappa_3^{-2}f'^2 + f^2v^2 + \vartheta P(r)\right]$$

$$P(r) = \tilde{\eta}_c P_c + \tilde{\eta}_w P_w + \tilde{\eta}_k P_k + \eta_{4c} P_{4c}$$

$$P_c = f^2(1-f^2)^2$$

$$P_w = \kappa_3^{-2} f^2 f'^2$$

$$P_k = -(1-f^2)(\kappa_3^{-2}f'^2 + f^2v^2)$$

$$P_{4c} = \kappa_3^{-2}(-4f''(\kappa_3^{-2}f'/r - fv^2) + 2(f'v + fv' - fv/r)^2) \qquad (3.2)$$

Die zugehörigen Randbedingungen lauten:

$$f(0) = 0, \quad a(0)=0, \quad f'(R) = 0, \quad v(R) = 0 \qquad (3.3)$$

Das Magnetfeld h(r) hängt mit v(r) und a(r) durch:

$$h(r) = -(v'(r)+v(r)/r) = a'(r)+a(r)/r \qquad (3.4)$$

zusammen. Aus (3.4) und (3.3) ergeben sich die Beziehungen:

$$h'(0) = h'(R) = 0 \qquad (3.3a)$$

$$\int_0^R h(r)rdr = \kappa_3^{-1} \qquad (3.5)$$

Gl. (3.5) gibt die schon erwähnte Quantisierung des Magnetflusses (in reduzierten Einheiten) wieder.
Aus der Variation der freien Energie (3.2) ergeben sich folgende Differentialgleichungen für f(r) und v(r):

$$f(1-f^2) + \kappa_3^{-2}(f''+f'/r) - fv^2$$

$$+\vartheta\tilde{\eta}_c f(1-f^2)(1-3f^2) - \vartheta\tilde{\eta}_k(\kappa_3^{-2}(f''+f'/r)-fv^2(1-2f^2))$$

$$+\vartheta(\tilde{\eta}_k+\tilde{\eta}_w)\kappa_3^{-2}f(ff''+f'^2+ff'/r)$$

$$-\vartheta\eta_{4c}\kappa_3^{-2}f(2vv''+3v'^2+8vv'/r+v^2/r^2) = 0 \qquad (3.6)$$

$$v''+v'/r-v/r^2-f^2v+\vartheta\tilde{\eta}_k f^2(1-f^2)v$$

$$+\vartheta\eta_{4c}[f^2(v''+v'/r-v/r^2)+2ff'(v'+2v/r)-2(ff''+f'^2)v] = 0$$

$$(3.7)$$

Lösungen der Gleichungen (3.6), (3.7) und (3.3) existieren für verschiedene Werte des Zellenradius R; diese sind dann für verschiedene Werte des äußeren Feldes h_a gültig. Während bei kleinen Feldern die Flußlinien weit voneinander entfert sind, rücken sie bei größeren Feldern immer dichter zusammen, bis sie bei einer oberen kritischen Feldstärke H_{c2} verschwinden. Es existiert demnach für einen Typ-II-Supraleiter ein Feldstärkeintervall $H_{c1}<H_a<H_{c2}$, in dem ein Flußlinienzustand stabil ist. Dabei muß stets $H_{c1}\leq H_c\leq H_{c2}$ gelten. Während der Wert von H_{c1} und der Verlauf $R(h_a)$ nur numerisch gewonnen werden können, lassen sich H_{c2} und auch die Wechselwirkung weit entfernter Flußlinien bei H_{c1} mittels geeigneter Linearisierungen der Gleichungen (3.6) und (3.7) analytisch berechnen.

3.3 Das Verhalten der Funktionen f(r) und h(r) für große r

Für große Abstände vom Flußlinienkern können wir $f\approx 1$ und $v\approx 0$ setzen. Führen wir die Funktion $g=1-f$ ein und vernachlässigen in (3.6) und(3.7) alle Glieder, die von höherer als von erster Ordnung in g und v oder deren Ableitungen sind, dann ergeben sich folgende Differentialgleichungen:

$$2(1+2\vartheta\tilde{\eta}_c)g-\kappa_3^{-2}(1+\vartheta\tilde{\eta}_w)g'' = 0 \tag{3.8}$$

$$(1+\vartheta\eta_{4c}\kappa_3^{-2})(v''+v'/r-v/r^2)-v = 0 \tag{3.9}$$

g(r) und v(r) sind also für große r voneinander entkoppelt und als Lösung ergeben sich:

$$g(r) = C_1\cdot K_o(r\cdot k_1), \quad k_1 = 2\kappa_3\sqrt{\frac{1+2\vartheta\tilde{\eta}_c}{1-3\vartheta\tilde{\eta}_w}} \tag{3.10}$$

$$v(r) = C_2\cdot K_1(r\cdot k_2), \quad k_2 = 1/\sqrt{1+\vartheta\eta_{4c}\kappa_3^{-2}} \tag{3.11}$$

wobei $K_o(x)$ und $K_1(x)$ modifizierte Besselfunktionen sind, die wie $e^{-x}/\sqrt{x}$ für $x\to\infty$ verschwinden. Aus (3.11) und(3.4) ergibt sich auch das Magnetfeld h(r):

$$h(r) = C_3\cdot K_o(r\cdot k_2) \tag{3.12}$$

Sowohl g(r) wie h(r) verschwinden also für große r wie $K_o(kr)$, allerdings mit verschiedenen Koeffizienten k_1 bzw. k_2. Nun konnte Jacobs [3.6] auf der Grundlage einer Arbeit von Kramer [3.7] zeigen, daß mit dem Magnetfeld h(r) bei großen Abständen stets eine abstoßende Wechselwirkung zwischen verschiedenen Flußlinien verbunden ist, während die Abweichung g(r) zu einer Anziehung führt. Wenn k_2 kleiner als k_1 ist, wird also für große r stets die abstoßende Wechselwirkung überwiegen, während umgekehrt bei $k_1<k_2$ die Anziehung zwischen den Flußlinien überwiegt. Ersteres ist nach (3.10) und (3.11) bei großen κ der Fall, letzteres bei kleinen κ. Der kritische Wert κ_W für den Übergang von der Anziehung zur Abstoßung berechnet sich aus $k_1=k_2$ zu:

$$\frac{\kappa_W}{1+\vartheta\phi} = \kappa_{3w} = \frac{1}{\sqrt{2}}\sqrt{\frac{1+\vartheta\tilde{\eta}_w}{1+2\vartheta\tilde{\eta}_c}} - 2\vartheta\eta_{4c} \cong \frac{1}{\sqrt{2}}[1+\vartheta(-\tilde{\eta}_c+\frac{1}{2}\tilde{\eta}_w-\eta_{4c})] \quad (3.13)$$

Für den Ginzburg-Landau-Fall ($\vartheta=0$) gilt $\kappa_W=\kappa_{SN}=1/\sqrt{2}$. Für $\vartheta>0$ fallen jedoch κ_{SN} und κ_W auseinander, und zwar ist in der Regel (für $\alpha\lesssim 50$) κ_W größer als κ_{SN}. In dem Intervall $\kappa_{SN}<\kappa<\kappa_W$ liegt wegen $\sigma_{SN}<0$ auf jeden Fall ein Typ-II-Supraleiter vor, in dem jedoch einzelne Flußlinien nicht stabil sind. κ_W stellt die obere Grenze für den Existenzbereich eines Zwischenzustandes in Typ-II-Supraleitern dar. Zur Berechnung der unteren Grenze betrachten wir einen anderen Grenzfall, nämlich denjenigen sehr hoher äußerer Felder.

3.4 Berechnung der oberen kritischen Feldstärke H_{c2}

Für sehr große äußere Felder, für die die Supraleitung nahezu unterdrückt ist, kann man f als kleine Größe auffassen und das Magnetfeld annähernd konstant annehmen. Aus $h=h_a=h_{c2}$ und der Randbedingung (3.3) folgt für die Funktion v(r):

$$v(r) = \frac{1}{\kappa_3 r}(1-r^2/R_{c2}^2) \quad (3.14)$$

wobei zwischen dem Zellenradius R_{c2} und h_{c2} der Zusammenhang

$$h_{c2} = 1/(\kappa_3 R_{c2}^2) \quad (3.15)$$

besteht. Setzen wir diesen Ausdruck in (3.6) ein und vernachlässigen alle Glieder, die von höherer als erster Ordnung in f sind, dann ergibt sich für f(r) die Differentialgleichung:

$$(1-\vartheta\tilde{\eta}_c)f+(1-\vartheta\tilde{\eta}_w)\kappa_3^{-2}(f''+f'/r-f(1-r^2/R_{c2}^2)/r^2)-12\vartheta\eta_{4c}\kappa_3^{-4}R_{c2}^{-4}\cdot f = 0 \tag{3.16}$$

Wir versuchen folgenden Ansatz [3.8], der den Randbedingungen genügt:

$$f = C\cdot r\cdot e^{-r^2/(2R_{c2}^2)} \tag{3.17}$$

Dieser Ansatz ergibt eine Lösung der Differentialgleichung (3.15), falls folgende Eigenwertgleichung erfüllt ist:

$$(1-\vartheta\tilde{\eta}_c)-2(1-\vartheta\tilde{\eta}_k)(\kappa_3 R_{c2})^{-2}-12\vartheta\eta_{4c}(\kappa_3 R_{c2})^{-4} = 0 \tag{3.18}$$

Daraus folgt für die obere kritische Feldstärke

$$h_{c2} = \frac{2\kappa_3(1+\vartheta\tilde{\eta}_c)}{1+\vartheta\tilde{\eta}_k+\sqrt{(1+\vartheta\tilde{\eta}_k)^2+12\vartheta\eta_{4c}(1+\vartheta\tilde{\eta}_c)}} \approx \kappa_3[1+\vartheta(-\tilde{\eta}_c+\tilde{\eta}_k-3\eta_{4c})] \tag{3.19}$$

Eine genauere Diskussion ergibt nun [3.2], daß immer wenn $h_{c2}>1/\sqrt{2}$ oder $H_{c2}>H_c$ gilt, ein Flußlinienzustand für $H_a<H_{c2}$ stabil ist und folglich ein Typ-II-Supraleiter vorliegt. Als kritischen κ-Wert für das Einsetzen der Typ-II-Supraleitung erhalten wir folglich aus $h_{c2}=1/\sqrt{2}$ den Wert κ_H:

$$\frac{\kappa_H}{1+\vartheta\phi} = \kappa_{3H} = \frac{1}{\sqrt{2}}\cdot\frac{1-\vartheta\tilde{\eta}_k+\sqrt{(1-\vartheta\tilde{\eta}_k)^2+12\vartheta\eta_{4c}(1-\vartheta\tilde{\eta}_c)}}{2(1-\vartheta\tilde{\eta}_c)}$$

$$\approx \frac{1}{\sqrt{2}}[1+\vartheta(\tilde{\eta}_c-\tilde{\eta}_k+3\eta_{4c})] \tag{3.20}$$

Die drei kritischen κ-Werte κ_{SN}, κ_W und κ_H sind in Fig. 3.3 als Funktion von ϑ für zwei Werte von α aufgetragen. Bei $\vartheta=0$

fallen alle drei Werte mit $\kappa=1/\sqrt{2}$ zusammen. Für $\vartheta>0$ ist jedoch stets κ_H kleiner als κ_W. κ_{SN} liegt zwischen den beiden anderen kritischen κ-Werten.

Auf diese Weise entsteht ein Phasendiagramm für die supraleitenden Eigenschaften eines Metalls. Für $\kappa<\kappa_H$ liegt reines Typ-I-Verhalten vor, für $\kappa_H<\kappa<\kappa_W$ gibt es ein Feldintervall, in dem ein für Typ-II-Supraleiter typisches Flußliniengitter stabil ist, wobei aber eine anziehende Wechselwirkung zwischen Flußlinien in großem Abstand besteht*. Für $\kappa>\kappa_W$ schließlich erwartet man einen reinen Typ-II-Supraleiter mit sich gegenseitig abstoßenden Flußlinien, wie er aus der GL-Theorie her bekannt ist.

Im folgenden Abschnitt wollen wir uns eingehender mit den Eigenschaften der Flußlinien im Intervall $\kappa_W>\kappa>\kappa_H$ beschäftigen.

3.5 Die Eigenschaften des Flußliniengitters im Bereich anziehender Wechselwirkungen

Die Differentialgleichungen [3.6] und [3.7] lassen sich nach dem schon mehrfach erläuterten Verfahren (Abschn. II. 3.4b) ohne Schwierigkeiten lösen [3.10, 1.12]. Das Problem ist gegenüber dem Fall der S-N-Wand insofern einfacher, als für die Variable a(r) aus (3.3) wohldefinierte Randwerte ($a(0)=0$, $a(R)=1/(\kappa_3 R)$) hervorgehen. Faßt man also (3.6) und 3.7) als Differentialgleichungen für f(r) und a(r) auf, dann nimmt die Wechselwirkungsmatrix F_{nm} (s. II.3.4b) wie in magnetischen Problemen eine Bandform an.

Das äußere Feld h_a erscheint nicht in den Differentialgleichungen oder in den Randbedingungen, es geht nur in die Gesamtenergie ein. Bezeichnen wir mit e(R) den Wert des Integrals in Gl. (3.2) für $h_a=1/\sqrt{2}$, dann schreibt sich die Energie der Flußlinien unter Benutzung von (3.5) in folgender Form:

$$F = 0.5\ H_c^2\lambda^2[e(R)-2\kappa_3^{-1}(h_a-1/\sqrt{2})+0.5\ R^2(h_a^2-1/2)] \qquad (3.21)$$

Die Energie pro Volumeneinheit der Probe im Flußlinienzustand

---

* Es wurde vorgeschlagen, derartige Supraleiter als eigenen Typ II' zu klassifizieren [3.9]

beträgt $G/(\pi R^2\lambda^2)$. Minimalisieren wir diese Energie bei gegebenem äußeren Feld in Bezug auf den Zellenradius R, dann ergibt sich die Gleichung:

$$R_o e'(R_o) = 2[e(R_o)-2\kappa_3^{-1}(h_a-1\sqrt{2})] \tag{3.22}$$

Zum Vergleich beträgt die Energie des Meissnerzustandes $H_c^2\lambda/(4\pi)(h_a^2-\frac{1}{2})$. Beim unteren kritischen Feld H_{cl} sind definitionsgemäß die Energien des Meissnerzustandes und des Flußlinienzustandes gleich. Aus dieser Bedingung und aus (3.22) folgen als Bestimmungsgleichungen für h_{cl} und den zugehörigen Zellenradius R_{cl}:

$$e'(R_{cl}) = 0 \tag{3.23}$$

$$h_{cl}-1/\sqrt{2} = 0.5\ \kappa_3 e(R_{cl}) \tag{3.24}$$

Die Bedingung (3.23) wird stets von $R_{cl}=\infty$ erfüllt. Falls die Kurve e(R) kein weiteres Minimum besitzt, dann bestimmt nach Gl. (3.24) die Energie der isolierten Flußlinie $e(\infty)$ die untere kritische Feldstärke. Bei H_{cl} tritt zunächst eine einzelne Flußlinie ein, und erst in höheren Feldern weitere. Abgesehen von den durch die Flußquantisierung bedingten kleinen Sprüngen ist der Übergang vom Meissnerzustand zum Flußlinienzustand stetig.

Besitzt dagegen die Kurve e(R) ein weiteres, tiefer liegendes Minimum bei endlichen Werten von R, dann erfolgt der Eintritt des Magnetflusses bei H_{cl} spontan mit der Flußdichte $b_o=B_o/(\sqrt{2}H_c)=2/(\kappa_3 R_{cl}^2)$. Der Übergang vom Meissner- zum Flußlinienzustand erfolgt also unstetig (Fig. 3.4a), ebenso wie der Übergang vom Meissnerzustand in den normalleitenden Zustand in Typ-I-Supraleitern. Dies gilt allerdings nur für Proben mit einem verschwindenden Entmagnetisierungsfaktor. Bei endlichen Proben führt die Unstetigkeit in der Magnetisierungskurve (ganz analog zu dem in 1.4 behandelten Fall der Typ-I-Supraleiter) zu der Möglichkeit eines Zwischenzustands. Liegt das äußere Feld zwischen $(1-N)H_{c1}$ und H_{c1}, dann zerfällt die magnetische Struktur in Meissner-Domänen einerseits und flußtragende Domänen andererseits, wobei letztere aus dem bei H_{c1} stabilen Flußliniengitter bestehen.

Eine solche Domänenstruktur kann nicht entstehen, wenn der Übergang bei H_{c1} stetig ist, wenn also $R_{c1}=\infty$ gilt.

Numerische Ergebnisse für e(R) finden sich in Fig. 3.5. Erwartungsgemäß zeigen sich im Intervall $\kappa_H<\kappa<\kappa_W$ ausgeprägte Minima der Funktion e(R) mit negativen Werten $e(R_{c1})$. Für $\kappa<\kappa_H$ wird der Minimalwert von e(R) größer als Null, sodaß kein stabiler Flußlinienzustand existieren kann. Für $\kappa>\kappa_W$ gibt es kein Minimum der Funktion e(R) bei endlichen R.

In Fig. 3.6 sind einige wichtige Eigenschaften des Gleichgewichtszustandes bei H_{c1} als Funktion von κ aufgetragen. Um die Kurven bei verschiedenen Temperaturen ϑ und verschiedenen Werten des Verunreinigungsparameters α besser vergleichen zu können, führen wir eine reduzierte Variable $\delta\kappa$ gemäß

$$\kappa = \kappa_H+\delta\kappa(\kappa_W-\kappa_H) \qquad (3.25)$$

ein. Es zeigt sich, daß die Kurven in dieser Darstellung in erster Näherung unabhängig von ϑ und α sind. Aus diesen Größen wollen wir im nächsten Abschnitt versuchen, eine Abschätzung für die in 3.1 erläuterte Wandenergie zu gewinnen.

3.6 Abschätzung der Wandenergie zwischen Flußliniengitter und Meissnerzustand als Folge der anziehenden Wechselwirkung

Aus Gl. (3.21) läßt sich die Bindungsenergie einer Flußlinie in ihrem Gleichgewichtsgitter bei H_{c1} ableiten. Bei gegebenem äußeren Feld $H_a=H_{c1}$ beträgt der Energieunterschied zwischen einer isolierten Flußlinie und der Flußlinie im Gitter:

$$\Delta E = 0.5\, H_c^2 \lambda^2 [e(\infty) - e(R_{cl})] \tag{3.26}$$

gerechnet pro Längeneinheit der Flußlinie. Eine Abschätzung der Energie der Domänengrenze gewinnen wir nun dadurch, daß wir die Bindungsenergie in erster Näherung als eine Summe von Bindungen über benachbarte Flußlinien auffassen.

Wir legen ein Dreiecksgitter zugrunde und betrachten eine Grenzfläche parallel zu einer dichtgepackten Ebene (Fig. 3.7). Dann fehlen den Rand-Flußlinien je zwei von sechs nächsten Nachbarn, sodaß in dieser Näherung jede Randflußlinie eine um $\Delta E/3$ erhöhte Energie pro Längeneinheit aufweisen sollte. Im Dreiecksgitter beträgt der Abstand nächster Nachbarn $\sqrt{2\pi/\sqrt{3}}R\lambda$. Pro Flächeneinheit der Wand ergibt sich folglich eine Energieerhöhung von

$$\sigma_{SF} = \frac{H_{c\lambda}^2}{4\pi} \cdot \sqrt{2\pi\sqrt{3}} \cdot \frac{1}{2} \cdot \frac{e(\infty) - e(R_{cl})}{R_{cl}} \tag{3.27}$$

Diese Funktion ist in geeigneter Normierung in Fig. 3.6 für verschiedene Werte von α und ϑ als Funktion von $\delta\kappa$ aufgetragen. Auffallend ist, daß die Wandenergie mit zunehmenden $\delta\kappa$ wesentlich stärker abfällt als etwa die Anfangsinduktion b_o. Oberhalb $\delta\kappa=0.7$ sollte ein Zwischenzustand wegen der zu kleinen Wandenergie kaum noch zu beobachten sein, vor allem wenn Gitterstörungen die Anordnung der Flußlinien beeiträchtigen. Im Gegensatz dazu sollte die Anfangsinduktion b_o in diesem Bereich noch leicht zu messen sein. Dieser Befund steht in Übereinstimmung mit experimentellen Ergebnissen von Krägeloh [3.11] für die Wandenergie und von Kumpf [3.12] für die Anfangsinduktion B_o.

Der Verlauf der Funktion $\sigma_{SF}(\kappa)/\sigma_{SF}(\kappa_H)$ entspricht für $\kappa>\kappa_H$ recht gut dem Verlauf der Funktion $b_o^2(1-f^{-2})^2$. Wie vermutet, hängt also σ_{SF} mit der mittleren Flußdichte b_o einerseits und dem Mittelwert der Funktion $f(r)=|\psi(r)|$ andererseits zusammen.

Bei $\kappa=\kappa_H$ sollte σ_{SF} stetig in $\sigma_{SN}(\kappa_H)$ einmünden, da der Flußlinienzustand bei diesem Wert von κ stetig in den normalleitenden Zustand mit $H=H_c$ übergehen. In der Tat weichen $\sigma_{SF}(\kappa_H)$ und $\sigma_{SN}(\kappa_H)$ fürallle gerechneten Beispiele um weniger als 10% voneinander ab (Tab. 3.1). Die Abweichungen dürften durch die Gl. (3.23) zu Grunde liegenden Näherungen (die Kreiszellennäherung für die Berechnung der Flußlinien und die Annahme von Wechselwirkungen nur nächster Nachbarn im Flußliniengitter) bedingt sein. Gegebenenfalls läßt sich die Abschätzung der S-F-Wandenergie aus der Bindungsenergie der Flußlinien dadurch verbessern, daß man den Wert $\sigma_{SN}(\kappa_H)$ zur Normierung der Funktion $\sigma_{SF}(\delta\kappa)$ heranzieht. Auf diesem Wege ließe sich auch die in Abschn. 2.3 behandelte Anisotropie der Wandenergie auf die S-F-Wandenergie übertragen.

Wir fassen zusammen: Aus der Neumann-Tewordt-Theorie läßt sich eine Abschätzung der Energie der Domänenwand zwischen Meissner- und Flußlinienbereichen in Typ-II-Supraleitern gewinnen, die stetig in die Energie der gewöhnlichen S-N-Wand in Typ-I-Supraleitern übergeht. Durch eine geeignete reduzierte Darstellung wird die gefundene Kurve $\sigma_{SF}(\kappa)$ in erster Näherung unabhängig von ϑ und α. (Fig. 3.6 und Gl.(3.27)). Um sie auf bestimmte Werte von ϑ und α anzuwenden, benötigt man nur die jeweiligen Werte der kritischen κ-Werte κ_H und κ_W, die durch (3.13), (3.20) und die Definitionen (1.14-16) analytisch aus ϑ und α abzuleiten sind.

Der gefundene funktionale Verlauf $\sigma_{SF}(\kappa)$ steht in guter Übereinstimmung mit experimentellen Ergebnissen [3.11].

3.7 Möglichkeiten der Verallgemeinerung der Rechnungen auf tiefere Temperaturen

Wir haben alle unsere Rechnungen zur Wandenergie in Supraleitern auf die Ginzburg-Landau-Theorie und ihre Erweiterungen gestützt, die in der Umgebung der kritischen Temperatur T_c gültig sind. Bei tieferen Temperaturen müßte man z.B. zur Gorkov-Theorie [1.8] übergehen, um zuverlässige Aussagen zu gewinnen. Bisher ist es allerdings erst in Ansätzen gelungen, Flußlinien oder S-N-Wände in geschlossener Form aus einer solchen mikroskopischen Theorie abzuleiten. Einen wichtigen Beitrag zur Untersuchung der Flußlinien im Rahmen der Gorkov-Theorie lieferten Eilenberger und Büttner [3.13], und ausgehend von dieser Arbeit gelang es kürzlich Leung und Jacobs [3.14], wenigstens die Existenzgrenzen κ_H und κ_W des Bereichs anziehender Wechselwirkungen zwischen Flußlinien für beliebige Temperaturen zu berechnen (s. hierzu auch [3.15]). Dabei stellte sich allerdings auch heraus, daß diese Rechnungen nicht quantitativ mit experimentellen Resultaten [3.9] übereinstimmen.

Ein wichtiges Ergebnis unserer Rechnungen auf der Grundlage der Neumann-Tewordt-Theorie war es gewesen, daß die reduzierten Darstellungen, die alle Größen auf das Intervall $(\kappa_W-\kappa_H)$ beziehen (Fig. 3.6) nur schwach von den äußeren Parametern α und ϑ abhängen, auch wenn κ_H und κ_W selbst stark von α und ϑ abhängen. Man kann deshalb vermuten, daß diese reduzierten Darstellungen auch dann noch näherungsweise gültig bleiben, wenn man für κ_H und κ_W anstelle der NT-Werte (3.13) und (3.20) zum Beispiel die Werte von Leung und Jacobs oder auch experimentelle Werte einsetzt.

Den erwähnten Arbeiten zur Theorie der Flußlinien stehen einige Arbeiten zur Berechnung der S-N-Wand aus einer mikroskopischen Theorie gegenüber. Kümmel [3.16] berechnete die S-N-Wand im Grenzfall kleiner κ, während Hu [3.17] die S-N-Wand für beliebige κ mit Hilfe eines Variationsverfahrens berechnete. Allerdings gestatten es die dieser Rechenmethode anhaftenden Fehlermöglichkeiten noch nicht, aus den Ergebnissen quantitative Schlüsse etwa für die in Tab. 3.1 erscheinende Größe $\sigma_{SN}(\kappa_H)$ zu ziehen.

[3.1] A.A.Abrikosov, Ž.Exp.Teor.Fiz. 32, 1442 (1957) [Sov. Phys. JETP 5, 1174 (1957)]

[3.2] A.E. Jacobs, Phys. Rev. B, 4, 3022 (1971)

[3.3] U. Krägeloh, Phys. Letters 28A, 652 (1969)

[3.4] N.V. Sarma, Phil. Mag. 18, 171 (1968)
[3.5] P.M. Marcus, IX. Int. Conf. Low Temp. Phys., New York 1965, Bd. A, S. 550; Int. Conf. Low Temp. Phys., Moskau 1966, Bd. IIA, S. 345
[3.6] A.E. Jacobs, Phys. Rev. B, 4, 3029 (1971)
[3.7] L. Kramer, Phys. Letters 23, 619 (1966)
[3.8] D. Ihle, phys. stat. sol. (b), 47, 423 (1971)
[3.9] J. Auer, H. Ullmaier, Phys. Rev. B 7, 136 (1973)
[3.10] L. Kammerer, Computer Phys. Commun. 1, 10 (1969)
[3.11] U. Krägeloh, phys. stat. sol. 42, 559 (1970)
[3.12] U. Kumpf, phys. stat. sol. (b), 44, 829 (1971)
[3.13] G. Eilenberger, H. Büttner, Z. Physik 224, 335 (1969)
[3.14] M.C. Leung, A.E. Jacobs, XIII. Int. Conf. Low Temp. Phys., Boulder 1972
[3.15] L. Kramer, wird veröffentlicht
[3.16] R. Kümmel, Phys. Rev. B 3, 3787 (1971)
[3.17] C.-R. Hu, Phys. Rev. B, 6, 1 (1972)

Tabelle 3.1
Vergleich zwischen der aus der Wechselwirkung der Flußlinien berechneten Wandenergie der Wand zwischen Meissner- und Flußlinienzustand σ_{SF} (Gl. (3.27)) und der gewöhnlichen S-N-Wandenergie σ_{SN} für $\kappa=\kappa_H$. Außerdem sind die jeweiligen kritischen κ-Werte κ_H, κ_W und κ_{SN} angegeben. $C=4\pi/(H_c^2\lambda(\kappa_W-\kappa_H))$

α	ϑ	κ_H	κ_W	$\frac{\kappa_{SN}-\kappa_H}{\kappa_W-\kappa_H}$	$C\cdot\sigma_{SF}(\kappa_H)$	$C\cdot\sigma_{SN}(\kappa_H)$
0	0.02	0.7011	0.7203	0.286	0.341	0.315
0	0.1	0.6720	0.7687	0.317	0.374	0.355
1	0.02	0.7036	0.7125	0.283	0.337	0.311
1	0.1	0.6891	0.7315	0.300	0.355	0.332
5	0.02	0.7050	0.7075	0.280	0.336	0.307
5	0.1	0.6971	0.7084	0.291	0.347	0.320

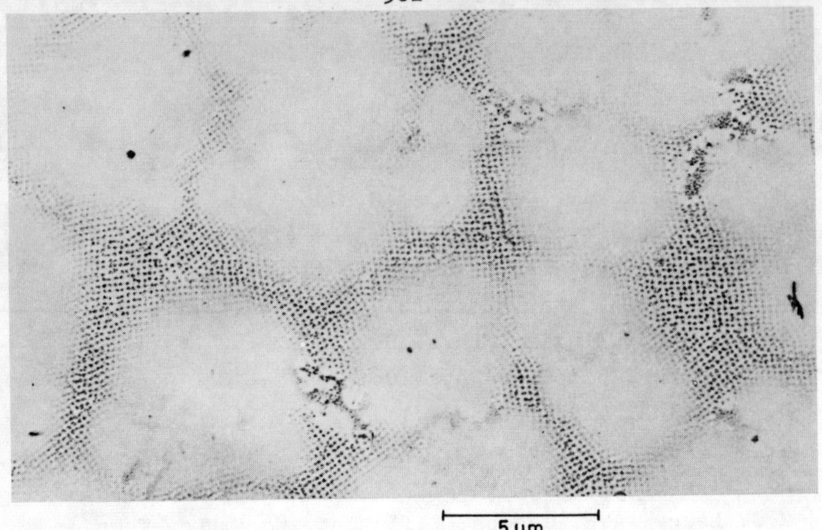

Fig. 3.1 Experimentelle Beobachtung des Zwischenzustands in einem Typ-II-Supraleiter (Niob, (100)-Oberfläche, T=1.2 K, elektronenmikroskopische Abdruckaufnahme von U. Essmann (1971)). Die Struktur ähnelt im Großen einer gewöhnlichen Domänenstruktur in einem Typ-I-Supraleiter, jedoch bestehen hier die flußtragenden, dunkleren Domänen aus einem Flußliniengitter.

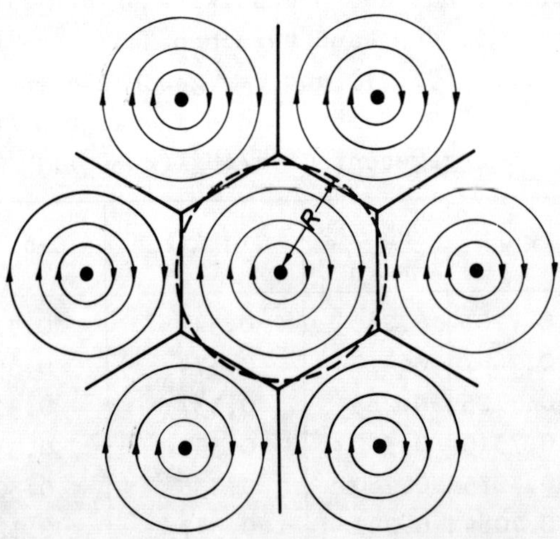

Fig. 3.2 Flußlinien-Dreiecksgitter mit der hexagonalen Wigner-Seitz Zelle. Gestrichelt: kreisförmige Näherungszelle.

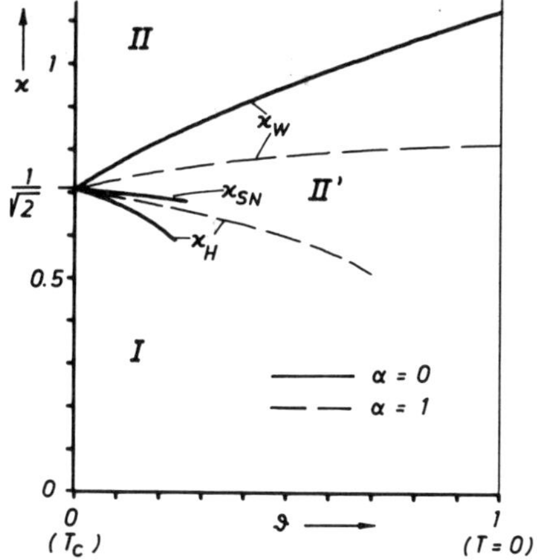

Fig. 3.3 Die kritischen κ-Werte als Funktion der reduzierten Temperatur nach Gl. (3.13) und (3.19) für zwei verschiedene Werte des Verunreinigungsparameters α.

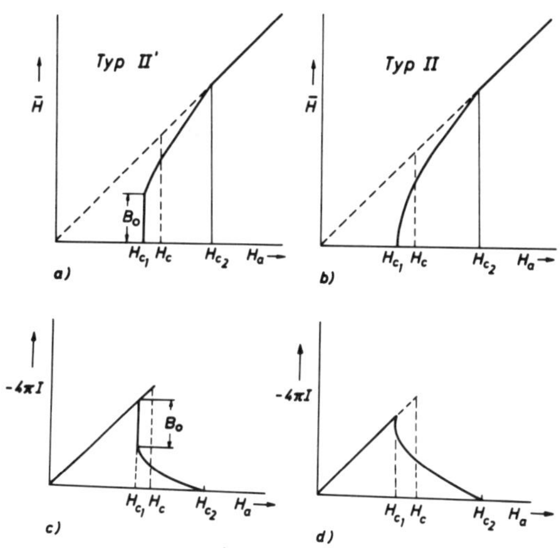

Fig. 3.4 Charakteristische Kurven für das mittlere innere Magnetfeld als Funktion des äußeren Magnetfelds. a) Fall einer anziehenden Wechselwirkung zwischen weit entfernten Flußlinien mit der Folge eines unstetigen Phasenübergangs bei H_{c1}, b) Fall der abstoßenden Wechselwirkung zwischen den Flußlinien mit einem stetigen Phasenübergang bei H_{c1}. c) und d): Zugehörige Magnetisierungskurven.

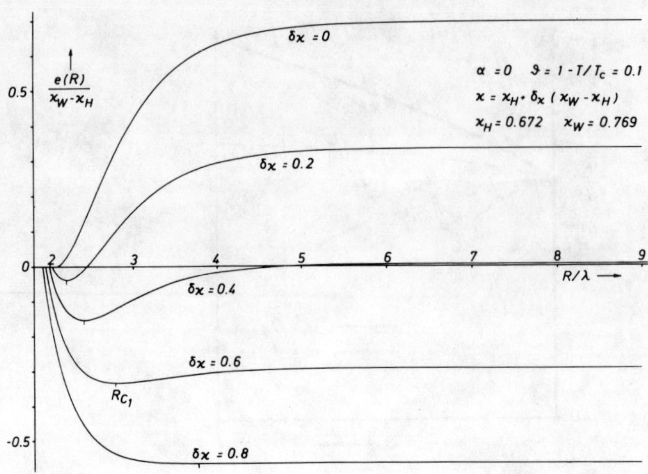

Fig. 3.5 Die freie Energie der Flußlinie als Funktion des Zellenradius R, berechnet für $H_a = H_c$. Ein Minimum in diesen Kurven mit einer negativen freien Energie in diesem Minimum zeigt nach Gl. (3.23, 3.24) einen stabilen gebundenen Zustand der Flußlinien an. Man findet dieses Verhalten in dem Intervall $\kappa_H < \kappa < \kappa_W$ oder $0 < \delta\kappa < 1$.

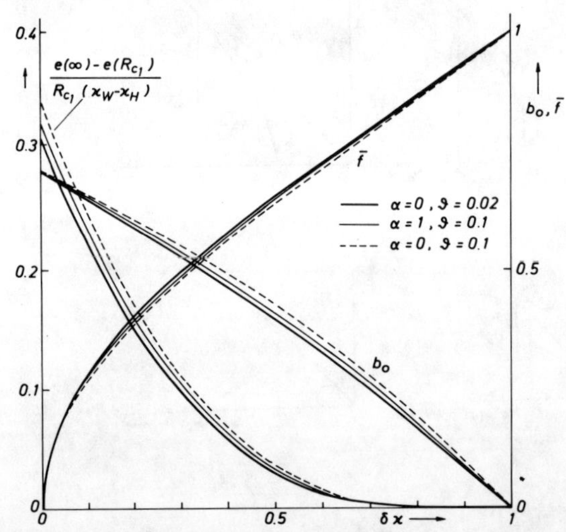

Fig. 3.6 Einige charakteristische Größen des bei H_{c1} eindringenden Gleichgewichts-Flußliniengitters als Funktion von κ. $\bar{f}$ ist der Mittelwert des Betrages der Wellenfunktion ψ, b_o der Mittelwert des inneren magnetischen Feldes. $e(\infty) - e(R_{c1})$ ist der Bindungsenergie der Flußlinien im Gleichgewichtsgitter proportional.

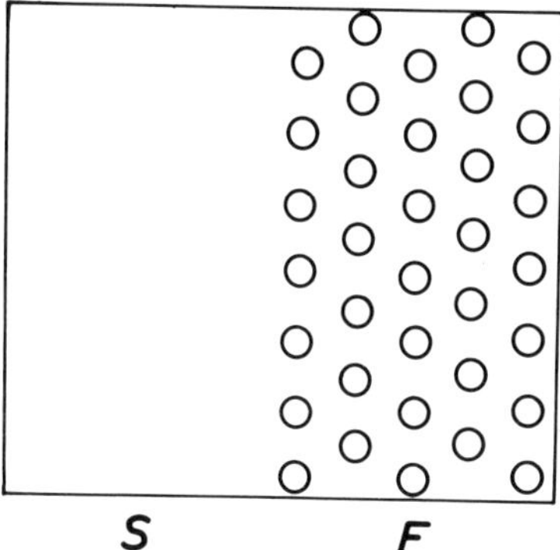

Fig. 3.7 Schematische Darstellung einer Domänenwand zwischen einem supraleitenden (Meißner-)Bereich und einem Flußliniengitter-Bereich.

IV ANDERE DOMÄNENWÄNDE UND PHASENGRENZFLÄCHEN

1. Überblick

Domänenwände in ferroelektrischen und antiferromagnetischen wie auch Phasengrenzflächen in Kristallen und Flüssigkeiten sind nicht in dem Umfang untersucht worden wie Blochwände in ferromagnetischen Materialien oder S-N-Wände in Supraleitern. Die bisher behandelten Beschreibungen solcher Wände sind darüberhinaus vielfach mathematisch äquivalent mit den in Abschn. II.3 behandelten ebenen, eindimensionalen Wänden in Ferromagneten. Der Unterschied liegt lediglich in der Bedeutung und in der Größenordnung der beteiligten Energieterme und in der Anzahl der für die vollständige Beschreibung notwendigen Konfigurationsvariablen. An die Stelle der Austauschenergie tritt in den nicht magnetischen Systemen eine "Korrelationsenergie", die in der Regel ebenso wie die Austauschenergie als positiv definite Form in den Ortsableitungen der Konfigurationsvariablen oder "Ordnungsparameter" angesetzt wird. Über die Natur und die Größenordnung dieser Korrelationsenergie bestehen allerdings vielfach Unsicherheiten, wie noch im Einzelnen zu erläutern sein wird.

Gemeinsam ist vielen der in diesem Kapitel zu behandelnden Wände die große Bedeutung der Wechselwirkung der Ordnungsparameter mit Gitterverzerrungen, die wir als magnetostriktive Effekte ausführlich in Abschn. II.8 behandelt haben. Die auftretenden freien Verzerrungen sind häufig um mehrere Größenordnungen größer als in den meisten ferromagnetischen Stoffen, so daß die zugehörigen Energien die gewöhnlichen Anisotropieenergiebeiträge überwiegen. Insbesondere legen die elastischen Wechselwirkungen die möglichen Wandorientierungen fest. War im Ferromagnetismus der erste Gesichtspunkt die Vermeidung weitreichender magnetischer Streufelder, so tritt nun die Vermeidung weitreichender elastischer Spannungen (s. II.8.6) in den Vordergrund.

Eine wichtige Voraussetzung der Behandlung der elastischen Wechselwirkungen in II.8 war, daß die elastische Energie des Kristalls in erster Näherung als unabhängig vom Ordnungsparameter betrachtet werden kann. Das ist solange erlaubt, als alle Teile eines in Domänen aufgeteilten Kristalls aus einem Grundkristall durch Verzerrungen bis zu etwa 10^{-2} abgeleitet werden können. Ist das zumindest für das elastisch wirksame Gerüst eines Kristalls möglich, dann kann man eine Behandlung wie in Abschn. II.8 anwenden und ist nicht gezwungen, die einzelnen Domänen als kristallographisch fremde Phasen zu behandeln. Im anderen Fall ist abzuschätzen, daß die Phasengrenzen ohnehin nur wenige Gitterebenen weit sein können, so daß eine kontinuumstheoretische Beschreibung der Wand sinnlos wird. Die diskontinuierlichen und daher in der Regel schwer beweglichen Wände wollen wir im folgenden ausklammern. Sie sind in adäquater Weise nur mit Hilfe einer Gittertheorie zu erfassen.

2. Domänenwände in antiferromagnetischen Materialien

2.1 Antiferromagnetische Spinstrukturen

Antiferromagnetika unterscheiden sich von ferromagnetisch geordneten Kristallen dadurch, daß in ihnen die elementaren magnetischen Momente zwar geordnet sind, sich jedoch bereits in Dimensionen der kristallographischen Elementarzelle gegenseitig kompensieren, so daß ein Antiferromagnetikum nach außen kein magnetisches Moment besitzt. Die gegenseitige Anordnung der Spins in der magnetischen Elementarzelle kann dabei sehr unterschiedlich sein, und entsprechend vielfältig sind die magnetischen und elastischen Eigenschaften der verschiedenen Materialien. Fünf wichtige Klassen von antiferromagnetischen Stoffen wurden besonders häufig untersucht:

1) Es gibt einachsige Antiferromagnetika, deren Spinstruktur man sich aus zwei einander durchdringenden Untergittern aufgebaut denken kann, die zueinander entgegengesetzt magnetisiert sind. Die Spins jedes der beiden Untergitter sind untereinander parallel. Beispiele für diesen Typ sind MnF_2, Cr_2O_3 und andere (Fig. 2.1a).

2) Unter gewissen Voraussetzungen weichen die beiden Untergittermagnetisierungen um einen kleinen Winkel von der antiparallelen Stellung ab und bilden so im Gleichgewicht ein schwaches ferromagnetisches Moment. Die Spinstruktur entspricht derjenigen im zweiten Teilbild von Fig. 2.1b, wo der Einfluß eines äußeren Feldes auf einen gewöhnlichen einachsigen Antiferromagneten angedeutet ist. Beispiele für schwach ferromagnetische Stoffe stellen das Hämatit Fe_2O_3 und die Orthoferrite dar.

3) Metalloxyde besitzen häufig eine NaCl-Struktur, in der die magnetischen Ionen ein kubisch-flächenzentriertes Gitter bilden. Die dann auftretenden Spinstrukturen lassen sich aus vier antiferromagnetischen Untergittern aufbauen, von denen je zwei parallel und zwei antiparallel zu einer bestimmten Richtung orientiert sind. Je nach der Kombination der Untergitter entstehen antiferromagnetische Phasen mit verschiedenen Vorzugsachsen. Beispiele hierfür sind FeO, NiO, MnO, MnS u.a. (Fig. 2.1b).

4) Wenn in einachsigen Kristallen zwar eine ferromagnetische Kopplung zu den nächsten Nachbarn, gleichzeitig aber eine starke antiferromagnetische Kopplung zu den übernächsten Nachbarn besteht, dann kann sich eine schraubenartige Anordnung der Spins einstellen (Fig. 2.1c). Derartige Strukturen und viele Abwandlungen wurden zuerst für MnO_2 und später vor allem für einige Metalle aus der Gruppe der seltenen Erden diskutiert.

5) In manchen metallischen Antiferromagnetika besitzen die Atome keinen festen lokalisierten Spin; vielmehr wechselwirken die Spins der verschiedenen Atome miteinander, was zur Ausbildung von sog. Spindichtewellen führen kann. In diesen Wellen variieren die Richtung und der Betrag des magnetischen Moments örtlich in Form einer longitudinalen oder transversalen Welle, und zwar derartig, daß der Mittelwert des magnetischen Momentes verschwindet (Fig. 2.1d). Als Beispiel hierfür ist vor allem das Chrom bekannt. Außer den hier erläuterten einfachsten Fällen von Ferromagnetika gibt es eine Vielzahl komplizierterer Spinstrukturen, die wir im Rahmen dieser Arbeit nicht weiter diskutieren wollen. Eine umfassende Zusammenstellung findet sich z.B. bei Cox [2.1].

2.2 Begründung der Existenz von Bereichen und Wänden in Antiferromagnetika

Experimentell wurden antiferromagnetische Bereichsstrukturen in einer großen Zahl von Untersuchungen beobachtet [2.2-2.4], es bestehen jedoch offenbar immer noch Unklarheiten über ihren Ursprung. Sie können nicht wie im Fall der ferromagnetischen Domänen zur Vermeidung einer magnetischen Streufeldenergie dienen, da ein Antiferromagnetikum im Grundzustand definitionsgemäß kein pauschales magnetisches Moment besitzen kann. Der energetisch günstigste Zustand eines beliebig geformten, fehlerfreien Einkristalls ist zweifellos der Eindomänenzustand. Es könnte sein, daß die beobachteten Domänenstrukturen lediglich durch die Vorgeschichte bedingte eingefrorene Nichtgleichgewichtszustände sind, jedoch spricht dagegen die häufig gefundene Regelmäßigkeit der Strukturen.

Thermodynamisch begründen lassen sich Domänenstrukturen in den Fällen, in denen unter der Wirkung eines äußeren Feldes (bei einer langgestreckten Probe) ein unstetiger Übergang in der Spinstruktur stattfindet, der mit einem Sprung in der Magnetisierungskurve verbunden ist. Wie in Abschn. II.1.4 genauer begründet, führt ein solcher Sprung in der Magnetisierungskurve bei Proben mit einem von Null verschiedenen Entmagnetisierungsfaktor zur Existenz eines Feldintervalls, in dem ein zweiphasiger Zustand stabil ist. Wegen der Analogie zum Zwischenzustand in Typ-I-Supraleitern wurde dieser zweiphasige Zustand von Bar'yakhtar u. M.[2.5] Zwischenzustand in Antiferromagnetika genannt. Ein in vielen, besonders den einachsigen Antiferromagnetika auftretender Phasenübergang, der zu einem solchen Zwischenzustand führen kann, besteht darin, daß sich die antiferromagnetische Achse unter der Wirkung eines parallel zu ihr angelegten Feldes um 90° dreht ("spin flop"-Übergang Fig. 2.1a). Ein anderes Beispiel liefert die Spin-Schraubenstruktur, welche unter der Wirkung eines angelegten Feldes in eine fächerartige Anordnung der Spin übergehen kann (Fig. 2.1c). Einzelheiten dazu werden wir in den folgenden Abschnitten erläutern. Diese Phänomene liefern allerdings noch keine Erklärung für die im feldfreien Zustand beobachteten Domänenstrukturen vornehmlich in mehrachsigen Antiferromagneten. Die gefundenen Strukturen lassen sich zwar auch durch magnetische Felder beeinflussen, sie reagieren jedoch besonders empfindlich auf äußere elastische Spannungen, was darauf hinweist, daß ihre Entstehung mit den elastischen Eigenschaften der Antiferromagneten zusammenhängen könnte. Wie schon erwähnt, sind antiferromagnetische Ordnungszustände häufig mit erheblichen Gitterdeformationen verbunden, welche von der Orientierung der Spinstrukturen abhängen. Inhomogene innere Spannungen in einem Kristall führen daher zu einer inhomogenen Spinanordnung, die allerdings dem unregelmäßigen Verlauf der inneren Spannungen folgen sollte.

Ein bisher nach Wissen des Autors nicht beachteter Mechanismus sollte jedoch auch ähnlich wie in einem Ferromagneten zu regelmäßigen Bereichsstrukturen führen. Stellen wir uns einen noch nicht antiferromagnetischen Kristall nicht frei, sondern an zwei Oberflächen festgehalten vor (Fig. 2.2). Nach der dann einsetzenden antiferromagnetischen Ordnung möge der Kristall die Tendenz haben, sich wahlweise in verschiedener Weise zu deformieren, jedoch mögen alle möglichen Deformationen nicht mit der Halterung verträglich sin. Im Falle eines Eindomänenzustandes wäre demnach die Ausbildung der antiferromagnetischen Ordnung behindert oder sogar unterdrückt. Wenn nun aber der Mittelwert der freien Verzerrungen mehrerer möglicher antiferromagnetischer Phasen besser mit der Halterung kompatibel ist, dann wird ein mehrphasiger Zustand begünstigt, falls die dabei aufzuwendende Wandenergie durch die eingesparte elastische Energie aufgebracht werden kann. Man wird im einfachsten Fall eine plattenförmige Domänenstruktur erwarten, deren Bereichsweite durch ein Gleichgewicht zwischen Wandenergie und der Energie der inhomogenen Spannungen in der Übergangszone zwischen Domänenstruktur und Halterung bestimmt wird. Die Abschlußenergie der magnetostriktiven Spannungen wird um so kleiner sein, je feiner die Bereichsstruktur an der Oberfläche ist - in voller Analogie zur Streufeldenergie an der Oberfläche ferromagnetischer Kristalle. Die magnetostriktive Eigenenergie ist also nicht nur bezüglich ihrer Wirkungen innerhalb von Domänenwänden analog zur Streufeldenergie (s. Abschn. II.8.5), sie kann auch ebenso wie diese Anlaß zur Ausbildung einer Domänenstruktur sein, wenn ein Kristall elastisch mit seiner Umgebung gekoppelt ist. Derartige Kopplungen können in bewußt angebrachten Halterungen - wie oben diskutiert - bestehen, sie können aber auch durch die Umgebung eines Kristalls innerhalb eines polykristallinen Verbandes vermittelt werden. Schließlich können äußere oder innere elastische Spannungen einen mehrphasigen Zustand begünstigen, ebenso wie ein äußeres oder inneres magnetisches Feld Bereichsstrukturen in einem Ferromagneten erzeugen kann.

Der erläuterte Mechanismus zur Ausbildung von Domänenstrukturen durch elastische Wechselwirkungen ist nicht auf Antiferromagnetische Kristalle beschränkt. Er spielt auch in Ferromagnetika eine Rolle, wenn er auch in diesen Materialien meist von der magnetischen Streufeldenergie überdeckt wird, ebenso aber in ferroelektrischen und generell in allen Materialien, in denen mehrere verschieden deformierte Phasen thermodynamisch im Gleichgewicht stehen (s. Abschn. 3 und 4).

Es würde sich lohnen, die erwähnte elastische Abschlußenergie als Funktion der Randbedingungen und der Stärke der Kopplung zwischen Ordnungsparameter und Deformationen relativ zur Anisotropieenergie zu untersuchen. In dieser Arbeit wollen wir diesen Problemkreis ausklammern und uns darauf beschränken, für einige einfache Fälle die Wandenergie der Wände in antiferromagnetischen Materialien zu berechnen.

2.3 Domänenwände in einachsigen Antiferromagneten

Das einfachste antiferromagnetische System ist in Fig. 2.1a dargestellt. Es besteht aus zwei ferromagnetischen Untergittern in einem einachsigen Kristall, die durch eine starke antiferromagnetische Wechselwirkung miteinander gekoppelt sind. Wir bezeichnen die Magnetisierungsrichtungen in den beiden Untergittern mit $\alpha^{(1)}$ und $\alpha^{(2)}$. Die freie Energie eines solchen Kristalls läßt sich in einer einfachen, jedoch alles wesentliche umfassenden Näherung wie folgt darstellen:

$$E = \{A[(\nabla\underline{\alpha}^{(1)})^2 + (\nabla\underline{\alpha}^{(2)})^2] + D\underline{\alpha}^{(1)}\cdot\underline{\alpha}^{(2)} + K_1[2-\alpha_3^{(1)2}-\alpha_3^{(2)2}] - I_o\underline{H}_a\cdot(\underline{\alpha}^{(1)}+\underline{\alpha}^{(2)})\}\, dV \qquad (2.1)$$

Dabei bedeutet $D\sim A/a^2$ die antiferromagnetische Kopplungsenergie zwischen den Untergittern und I_o die Sättigungsmagnetisierung der beiden Untergitter. Die übrigen Konstanten haben die gleiche Bedeutung wie im Ferromagnetismus.

Die Konstante D läßt sich aus der Suszeptibilität eines Antiferromagneten in einem homogenen Feld senkrecht zur Achse bestimmen. Durch eine einfache Rechnung leitet sich aus (2.1) nämlich die Beziehung

$$\chi_\perp = I_o^2/(D+K_1) \qquad (2.2)$$

ab. Die Anisotropiekonstante K_1 ist oft von der gleichen Größenordnunt wie I_o^2, $\chi_\perp$ aber viel kleiner als 1. Daraus folgt, daß D die Konstanten I_o^2 und K_1 meist wesentlich übertrifft.

Im folgenden wollen wir im Anschluß an Bar'yakhtar u.M [2.5] die im Zusammenhang mit dem sogenannten spin-flop-Übergang auftretenden Domänenwände untersuchen. Zu diesem Zweck beschränken wir das angelegte Feld auf die Richtung parallel zur Vorzugsachse und betrachten nur Drehungen der Untergittermagnetisierungen innerhalb der x-z-Ebene. Dann läßt sich die Struktur durch die beiden Winkel Θ_1 und Θ_2 gemäß

$$\underline{\alpha}^{(1)} = (\sin\Theta_1, 0, \cos\Theta_1), \quad \underline{\alpha}^{(2)} = (\sin\Theta_2, 0, \cos\Theta_2) \qquad (2.3)$$

darstellen. In diesen Koordinaten schreibt sich die Energiedichte einer beliebigen Wand dann wie folgt:

$$e(\Theta_1,\Theta_2) = A(\Theta_1'^2+\Theta_2'^2) + D\cos(\Theta_1-\Theta_2) + K_1(\sin^2\Theta_1+\sin^2\Theta_2)$$

$$-I_oH_{\parallel}(\cos\Theta_1+\cos\Theta_2) \qquad (2.4)$$

Betrachten wir zunächst homogene Spinstrukturen. Der Gleichgewichtszustand bei abwesendem äußeren Feld ist durch (Θ_1=0, Θ_2=π) gekennzeichnet. In schwachen äußeren Feldern parallel zur Achse wird er zunächst bestehen bleiben. Seine Energiedichte beträgt unabhängig vom äußeren Feld

$$e_1 = -D \quad \text{für } (\Theta_1=0,\ \Theta_2=\pi) \qquad (2.5)$$

Oberhalb eines kritischen Feldes H_s wird jedoch ein Zustand, der durch ($\Theta_1=\frac{\pi}{2}-\vartheta_s$, $\Theta_2=-\frac{\pi}{2}+\vartheta_s$) mit noch zu bestimmendem ϑ_s charakterisiert ist, energetisch günstiger. Aus (2.4) ergibt sich für ϑ_s in einem solchen Zustand

$$\sin\vartheta_s = \frac{H_sI_o}{2(D-K_1)} \qquad (2.6)$$

und für die zugehörige Energie

$$e_2 = -D+2K_1 - \frac{H_s^2I_o^2}{2(D-K_1)} \qquad (2.7)$$

Der Vergleich von e_1 und e_2 ergibt für das kritische Feld und den zugehörigen Winkel:

$$H_s = 2\sqrt{K_1(D-K_1)}/I_o \ , \quad \sin\vartheta_s = \sqrt{K_1/(D-K_1)} \tag{2.8}$$

In der Umgebung einer Domänenwand, welche den Übergang vom Zustand ($\Theta_1=0$, $\Theta_2=\pi$) in den Zustand ($\Theta_1=\frac{\pi}{2}\vartheta_s$, $\Theta_2=-\frac{\pi}{2}+\vartheta_s$) beschreibt, muß nun genau das Feld $H_{\parallel}=H_s$ herrschen. Wir führen zur Beschreibung dieser Wand neue Koordinaten ϑ und φ gemäß

$$\Theta_1 = \varphi-\frac{\pi}{2}+\vartheta \ , \quad \Theta_2 = \varphi+\frac{\pi}{2}-\vartheta \tag{2.9}$$

ein und erhalten für die freie Energie der Wand aus (2.4) nach Subtraktion der in den Domänen herrschenden Energiedichte (2.5):

$$E(\varphi,\vartheta) = 2\int[A(\varphi'^2+\vartheta'^2)+D\cdot\sin^2\vartheta+K_1(\cos^2\varphi\cos^2\vartheta+\sin^2\varphi\sin^2\vartheta)$$
$$-2(D-K_1)\sin\vartheta_s\sin\vartheta\cos\varphi]dx \tag{2.10}$$

mit den Randbedingungen:

$$\varphi(-\infty) = \pi/2, \quad \varphi(\infty) = 0, \quad \vartheta(-\infty) = 0, \quad \vartheta(\infty) = \vartheta_s \tag{2.10a}$$

Das durch (2.10) gegebene Variationsproblem ist analog zu den in II.3 behandelten allgemeinen Wänden in Ferromagnetika. Es läßt sich mit den dort beschriebenen Mitteln behandeln. Wegen $D \gg I_o^2$ wird ϑ_s im allgemeinen klein gegen Eins sein und wir vernachlässigen daher in erster Näherung den Term $A\vartheta'^2$. Dann ergibt sich für $\vartheta(\varphi)$ die Beziehung:

$$\sin\vartheta_o(\varphi) = \frac{(D-K_1)\cos\varphi}{D-K_1\cos 2\varphi}\sin\vartheta_s \tag{2.11}$$

Eine systematische Behandlung bestünde nun darin, (2.11) in (2.10) einzusetzen, das verbleibende Variationsproblem für $\varphi(x)$ nach

II.3.2 zu lösen, und dann eventuelle Abweichungen $\vartheta-\vartheta_o(\varphi)$ mit der Methode der Linearisierung (II.3.3b) zu bestimmen. Wir beschränken uns hier im Anschluß an Baryakhtar u.M. auf den Fall, daß D so groß gegen I_o^2 und K_1 ist, daß der Term $A\vartheta'^2$ ganz zu vernachlässigen ist. Durch Einsetzen von (2.11) in (2.10) ergibt sich dann

$$E(\varphi) = 2\int[A\varphi'^2+\frac{K_1^2\sin^2 2\varphi}{2(D-K_1\cos 2\varphi)}]dx \approx 2\int[A\varphi'^2+\frac{K_1^2}{2D}\sin^2 2\varphi]dx \qquad (2.12)$$

Das zugehörige Variationsproblem hat die wohlbekannte Lösung:

$$\cos 2\varphi = \tanh(x/\sqrt{2AD/K_1^2})$$

$$E_G = 2\sqrt{2AK_1^2/D} \qquad (2.13)$$

Der dieser Lösung entsprechende Spinverlauf ist in Fig. 2.3 schematisch dargestellt. Im wesentlichen dreht sich innerhalb der Wand die antiferromagnetische Achse um 90°, während gleichzeitig mit der Drehung der Achse ein mittleres magnetisches Moment $2I_o\sin\vartheta$ entsteht.

Da bei der Ableitung der Lösung (2.13) sowohl die Streufeldenergie wie auch eventuelle magnetostriktive Energien vernachlässigt wurden und die übrigen Energien nicht von der Orientierung der Wand relativ zur Vorzugsachse abhängen, gilt (2.13) zunächst für jede Wandorientierung. Sollten beide beteiligten Phasen die gleiche spontane Verzerrung besitzen, so daß keine magnetostriktiven Terme in der Wandenergie berücksichtigt werden müssen, dann wäre die in Fig. 2.3a dargestellte Orientierung der Wand parallel zur Achse dadurch begünstigt, daß bei ihr kein Streufeld entsteht. Bei stark verschiedenen spontanen Verzerrungen der beiden Phasen wäre dagegen eine Orientierung der Wand etwa 45° zur Vorzugsachse begünstigt (Fig. 2.3b), die dann aber zwangsläufig magnetisch geladen wäre.

Da in Antiferromagnetika die induzierten Momente klein gegen das angelegte Feld sind, bleibt die berechnete Wandstruktur, eventuell korrigiert um die magnetostriktiven Beiträge, in erster Näherung auch für diese schwach geladenen Wände gültig. Allerdings müßten die weitreichenden Streufelder in einer Domänentheorie des "Zwischenzustands" in einachsigen Antiferromagnetika beachtet werden.

Für die Wandweite der durch (2.13) gegebenen Wand ergibt sich durch Einsetzen von (2.2) und mit $A \approx D \cdot a^2$ und $I_o^2 \approx K_1$ die Abschätzung

$$W_\alpha = 2\sqrt{2AD/K_1^2} \approx 2\sqrt{2}\, a/\chi_\perp \tag{2.14}$$

Wegen $\chi_\perp \ll 1$ wird die Wandweite also wesentlich größer als die Gitterkonstante, wodurch die kontinuumstheoretische Behandlung der Spinstruktur im Antiferromagnetikum gerechtfertigt wird.

Baryakhtar u.M. berechneten außer dem hier dargestellten einfachsten Beispiel u.a. auch Wände für andere Richtungen des angelegten Feldes, die Einflüsse weiterer, hier vernachlässigter Energieterme in der freien Energie (2.1) sowie die Dynamik von Wänden in Antiferromagnetika [2.6]. Der Leser sei in diesem Zusammenhang auf die Originalliteratur verwiesen.

2.4 Wände in "schwach ferromagnetischen" Materialien

Eine Abweichung von der reinen antiferromagnetischen Ordnung, die wir im letzten Abschnitt durch ein äußeres Feld induziert haben, kann unter gewissen Symmetriebedingungen auch schon eine Eigenschaft des Grundzustands eines Kristalls sein. Voraussetzung dazu ist, daß die beiden Gitterplätze, welche wir durch Untergittermagnetisierungen $I_1 \underline{\alpha}^{(1)}$ und $I_2 \cdot \underline{\alpha}^{(2)}$ charakterisieren, nicht gleichberechtigt sind. Sind die Momente I_1 und I_2 selbst verschieden, dann erhalten wir einen "Ferrimagneten", der ein pauschales magnetisches Moment trotz antiferromagnetischer Kopplung zwischen den Untergittern besitzt. Ein Ferrimagnet verhält sich mikromagnetisch in der Regel wie ein Ferromagnet, so daß wir diese Stoffklasse im folgenden nicht weiter betrachten müssen.

Ein sog. "schwacher Ferromagnet" entsteht nach Dzialoshinsky [2.7] und Moriya [2.8], wenn die beiden Untergittermagnetisierungen I_1 und I_2 zwar gleich sind, zwischen ihnen jedoch eine unsymmetrische Wechselwirkung, etwa des Typs:

$$e_d = d\cdot(\underline{\alpha}_1\times\underline{\alpha}_2)\cdot\underline{n} \tag{2.15}$$

besteht, wobei $\underline{n}$ eine ausgezeichnete Gitterrichtung ist. Unter der Wirkung dieses Zusatzterms bilden die Untergitter einen geringfügig von 180° abweichenden Winkel miteinander. Dadurch entsteht ein schwaches ferromagnetisches Moment senkrecht zur antiferromagnetischen Achse, weshalb man diese Erscheinung schwachen Ferromagnetismus nennt (im Englischen ist auch die Bezeichnung "canted antiferromagnetism" üblich). Als wichtigste Beispiele für derartige Materialien fanden in letzter Zeit vor allem die Orthoferrite Interesse.

Auf Grund ihres magnetischen Momentes zeigen schwache Ferromagneten in gleicher Weise wie gewöhnliche Ferromagneten eine Domänenstruktur. Im folgenden wollen wir die Domänenwand innerhalb dieser Bereichsstrukturen untersuchen [2.9-2.11].

Häufig ist die ausgezeichnete Gitterrichtung $\underline{n}$ gleichzeitig eine "harte" Richtung, die von den Untergittermagnetisierungen praktisch nicht angenommen wird. Setzen wir in einem orthogonalen Koordinatensystem die Richtung $\underline{n}$ gleich der [010]-Richtung, dann können wir wieder die in (2.3) definierten Winkel Θ_1 und Θ_2 zur Beschreibung der Struktur benutzen. Ausgehend von (2.4) gelangen wir mit (2.15) bei Vernachlässigung einer eventuellen Streufeldenergie zu folgender Darstellung für die freie Energie einer eindimensionalen Struktur:

$$\begin{aligned} e(\Theta_1,\Theta_2) = {} & A(\Theta_1'^2+\Theta_2'^2)+D\cos(\Theta_1-\Theta_2)+K_1(\sin^2\Theta_1+\sin^2\Theta_2) \\ & +d(\cos\Theta_1\sin\Theta_2-\cos\Theta_2\sin\Theta_1) \end{aligned} \tag{2.16}$$

Der "verkantete" Grundzustand berechnet sich mit Hilfe des Ansatzes:

$$\Theta_1 = \vartheta_o, \quad \Theta_2 = \pi - \vartheta_o \qquad (2.17)$$

Durch Minimalisierung der freien Energie (2.16) bezüglich ϑ_o ergibt sich:

$$\tan(2\vartheta_o) = -d/(D+K_1), \quad e_o = K_1 - \sqrt{(D+K_1)^2+d^2} \qquad (2.18)$$

Energetisch gleichwertig mit diesem Zustand ist der Zustand

$$\Theta_1 = \pi + \vartheta_o, \quad \Theta_2 = -\vartheta_o \qquad (2.17a)$$

welcher das entgegengesetzte magnetische Moment aufweist. Um die Wand, welche den Übergang zwischen (2.17) und (2.17a) vermittelt, zu berechnen, führen wir anstelle von Θ_1 und Θ_2 die beiden Winkel φ und ϑ gemäß

$$\Theta_1 = \varphi + \vartheta - \pi/2, \quad \Theta_2 = \varphi - \vartheta + \pi/2 \qquad (2.19)$$

ein. Die freie Energie einer Wand ergibt sich dann zu:

$$E = \int_{-\infty}^{\infty} [A(\varphi'^2+\vartheta'^2) - D\cos(2\vartheta) + 2K_1(\cos^2\varphi\cos^2\vartheta + \sin^2\varphi\sin^2\vartheta)$$

$$+ d\cdot\sin(2\vartheta) - e_o]dx$$

$$\varphi(\pm\infty) = \pm\pi/2, \quad \vartheta(\pm\infty) = \vartheta_o \qquad (2.20)$$

Das zugehörige Variationsproblem ist wiederum von einer Form, wie wir sie in ferromagnetischen Materialien bereits kennengelernt haben. Eine einfache Näherungslösung ergibt sich für $d \ll D$ und $K_1 < D$ durch die Vernachlässigung des Austauschterms $A\vartheta'^2$. Dann berechnet sich zunächst ϑ als Funktion von φ:

$$\tan(2\vartheta) = d/(D - K_1\cos(2\varphi)) \qquad (2.21)$$

und daraus durch Einsetzen in (2.20):

$$E = \int_{-\infty}^{\infty} [A\varphi'^2 + \sqrt{(D+K_1)^2+d^2} - \sqrt{(D-K_1\cos(2\varphi))^2+d^2}]dx$$

$$\approx \int_{-\infty}^{\infty} [A\varphi'^2 + 2K_1\cos^2\varphi]dx \qquad (2.22)$$

Die wohlbekannte Lösung dieses Problems lautet (s. Abschn. II.2.1):

$$\sin\varphi = \tanh(x\cdot\sqrt{2K_1/A}), \qquad E_G = 4\sqrt{2AK_1} \qquad (2.23)$$

Die Wand in einem schwachen Ferromagneten entspricht also in dieser Näherung vollständig der Wand in einem einachsigen Ferromagneten mit der Anisotropiekonstante $2K_1$. Die Wandenergie ist primär durch die Austauschenergie und die Kristallenergie des Antiferromagneten gegeben, auch wenn das schwache ferromagnetische Moment $I_s = 2I_o\sin\vartheta_o$ sehr klein ist. Der Grund hierfür liegt darin, daß es zu einer Umkehr des ferromagnetischen Momentes notwendig ist, beide Untergitter um 180° zu drehen. Es genügt nicht, einfach von $\vartheta = \vartheta_o$ zu $\vartheta = -\vartheta_o$ überzugehen, da der Zustand $\Theta_1 = -\vartheta_o$, $\Theta_2 = \pi + \vartheta_o$ kein erlaubter Grundzustand des Funktionals (2.16) ist.

Bei der aktuellen Berechnung von Domänenwänden in Orthoferriten sind zwei Feinheiten zu berücksichtigen [2.11]:

1) Je nach der Wandorientierung muß die Streufeldenergie mitberücksichtigt werden. Nur wenn die Wand parallel zur Vorzugsebene (010) liegt ("Blochwand"), tritt kein Streufeld auf. Ist die Wand dagegen senkrecht zur antiferromagnetischen Achse in den Domänen orientiert (Fig. 2.4, "Néelwand"), dann ist zusätzlich zu (2.22) ein Streufeldterm

$$e_s = 2\pi[2I_o(\sin\vartheta - \sin\vartheta_o)]^2 \approx 2\pi(2K_1I_od/D^2)^2\cos^2\varphi \qquad (2.24)$$

zu berücksichtigen. Dieser Beitrag, der eine Korrektur der Konstanten K_1 in (2.23) bewirkt, ist allerdings in der Regel klein.

2) Auf Grund der nicht kubischen Struktur des Kristallgitters ist eine Anisotropie der Austauschenergie zu beachten. Für die Blochwand und die Néelwand gelten verschiedene Austauschkonstanten A, wie Rosencwaig [2.11] aus einem atomistischen Modell direkt ableiten konnte. Dies führt zu einer stärkeren Anisotropie der Wandenergie, die sich z.B. in der elliptischen Gestalt sogenannter Zylinder- oder "bubble"-Domänen äußert [2.12]. Es ist bemerkenswert, daß auf Grund dieses Mechanismus die Néelwand in Orthoferriten energetisch günstiger als die Blochwand ist.

Bulayevski und Ginzburg [2.9] berechneten außer den oben dargestellten Wänden auch Wände für den Fall, daß nicht nur Rotationen der Untergittermagnetisierungen innerhalb der Ebene senkrecht zu $\underline{n}$ in Gl. (2.15) möglich sind. Wir wollen hier auf die Diskussion dieser Rechnungen, die z.T. mit denjenigen in Abschn. II.10 zusammenhängen, verzichten und uns im nächsten Abschnitt kubischen Antiferromagnetika zuwenden.

2.5 Wände in kubischen Antiferromagneten vom Typ NiO

Eine wichtige und intensiv erforschte Klasse von Antiferromagneten kristallisiert im kubischen NaCl-Gitter. Zu ihr gehören die Oxyde NiO, FeO, CoO und MnO ebenso wie einige Sulfide. Fig. 2.1b zeigt ein Beispiel für die Spinanordnung in einem solchen Kristall, wie man sie aus Neutronenbeugungsexperimenten erschließen kann [2.2]. Eine eingehende Analyse der Domänenwände in diesen Stoffen und speziell in NiO verdanken wir T. Yamada [2.13, 2.14]. Im folgenden wollen wir die Grundgedanken dieser Arbeiten wiedergeben.

a) Der Grundzustand und die freie Energie des NiO

Es ist nicht zweckmäßig, Strukturen vom in Fig. 2.1b dargestellten Typ in Analogie zum einachsigen Ferromagneten aus ferromagnetischen Untergittern aufzubauen. Der Grund hierzu liegt in der sehr starken, durch die Sauerstoffionen vermittelten antiferromagnetischen "Superaustauschkopplung":

$$\varepsilon_S = -J^S \cdot \underline{S}(r) \cdot \underline{S}(\underline{r}+\underline{a}), \quad J^S < 0, \ \underline{a} \in \langle 100 \rangle \qquad (2.25)$$

Diese Wechselwirkung koppelt z.B. die Nickel-Ionen in den Eckplätzen der Elementarzelle sehr stark miteinander, sie vermittelt aber z.B. keine Verbindung zwischen den Eckionen und den Ionen auf den Flächenmittenplätzen. Bei alleiniger Wirkung der Superaustauschkopplung bestünde die Spinstruktur aus vier voneinander unabhängigen antiferromagnetischen Untergittern. Diese beschreiben wir, ausgehend von einer beliebigen Gitterzelle, in der wir die Plätze

$$\underline{r}^{(1)}=(a,0,0),\quad \underline{r}^{(2)}=\frac{a}{\sqrt{2}}(\tfrac{1}{2},\tfrac{1}{2},0),\quad \underline{r}^{(3)}=\frac{a}{\sqrt{2}}(0,\tfrac{1}{2},\tfrac{1}{2}),$$

$$\underline{r}^{(4)}=\frac{a}{\sqrt{2}}(\tfrac{1}{2},0,\tfrac{1}{2}) \qquad (2.26)$$

definieren, durch:

$$\underline{I}(\underline{r}^{(i)}+a\cdot(k,l,m)) = I_o(-1)^{k+l+m}\ \underline{\alpha}^{(i)}(\underline{r}) \qquad (2.27)$$

Dabei seien k,l,m, ganze Zahlen, $\underline{I}$ der Magnetisierungsvektor an einem bestimmten Gitterplatz und I_o der Betrag dieses Vektors. Die $\underline{\alpha}^{(i)}$ sind langsam mit dem Ort variierende Einheitsvektoren in Analogie zur Magnetisierungsrichtung in Ferromagnetika.

Die Superaustauschkopplung führt zu einem Austauschenergieterm, der analog zu den im Ferromagnetismus auftretenden Ausdrücke ist:

$$e_{A1} = A_1 \sum_{i=1}^{4} (\nabla\underline{\alpha}^{(i)})2 \qquad (2.28)$$

Zwischen den antiferromagnetischen Untergittern bestehen verschiedene Kopplungen, und zwar neben direkten Austauschkopplungen vor allem magnetostriktive und Dipolwechselwirkungen. Alle diese Wechselwirkungen sind jedoch schwächer als die Superaustauschkopplung. Sie lassen sich daher in einer vernünftigen Näherung als Wechselwirkungen zwischen den in (2.27) definierten Vektorfeldern $\underline{\alpha}^{(i)}$ darstellen. Die direkte Austauschkopplung zwischen benachbarten Nickelionen führt z.B. zu einer Austauschenergiedichte der Form

$$e_{A2} = A_2\left[\frac{\partial\underline{\alpha}^{(1)}}{\partial x}\cdot\frac{\partial\underline{\alpha}^{(2)}}{\partial y}+\frac{\partial\underline{\alpha}^{(3)}}{\partial x}\cdot\frac{\partial\underline{\alpha}^{(4)}}{\partial y}+\frac{\partial\underline{\alpha}^{(1)}}{\partial y}\cdot\frac{\partial\underline{\alpha}^{(3)}}{\partial z}+\frac{\partial\underline{\alpha}^{(2)}}{\partial y}\cdot\frac{\partial\underline{\alpha}^{(4)}}{\partial z}\right.$$

$$\left.+\frac{\partial\underline{\alpha}^{(1)}}{\partial z}\cdot\frac{\partial\underline{\alpha}^{(4)}}{\partial x}+\frac{\partial\underline{\alpha}^{(2)}}{\partial z}\cdot\frac{\partial\underline{\alpha}^{(3)}}{\partial x}\right] \qquad (2.29)$$

und zu einer magnetoelastischen Wechselwirkungsenergie der Form

$$e_\varepsilon = -\frac{1}{4}c_{44}\Lambda_{111}[(\underline{\alpha}^{(1)}\cdot\underline{\alpha}^{(2)}+\underline{\alpha}^{(3)}\cdot\underline{\alpha}^{(4)})\varepsilon_{12}$$

$$+(\underline{\alpha}^{(1)}\cdot\underline{\alpha}^{(3)}+\underline{\alpha}^{(2)}\cdot\underline{\alpha}^{(4)})\varepsilon_{23}+(\underline{\alpha}^{(1)}\cdot\underline{\alpha}^{(4)}+\underline{\alpha}^{(2)}\cdot\underline{\alpha}^{(3)})\varepsilon_{13}]$$

$$(2.30)$$

wobei Λ_{111} eine aus der Deformationsabhängigkeit der Austauschkopplung zu berechnende Magnetostriktionskonstante ist. Schließlich läßt sich die magnetische Dipolwechselwirkung zwischen den Elementarmagneten nach Keffer und O'Sullivan [2.15] in einem anisotropieenergieartigen Ausdruck zusammenfassen:

$$e_{dip} = 1.8075\ I_o^2\{[(\underline{\alpha}^{(1)}+\underline{\alpha}^{(2)}+\underline{\alpha}^{(3)}+\underline{\alpha}^{(4)})\cdot\underline{K}]^2+[\underline{\alpha}^{(1)}+\underline{\alpha}^{(2)}-\underline{\alpha}^{(3)}-\underline{\alpha}^{(4)})\cdot\underline{L}]^2$$

$$+[(\underline{\alpha}^{(1)}-\underline{\alpha}^{(2)}-\underline{\alpha}^{(3)}+\underline{\alpha}^{(4)})\cdot\underline{M}]^2+[(\underline{\alpha}^{(1)}-\underline{\alpha}^{(2)}+\underline{\alpha}^{(3)}-\underline{\alpha}^{(4)})\cdot\underline{N}]^2\}$$

$$\underline{K} = (1,1,1)/\sqrt{3},\ \underline{L}=(1,1,-1)/\sqrt{3},\ \underline{M}=(1,-1,1)/\sqrt{3},\ \underline{N}=(-1,1,1)/\sqrt{3}$$

$$(2.31)$$

Eine weitreichende Wirkung der Dipolwechselwirkung wie das Streufeld in Ferromagneten gibt es in Antiferromagneten nicht. Als weitere Energiebeiträge kommen außer der elastischen Energie

$$e_{el} = \frac{1}{2}c_{11}(\varepsilon_{11}^2+\varepsilon_{22}^2+\varepsilon_{33}^2)+c_{12}(\varepsilon_{11}\varepsilon_{22}+\varepsilon_{11}\varepsilon_{33}+\varepsilon_{22}\varepsilon_{33})$$

$$+ \frac{1}{2}c_{44}(\varepsilon_{12}^2+\varepsilon_{12}^2+\varepsilon_{13}^2+\varepsilon_{23}^2) \qquad (2.32)$$

(s. II.8.2) eventuell Kristallanisotropien und magnetoelastische Wechselwirkungsenergie kubischer Symmetrie in Betracht, die alle vier Untergitter $\underline{\alpha}^{(i)}$ gleichmäßig betreffen. Diese letzteren Terme wollen wir vorläufig vernachlässigen.

Wir betrachten nun zunächst homogene Zustände. Für diese lassen sich aus (2.29) und (2.32) die Gleichgewichtsverzerrungen leicht ausrechnen. Im Gleichgewicht ist mit ihnen eine Energieabsenkung der Größe:

$$e^{(fr)} = -\frac{1}{32}c_{44}\Lambda_{111}^2\{[\underline{\alpha}^{(1)}\cdot\underline{\alpha}^{(2)}+\underline{\alpha}^{(3)}\cdot\underline{\alpha}^{(4)}]^2$$

$$+[\underline{\alpha}^{(1)}\cdot\underline{\alpha}^{(3)}+\underline{\alpha}^{(2)}\cdot\underline{\alpha}^{(4)}]^2+[\underline{\alpha}^{(1)}\cdot\underline{\alpha}^{(4)}+\underline{\alpha}^{(2)}\underline{\alpha}^{(3)}]^2\}$$

$$(2.33)$$

verbunden. Diese Energie besitzt ihren kleinstmöglichen Wert, wenn z.B. $\underline{\alpha}^{(1)}=\underline{\alpha}^{(2)}=\underline{\alpha}^{(3)}=\underline{\alpha}^{(4)}$ gilt, das heißt, wenn jeweils alle Spins innerhalb einer (111)-Ebene gleichgerichtet sind (s. Fig. 2.1b). Energetisch gleichwertig sind die Ordnungen bezüglich anderer (111)-Ebenen, z.B. parallel zur $(11\bar{1})$-Ebene $(\underline{\alpha}^{(1)}=\underline{\alpha}^{(2)}=-\underline{\alpha}^{(3)}=-\underline{\alpha}^{(4)})$. Der Kristall ist jeweils senkrecht zur Ordnungsebene um Λ_{111} deformiert, und diese Deformationen sind so groß, daß sie röntgenographisch nachweisbar sind ($\Lambda_{111}=10^{-2}-10^{-3}$). Aus diesem Grunde werden Domänen mit verschiedener Ordnungsebene auch als Zwillingsbereiche bezeichnet und die Wände zwischen solchen Bereichen als Zwillingswände oder T-Wände [2.2] (von engl. "twin walls"). Wie bereits in der Einleitung erläutert, besteht jedoch kein grundsätzlicher Unterschied zwischen diesen Zwillingsbereichen und gewöhnlichen, magnetostriktiv verzerrten magnetischen Domänen.

Die Magnetisierungsrichtung innerhalb der ferromagnetisch geordneten (111)-Ebenen wird durch die Dipolenergie (2.31) und durch die zusätzlichen, hier vernachlässigten Anisotropieenergieterme bestimmt. Die Dipolenergie wird minimal (nämlich Null), wenn die Magnetisierung jeweils parallel zur Ordnungsebene ausgerichtet ist. Innerhalb dieser Ebene bleibt die Richtung unbestimmt, solange man die erwähnten kleineren Anisotropiebeiträge vernachlässigt. Es gibt experimentelle Hinweise darauf, daß in Nickeloxyd die [112]-Richtungen innerhalb der (111)-Ordnungsebenen gegenüber den [110]-Richtungen bevorzugt werden [2.4].

Im nächsten Abschnitt wollen wir eine Wand zwischen zwei Bereichen verschiedener Ordnungsebenen berechnen, also eine T-Wand. Für deren Energie sind die zusätzlichen Anisotropien wahrscheinlich von geringerer Bedeutung, da innerhalb der Wand zwangsläufig große, von (2.29) und (2.32) herrührende magnetostriktive Eigenenergiebeiträge auftreten.

b) Berechnung einer T-Wand in NiO

Wir berechnen als Beispiel eine Wand zwischen einem (111)-Bereich und einem (11$\bar{1}$)-Bereich. Die beiden Bereiche unterscheiden sich dadurch, daß im ersten $\underline{\alpha}^{(1)}=\underline{\alpha}^{(2)}=\underline{\alpha}^{(3)}=\underline{\alpha}^{(4)}$ gilt, im zweiten aber $\underline{\alpha}^{(1)}=\underline{\alpha}^{(2)}=-\underline{\alpha}^{(3)}=-\underline{\alpha}^{(4)}$. In beiden Bereichen gilt also $\underline{\alpha}^{(1)}=\underline{\alpha}^{(2)}$ und $\underline{\alpha}^{(3)}=\underline{\alpha}^{(4)}$. Man kann schließen, daß diese Beziehungen auch innerhalb der Wand nicht verletzt werden, so daß zur Beschreibung der Wand die beiden unabhängigen Vektoren $\underline{\alpha}^{(1)}$ und $\underline{\alpha}^{(3)}$ übrig bleiben.

Auf Grund der erwähnten spontanen Deformationen in den Domänen und der Forderung, daß keine weitreichenden Spannungen durch die Wand erzeugt werden dürfen, kommen nur zwei Wandorientierungen in Frage, nämlich (001)-Wände und (110)-Wände. Unter diesen Bedingungen leitete Yamada unter Berücksichtigung der magnetostirktiven Eigenenergie (s. II.8.5) aus (2.28-32) folgenden Ausdruck für die freie Energie der T-Wand ab:

$$E(\alpha^{(1)},\alpha^{(3)}) = \int_{-\infty}^{\infty}\{A[(\frac{d\alpha^{(1)}}{dx})^2+(\frac{d\alpha^{(3)}}{dx})^2]+\frac{9}{16}c_{44}\Lambda_{111}^2[1-(\alpha^{(1)}\alpha^{(3)})^2]$$

$$+7.23\ I_o^2[(\underline{\alpha}^{(1)}+\underline{\alpha}^{(3)})\cdot\underline{K}]^2+[(\underline{\alpha}^{(1)}-\underline{\alpha}^{(3)})\cdot\underline{L}]^2\}dx \qquad (2.34)$$

Dabei gilt für (001)-Wände $A=A_1$ und für (110) $A=A_1+A_2$. In den anderen Termen unterscheiden sich beide Wandtypen nicht.

Um nun eine konkrete Wand berechnen zu können, ist es nötig, die Werte von $\underline{\alpha}^{(1)}$ und $\underline{\alpha}^{(3)}$ in den Domänen festzulegen. Yamada [2.14] hat alle möglichen Fälle sowohl für den Übergang zwischen [112]-Richtungen wie für den Übergang zwischen den [110]-Richtungen innerhalb der jeweiligen Ordnungsebenen diskutiert und näherungsweise berechnet. Unter diesen verschiedenen Wandtypen erwies sich eine als bezüglich der starken Energien (2.34) am günstigsten, nämlich die Wand mit den Randbedingungen

$$\underline{u} = \underline{\alpha}^{(1)}(-\infty)=\underline{\alpha}^{(3)}(-\infty)=(0,-1,1)/\sqrt{2}$$

$$\underline{v} = \alpha^{(1)}(\infty)=-\alpha^{(3)}(\infty)=(0,-1,-1)/\sqrt{2} \qquad (2.34a)$$

Diese Wand ist in Fig. 2.5 dargestellt. Zwar vermittelt sie keinen Übergang zwischen zwei leichten [112]-Richtungen des NiO, jedoch ist zu vermuten, daß sich die Spins in der Nähe einer T-Wand in beiden Domänen zunächst parallel zur Ordnungsebene in die günstigste Ausgangslage eindrehen, wofür nur ein geringer Energieaufwand nötig ist, um dann den energetisch günstigsten Übergang in die andere Zwillingsdomäne zu finden. Um dies quantitativ zu verfolgen, wäre die systematische Mitnahme der zusätzlichen Anisotropien und der zusätzlichen Magnetostriktionen, die mit einer Drehung der Magnetisierung innerhalb der Vorzugsebenen verbunden sind, notwendig, was sicherlich nur numerisch zu bewältigen wäre. Wir wollen uns hier darauf beschränken, den einfacheren Fall (2.34a) zu verfolgen, da er analytisch gelöst werden kann und da er auf jeden Fall die Größenordnung der Energie der T-Wände liefern wird.

Die Randbedingungen (2.34a) sind dadurch ausgezeichnet, daß sie mit dem Ansatz

$$\underline{\alpha}^{(1)} = \underline{u}\cos\vartheta + \underline{v}\sin\vartheta, \quad \underline{\alpha}^{(3)} = \underline{u}\cos\vartheta - \underline{v}\sin\vartheta \qquad (2.35)$$

zu befriedigen sind, welcher den Dipolenergieterm in der ganzen Wand vermeidet. Die verbleibende Energie besitzt die Form

$$E(\vartheta) = \int_{-\infty}^{\infty} [2A\vartheta'^2 + C\cdot\sin^2 2\vartheta]dx, \qquad C = \frac{9}{16}c_{44}\Lambda_{111}^2 \qquad (2.36)$$

welche völlig äquivalent ist mit der freien Energie einer 90°-Wand in Eisen (s. Abschn. II.5.3). Die Lösung lautet daher:

$$\cos 2\vartheta(x) = \tanh(x/\sqrt{A/2C}), \quad E_G = 2\sqrt{2AC}, \quad W_\alpha = \sqrt{A/C} \qquad (2.37)$$

Eine anschauliche Darstellung dieser Lösung findet sich in Fig.2.5. Nach Yamada betragen die Werte der charakteristischen Konstanten für NiO:

$$A = 6.54\cdot 10^{-7} erg/cm, \quad C = 2.34\cdot 10^{6} erg/cm^3,$$

$$7.23\ I_o^2 = 5.82\cdot erg/cm^3$$

Daraus ergibt sich für die Wandenergie und die Wandweite

$$E_G = 3.5 erg/cm^2, \quad W_\alpha = 53 Å$$

Die T-Wände in Nickeloxyd sind demnach zwar enger als viele Wände in Ferromagneten, aber noch durchaus so weit, daß sie kontinuumstheoretisch behandelt werden können. Sie sollten demnach auch leicht und stetig - z.B. durch ein Magnetfeld oder durch ein mechanisches Spannungsfeld zu bewegen sein, was im Einklang mit experimentellen Beobachtungen steht [2.2].

c) S-Wände in NiO

Außer den zuletzt behandelten T-Wänden tritt in NiO noch ein anderer Wandtyp auf, die sogenannten S-Wände (von engl. "spin walls") [2.2, 2.3]. Es handelt sich dabei um Wände innerhalb eines T-Bereichs, in denen sich die Magnetisierung um 60° von einer leichten [112]-Richtung innerhalb der Ordnungsebene in eine andere dreht. Diese Wände besitzen eine viel geringere Energie als die T-Wände und offenbar eine so große Wandweite, daß diese unmittelbar röntgentopographisch aufgelöst werden kann [2.16]. Die S-Wände sind völlig analog zu entsprechenden Wänden in Ferromagnetika, so daß wir hier nicht weiter auf sie einzugehen brauchen. Yamada gibt in [2.1] eine Berechnung derartiger Wände wieder und führt in [2.1] eine Abschätzung der eingehenden, experimentell schwer zugänglichen Parameter durch. Die daraus resultierenden Wandweiten in der Größenordnung 5-10 µm sind in Übereinstimmung mit den erwähnten Beobachtungen.

Mit diesem Überblick wollen wir die kubischen Antiferromagnetika verlassen und uns im nächsten Abschnitt erneut einer besonderen Klasse einachsiger Antiferromagnetika zuwenden.

2.6 Wände in Antiferromagnetika mit Schraubenstruktur

a) Einführung

In Fig. 2.1c ist die Schrauben-Spinstruktur in einem einachsigen Antiferromagneten schematisch dargestellt. Jeder der dort eingezeichneten Kreise möge eine ferromagnetisch geordnete Schicht senkrecht zur Kristallachse bedeuten. Die Magnetisierungsrichtung in der i-ten Schicht

$$\underline{\alpha}^{(i)} = (\cos\theta_i \sin\vartheta_i,\ \sin\theta_i \sin\vartheta_i,\ \cos\vartheta_i) \qquad (2.38)$$

wird vor allem durch eine Kristallanisotropieenergie - analog zum Ferromagnetismus - beherrscht:

$$E_K = \sum_i K_1 \sin^2\vartheta_i + K_2 \sin^4\vartheta_i \qquad (2.39)$$

Zur Vereinfachung wollen wir annehmen, daß K_1 und K_2 sehr stark negativ sind, so daß wir im folgenden $\vartheta_i=90^o$ setzen können (planare Anisotropie). Es bleiben die Winkel Θ_i innerhalb der Schichten, welche vor allem durch eine Austauschkopplung zwischen den Schichten bestimmt werden. Betrachten wir Austauschkopplungen bis zu übernächsten Schichten, dann schreibt sich die Austauschenergie näherungsweise in folgender Form:

$$E_A = -J_1 \sum_i \cos(\Theta_i - \Theta_{i+1}) - J_2 \sum_i \cos(\Theta_i - \Theta_{i+2}) \qquad (2.40)$$

Unter gewissen Bedingungen, nämlich wenn die Kopplung nächstbenachbarter Schichten ferromagnetisch ($J_1>0$), die Kopplung übernächster Nachbarn aber antiferromagnetisch ist ($J_2<0$), dann kann eine Schraubenanordnung der Spins

$$\Theta_{i+j} = j \cdot q_o \cdot \Theta_i \qquad (2.41)$$

den Grundzustand bilden [2.18, 2.19]. Die Konstante q_o dieses Zustands berechnet sich aus (2.40) zu

$$\cos(q_o) = J_1/(4J_2) \qquad (2.42)$$

woraus als weitere Bedingung für das Auftreten einer Schraubenstruktur folgt, daß $|J_2|$ größer als $J_1/4$ sein muß. Die Eigenschaften der Schraubenstruktur wurden in der Literatur sehr ausführlich an Hand des Modells (2.40) diskutiert [2.19]. Wir wollen auf die Ergebnisse dieses diskreten Modells hier nicht weiter eingehen und uns nur mit einem Grenzfall beschäftigen, nämlich demjenigen kleiner q_o. In diesem Grenzfall ist die Periode der Schraube groß gegen die Gitterkonstante, und es sollte daher auch eine Kontinuumstheorie der Schraubenstrukturen möglich sein, die in Analogie zur gewöhnlichen mikromagnetischen Theorie steht. Wir wollen hier eine solche Kontinuumstheorie entwickeln und sie auf die Berechnung von Domänenwänden, die in Verbindung mit Schraubenstrukturen auftreten, anwenden. Kontinuumstheorien besitzen den Vorteil, mikroskopisch ganz verschiedene Materialien in einheitlicher Weise mit wenigen Parametern beschreiben zu können. Sie versagen, wenn es um die Beschreibung spezifischer Effekte des diskreten Kristallgitters geht.

b) Kontinuumstheoretische Behandlung der Schraubenstrukturen

Da in der diskreten Beschreibung (2.40) Wechselwirkungen mit übernächsten Nachbarn wesentlich sind, ist zu vermuten, daß eine Kontinuumstheorie einen höheren Grad an Nicht-Lokalität ausdrücken muß, als es durch die gewöhnliche mikromagnetische Austauschenergie geschieht. Wir greifen daher auf Abschn. II.3.5a zurück, wo wir die Heisenbergsche Austauschkopplung bis zu dritten Ableitungen der Winkelvariablen entwickelt haben. Übertragen wir Gl.(II.3.33) auf den Fall, daß auch noch übernächste Nachbarn berücksichtigt werden, dann ergibt sich

$$E_A = \frac{a}{2}\int[(J_1+4J_2)\left(\frac{d\Theta}{dx}\right)^2-\frac{a^2}{12}(J_1+16J_2)\left(\left(\frac{d^2\Theta}{dx^2}\right)^2+\left(\frac{d\Theta}{dx}\right)^4\right)]dx \qquad (2.43)$$

Wegen $-4J_2>J_1$ ist der zu Θ'^2 proportionale Term in diesem Funktional negativ - im Gegensatz zur gewöhnlichen mikromagnetischen Austauschenergie. Das Funktional ist aber trotzdem stabil, da der zu $(\Theta''^2+\Theta'^4)$ proportionale Term nunmehr positiv ist. Als Grundzustand ergibt sich aus (2.43) unmittelbar die Schraube Θ'=const mit

$$\frac{d\Theta}{dx} = k = q_o/a = [6(J_2+J_1)/(16J_2+J_1)]^{1/2} \qquad (2.44)$$

Dieses Ergebnis wird für kleine q_o identisch mit (2.42). Für größere q_o weicht es zunehmend von dem Ergebnis der diskreten Rechnung ab. Bei q_o=1 beträgt der Unterschied etwa 10%. Die Kontinuumstheorie erscheint als sehr gute Näherung, solange q_o kleiner als etwa 0.5 bleibt, der Winkel zwischen benachbarten Spins also kleiner als 30° ist. Aber auch für doppelt so große Winkel wird man noch eine vernünftige Näherung durch die Kontinuumstheorie erzielen.

Zur weiteren Rechnung setzen wir (2.44) in (2.43) ein, subtrahieren die Energie des Grundzustands und führen die reduzierte Koordinate $\xi=k\cdot x$ ein. Die Ableitung des Drehwinkels nach dieser Koordinate werde mit Θ' bezeichnet. Dann ergibt sich für die freie Energie einer eindimensionalen Struktur folgende vereinfachte Formel, welche den Parameter k nur noch implizit enthält:

$$E_A = \tilde{A}\,[\Theta''^2+(\Theta'^2-1)^2]d\xi$$

$$\tilde{A} = -a^3(J_1+16J_2)k^3/24 \qquad (2.45)$$

Zu dieser Austauschenergie sind gegebenenfalls Anisotropieenergien, Feldenergien und magnetostriktive Beiträge hinzuzufügen. Kann man alle diese zusätzlichen Terme vernachlässigen, dann sollte sich der Kristall in einem der beiden Grundzustände $\Theta'=\pm 1$ befinden. Ein Zustand, in dem beide möglichen Grundzustände, die Rechtsschraube und die Linksschraube, gleichzeitig vorliegen, ist energetisch ungünstiger. Er kann jedoch zufällig entstanden sein, und es ist von Interesse, die Übergangswand zwischen beiden Zuständen zu untersuchen.

c) Die Übergangswand zwischen Gebieten verschiedenen Drehsinns

Die Domänenwand, welche den Übergang zwischen zwei Schraubenbereichen verschiedenen Drehsinns beschreibt, wurde zuerst von Thomas und Wolf [2.20] auf der Basis des diskreten Modells (2.40) berechnet. Im Grenzfall kleiner k läßt sich diese Wand aus (2.45) unmittelbar ableiten. Wir definieren dazu die Variable $\varphi=\Theta'(x)$ und erhalten das Variationsproblem:

$$\delta \int_{-\infty}^{\infty} [\varphi'^2+(\varphi^2-1^2)^2]dx = 0 \qquad \varphi(\pm\infty) = \pm 1 \qquad (2.46)$$

welches völlig analog zu einer gewöhnlichen ferromagnetischen Blochwand ist. Die Lösung lautet

$$\frac{d\Theta}{dx} = k\varphi = k\cdot\tanh(k\cdot x)$$

$$E_G = \frac{8}{3}\tilde{A} = -a^3(J_1+16J_2)k^3/9, \qquad W_\alpha = 2/k\,. \qquad (2.47)$$

Die so gewonnene Wandenergie E_G stimmt für $k\leq 0.5$ sehr gut mit den numerischen Ergebnissen von Thomas und Wolf [2.20] überein. Für größere k zeigen sich starke Abweichungen, was wiederum auf den begrenzten Anwendungsbereich der Kontinuumstheorie hinweist.

Unter normalen Umständen ist keine Bereichsstruktur denkbar, welche einen Wechsel des Drehsinns in den Domänen begünstigen würde. Der berechnete Wandtyp wird also wohl existieren, läßt sich aber nicht im Rahmen einer wohldefinierten Bereichsstruktur beobachten. Das wird anders für die schon erwähnten Wände, die mit dem Übergang von der Schraubenstruktur in eine fächerartige Struktur unter der Wirkung eines äußeren Feldes zusammenhängen. Diese Wände wollen wir in den nächsten Abschnitten untersuchen.

d) Der Übergang von der Schrauben- zur Fächerstruktur

Um die Wirkung eines angelegten Feldes senkrecht zur Kristallachse zu untersuchen, ergänzen wir die freie Energie (2.45) durch den Ausdruck:

$$e_H = -HI_o\cos\Theta = -h\cdot\tilde{A}\cdot\cos\Theta$$

$$h = -24\cdot H\cdot I_o/(a^3(J_1+16J_2)\cdot k^4 \qquad (2.48)$$

wobei I_o die Sättigungsmagnetisierung einer einzelnen Schicht sei. Die gesamte freie Energie lautet dann:

$$E = \tilde{A}\int_{-\infty}^{\infty}[\Theta''^2+(\Theta'^2-1^2)^2-h\cos\Theta]d\xi \qquad (2.49)$$

Leider ist das zugehörige Variationsproblem nicht mehr in geschlossener Weise analog zur eindimensionalen Domänenwand in Ferromagnetika (Abschn. II.3.2) zu lösen. Auch das Näherungsverfahren, welches die Terme höherer Ordnung als kleine Korrekturen betrachtet (Absch. II.3.5a) versagt, da diese Terme schon den Grundzustand bei h=0 wesentlich bestimmen. Grundsätzlich bereitet es keine Schwierigkeiten, die zugehörige Differentialgleichung numerisch zu integrieren. Wir wollen uns hier jedoch darauf beschränken, uns mit Hilfe eines einfachen Variationsverfahrens einen Überblick zu verschaffen.

Zunächst berechnen wir die Beeinflussung der Schraubenstruktur durch das äußere Feld mit Hilfe des naheliegenden Ansatzes:

$$\Theta(x) = \kappa_s\xi-b_s\sin(\kappa_s\xi) \qquad (2.50)$$

Wir setzen (2.50) in (2.49) ein, entwickeln den Feldenergieterm bis zu quadratischen Gliedern in b_s, integrieren und minimalisieren die Gesamtenergie bezüglich der beiden Parameter κ_s und b_s. Das Ergebnis lautet:

$$b_s = 0.1 \cdot h \ , \quad \kappa_s = \sqrt{(2+b_s^2)/(2+7b_s^2)} \ , \quad E_s = -0.025 \cdot h^2 \tilde{A} \tag{2.51}$$

Die Schraubenstruktur wird also in Feldern bis h=1 nur sehr wenig durch das äußere Feld gestört.

In sehr hohen Feldern muß auf jeden Fall eine Sättigung der Magnetisierung eintreten. Als erste Abweichung vom Sättigungszustand (Θ=0) in abnehmenden Feldern betrachten wir die Fächerstruktur:

$$\Theta_f(\xi) = b_f \cdot \sin(\kappa_f \xi) \tag{2.52}$$

In diesem Fall müssen wir den Feldterm bis zu Gliedern vierter Ordnung in b_f entwickeln. Die optimale Lösung ist durch die impliziten Gleichungen:

$$h = 2/[(1+0.75b_f^2)^2(1-0.125b_f^2)]$$

$$\kappa_f = 1/\sqrt{1+0.75b_f^2}$$

$$E_f = -(1-1.25b_f^2-3b_f^4/16)/(1+0.75b_f^2)^2\tilde{A} \tag{2.53}$$

gegeben. Eine Lösung für b_f ergibt sich nur, wenn h kleiner als 2 ist. Oberhalb der Sättigungsfeldstärke h=2 ist also nur der Zustand Θ=0 stabil. Trägt man die Energie der Fächerstruktur und die Energie der Schraubenstruktur als Funktion der Feldstärke auf (Fig. 2.6), dann erkennt man, daß sich beide Kurven bei einer Feldstärke h_c schneiden, die sich numerisch aus (2.43) und (2.41) zu h_c=0.9525 ergibt. Die Fächeramplitude bei dieser Feldstärke beträgt b_f=0.83, ist also schon relativ groß im Vergleich zum oszillierenden Beitrag der Schraubenstruktur (b_s=0.095). Wir erweitern deshalb den Ansatz (2.52) in folgender Weise:

$$\Theta(\xi) = b_f \sin(\kappa_f \xi) / \sqrt{1 - c_f \sin^2(\kappa_f \xi)} \qquad (2.54)$$

Mit diesem Ansatz ergeben sich für das kritische Feld und die Parameter folgende Werte:

$$h_c = 0.946, \quad b_f = 0.80, \quad c_f = 0.275, \quad \kappa_f = 0.794$$

In Fig. 2.6 sind auch die Magnetisierungen der Schrauben- und der Fächerstruktur eingezeichnet. Man erkennt den diskontinuierlichen Übergang der Magnetisierung, welcher - wie in Abschn. 2.2 begründet - bei Proben mit einem nicht verschwindenden Entmagnetisierungsfaktor zu einer Domänenstruktur in einem bestimmten Intervall des äußeren Feldes führt. Im nächsten Abschnitt wollen wir die dann auftretenden Domänenwände berechnen.

e) Die Domänenwand zwischen Schrauben- und Fächerbereichen

Wir betrachten eine Wand zwischen im Gleichgewicht koexistierenden Schrauben- und Fächerbereichen. Das lokale Feld in der Umgebung der Wand muß $h = h_c$ betragen. Die Energiedichte beider Bereiche sei e_o. Es liegt nahe, die Wandfläche senkrecht zur Achse der Schraubenstruktur anzunehmen. Dann schreibt sich die freie Energie der Wand wie folgt:

$$E = \tilde{A} \int [\Theta''^2 + (\Theta'^2 - 1)^2 - h_c \cos\Theta - e_o] d\xi \qquad (2.55)$$

$$\Theta(\xi)_{\xi \to -\infty} = \Theta_s(\xi), \quad \Theta(\xi)_{\xi \to \infty} = \Theta_f(\xi)$$

Um eine näherungsweise Beschreibung der Wand zu gewinnen, erzeugen wir einen stetigen Übergang zwischen der Schraubenstruktur (2.50) und der Fächerstruktur (2.54) derart, daß wir einander entsprechende Parameterpaare p_{si} und p_{fi} durch die Funktion

$$p_i(\xi) = p_{si} + (p_{fi} - p_{si}) \tfrac{2}{\pi} \cdot \arctan[\exp(\kappa_i(\xi - \delta_i))] \qquad (2.56)$$

miteinander verknüpfen. Aus diesen Funktionen entsteht für die Wandstruktur der Ansatz:

$$\Theta(\xi) = p_1(\xi)\cdot\xi + p_2(\xi)\sin[p_3(\xi)\cdot\xi][1+p_4(\xi)\sin^2(p_3(\xi)\cdot\xi)]^{-1/2}$$

$$+C(p_5(\xi)-p_6(\xi))$$

$$p_{si} = (\kappa_s, \kappa_s, b_s, 0, 0, 0), \; p_{fi} = (o, {}_f, b_f, c_f, 1, 1) \quad (2.57)$$

Eine numerische Minimalisierung der Wandenergie (2.55) auf der Grundlage des Ansatzes (2.57) liefert für die Parameter folgende Werte:

$C = -0.79$

$\kappa_i = (1.09,\ 2.72,\ 1.14,\ 3.64,\ 1.50,\ 1.55)$

$\delta_i = (2.29,\ 3.36,\ 6.66,\ 5.56,\ 1.48,\ 5.07)$

und den in Fig. 2.7 dargestellten Wandverlauf.
Die Wandenergie ergibt sich den Rechnungen zufolge zu $E_G = 6.77\tilde{A}$, sie ist damit etwa 2.5-mal größer als die Energie der Wand, die einen Wechsel des Schraubendrehsinns beschreibt. Experimentelle Beobachtungen dieser Wände sind bisher nicht bekannt.

2.7 Domänenwände in Chrom

Chrom bildet unterhalb einer Néeltemperatur von T_N=311 K eine antiferromagnetische Struktur aus, die in vieler Hinsicht bemerkenswert ist und die deshalb besonders intensiv erforscht wurde [2.21, 2.22]. Die heute akzeptierte Beschreibung benutzt eine kontinuierliche Verteilung des magnetischen Momentes in sog. Spindichtewellen:

$$\underline{I}(\underline{r}) = I_o \underline{n}\cdot\cos(\underline{Q}(\underline{r}-\underline{r}_o)) \quad (2.58)$$

Die kubische Kristallstallstruktur beschränkt die möglichen Richtungen des Fortpflanzungsvektors $\underline{Q}$ und des Polarisationsvektors $\underline{n}$, und zwar ergaben Neutronenbeugungsexperimente, daß beide mit <100>-Richtungen zusammenfallen müssen, wenn durch äußere Felder keine Abweichungen hiervon erzwungen werden. Oberhalb der sog. "spin flip"-Temperatur T_{sf}=123 K steht dabei $\underline{n}$ senkrecht auf $\underline{Q}$ (transversale Wellen), unterhalb T_{sf} ist $\underline{n}$ parallel zu $\underline{Q}$ (longitudinale Wellen).

Mit der durch die Vektoren $\underline{Q}$ und $\underline{\eta}$ charakterisierten magnetischen Ordnung sind schwache magnetostriktive Verzerrungen verknüpft. Sie setzen sich zusammen aus einer Verzerrung in Richtung des Wellenvektors $\underline{Q}$, die von der Größenordnung 10^{-5} ist und zwar beim Néelpunkt positiv und unterhalb 220 K negativ, und einer schwächeren Kontraktion des Gitters parallel zur $\underline{\eta}$-Achse (Größenordnung 10^{-6}) [2.23, 2.24].

Ein Chrom-Einkristall besteht im allgemeinen aus Domänen mit verschiedenen der möglichen Werte der Vektoren $\underline{Q}$ und $\underline{\eta}$. Durch magnetische und elastische Felder lassen sich die Wände zwischen den Domänen verschieben. Kühlt man einen Kristall unter der Wirkung einer hinreichend starken Zugspannung parallel zu einer <100>-Richtung ab, dann entsteht unterhalb T_N ein Kristall mit nur einer Richtung des Fortpflanzungsvektors $\underline{Q}$. Dieser Zustand erweist sich als sehr stabil. Wände zwischen verschiedenen Q-Domänen verschieben sich nur sehr schwer und stets irreversibel, und noch schwerer ist es offenbar, neue Q-Wände zu bilden. Man muß daraus schließen, daß diese Wände sehr eng, eventuell sogar diskontinuierlich sind, und daß sie gleichzeitig sehr energiereich sind. Die Ursache dafür könnte eine starke Anisotropieenergie sein, die Abweichungen des Q-Vektors von den <100>-Richtungen verhindert. Innerhalb eines Q-Bereichs können oberhalb T_{sf} Bereiche mit verschiedenen η-Vektoren existieren, und diese werden gemäß dem in Abschn. 2.1 diskutierten Mechanismus vor allem durch unvermeidbare innere Spannungen induziert sein. Denkbar ist auch eine thermische Anregung eines Domänenzustands [2.21]. Legt man an eine solche Probe eine elastische Spannung oder ein magnetisches Feld senkrecht zum Q-Vektor,dann verschieben sich die Wände zwischen den Bereichen unterschiedlicher Polarisation sehr leicht und reversibel, was sich z.B. in einem stark reduzierten scheinbaren Elastizitätsmodul äußert (ΔE-Effekt). Diese Polarisationswände sind daher wahrscheinlich in der Weite vergleichbar mit Wänden in Ferromagnetika. Sie sind auch mathematisch äquivalent mit 90°-Blochwänden, denn die Spindichtewellen werden bei gegebenem Ausbreitungsvektor $\underline{Q}$, und wenn man die Phase aus Symmetrieüberlegungen ableiten kann, vollständig durch die Richtung des Einheitsvektors $\underline{\eta}$ beschrieben (s. Fig. 2.8) analog zum Richtungsvektor $\underline{\alpha}$ der Magnetisierung in Ferromagnetika. Die Polarisationswand in Chrom muß also isomorph zu einer 90°-Wand in Eisen sein, und zwar speziell zu der Wand bei der Orientierung $\psi=0^o$ (s. Tab. II.5.1).

Die Wandenergie beträgt demnach $2\sqrt{AK_1}$ und die Wandweite $\sqrt{A/K_1}$, wobei K_1 die Anisotropiekonstante ist, die die Orientierung der $\underline{\eta}$-Vektoren parallel zu den <100>-Richtungen begünstigt, und A die Austauschkonstante ist, welche die homogene (ferromagnetische) Ordnung der Spins innerhalb jeder Ebene senkrecht zu $\underline{Q}$ begünstigt. Nach den Messungen von Werner, Arrot und Atoji [2.25] sollte K_1 von der Größenordnung $10^2 erg/cm^3$ sein. Die erwähnte Austauschkonstante ist schwer abzuschätzen. Aber selbst wenn A sehr klein und nur ein Hundertstel des Wertes in Eisen sein sollte, dann wäre die Wandweite noch von der Größenordnung 10^3 Å. Derartige Wände müßten also leicht zu verschieben sein, in Übereinstimmung mit den erwähnten experimentellen Befunden.

[2.1] D.E. Cox, IEEE Trans. Magn. Mag-8, 161 (1972)

[2.2] W.L. Roth, J. Appl. Phys. 31, 2000 (1960)

[2.3] G.A. Slack, J. Appl. Phys. 31, 1571 (1960)

[2.4] H. Kondoh, T. Takeda, J. Phys. Cos. Jap. 19, 2041 (1964)

[2.5] V.G. Bar'yakhtar, A.E. Borovik, V.A.Popov, Ž.E.T.F. Pis. Red. 9, 634 (1969) [JETP Lett. 9,391 (1969)]

[2.6] V.G. Bar'yakhtar, A.E. Borovik, V.A. Popov, E.P. Stefanovskii, Fiz. Tverd. Tela 12, 3289 (1970)
[Sov. Phys. Sol. State 12, 2659 (1971)]

[2.7] I. Dzialoshinski, J. Phys. Chem. Solids 4, 241 (1958)

[2.8] T. Moriya, Phys. Rev. 120, 91 (1960)

[2.9] L.N. Bulaevskii, V.L. Ginzburg, ŽETF. Pis. Red. 11, 404 (1970)
[JETP Lett. 11, 272 (1970)]

[2.10] M.M. Farztdinov, S.D. Mal'ginova, Fiz. Tverd. Tela 12, 2955 (1970)
[Sov. Phys. Sol. st. 12, 2385 (1971)]

[2.11] A. Rosencwaig, J. Appl. Phys. 42, 5773 (1971)

[2.12] E. Della Torre, M.Y. Dimyan, IEEE Trans. Magn. Mag-6, 489 (1970)

[2.13] T. Yamada, J. Phys. Soc. Japan 18, 520 (1963)

[2.14] T. Yamada, J. Phys. Soc. Japan 21, 650 (1966)

[2.15] F. Keffer, W.O'Sullivan, Phys. Rev. 108, 637 (1957)

[2.16] Y. Shimomura, J. Appl. Cryst. 3, 548 (1970)

[2.17] T.Yamada, J. Phys. Soc. Japan 21, 664 (1966)

[2.18] A. Yoshimori, J. Phys. Soc. Japan 14, 807 (1959)

[2.19] T. Nagamiya, Sol. St. Physics 20, 305 (1967)

[2.20] H. Thomas, P. Wolf, Intern. Conf. Magnetism Magn. Mat. Nottingham (1964) Proceedings, S. 731

[2.21] S.A. Werner, A. Arrott, H. Kendrick, Phys. Rev. 155, 528 (1967)

[2.22] R. Sweet, B.C. Munday, B. Window, J. Appl. Phys. 39, 1050 (1968)

[2.23] W.M. Lomer, Proc. Phys. Soc. 80, 489 (1962)

[2.24] A.J. Arko, J.A. Markus, W.A. Reed, Phys. Rev. 176, 671 (1968)

[2.25] S.A. Werner, A. Arrott, M. Atoji, J. Appl. Phys. 40, 1447 (1969)

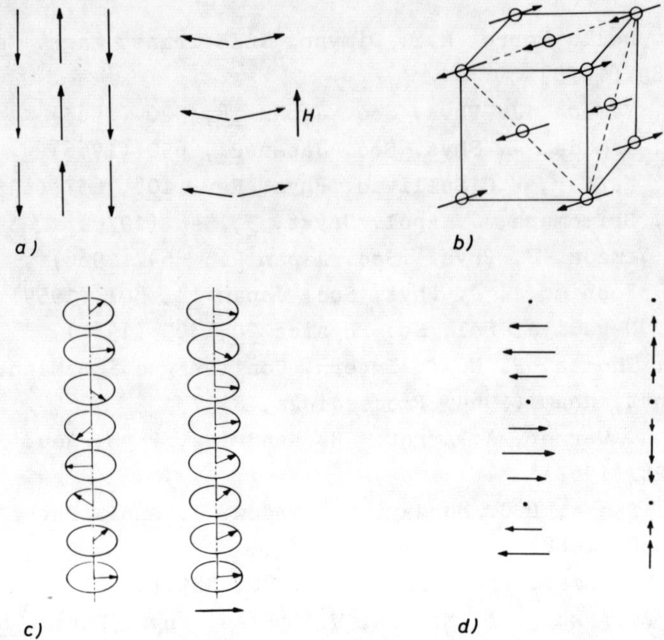

Fig. 2.1 Schematische Darstellung einiger antiferromagnetischer Spinanordnungen. a) Einachsiger Antiferromagnet mit antiparallel magnetisierten ferromagnetischen Untergittern; "spin flop"-Übergang in einem angelegten Feld parallel zur Achse. b) Kubischer Antiferromagnet mit NaCl-Struktur und Ordnung der Spins parallel zu einer (111)-Ebene. c) Schraubenanordnung der Spins in einem einachsigen Antiferromagneten; Übergang zur F_ächerstruktur in einem transversalen Feld. d) Transversale und longitudinale Spindichtewellen.

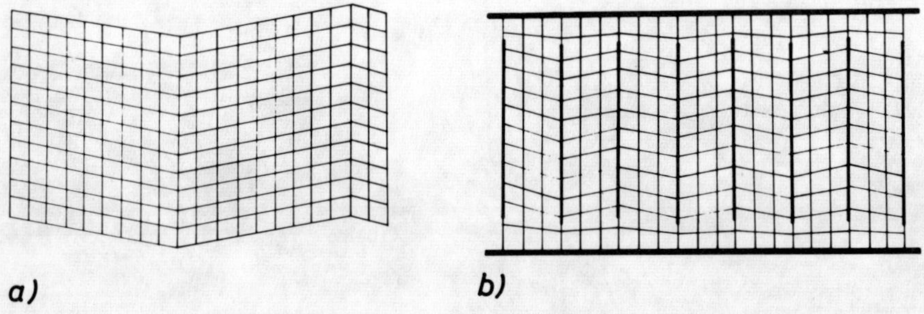

Fig. 2.2 Zur Ausbildung von Bereichsstrukturen auf Grund elastischer Wechselwirkungen mit der Umgebung eines Kristalls.

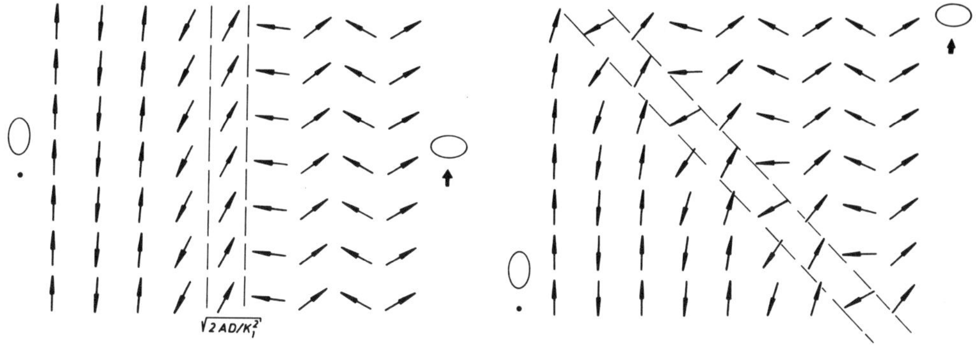

Fig. 2.3 Domänenwände im Zusammenhang mit dem "spin flop"-Übergang in einachsigen Antiferromagneten. Die Orientierung a) besitzt kein weitreichendes Streufeld, dafür aber ein weitreichendes magnetostriktives Spannungsfeld, bei der Orientierung b) ist es gerade umgekehrt.

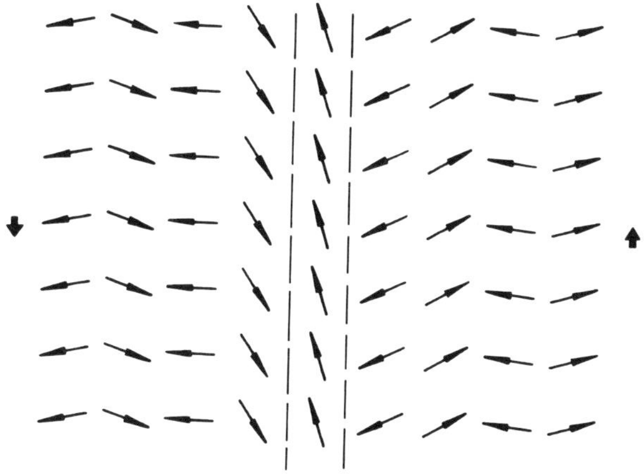

Fig. 2.4 180°-Néelwand in einem schwach ferromagnetischen Material.

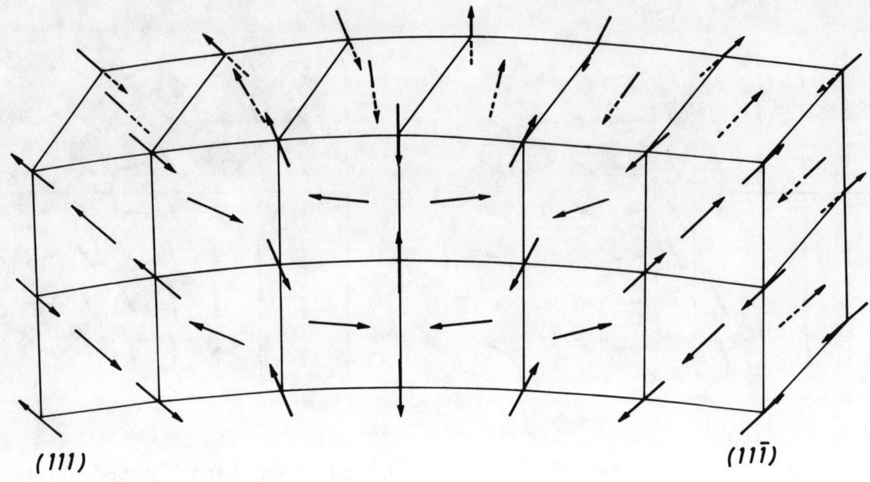

Fig. 2.5 Schematische Darstellung einer T-Wand in Nickeloxyd nach Yamada [2.14].

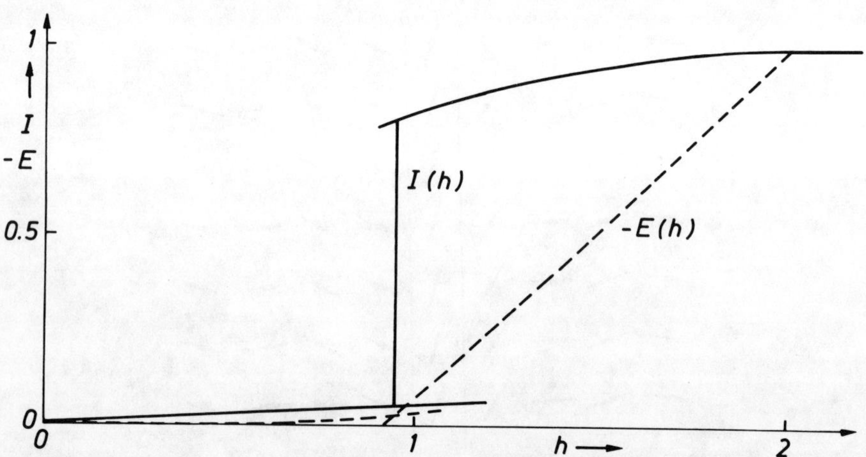

Fig. 2.6 Energie und Magnetisierung der Schraubenstruktur und der Fächerstruktur als Funktion eines transversalen Feldes.

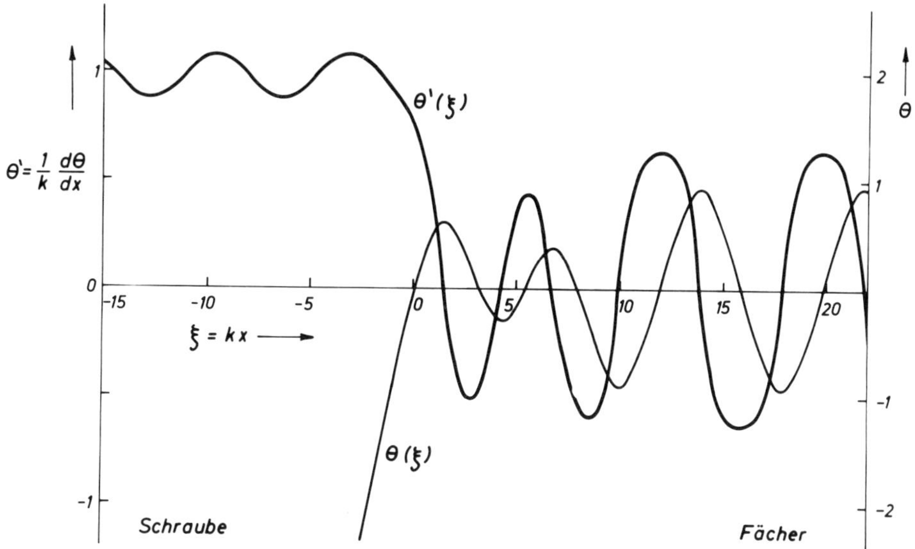

Fig. 2.7 Der Verlauf des Drehwinkels $\Theta(\xi)$ und der Ableitung $\Theta'(\xi)$ innerhalb einer Domänenwand, die die Schraubenstruktur und die Fächerstruktur bei $h=h_c$ trennt.

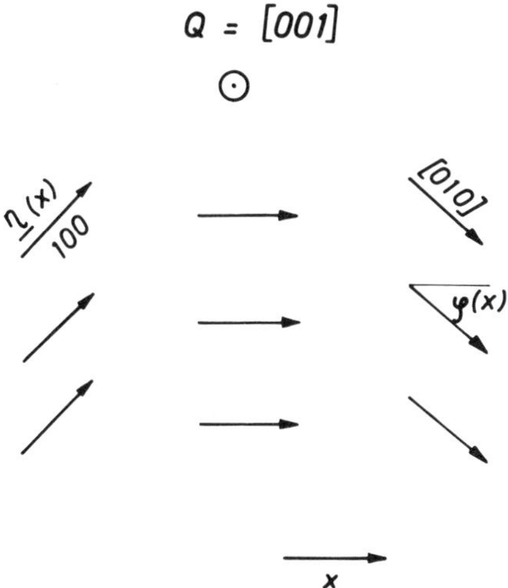

Fig. 2.8 Zur Berechnung einer 90°-Polarisationswand in Chrom. Dargestellt ist ein Schnitt senkrecht zum Q-Vektor in einer Ebene maximaler Amplitude der Spindichtewelle.

3. Domänenwände in ferroelektrischen Materialien

3.1 Parallelen und Unterschiede zwischen Ferroelektrizität und Ferromagnetismus

Zwischen Ferroelektrika und Ferromagnetika bestehen viele Analogien, die sich schon in der Namensgebung der "ferro"elektrischen Stoffe ausdrücken. Ein Ferromagnetikum wird durch das Vektorfeld der Magnetisierung $\underline{I}(\underline{r})$ beschrieben, welches mit dem magnetischen Feld durch die Maxwellsche Gleichung $\mathrm{div}(\underline{H}+4\pi\underline{I})=0$ verknüpft ist. Eine ähnliche Rolle spielt im Ferroelektrikum das Vektorfeld der "Elektrisierung" oder Polarisation $\underline{P}(\underline{r})$, welches mit dem elektrischen Feld $\underline{E}$ durch

$$\mathrm{div}(\underline{E}+4\pi\underline{P}) = \rho \tag{3.1}$$

verknüpft ist. Wir wollen die ferroelektrische Polarisation hier als gegeben annehmen und bezüglich ihres Ursprungs und ihres Zusammenhangs mit der Kristallsymmetrie auf die umfangreiche Literatur verweisen [3.1-3].

Eine Gegenüberstellung der Eigenschaften der beiden Vektorfelder $\underline{I}(\underline{r})$ und $\underline{P}(\underline{r})$ kann zeigen, bis zu welchem Grade es möglich ist, die zur Berechnung von Blochwänden in ferromagnetischen Materialien entwickelten Methoden zu übertragen. Als wesentlichste Unterschiede und Parallelen zwischen ferroelektrischen und ferromagnetischen Materialien ergeben sich:

1) Der Betrag der elektrischen Polarisation kann - im Gegensatz zum Betrag der Magnetisierung im Mikromagnetismus - im allgemeinen nicht konstant gesetzt werden. Zur Beschreibung inhomogener Zustände sind daher Verfahren wir in Abschn. II.10 anzuwenden.

2) In beiden Fällen bestehen Wechselwirkungen mit dem Kristallgitter, die sich in Form einer Kristallanisotropie darstellen lassen. Sie sind in ferroelektrischen Materialien, besonders in den einachsigen Materialien dieser Gattung meist sehr stark. Ihre Ursache liegt

in der Anisotropie der Wechselwirkungen zwischen den Ionen des jeweiligen Kristallgitters.

3) In beiden Fällen existiert eine Kopplung zwischen Polarisation bzw. Magnetisierung und den elastischen Verzerrungen des Grundgitters. Die daraus resultierende spontane Deformation ist in der Regel in Ferroelektrika um einige Größenordnungen stärker als die Magnetostriktion in Ferromagnetika (typischerweise 10^{-2}-10^{-3} gegenüber 10^{-4}-10^{-6}). Das beruht u.a. darauf, daß in Ferroelektrika nicht nur quadratische Terme in der Polarisation in der Wechselwirkungsenergie mit der Gitterverzerrungen vorkommen (elektrostriktiver Effekt), sondern in bestimmten Kristallen auch lineare Terme (piezoelektrischer Effekt).

4) Im Gegensatz zum nicht existierenden magnetischen Monopol gibt es freie elektrische Ladungen (s. Gl. (3.1)). Diese können in Ferroelektrika auftretende Streufelder neutralisieren. Aus diesem Grund sind in ferroelektrischen Kristallen Domänenstrukturen und Wandstrukturen möglich, die mit starken Divergenzen des Polarisationsvektors verbunden sind.

5) In dynamischen Versuchen zeigt sich, daß die magnetische Polarisation ein Pseudovektor ist, der auf ein Magnetfeld wie der Drehimpuls eines Kreisels auf ein angreifendes Drehmoment reagiert (s. Gl. (II.11.1)), während die elektrische Polarisation ein gewöhnliches Vektorfeld darstellt.

6) Auch die elektrische Polarisation kann man sich aus elementaren elektrischen Dipolen zusammengesetzt denken. Die Kopplung zwischen diesen Dipolen ist jedoch nach allem, was darüber bekannt ist, grundsätzlich anders als im Ferromagnetikum. Im Ferromagnetikum existiert in einem einfachen klassischen Heisenbergmodell eine Kopplung der Art

$$\varepsilon_A = -J(a)\underline{I}(\underline{r}_1)\cdot\underline{I}(\underline{r}_1+\underline{a}) \qquad (3.2)$$

und auch kompliziertere Austauschmechanismen führen zu qualitativ ähnlichen Ausdrücken. In Ferroelektrika fehlt diese direkte quantenmechanische Kopplung zwischen den elementaren Dipolen. Die wichtigste

Wechselwirkung besteht wahrscheinlich in der elektrischen Dipolwechselwirkung:

$$\varepsilon_D = a^{-3}\{I(\underline{r}_1)\cdot\underline{I}(\underline{r}_1+\underline{a})-3[\underline{a}\cdot\underline{I}(r_1)][\underline{a}\cdot\underline{I}(\underline{r}_1+\underline{a})]/a^2\} \qquad (3.3)$$

Eine magnetische Dipolwechselwirkung existiert auch im Ferromagnetikum. Sie ist jedoch auf atomarer Ebene gegenüber der Austauschenergie zu vernachlässigen und spielt erst bei großen Reichweiten (als Streufeldenergie) eine Rolle.

Die Abwesenheit der quantenmechanischen Austauschwechselwirkung in Ferroelektrika hat die wichtige Konsequenz, daß es zunächst nicht erlaubt ist, in eine phänomenologische Theorie der Ferroelektrizität die mikromagnetische Austausch- oder Steifigkeitsenergie zu übernehmen. Diesen Punkt werden wir noch eingehend diskutieren.

3.2 Begründung der Existenz von Bereichen und Wänden in Ferroelektrika

In magnetischen Kristallen ist stets die magnetische Streufeldenergie als letzte Ursache für die Ausbildung von Bereichsstrukturen anzusehen. Der gleiche Prozess kann auch in Ferroelektrika auftreten, vorausgesetzt, daß etwaige Streufelder nicht - wie im letzten Abschnitt erläutert - durch elektrische Ladungen neutralisiert werden. In einem nichtleitenden Kristall in einer völlig neutralen Atmosphäre würde man also ferroelektrische Domänen in voller Analogie zu ferromagnetischen Domänen erwarten. Besteht jedoch eine geringe Leitfähigkeit oder enthält die umgebende Atmosphäre geladene Partikel, dann kann im Laufe der Zeit das Streufeld neutralisiert werden und es entsteht ein energetisch günstigerer Eindomänenzustand (Fig. 3.1). Sättigt man einen Kristall in einem äußeren Feld und schaltet das Feld schnell ab, dann wird sich, wenn genügend Keime vorhanden sind, spontan eine streufeldinduzierte Domänenstruktur einstellen. Im Laufe der Zeit - bestimmt durch die Leitfähigkeit des Kristalls und der Umgebung - kann die Struktur wieder verschwinden.

Es ist aber auch denkbar, daß sich die Struktur durch andere Relaxationsprozesse stabilisiert. Der Umschaltprozess selbst wird jedoch im wesentlichen mit Hilfe streufeldfreier Domänenwände erfolgen, und es ist daher berechtigt, wie im Ferromagnetismus hauptsächlich solche Wände zu studieren.

Diese Überlegungen gelten vornehmlich für einachsige Ferroelektrika, bei denen nur eine Polarisationsrichtung und ihre Gegenrichtung zugelassen sind. In mehrachsigen Ferroelektrika ist außerdem der in Abschn. 2.2 erläuterte Mechanismus zu beachten, welcher zur Ausbildung von Domänenstrukturen auf Grund von elastischen Wechselwirkungen führt.

3.3 Allgemeine Überlegungen und Beobachtungen zu Domänenwänden in ferroelektrischen Kristallen

In Abschnitt 3.1 haben wir erläutert, daß es in Ferroelektrika keine der Austauschenergie in Ferromagnetika entsprechende Energie gibt. Danach dürften ferroelektrische Domänenwände keine endliche Ausdehnung besitzen, die Polarisation müßte vielmehr von einer Atomlage zur anderen ihre Richtung wechseln können [3.4-5]. Eine große Zahl von Experimenten bestätigen diese Vorstellung einer diskreten Wandstruktur vor allem für 180°-Wände. Solche Wände sind in Bariumtitanat sehr schwer beweglich. Zwar werden seitliche Bewegungen von 180°-Wänden beobachtet [3.6-8], jedoch stellt man sich vor, daß diese nicht durch eine starre Bewegung der ganzen Wand erfolgt, sondern durch einen thermisch aktivierten Keimbildungs- und Wachstumsprozess [3.9, 3.10]. Nach dieser Vorstellung polarisiert sich durch thermische Schwankungen ein Gebiet der der Wandfläche benachbarten Netzebene um, und sobald dieser Keim eine kritische Größe überschritten hat, wird die ganze Netzebene unter der Wirkung des äußeren Feldes und der Dipolfelder des Keims schlagartig umpolarisiert. Stützen für dieses Modell sind der geringe Wert der Beweglichkeit, ihre Temperaturabhängigkeit und vor allem eine exponentielle Abhängigkeit der Beweglichkeit vom treibenden Feld im Bereich kleiner Felder. Eine Anzahl von Arbeiten beschäftigt sich mit der genaueren Analyse dieses Bewegungsmodus [3.11, 3.12].

Nicht alle Domänenwände in Ferroelektrika verhalten sich jedoch so wie die 180°-Wände in Bariumtitanat. Im gleichen Material zeigen die 90°-Wände ein völlig verschiedenes Verhalten. E. Little [3.7] beobachtete z.B., daß sich nach Sättigung eines $BaTiO_3$-Einkristalls in einem äußeren Feld und bei langsamer Reduzierung des Feldes zunächst spießförmige 90°-Bereiche ausbilden, die sich solange leicht und reversibel gewegen, als sich noch keine 180°-Wände gebildet haben. In dem Augenblick, in dem etwa durch die Reaktion verschiedener 90°-Bereiche 180°-Wände entstehen, wird die weitere Bewegung der 90°-Wände stark gedämpft. Diese Beobachtungen zeigen, daß sich 90°-Wände im Bariumtitanat viel leichter bewegen als 180°-Wände, woraus zu schließen ist, daß 90°-Wände eine endliche Wandweite besitzen müssen, die wesentlich größer als die Gitterkonstante sein sollte. In anderen ferroelektrischen Materialien werden auch leicht bewegliche und damit ausgedehnte 180°-Wände beobachtet. Im Falle des Triglyzinsulfats [3.13] und des Gadoliniummolybdats [3.14] existieren sogar direkte Bestimmungen der Wandweite, die auf Werte oberhalb 1000 Å hinweisen.

Die Frage ist, welcher Mechanismus für die Bildung von Wänden endlicher Weiten in ferroelektrischen Kristallen verantwortlich ist, nachdem eine direkte Austauschkopplung zwischen den Dipolen nicht existiert.

3.4 Die Korrelations- oder Steifigkeitsenergie in Ferroelektrika

a) Frühere Ansätze

Verschiedene Autoren haben versucht, die endliche Wandweite von 90°-Wänden in Bariumtitanat theoretisch abzuleiten [3.6, 3.15-18]. Der Ausgangspunkt war in der Regel eine Landausche Theorie des Phasenübergangs von der nicht ferroelektrischen zur ferroelektrischen Phase, welche die elektrische Polarisation als Ordnungsparameter benutzt. Die Behandlung entspricht weitgehend derjenigen in Abschn.II.10, in welchem Wände mit einem variablen Betrag des magnetischen Moments berechnet wurden. In allen theoretischen Ansätzen mußte ein Energiebeitrag der Form

$$e_A = \kappa(\nabla \underline{p})^2 \qquad (3.4)$$

postuliert werden. Die weitere Behandlung erfolgte analog zum entsprechenden ferromagnetischen Problem.

Zum Ursprung der Konstante κ gibt es nun verschiedene Vorschläge. Einige Autoren [3.6, 3.15, 3.16] leiten die Korrelationsenergie (3.4) mit mehr oder weniger qualitativen Argumenten aus der elektrischen Dipolwechselwirkung ab. Dieser Ansatz erscheint fragwürdig, wenn wir uns erinnern, daß die kontinuumstheoretische Behandlung der Dipolwechselwirkung für ebene, unendlich ausgedehnte Wände und für den Fall, daß keine weitreichenden Streufelder auftreten, stets zu einem kontrahierenden Beitrag zur Gesamtenergie der Wand führt (s. Gl. (II.6.4)). Ein Energiebeitrag der Gestalt (3.4) könnte also allenfalls aus demjenigen Beitrag der Dipolwechselwirkung abgeleitet werden, der nicht durch eine kontinuierliche Verteilung von elektrischen Dipolen erfaßt wird. Diese Abweichungen sind aber notwendigerweise weniger weitreichend, da sie in nächster Näherung durch eine Verteilung von Quadrupolen zu beschreiben wären. In Antiferromagnetika, in denen der Beitrag der Dipoldichte in der Kontinuumstheorie verschwindet, zeigte sich, daß die Dipolwechselwirkung in niedrigster Näherung durch eine lokale Energie (s. Gl.(2.31)) beschrieben wird. Erst wenn man also von der gesamten Dipolwechselwirkung den durch eine kontinuierliche Verteilung von Dipoldichten erzeugten Beitrag einerseits und den lokalen Beitrag andererseits abzieht, könnte man als nächsten Beitrag einen Ausdruck der Gestalt (3.4) gewinnen (s. hierzu [3.19]). Falls ein solcher Beitrag überhaupt existiert, muß er jedenfalls wesentlich kleiner sein als in den erwähnten Untersuchungen abgeschätzt wird, in denen die Abtrennung der kontinuumstheoretischen "Streufeldenergie" versäumt wurde.

Im Fall von "geladenen" Wänden kann die Streufeldenergie durchaus eine aufweitende Tendenz besitzen, wie wir in den Abschnitten II.14.6 und II.17 gelernt haben. In einem Ferroelektrikum wird die Ladung einer geladenen Wand in der Regel durch freie Ladungsträger neutralisiert. Spielen in einem ferroelektrischen Halbleiter Diffusionsprozesse der Ladungsträger eine Rolle, dann wird die Diffusionslänge der Ladungen die Wandweite mitbestimmen. Eine Untersuchung dieses Falles hat Ivanchik [3.20] gegeben, allderdings nicht für den Fall einer Domänenwand, sondern für das weitgehend äquivalente Problem einer freien Oberfläche. Geladene Wände stellen jedoch auch in Ferroelektrika eher eine Ausnahme als die Regel dar,so daß wir sie nicht weiter behandeln wollen. Für normale, ungeladene Wände kann jedenfalls die Dipolwechselwirkung als aufweitender Beitrag zur Wandenergie mit großer Wahrscheinlichkeit ausgeschlossen werden.

Zhirnov [3.17] interpretiert die Konstante κ in (3.4) nicht mehr als Beitrag der Dipolwechselwirkung, sondern phänomenologisch als eine Art Austauschwechselwirkung. Er schätzte die Größe von κ dadurch ab, daß er κa^2 (a=Gitterkonstante) größenordnungsmäßig gleich der Kondensationsenergie der Ferroelektrika setzte, wobei aber kein Hinweis auf die Berchtigung dieser Abschätzung gegeben wird.

b) Der Vorschlag von Kittel

Einen neuen, interessanten Vorschlag zu diesem Problem machte kürzlich Kittel [3.21], zu dessen Erläuterung wir etwas genauer auf die Natur des ferroelektrischen Zustands am Beispiel des Bariumtitanats eingehen müssen.

Oberhalb des Curiepunktes besitzt dieses Material ein kubisches Kristallgitter, wobei an den Ecken einer würfelförmigen Elementarzelle die Bariumionen, auf den Flächenmitten die Sauerstoffionen und in den Würfelmitten die Titanionen sitzen (Fig. 3.2). Die Sauerstoffionen bilden also ein Netz von Oktaedern, welches durch starke kovalente Bindungen stabilisiert ist.

Unterhalb des ferroelektrischen Übergangs verzerrt sich die kubische Elementarzelle zu einer tetragonalen Struktur, wobei sich gleichzeitig die Ionen innerhalb der Elementarzelle unter Bildung eines elektrischen Dipolmomentes gegenseitig verschieben. Strukturanalysen mit Hilfe der Neutronenbeugung [3.22] ergaben das in Fig. 3.3b dargestellte Bild. Die ferroelektrische Struktur unterscheidet sich demnach durch mindestens vier Merkmale von der kubischen Struktur:

1) das Dipolmoment, erkennbar an der relativen Verschiebung der Titan- und der Bariumionen gegenüber den Sauerstoffionen.

2) die tetragonale Verzerrung der Elementarzelle

3) die innere Verzerrung der Sauerstoffoktaeder

4) die relative Verschiebung der Titanionen gegenüber den Bariumionen.
Der ferroelektrische Zustand des Bariumtitanats ist also nicht vollständig durch einen Polarisationsvektor und eine elektrostriktive Verzerrung zu beschreiben. Die unter 3) und 4) genannten inneren ("optischen") Verzerrungen der Elementarzelle wären damit nicht berücksichtigt. Zwar besitzen diese Variablen im homogen polarisierten Zustand stets eindeutig der Richtung des Polarisationsvektors zugeordnete Werte, innerhalb einer Domänenwand können sie jedoch durchaus ihre eigenen Gesetze entwickeln.

Besonderes Augenmerk ist dabei auf die innere Verzerrung der Sauerstoffoktaeder zu richten, weil die erwähnten kovalenten Bindungen zwischen den Sauerstoffionen einer Verbiegung der Bindungen einen starken Widerstand entgegensetzen. Fig. 3.4 zeigt eine schematische Darstellung einer 90°-Wand in Bariumtitanat, die zur Verdeutlichung mit der in Fig. 3.3b dargestellten Struktur in den Domänen als diskontinuierliche Wand gezeichnet wurde. Im Übergangsbereich zeigen sich zusätzliche Verzerrungen der Sauerstoffoktaeder, deren Energie dadurch vermindert werden kann, daß der Wand-Übergang kontinuierlich erfolgt. Nach der Deutung von Kittel ist also eine nichtlokale <u>elastische</u> Wechselwirkung verantwortlich für die endliche Wandweite in Ferroelektrika.

Derartige nichtlokale elastische Wechselwirkungen sind in der Elastizitätstheorie wohlbekannt [3.23, 3.24]. Sie lassen sich durch einen Beitrag zur freien Energie darstellen, der nicht wie die gewöhnliche elastische Energie eine quadratische Funktion der Verzerrungen des Kristalls ist, sondern eine quadratische Funktion der Gradienten des Verzerrungstensors. Diese Terme führen zu einer Dispersion der Schallgeschwindigkeit, die in der gewöhnlichen Elastizitätstheorie eine Konstante ist. Nun gilt für akustische Gitterschwingungen in der Regel, daß die Schallgeschwindigkeit mit abnehmender Wellenlänge abnimmt. Der die Gradienten des Verzerrungstensors enthaltende Korrekturterm in der freien Energie besitzt demnach in diesem Fall ein negatives Vorzeichen. Die Inhomogenität der gewöhnlichen magnetostriktiven Verzerrungen innerhalb der Wand führt also allein nicht zu einem die Wand aufweitenden Energiebeitrag. Anders ist die Situation bei den inneren, optischen Verzerrungen des Kristallgitters, auf die Kittel das Augenmerk gelenkt hat. Deren Dispersionskurve ist meist entgegengesetzt derjenigen der akustischen Zweige gekrümmt, das heißt die mit den Gradienten der optischen Verzerrungen verknüpfte Energie sollte ein positives Vorzeichen besetzen.

Kittel hat diesen Energiebeitrag unmittelbar in Form einer effektiven Austauschkopplung (3.4) dargestellt. Eine ausführliche Darstellung müßte etwa folgende Elemente umfassen:

1) Variable: der elektrische Polarisationsvektor $\underline{p}(x)$, die elastische Distorsion des Gitters $\underline{\beta}(x)$ und zusätzlich zur Beschreibung der inneren Verzerrungen ein Vektor- oder Tensorfeld $\underline{o}(x)$, welches beispielsweise die relative Verschiebung der in Richtung von $\underline{p}$ liegenden Sauerstoffionen gegenüber den vier übrigen beschreibt.
2) Mit $\underline{p}$ verbundene Energien: die Kondensationsenergie, die Kristall-Anisotropieenergie und eventuell die Streufeldenergie.
3) Kopplungsenergien zwischen der Polarisation und den akustischen und den optischen Verzerrungen.
4) Elastische Energien sowohl für die akustischen wir für die optischen Verzerrungen sowie eventuell Wechselwirkungsglieder zwischen beiden Verzerrungen.
5) Als einzigen nichtlokalen Beitrag einen Ausdruck der Form:

$$e_{nl} = C^*a^2 \left| \frac{d\underline{o}}{dx} \right|^2 \qquad (3.5)$$

   C* besitzt dabei die Dimension einer elastischen Konstante.

Eine Lösung des zugehörigen Variationsproblems könnte etwa wie folgt geschehen: Zunächst berechnet man die Polarisation $\underline{p}$ und die Verzerrungen β durch Minimalisierung der Gesamtenergie unter Berücksichtigung der Kompatibilitätsbedingungen (s. Abschn. II.8.5) bei gegebenen inneren Verzerrungen $\underline{o}$ und löst die gefundenen Beziehungen in der Form o(p) und β(p) auf. Sodann setzt man diese in (3.5) und die übrigen Energieterme ein, so daß sich dann die gesamte freie Energie als Funktion des Polarisationsvektors darstellt. Man erhält dann in der Tat eine effektive Austauschkopplung, wie sie Zhirnov [3.17] und Kittel angesetzt haben. Die weitere Auswertung entspricht einem klassischen Blochwandproblem.

Eine Durchführung dieses Programms würde vor allem eine Abschätzung der eingehenden Konstanten erfordern, wozu eine genaue Analyse der statischen und der dynamischen elastischen Eigenschaften des Kristallgitters erforderlich wäre. Eine erste Abschätzung, die Kittel vorgeschlagen hat, und die davon ausgeht, daß die in (3.5) eingehende Konstante C* von der gleichen Größenordnung wie die gewöhnlichen elastischen Konstanten ist, führt jedenfalls zu vernünftigen Werten für die Wandweite der 90°-Wand in $BaTiO_3$ ($W \approx 50$ Å), die auch in Übereinstimmung mit neueren experimentellen Befunden stehen [3.25]. Eine genauere Analyse ist angekündigt. Wir wollen uns daher hier mit diesen qualitativen Anmerkungen zur noch im Fluß befindlichen Diskussion über Domänenwände in Ferroelektrika begnügen.

[3.1] W. Känzig, Sol.St.Physics, 4,1 (1957)

[3.2] F. Jona, G. Shirane, Ferroelectric Crystals (Pergamon, Oxford, 1962)

[3.3] E. Fatuzzo, W.J. Merz, Ferroelectricity (North Holland, Amsterdam, 1967)

[3.4] W. Kinase, H. Takahashi, J. Phys. Soc. Japan 12, 464 (1957)

[3.5] W.N. Lawless, Phys. Rev. 175, 619)1968)

[3.6] W.J. Merz, Phys. Rev. 95, 690 (1954)

[3.7] E.A. Little, Phys. Rev. 98, 978 (1955)

[3.8] R.C. Miller, A. Savage, Phys. Rev. 112, 755 (1958), 115, 1176 (1959)

[3.9] R.C. Miller, G. Weinreich, Phys. Rev. 117, 1460 (1960)

[3.10] M.E. Drougard, J. Appl. Phys. 31, 285 (1960)

[3.11] R.E. Nettleton, J. Phys. Soc. Japan 22, 1375 (1967)

[3.12] M. Hayashi, J. Phys. Soc. Japan 33, 616 (1972)

[3.13] J.F. Petroff, phys. stat.sol. 31, 285 (1969)

[3.14] I.W. Shepherd, J.R. Barkley, Sol. St. Commun. 10, 123 (1972)

[3.15] T. Mitsui, J. Furuichi, Phys. Rev. 90, 193 (1953)

[3.16] V.L. Ginzburg, Fiz. Tverd. Tela 2, 2031 (1960) [Sov. Phys. Sol St. 2, 1824 (1960)]

[3.17] V.A. Zhirnov, Z. Exp. Teor. Fiz. 35, 1175 (1958) [Sov. Phys. JETP 8, 822 (1959)]

[3.18] L.N. Bulaevskii, Fiz. Tverd. Tela 5, 3183 (1963) [Sov. Phys. Sol. St. 5, 2329 (1964)]

[3.19] Gh. Adam, A. Corciovei, J. Appl. Phys. 43, 4763 (1972)

[3.20] I. I. Ivanchik, Fiz. Tverd. Tela 3, 3731 (1961) [Sov. Phys. Sol. St. 3, 2705 (1962)]

[3.21] C. Kittel, Sol. St. Commun. 10, 119 (1972)

[3.22] B.C. Frazer, H. Danner, R. Pepinsky, Phys. Rev. 100, 745 (1955)

[3.23] R.D. Mindlin, H.F. Tiersten, Arch. Rat. Mech. Anal. 11, 415 (1962)

[3.24] J.A. Krumhansl, in Lattice Dynamics, hrsg. v. R.F. Wallis (Pergamon, Oxford, 1965), S. 627

[3.25] S.I. Yakunin, V.V. Shakmanov, G.V. Spivak, N.V. Vasileva, Fiz. Tverd Tela 14, 373 (1972), [Sov. Phys. Sol. St. 14, 310 (1972)]

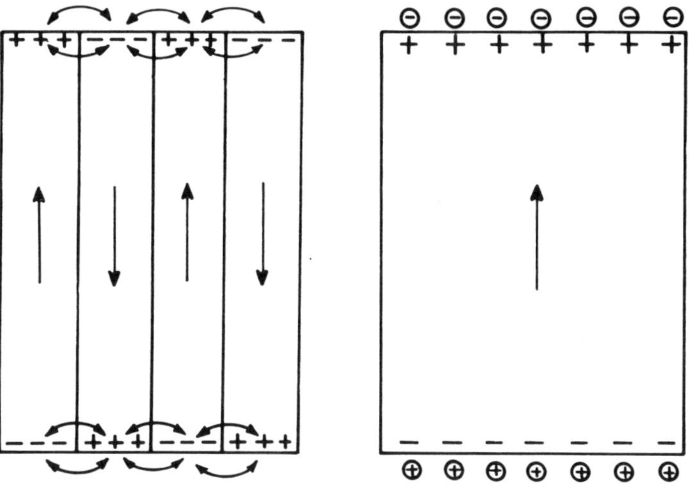

Fig. 3.1 Schematische Darstellung der beiden Möglichkeiten, die elektrische Streufeldenergie eines Ferroelektrikums zu reduzieren a) durch Ausbildung von Domänen b) durch Anlagerung von Ladungsträgern.

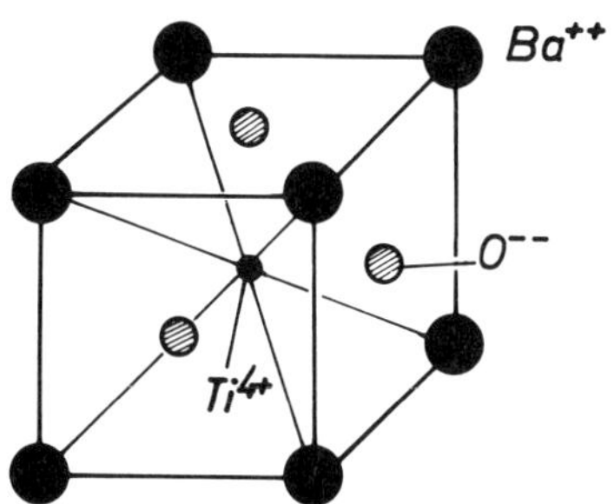

Fig. 3.2
Die Struktur des Bariumtitanats oberhalb der Curietemperatur

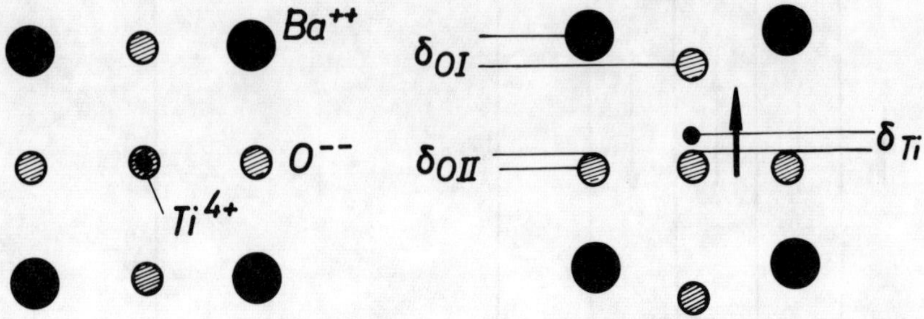

Fig. 3.3 Projektion der Struktur in Fig. 3.2 auf eine (100)-Ebene und Veränderung der Struktur unterhalb des Curiepunktes. Neutronenbeugungsexperimente [3.22] ergaben bei Raumtemperatur δ_{OI}= -0.023, δ_{OII}= -0.013, δ_{Ti}= 0.013 und eine tetragonale Verzerrung von 1.1%.

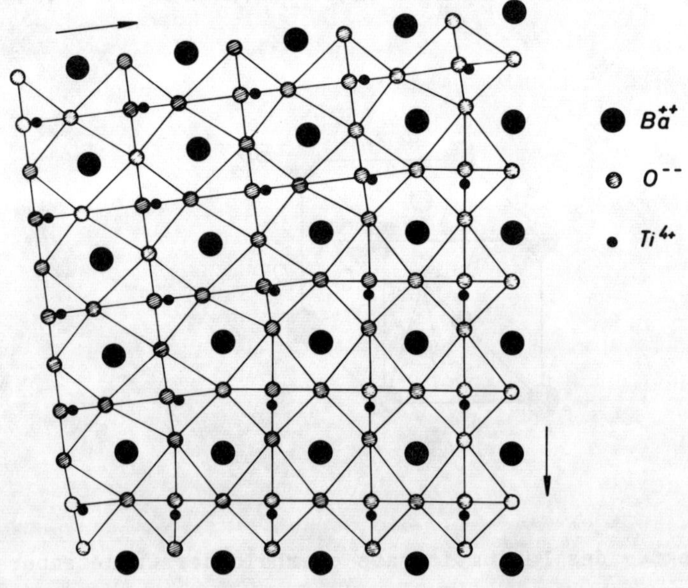

Fig. 3.4 Schematische Darstellung einer möglichen 90°-Wand in Bariumtitanat.

4. Verschiedene Domänenwände

4.1 Kristallographische Grenzflächen

Kohärente Grenzflächen in Kristallen, sog. Zwillingsgrenzen, sind im Grunde äquivalent mit den in dieser Arbeit diskutierten Domänenwänden. Unterscheiden sich die beteiligten Phasen allerdings sehr, dann wird die Grenzfläche in der Regel eine diskontinuierliche Struktur besitzen, so daß sie nur schwer beweglich sein wird. Mit dem Begriff Domänenwand verbindet man dagegen meist die Vorstellung einer leichten Beweglichkeit. Derartige Domänenwände sind dann eher zu erwarten, wenn die Strukturunterschiede der beteiligten Phasen klein sind. Wenn z.B. bei einer bestimmten Temperatur ein Material hoher Kristallsymmetrie in ein Material geringerer Symmetrie übergeht, dann sind meist mehrere Orientierungen des Kristalls geringerer Symmetrie energetisch gleichwertig, und in der Nähe der Übergangstemperatur können die Strukturunterschiede zwischen diesen verschiedenen Phasen klein sein. Gitterverzerrungen im Zusammenhang mit einem Phasenübergang haben wir bei ferromagnetischen, antiferromagnetischen und ferroelektrischen Stoffen bereits kennengelernt. Sie treten aber auch unabhängig von magnetischen oder elektrischen Erscheinungen auf. Aizu [4.1] hat vorgeschlagen, derartige Materialien, die unterhalb eines kritischen Punktes eine spontane elastische Deformation erleiden, in Analogie zum Ferromagnetismus als ferroelastische Stoffe zu bezeichnen.

Von vielen Beispielen seien hier das Vanadiumdioxyd [4.2] und das Niobditellurid [4.3] genannt, die beide Domänenstrukturen zeigen, die unmittelbar an ferromagnetische oder ferroelektrische Bereichsstrukturen erinnern.

Bei der Diskussion der Domänenwände in Ferroelektrika sind wir zu dem Schluß gekommen, daß nichtlokale elastische Wechselwirkungen eine wesentliche Rolle für die Struktur der Domänenwände spielen. Die gleichen Argumente sind auch auf die hier betrachteten Materialien anwendbar, weshalb Kittel seine Arbeit [3.21] auch

"Dicke der Domänenwände in ferroelektrischen und ferroelastischen Kristallen" nennen konnte. Die weitere Erforschung der nichtlokalen elastischen Wechselwirkungen verspricht auch für diese Materialien interessante Ergebnisse.

4.2 Phasengrenzflächen in geordneten Legierungen und äquivalenten Systemen

Viele physikalische Systeme lassen sich durch das sogenannte Ising-Modell beschreiben, welches jedem Punkt eines Gitters genau zwei mögliche Zustände zuordnet. Unter der Wirkung von Temperaturbewegung einerseits und Wechselwirkungen zwischen den Elementen andererseits ergibt dieses Modell bei einer bestimmten Temperatur einen Phasenübergang zweiter Ordnung. Unterhalb der kritischen Temperatur führt die Wechselwirkung zu einer Kondensation der Elemente in einem der beiden Zustände, obwohl beide Zustände energetisch gleichwertig sind. Beispiele für Phasenübergänge, die mit dem Isingmodell beschrieben werden können, sind der Übergang von einer ungeordneten zu einer geordneten Legierung, die Entmischung von festen und flüssigen Lösungen, der Übergang vom gasförmigen zum flüssigen Zustand und ferromagnetische Übergänge im Fall von extrem einachsigen Stoffen.

Schon van der Waals [4.4] hat in einem solchen thermodynamischen System eine Phasengrenzfläche berechnet, und zwar die Grenzfläche zwischen flüssiger und gasförmiger Phase. Später nahmen Cahn und Hilliard [4.5] diese Untersuchungen mit dem Blick auf geordnete Legierungen wieder auf. Unter den neueren Arbeiten sind vor allem diejenigen von Rice [4.6], Kikuchi und Cahn [4.7] und Fisk und Widom [4.8] zu nennen.

Das in Strenge bisher unlösbare Ising-Modell läßt sich mit verschiedenen Näherungsansätzen behandeln. Der einfachste Ansatz, der die Wirkung, die ein Element von allen anderen erfährt, durch ein mittleres effektives Feld annähert, liegt den Arbeiten [4.4] und [4.5] zugrunde. Die Arbeit [4.7] geht von der weiterreichenden sogenannten cluster-Näherung aus. Die Arbeit von Fisk und

Widom schließlich berücksichtigt die kritischen Fluktuationen in konsistenter Weise mit Hilfe einer Zustandsgleichung, wie wir sie in Abschn. II.10.1d betrachtet haben.

Alle diese Theorien sind, was die mathematische Struktur des Ergebnisses angeht, äquivalent mit der Beschreibung von einfachen magnetischen Wänden. An die Stelle des Drehwinkels tritt als Variable der Anteil der Elemente, die sich in einem der beiden Zustände befinden, also je nachdem die Dichte, eine Konzentration oder ein Ordnungsgrad.

Die verschiedenen Theorien unterscheiden sich lediglich in der Interpretation der beteiligten Energieterme. So ist in der Theorie von Cahn und Hilliard derjenige Parameter, welcher der Austauschkonstante in Ferromagnetika entspricht, lediglich eine Funktion der Wechselwirkungen zwischen den Elementen. Im Gegensatz dazu ist diese "Korrelationsenergie" in der Theorie von Fisk und Widom mit der Korrelationslänge der statistischen Schwankungen und demnach mit der Entropie des Systems verknüpft.

Das Ising-Modell ist nur der einfachste Ansatz zur Beschreibung von Wänden in geordneten Legierungen. Es ist durchaus möglich, daß in einer solchen Wand nicht nur der Ordnungsgrad, sondern gleichzeitig auch die Konzentration der beteiligten Metalle und die machanischen Spannungen variieren, so daß mehr als eine Variable zur Beschreibung der Grenzfälle notwendig ist. Systematische Rechnungen hierzu sind noch nicht bekannt. Je weiter man sich vom kritischen Punkt des jeweiligen Systems entfernt, um so schmaler werden im allgemeinen die Wände werden. Die in den zitierten Arbeiten benutzte Kontinuumsnäherung ist daher nur in der Umgebung der kritischen Punkte gültig. Trotzdem haben diese Rechnungen eine große Bedeutung vor allem für Festkörper, da die bei niedrigen Temperaturen zu beobachtenden Gefüge wesentlich durch die Beweglichkeit der Wände in der Umgebung der kritischen Temperatur bestimmt werden.

4.3 Domänenwände in diamagnetischen Stoffen unter den Bedingungen des de-Haas-van-Alphen-Effekts

Legt man an einen diamagnetischen Körper ein Magnetfeld von einigen 10^4 Oe,dann stellt sich in der Regel eine Magnetisierung von allenfalls einigen Gauß ein. Trotzdem können in sehr reinen Kristallen und bei sehr tiefen Temperaturen differentielle Suszeptibilitäten von der Größenordnung Eins entstehen, nämlich dann, wenn auf Grund des de-Haas-van-Alphen-Effekts die Magnetisierung eine rasch oszillierende Funktion des Feldes wird. Der de-Haas-van-Alphen-Effekt beruht auf einer durch das angelegte Feld induzierten Quantisierung der Elektronenbahnen auf den Fermiflächen. Maßgebend für diese Quantisierung ist nun nicht das äußere magnetische Feld H, sondern die magnetische Induktion $B=H+4\pi I$, worauf zuerst Shoenberg [4.9] hingewiesen hat. Sei etwa die Magnetisierung als Funktion der Induktion auf Grund der Theorie des de-Haas-van-Alphen-Effekts gegeben, dann erhält man die Magnetisierungskurve I(H) durch eine Scherungstransformation (Fig. 4.1). Immer wenn der Maximalwert der Ableitung $d(4\pi I)/dB$ den Wert Eins überschreitet, dann besitzt die Magnetisierungskurve I(H) zwangsläufig einen instabilen Bereich, also einen unstetigen Phasenübergnag. Condon [4.10] hat als erster auf die aus diesem Sprung in der Magnetisierungskurve folgende Domänenstruktur bei Proben mit einem endlichen Entmagnetisierungsfaktor hingewiesen, und Condon und Walstedt [4.11] haben die Existenz einer solchen Bereichsstruktur in Silbereinkristallen nachweisen können.

Die zugehörigen Domänenwände hat Privorotskii [4.12] berechnet. Die Ableitung mündet in einem Variationsproblem,welches analog zum Variationsproblem einer gewöhnlichen Blochwand ist. Die Weite der Wände ergibt sich als von der Größenordnung des Zyklotronradius der Elektronen bei dem gegebenen Feld. Eine direkte Beobachtung dieser Domänenwände ist bisher nicht gelungen.

4.4 Domänenwände in Flüssigen Kristallen

Flüssige Kristalle [4.13-14] sind im einfachsten Fall Flüssigkeiten, die aus langgestreckten, stabförmigen Molekülen bestehen, wobei die Moleküle unterhalb einer kritischen Temperatur lokal parallel zueinander ausgerichtet sind, ohne daß eine Fernordnung besteht. Bezeichnen wir die mittlere Richtung der Moleküle an einem Ort $\underline{r}$ durch den Einheitsvektor $\underline{n}(\underline{r})$, dann besitzen wir mit dem Vektorfeld $\underline{n}(\underline{r})$ eine Beschreibung des flüssigen Kristalls, die analog zu der Beschreibung eines Ferromagneten durch das Vektorfeld $\underline{\alpha}(\underline{r})$ ist. Eine Gegenüberstellung der Eigenschaften der beiden Systeme zeigt jedoch auch wichtige Unterschiede:

1) Eine Flüssigkeit besitzt keine Kristallenergie, und damit entfällt eine entscheidende Voraussetzung für die Bildung von Domänenstrukturen. Allerdings können die Gefäßwände eine ausrichtende Kraft auf die Moleküle der Flüssigkeit ausüben.

2) Die Energie, die einer räumlich inhomogenen Ordnung der Moleküle entgegenstehen, läßt sich zwar ebenso wie in Ferromagnetika als Funktion der Ableitungen des Richtungsvektors darstellen, sie hat jedoch eine etwas kompliziertere Gestalt [4.15-17]:

$$e_A = \frac{1}{2} k_{11}(\nabla\underline{n})^2+k_{22}(\underline{n}\cdot\nabla\times\underline{n})^2+k_{33}[(\underline{n}\nabla)\underline{n}+q_o]^2 \qquad (4.1)$$

Der erste Term gibt einen Widerstand gegen eine "Querbiegung" (engl. "splay") wieder, der zweite gegen eine "Verdrillung" (engl. "twist") und der dritte gegen eine "Längsbiegung" (engl. "bend"). $q_o=0$ beschreibt eine einfache "nematische" Phase, die einem gewöhnlichen Ferromagneten entspricht. Ist dagegen $q_o \neq 0$, dann entsteht im Grundzustand eine "cholesterische" Phase, welche einem Antiferromagneten mit schraubenförmiger Spinanordnung (s. Abschn. 2.5) vergleichbar ist.

Trotz ihrer komplizierteren Gestalt entspricht die Korrelationsenergie der flüssigen Kristalle (4.1) dem Ansatz (II.3.2), den wir der allgemeinen Theorie der Blochwand zugrundegelegt haben. (Das den Term q_o enthaltende Glied macht keine Schwierigkeiten, da es bei der Variation herausfällt und nur für die Randbedingungen wichtig ist.)

3) In flüssigen Kristallen haben weitreichende Wechselwirkungen eine geringe Bedeutung. Es gibt keine Streufeldenergie und keine weitreichende elastische Wechselwirkung, weshalb diese Energien auch nicht Anlaß zu einer inhomogenen Struktur, also zu einer Domänenstruktur geben können.

Williams [4.18] beobachtete zwar in flüssigen Kristallen, an die ein elektrisches Feld angelegt war, eine feine, regelmäßige Bereichsstruktur ähnlich wie in einem einachsigen Ferromagneten. Die genauere Analyse (s. [4.14]) ergab jedoch, daß es sich dabei nicht um eine statische Domänenstruktur, sondern um eine mit einem Ladungstransport verbundene stationäre Struktur handelt.

Regelmäßige statische Bereichstrukturen gibt es also in flüssigen Kristallen nach bisheriger Kenntnis nicht. Wenn jedoch in einem flüssigen Kristall auf Grund irgendwelcher Randbedingungen eine ebene, inhomogene Struktur entsteht, dann wird sie nach dem vorher Gesagten äquivalent mit der Struktur irgendeiner Blochwand sein. Das einfachste Beispiel hierfür ist der sog. Frœdericks-Übergang [4.19], der in Fig. 4.2 erläutert wird, und den schon Zocher [4.15] analysiert hat. Enge Beziehungen bestehen auch zwischen der cholesterischen Schraubenstruktur und der schraubenförmigen Spinanordnung in Antiferromagnetika [4.20].

Wichtiger als ebene Strukturen sind in flüssigen Kristallen allerdings linienförmige Inhomogenitäten, da diese auch unabhängig von Oberflächen auftreten können. Nabarro [4.21] hat kürzlich die Zusammenhänge zwischen diesen Strukturen und den Bloch- und Néellinien, die wir in Abschn. II.19 diskutierten, zusammenfassend dargestellt.

[4.1] K. Aizu, J. Phys. Soc. Japan 27, 387 (1969)

[4.2] P.J. Fillingham, J. Appl. Phys. 38, 4823 (1967)

[4.3] J. van Landuyt, G. Remaut, S. Amelinck, phys. stat. sol. 41, 271 (1970)

[4.4] J.D. van der Waals, Z. Phys. Chem. 13, 657 (1894)
[4.5] J.W. Cahn, J.E. Hilliard, J. Chem. Phys. 28, 258 (1958)
[4.6] O.K. Rice, J. Phys. Chem. 64, 976 (1960)
[4.7] R. Kikuchi, J.W. Cahn, J.Phys. Chem. Sol. 23, 137 (1962)
[4.8] S. Fisk, B. Widom, J. Chem. Phys. 50, 3219 (1969)
[4.9] D. Shoenberg, Phil. Trans. Roy. Soc. A255, 85 (1962)
[4.10] J.H. Condon, Phys. Rev. 145, 526 (1966)
[4.11] J.H. Condon, R.E. Walstedt, Phys. Rev. Lett. 21, 612 (1968)
[4.12] I.A. Privorotskii, Z. Exp. Teor. Fiz. 52, 1755 (1967) [Sov. Phys. JETP 25, 1167 (1967)]
[4.13] G.W. Gray, Molecular Structure and the Properties of Liquid Crystals (Academic Press, London, 1962)
[4.14] H. Baessler, Festkörperprobleme XI, 99 (1971)
[4.15] H. Zocher, Physik. Z. 28, 790 (1927), Trans. Faraday Soc. 29, 945 (1933)
[4.16] C.W. Oseen, Trans. Faraday Soc. 29, 883 (1933)
[4.17] F.C. Frank, Disc. Faraday Soc. 25, 1 (1958)
[4.18] R. Williams, J. Chem. Phys. 39, 384 (1963)
[4.19] V. Freedericksz, A. Repiewa, Z. Physik 42, 532 (1927) V. Freedericksz, V. Zolina, Trans. Faraday Soc. 29, 919 (1933)
[4.20] P.G. DeGennes, Sol. St. Commun. 6, 163 (1968)
[4.21] F.R.N. Nabarro, J. Physique 33, 1070 (1972)

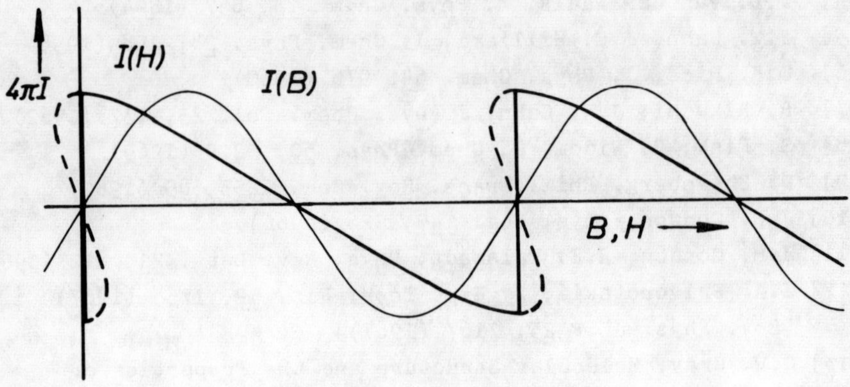

Fig. 4.1 Die Entstehung von Sprüngen in der periodischen Magnetisierungskurve des de-Haas-van-Alphen-Effekts

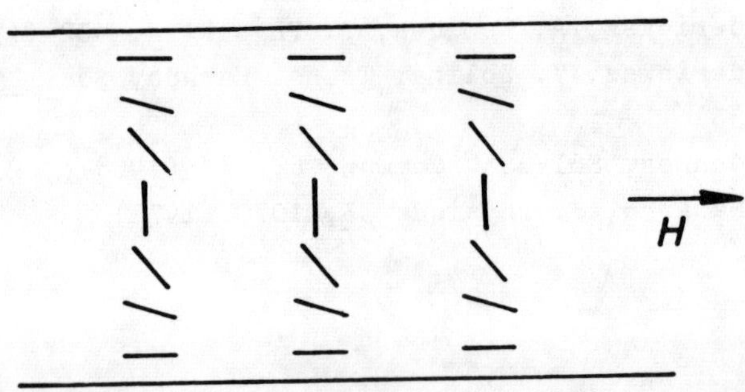

Fig. 4.2 Der sogenannte Freedericksz-Übergang in diamagnetischen nematischen Flüssigkeiten. Eine Schicht einer Flüssigkeit, die ohne Magnetfeld parallel zu den Begrenzungsflächen ausgerichtet ist, bildet oberhalb eines kritischen Feldes zwei 9o°-Wände aus, um sich im Innern der senkrecht zum Feld orientieren zu können.

Allen Mitarbeitern des Instituts für Physik am Max-Planck-Institut für Metallforschung und des Instituts für Theoretische und Angewandte Physik der Universität Stuttgart möchte ich herzlich für viele Diskussionen und ihre Unterstützung danken. Besonders nennen möchte ich Prof. Dr. A. Seeger, Prof. Dr. H. Kronmüller, Dr. H. Willke, Dr. H. Gessinger, Dipl. Phys. H. Riedel, U. Habermeier, S. Höcker und H.R. Hilzinger, die größere oder kleinere Teile des Manuskripts durchgesehen haben und durch kritische Anregungen zu seiner Verbesserung beitrugen. Mein Dank gilt auch den Damen des Instituts, vor allem Frau B. Kuhn, Frau G. Waibel und Fräulein R. Schäfer, für ihre unermüdliche Mitarbeit bei der Herstellung des Manuskripts, und nicht zuletzt meiner Frau für ihre Geduld und ihre Hilfe.

A. Hubert

Autorenverzeichnis

Die Zahlen verweisen auf die Literaturverzeichnisse, die sich anschließend an die einzelnen Abschnitte finden (s.Inhaltsverzeichnis)

LISTE DER BEZEICHNUNGEN

Die Bezeichnungen sind innerhalb jedes Hauptabschnitts eindeutig. Zur Definition einer Bezeichnung dient wahlweise 1) eine Erklärung (t:Zeit) 2) ein Verweis auf einen anderen Abschnitt des gleichen Kapitels (A:1) 3) eine mathematische Definition (a=b/c) 4) ein Verweis auf eine Gleichung, in der die betreffende Größe definiert ist (K:(3.33)).

Abschnitt II.1

$\underline{I}$: Magnetisierungsvektor

I_s: Sättigungsmagnetisierung

$\underline{r}$: Ortsvektor

$\underline{\alpha}$: Einheitsvektor der Magnetisierung

e_A: Dichte der Austauschenergie

e_K: Dichte der Kristallanisotropieenergie

e_H: Dichte der Wechselwirkungsenergie der Magnetisierung mit einem äußeren Feld

e_σ: Dichte der Wechselwirkungsenergie zwischen der Magnetisierung und äußeren Spannungen

E_s: Streufeldenergie

E_{ms}: Magnetostriktive Eigenenergie

$\underline{H}_s$: Streufeld

$\underline{H}_a$: Äußeres Feld

A: Austauschkonstante

K_1,K_2: Kristallenergiekonstanten

Abschnitt II.2

$\underline{\alpha}$,A,K_1: 1

Θ: Drehwinkel der Magnetisierung, Θ=0 in der Wandmitte

$\varepsilon_o=\sqrt{AK_1}$: Wandenergieparameter

$\delta_o=\sqrt{A/K_1}$: Wandweitenparameter

x: Koordinate senkrecht zur Wand

E_G: Wandenergie pro Flächeneinheit

W_L: Wandweite nach Lilley

W_α: Alternative Definition der Wandweite

Abschnitt II.3

Θ_i: Verallgemeinerte Drehwinkel

$G(\Theta_i)$: Verallgemeinerte Kristallenergiedichte

e_A: Verallgemeinerte Austauschenergiedichte

a_{kl}: Koeffizienten in e_A

x, E_G, W_L: 2
ϑ, φ: zwei Variable aus (Θ_i)
ϑ_o: Wert von ϑ in den Domänen
$a^o = a(\varphi, \vartheta_o)$

$G^o = G(\varphi, \vartheta_o)$
φ_1, ϑ_1: (3.10)
E_G: die mit ϑ_1 verbundene Energieabsenkung

Abschnitt II.4

A, K_1, K_2, e_H: 1
x, E_G, W_L: 2
G: 3

$h = HI_s/2K_1$: reduzierte Feldstärke
h_s: Sättigungsfeldstärke
$\kappa = K_2/K_1$

Abschnitt II.5

e_K, e_A: 1
x, K_1, K_2, θ: 2
ψ: Orientierungswinkel d.Wand
ϑ, φ: Polarkoordinaten zur Beschreibung der Magnetisierungsrichtung mit der Wandnormalen als Achse, $\varphi = 0$ in d.Wandmitte
$\vartheta_\infty, \varphi_\infty$: Werte von ϑ und φ in den Domänen
$\underline{n}$: Wandnormale

$\underline{w}$: Einheitsvektor in Richtung des Differenzvektors zwischen den Magnetisierungsrichtungen in den Domänen
$\underline{t}$: Richtung senkrecht auf $\underline{n}$ u. $\underline{w}$
$\bar{\psi}$: mittlere Orientierung einer Zickzackwand
ψ_o: optimale Orientierung der Abschnitte einer Zickzackwand

Abschnitt II.6

$\underline{I}, H_s$: 1
G, Θ_i: 3
$\Theta_i^{(a)} = \Theta_i(-\infty)$

$\Theta_i^{(e)} = \Theta_i(\infty)$
$\underline{n}, \vartheta, \varphi, \psi$: 5

Abschnitt II.7

$\underline{I}, I_s, e_K, e_H, e_A, A, K_1$: 1
E_G, W_α: 2
G:3 / h: 4 / $\psi_o, \vartheta, \varphi, \psi_o$: 5
$\mu^* = 1 + 2\pi I_s^2/K_1$

χ: Abweichung der Drehachse der Magnetisierung von der Wandnormalen
$\tilde{\varphi}, \tilde{\vartheta}$: Polarkoordinaten in Bezug auf die neue, um χ verkippte Drehachse

Abschnitt II.8

e_{el}: elastische Energie

$\underline{c}$: Tensor der Elastizitätskonstanten

$\underline{s}$: der zu $\underline{c}$ inverse Tensor

c_{ik}: Voigtsche Schreibweise für die Elastizitätskonstanten

$C_2=(c_{11}-c_{12})/2$

$C_3=c_{44}$

β: der (unsymmetrische) Tensor der elastischen Distorsion

ε: Tensor der elastischen Verzerrungen

ω: Tensor der Gitterdrehungen

e_β: magnetoelastische Kopplungsenergie

e_ε: Kopplungsenergie mit den Verzerrungen

e_ω: Kopplungsenergie mit den Gitterrotationen

$\underline{L},\underline{L}^\varepsilon,L^\omega$: Tensor der Koeffizienten in e_β,e_ε bzw. in e_ω

λ: Magnetostriktionskonstanten

$\underline{\alpha},e_\sigma,K_1,K_2$: 1

$\underline{\varepsilon}^{(fr)}$: Tensor der spontanen Verzerrungen in einem freien, gesättigten Kristall

e_{fr}: zu $\underline{\varepsilon}^{(fr)}$ gehörige Energiedichte

$\underline{n}$: 5

k_i: Funktionen von x, welche gemäß (8.23) erlaubte Distorsionen β(x) ergeben

$\underline{L}$: (8.21)

$\underline{\Gamma}$: (8.29)

$\underline{\bar{L}}$: Mittelwert von $\underline{L}$ über die beiden Domänen

$\tilde{s}$: (8.35)

e_{ms}: Dichte der magnetostriktiven Eigenenergie der Wand

$\underline{\sigma}^{(ms)}$: Tensor der magnetostriktiven Eigenspannungen

G,Θ_i: 3

Abschnitt II.9

K_1,K_2e_K: 1

x,Θ: 2

κ: 4

$\underline{n}$: 5

$\underline{L},\underline{\bar{L}},e_{ms},\sigma^{(ms)},\underline{\Gamma},c_{ik},C_2,C_3,\lambda$: 8

$\underline{\hat{L}},\underline{l},\underline{\tilde{L}}$:(9.1)

$e_{ms}^{(1)},e_{ms}^{(2)}$: (9.2)

$\sigma^{(1)},\sigma^{(2)}$: (9.4)

Abschnitt II.10

$\underline{I}, I_s, \alpha, e_A, e_K, A, K_1$: 1
W_α, E_G: 2
$m=|\underline{I}|/I_s$
e_M: Zusatzenergie, die bei einer Abweichung von m=1 aufgebracht werden muß

P: Materialparameter (10.4)
χ_p: Parasuszeptibilität
I_o: Absolute Sättigung bei T=0
T_c: kritische Temperatur
ϑ: Relative Abweichung der Temperatur von T_c

Abschnitt II.11

$A, K_1, I_s, \underline{\alpha}$: 1
E_G, δ_o: 2
t: Zeit
γ: gyromagnetisches Verhältnis
e_G: Energiefunktional einer statischen Struktur
p_{kin}: kinetisches Potential
Θ, ϕ: Polarkoordinaten mit beliebiger Achse
v: Geschwindigkeit einer Wand
$G, a, \vartheta, \varphi, \vartheta_1, \Delta E_G$: 3
m*: effektive Masse einer Blochwand
$\mu^*, \chi, \tilde{\vartheta}, \tilde{\varphi}$: 7
$\tilde{v}$: reduzierte Geschwindigkeit (11.12)
χ_o: optimaler Kippwinkel der Drehachse χ bei gegebener Geschwindigkeit
v_{max}: Maximalgeschwindigkeit für gleichförmige Bewegung
η: Kippwinkel der Wand
y: Koordinate senkrecht zur Platte
E*: Lagrangefunktion E_G+P_{kin}
$\tilde{\chi}=\chi_o-\eta$
k_o: Wandweitenparameter (11.28)
ψ: 5
q: Ort der Wandmitte
h: 4
$H_{\parallel}$: treibendes Feld
f_k: Abkürzung für den Inhalt der geschweiften Klammer in (11.30)
λ: Dämpfungsparameter (11.37)
p_D: Dissipationspotential
β_w: Wandbeweglichkeit

H_1: Grenzwert des treibenden Feldes für gleichförmige Bewegung

f_m, g_m: Abkürzungen (11.50)

H_K: Anisotropiefeldstärke $2K_1/I_s$

$H_\lambda = \lambda 2\pi I_s$

$h_\parallel = H_\parallel / H_\lambda$

H_2: Feld minimaler mittlerer Beweglichkeit im oszillatorischen Bewegungsmodus

χ_{rev}: Quasistatische, reversible Wandbewegungssuszeptibilität

p_r: mit χ_{rev} verbundener Parameter (11.62)

ω_{Bl}: Blochwand-Resonanzfrequenz

Abschnitt II.12

I_s, α: 1

V_a: Atomvolumen

$\underline{P}$: mechanischer Dipoltensor

$\underline{\sigma}^{(ms)}$: 8

ε_{ms}: magnetostriktive Wechselwirkung eines Gitterfehlers mit der Magnetisierung

ε_A: Wechselwirkung eines Gitterfehlers mit den Gradienten der Magnetisierung

ω^A: zu ε_A gehörige Koeffizienten

n_E: Anzahl der magnetisch zu unterscheidenden Plätze eines Gitterfehlers

n_i: relative Besetzung der Plätze

$n_{i\infty}$: Besetzung nach langer Wartezeit

ε_i: Energien der Gitterfehler auf den verschiedenen Plätzen

S: Stabilisierungsenergie

S_o: Stabilisierungsenergie nach langer Wartezeit

S_i^o: Beiträge der verschiedenen Plätze zu S_o

$\bar{\varepsilon}$: Mittelwert der Energien ε_i über alle Plätze

ω: Wechselwirkungskonstante

δ_o: 2

Θ_o: halber Wandwinkel

H_{st}: Stabilisierungsfeldstärke

χ_{stab}: durch die Nachwirkung bestimmte statische Suszeptibilität

p_{dif}: Beitrag der Nachwirkung zum Dissipationspotential

H_{dif}: durch die Nachwirkung bedingtes, einer Bewegung entgegengerichtetes Feld

Abschnitt II.13

E_s, I_s: 1
h: 4
W: Wandweite

D: Schichtdicke
E_A: Austauschenergie
E_K: Kristallenergie

Abschnitt II.14

$\underline{\alpha}, A, K_1, I_s, E_s, H_s$: 1
C_1, A_1, A_2: Koeffizienten in (14.2)
e_{HK}: Summe aus Kristall- und Feldenergie
$\alpha_\infty : \alpha_1$ für $x \to \infty$
F: Greensche Funktion (14.7)
D: 13
f,g: Beiträge zu $\alpha_1(x)$ (14.10)
$\alpha_K = \cos\Theta_K$: Wert der Magnetisierungskomponente $\alpha_1(x)$ ohne den Beitrag des Wandkerns
μ^*: 7
W_α, E_G: 2
$\bar{f}$: Beitrag des Kerns zu $\alpha_1(x)$
$\bar{g}$: Beitrag des Ausläufers zu $\alpha_1(x)$
$\tilde{g}, \tilde{f}, \tilde{F}$: Fouriertransformierte von g,f,F
P: Abkürzung (14.18)
$\kappa = K_1/(2\pi I_s^2)$
δ: reduzierte Schichtdicke (14.19)
ΔE^g: Korrekturterm zur Wandenergie
gi(x): durch (14.26) definierte Funktion
γ: Eulersche Konstante
y: Koordinate senkrecht zur Schicht
H_y: Feldkomponente in y-Richtung
η: reduzierte Koordinate (14.33)
ΔE^y: Energieabsenkung, die durch die Zulassung einer y-Auslenkung erreicht wird.

Abschnitt II.15

$A, K_1 I_s, \underline{\alpha}$: 1
x: 2
y: 14

z: Koordinate parallel zur leichten Richtung
$M = \alpha_1^2 + \alpha_2^2$

$x_o(y)$: Kurve mit $\alpha_3=0$
$\tilde{A}$: z-Komponente des Vektorpotentials
ξ: Transformierte Koordinate (15.6)
$Q(y)$: (15.6)
$q(y)=Q'(y)$
p,g: (15.9)
$C,a_1,a_2 b_o,g_i$: Koeffizienten in (15.9)
D: 13
E_A^o,E_K^o,E_s^o: Energien für die Dicke D=1

Abschnitt II.16

$x,y,z,\xi,Q,q,\tilde{A}$: 15
$A,I_s,H_a,K_1,\underline{\alpha}$: 1
$C,p,g,b,a_o,b_1.b_2,g_i$: (16.1)
$\alpha_S(x)$: zusätzlicher, nicht streufeldfreier Beitrag zu $\alpha_1(x)$
c_i,A_i: (16.2)
r_S: relativer Beitrag von $\alpha_S(x)$ zur Gesamtdrehung (16.3)
α_{2max}: Maximalwert der α_2-Komponente in der Wand

Abschnitt II.17

$\underline{\alpha},A,K_1,I_s,E_s$: 1
E_G,W_α,x,δ_o: 2
d_o: Wandweitenparameter
g,f: (17.2)
D: 13
μ^*: 7

Abschnitt II.18

$v,P_D,\gamma,\lambda,m^*,P_{kin}$: 11
D: 13
Q_x: Integral über die Wandstruktur (18.1)
$w=v/(\sqrt{A}|\gamma|)$: reduzierte Wandgeschwindigkeit
v_{B-N}: kritische Geschwindigkeit für den Übergang von der Blochwand zur asymmetrischen Néelwand

Abschnitt II.19

$A,K_1,\underline{\alpha}$: 1
E_G,x,δ_o:2
y: 14
A,x_o,Q,q,ξ:15
$p,g,C_o,C_1,C_2,C_3,d_1,d_2,d_3,a_o,b_o$: (19.1)

Abschnitt III.1

T: Temperatur
T_c: kritische Temperatur
$\vartheta=1-T/T_c$
ψ=Wellenfunktion der Ginzburg-Landau-Theorie

F: freie Enthalpie
H: inneres Magnetfeld
H_a: äußeres Feld
$\tilde{\alpha},\beta,\gamma,\mu$: (1.1, 1.2)
ψ_o: Gleichgewichtswert von ψ im homogenen, feldfreien Zustand
λ: Eindringtiefe
ξ: Kohärenzlänge
$h=H/(\sqrt{2}H_c)$: reduziertes Feld
$a=A/(\sqrt{2}H_c\lambda)$: reduziertes Vektorpotential
$\psi=\psi/\psi_o$: reduzierte Wellenfunktion
x: reduzierte Koordinate
κ: Ginzburg-Landau-Parameter
$\underline{O}$: Operator (1.11)
κ_3: Mit κ verknüpfter Parameter (1.15)
α: Verunreinigungsparameter
$P_c,P_k,P_w,P_{43},P_{4c}$: Korrekturterme zur freien Enthalpie (1.12a)
S_{ik}: Funktionen (1.13)
$\eta_c,\eta_w,\eta_k,\eta_{4c},\eta_{4d}$: Neumann-Tewordtsche Koeffizienten (1.14, 1.15)
$\tilde{\eta}_c,\tilde{\eta}_k,\tilde{\eta}_w,\tilde{\eta}_{4d}$: transformierte Koeffizienten (1.16)
$\eta_{43}=\eta_{4d}+3\eta_{4c}$
P_u,P_{4a}: Zusatzenergien zur Beschreibung einer Anisotropie in einachsigen bzw. kubischen Kristallen
$B=\bar{H}$: magnetische Induktion
N: Entmagnetisierungsfaktor

Abschnitt III.2

$a,h,\psi,\kappa,H_c,\lambda,\vartheta,P_c,P_k,P_w,P_{4c},\tilde{\eta}_c,\tilde{\eta}_k,\tilde{\eta}_w,\eta_{4c},\kappa_3,P_u,P_{4a}$: 1
x: Koordinate senkrecht zur Wand
y: Feldrichtung
σ_{SN}: S-N-Wandenergie pro Flächeneinheit
p_o,p_1,p_2: (2.29)
ψ_o,a_o,h_o: Ginzburg-Landau-Lösungen
ψ_1,a_1,h_1: Korrekturfunktionen
$E_1..E_9$: Integrale über die Ginzburg-Landau-Lösungen (Tab. 2.2)
$\sigma_\kappa^o,\sigma_\vartheta^o$: (2.32)
κ_{SN}: Nullstelle von $\sigma_{SN}(\kappa)$
$\underline{n}$: Wandnormale
$\underline{t}$: Richtung des Vektorpotentials
$\underline{m}$: Feldrichtung
E_A,E_B: (2.39)
$\bar{\vartheta},\bar{\varphi}$: Fig. 2.5
$\tilde{\sigma}$: reduzierte Wandenergie (Tab. 2.1)

Abschnitt III.3

$\kappa, H_c, \lambda, \xi, T_c, \psi, h, \kappa_3, F, \vartheta, P_c, P_k, P_w, P_{4c}, \tilde{n}_c, \tilde{n}_w, \tilde{n}_k, n_{4c}, H_a, h_a$: 1

σ_{SN}, κ_{SN}: 2

ϕ_o: Flußquantum

$f=|\psi|$

φ: Phase von f

v: (3.1)

H_{c1}, H_{c2}: untere und obere kritische Feldstärke

R: Radius der Wigner-Seitz-Zelle

$g=1-f$

k_1: (3.10)

k_2: (3.11)

κ_W: obere Grenze des κ-Bereichs anziehender Wechselwirkungen

κ_{3W}: zu κ_W gehöriger Wert von κ_3

R_{c1}, R_{c2}: zu H_{c1} und H_{c2} gehörige Werte des Zellenradius

κ_H: unterer Grenzwert von κ für das Auftreten von Flußlinien

e(R): freie Energie (3.2) der Flußlinie bei $H_a=H_c$

B_o: Anfangsinduktion, $b_o=B_o/(\sqrt{2}H_c)$

$\delta\kappa$: (3.25)

σ_{SF}: Energie der Wand zwischen Meissner- und Flußlinienbereichen pro Flächeneinheit

Abschnitt IV.2

$\underline{\alpha}^{(1)}, \underline{\alpha}^{(2)}$: Richtung der Untergittermagnetisierungen

D: Austausch-Kopplungskonstante

A: Steifigkeitskonstante

K_1: Anisotropiekonstante

I_o: Betrag der Untergittermagnetisierungen

$\underline{H}_a$: Äußeres Feld

$\chi_\perp$: Suszeptibilität in einem Feld senkrecht zur Achse

Θ_1, Θ_2: (2.3)

H_s: kritisches Feld für den spin-flop-Übergang

$\vartheta_s=\pi/2-\Theta_1$ oberhalb des Übergangs

φ, ϑ: (2.9)

x: Koordinate senkrecht zur Wand

E_G: Wandenergie pro Flächeneinheit

W_α: Wandweite

d: Dzialoshinsky-Kopplungsparameter

$\underline{n}$: ausgezeichnete Gitterrichtung in schwachen Ferromagneten

$r^{(i)}$: (2.26)

$\alpha^{(i)}$: Untergitter-Magnetisierungsrichtungen (2.27)

e_{A1}, e_{A2}: Austauschenergien

e_{ε}: Magnetoelastische Kopplungsenergie

Λ_{111}: Magnetostriktionskonstante

c_{ik}: Elastizitätsmoduln in der Voigtschen Schreibweise

e_{dip}: Dipol-Wechselwirkungsenergie

$\underline{K}, \underline{L}, \underline{M}, \underline{N}$: (2.31)

ε: Elastischer Verzerrungstensor

$e^{(fr)}$: Energie des homogen entspannten Kristalls

$\underline{u}, \underline{v}$: (2.34a)

Θ_i, ϑ_i: (2.38)

J_1, J_2: (2.40)

q_o: (2.41)

a: Gitterkonstante

$k = q_o/a$

$\xi = kx$

A: (2.45)

$\varphi = \Theta'$

h: reduziertes Feld (2.48)

κ_s, b_s: (2.50)

κ_f, b_f: (2.52)

c_f: (2.54)

h_c: kritisches Feld für den Schrauben-Fächer-Übergang

$\underline{Q}$: Fortpflanzungsrichtung der Spindichtewellen

$\underline{n}$: Polarisationsrichtung der Spindichtewellen

Lecture Notes in Physics

Bisher erschienen / Already published

Vol. 1: J. C. Erdmann, Wärmeleitung in Kristallen, theoretische Grundlagen und fortgeschrittene experimentelle Methoden. 1969. DM 20,–

Vol. 2: K. Hepp, Théorie de la renormalisation. 1969. DM 18,–

Vol. 3: A. Martin, Scattering Theory: Unitarity, Analyticity and Crossing. 1969. DM 16,–

Vol. 4: G. Ludwig, Deutung des Begriffs physikalische Theorie und axiomatische Grundlegung der Hilbertraumstruktur der Quantenmechanik durch Hauptsätze des Messens. 1970. DM 28,–

Vol. 5: M. Schaaf, The Reduction of the Product of Two Irreducible Unitary Representations of the Proper Orthochronous Quantummechanical Poincaré Group. 1970. DM 16,–

Vol. 6: Group Representations in Mathematics and Physics. Edited by V. Bargmann. 1970. DM 24,–

Vol. 7: R. Balescu, J. L. Lebowitz, I. Prigogine, P. Résibois, Z. W. Salsburg, Lectures in Statistical Physics. 1971. DM 18,–

Vol. 8: Proceedings of the Second International Conference on Numerical Methods in Fluid Dynamics. Edited by M. Holt. 1971. DM 28,–

Vol. 9: D. W. Robinson, The Thermodynamic Pressure in Quantum Statistical Mechanics. 1971. DM 16,–

Vol. 10: J. M. Stewart, Non-Equilibrium Relativistic Kinetic Theory. 1971. DM 16,–

Vol. 11: O. Steinmann, Perturbation Expansions in Axiomatic Field Theory. 1971. DM 16,–

Vol. 12: Statistical Models and Turbulence. Edited by M. Rosenblatt and C. Van Atta. 1972. DM 28,–

Vol. 13: M. Ryan, Hamiltonian Cosmology. 1972. DM 18,–

Vol. 14: Methods of Local and Global Differential Geometry in General Relativity. Edited by D. Farnsworth, J. Fink, J. Porter and A. Thompson. 1972. DM 18,–

Vol. 15: M. Fierz, Vorlesungen zur Entwicklungsgeschichte der Mechanik. 1972. DM 16,–

Vol. 16: H.-O. Georgii, Phasenübergang 1. Art bei Gittergasmodellen. 1972. DM 18,–

Vol. 17: Strong Interaction Physics. Edited by W. Rühl and A. Vancura. 1973. DM 28,–

Vol. 18: Proceedings of the Third International Conference on Numerical Methods in Fluid Mechanics, Vol. I. Edited by H. Cabannes and R. Temam. 1973. DM 18,–

Vol. 19: Proceedings of the Third International Conference on Numerical Methods in Fluid Mechanics, Vol. II. Edited by H. Cabannes and R. Temam. 1973. DM 26,–

Vol. 20: Statistical Mechanics and Mathematical Problems. Edited by A. Lenard. 1973. DM 22,–

Vol. 21: Optimization and Stability Problems in Continuum Mechanics. Edited by P. K. C. Wang. 1973. DM 16,–

Vol. 22: Proceedings of the Europhysics Study Conference on Intermediate Processes in Nuclear Reactions. Edited by N. Cindro, P. Kulišić and Th. Mayer-Kuckuk. 1973. DM 26,–

Vol. 23: Nuclear Structure Physics. Proceedings of the Minerva Symposium on Physics. Edited by U. Smilansky, I. Talmi, and H. A. Weidenmüller. 1973. DM 26,–

Vol. 24: R. F. Snipes, Statistical Mechanical Theory of the Electrolytic Transport of Non-electrolytes. 1973. DM 20,–

Vol. 25: Constructive Quantum Field Theory. The 1973 "Ettore Majorana" International School of Mathematical Physics. 1973. DM 26,–

Vol. 26: A. Hubert, Theorie der Domänenwände in geordneten Medien. 1974. DM 28,–